CÁLCULO AVANÇADO

Wilfred Kaplan

Blucher

WILFRED KAPLAN

Prof. do Departamento de Matemática
da Universidade de Michigan (EUA)

CÁLCULO AVANÇADO

VOLUME I

Coordenação: Prof.ª Elza F. Gomide, Assistente – Doutor do Instituto de Matemática e Estatística da Universidade de São Paulo

Tradução: Frederic Tsu

ADVANCED CALCULUS
A edição em língua inglesa foi publicada
pela ADDISON-WESLEY PUBLISHING CO., INC.

Cálculo avançado - vol. 1

16ª reimpressão - 2019

Blucher

Rua Pedroso Alvarenga, 1245, 4° andar
04531-934 - São Paulo - SP - Brasil
Tel.: 55 11 3078-5366
contato@blucher.com.br
www.blucher.com.br

FICHA CATALOGRÁFICA

Kaplan, Wilfred,
K26c Cálculo avançado/ Wilfred Kaplan;
Coordenação, Elza Gomide; v.1-2
tradução, Frederic Tsu. - São Paulo:
Blucher, 1972.
2v. ilust.

Título original: Advanced Calculus

Bibliografia.
ISBN 978-85-212-0047-5

1. Cálculo I. Título.

72-0130 CDD-517

Índice para catálogo sistemático:
1. Cálculo: Matemática 517

É a análise matemática... apenas um jogo da mente? Ao físico ela só pode dar uma linguagem conveniente; não é este um auxílio medíocre, e, estritamente falando, dispensável? E não é de se temer que essa linguagem artificial seja um véu interposto entre a realidade e a visão do físico? Longe disso; sem essa linguagem, a maior parte das analogias íntimas das coisas teria ficado para sempre desconhecida por nós; e teríamos ignorado eternamente a harmonia interna do mundo, que é... a única realidade objetiva verdadeira.

Henri Poincaré

PREFÁCIO

Este livro foi planejado de modo a fornecer material suficiente para um curso de cálculo avançado de até um ano de duração.

Pressupõem-se os conhecimentos usualmente obtidos em cursos básicos de álgebra, geometria analítica e cálculo. O capítulo introdutório fornece uma revisão sucinta desses assuntos; serve também como lista de referência de definições e fórmulas básicas.

O conteúdo do livro compreende todos os tópicos habitualmente encontrados em textos de cálculo avançado. No entanto há uma ênfase maior do que é usual nas aplicações e na motivação física. Vetores são introduzidos desde o início e servem em muitas partes para indicar o significado geométrico e físico intrínseco das relações matemáticas. Métodos numéricos de integração e resolução de equações diferenciais são ressaltados, tanto pelo seu valor prático quanto pela compreensão que proporcionam do processo de limite.

Um alto nível de rigor é mantido sempre. As definições são claramente indicadas como tais e todos os resultados importantes são enunciados como teoremas. Alguns pontos mais delicados referentes ao sistema dos números reais (o Teorema de Heine-Borel, o Teorema de Weierstrass-Bolzano, e conceitos relacionados) são omitidos. Os teoremas cujas demonstrações se baseiam nesses instrumentos são enunciados sem prova, com referências a tratados mais avançados. Um professor mais competente pode facilmente preencher essas lacunas, se o desejar, e assim apresentar um curso completo em análise real.

Um grande número de problemas, com respostas, aparece distribuído pelo texto. Há exercícios simples do tipo "treino" e outros mais elaborados cuja finalidade é estimular a leitura crítica. Algumas partes mais delicadas da teoria são relegadas aos problemas, com sugestões dadas quando convém.

São feitas numerosas referências à literatura e cada capítulo termina com uma lista de livros para leitura suplementar.

SUMÁRIO DOS TÓPICOS

O capítulo primeiro introduz vetores e suas propriedades mais simples, com aplicações à geometria e à mecânica. No segundo capítulo, trata-se de derivadas parciais, primeiro sem referência a vetores, depois usando vetores para aplicações geométricas. O terceiro capítulo introduz a divergência e rotacional com mais identidades básicas; coordenadas ortogonais são tratadas concisamente; a última seção diz respeito a espaços vetoriais n-dimensionais e é fundamental para a teoria de funções ortogonais no capítulo sétimo.

O quarto capítulo, sobre integração, tem como finalidade principal esclarecer os conceitos de integral definida e indefinida. Para tanto, métodos numéricos recebem atenção especial. Integrais impróprias em uma variável e múltiplas recebem tratamento análogo ao dado às séries, com as quais são relacionadas no final do sexto capítulo. O capítulo quinto trata de integrais curvilíneas e de superfície. Embora os conceitos sejam apresentados primeiro sem usar vetores, logo fica claro o quanto é natural tratar o assunto com métodos vetoriais. No final do capítulo é apresentado um tratamento mais completo que o usual da mudança de variáveis em integrais múltiplas.

O capítulo sexto estuda séries infinitas, sem assumir nenhum conhecimento prévio. São introduzidos os conceitos de limite superior e inferior, usados com economia como meio de simplificação; com a ajuda desses conceitos, a teoria é dada em forma quase completa. São dados os critérios usuais, em particular o da raiz. Com este, o tratamento das séries de potências fica bastante simplificado. A convergência uniforme é apresentada com grande cuidado e aplicada a séries de potências. As últimas seções chamam a atenção para a analogia com integrais impróprias; em particular mostra-se que as séries de potências correspondem à transformada de Laplace.

O sétimo capítulo é um tratamento completo das séries de Fourier em nível elementar. As primeiras seções dão uma introdução simples, com muitos exemplos; gradualmente, chega-se a uma análise mais profunda e prova-se um teorema de convergência com um mínimo de trabalho formal. Estudam-se, então, funções ortogonais usando produtos interiores, normas e métodos vetoriais. Um teorema geral sobre sistemas completos permite demonstrar como corolário a completividade do sistema trigonométrico e do sistema dos polinômios de Legendre.

O oitavo capítulo é um tratamento bastante conciso das equações diferenciais com ênfase nas lineares e suas aplicações. Problemas de movimento forçado são tratados do ponto de vista "entrada-saída".

O capítulo nono é excepcionalmente longo e fornece um curso completo, auto-suficiente, de variáveis complexas. Os teoremas básicos sobre integrais são deduzidos como corolários do teorema de Green. Resíduos e suas aplicações são tratados extensivamente. A representação conforme é largamente estudada, com muitos exemplos, isto é, aplicada ao estudo do problema de Dirichlet e a problemas de hidrodinâmica.

O capítulo final, sobre equações diferenciais parciais, dá grande ênfase à relação entre o problema de vibrações forçadas de uma mola (ou um sistema de molas) e a equação diferencial parcial $\rho u_{tt} + hu_t - k^2\nabla^2 u = F(x, y, z, t)$.

Essa idéia, fortemente explorada, torna claro o significado físico da equação diferencial parcial e os instrumentos matemáticos usados tornam-se naturais. Métodos numéricos são também motivados por argumentos físicos.

SUGESTÃO PARA O USO DESTE LIVRO COMO TEXTO PARA UM CURSO

Recomenda-se que o capítulo introdutório seja omitido ou seja tratado muito rapidamente. Sua finalidade principal é servir como referência e para que o estudante reveja seus conhecimentos.

Os capítulos são independentes uns dos outros no sentido de que cada um pode ser iniciado só com o conhecimento dos conceitos mais simples dos capítulos anteriores. As seções finais de um capítulo podem depender de algumas seções finais de capítulos anteriores. Assim, é possível construir um curso usando só as partes iniciais de vários capítulos. Segue-se um exemplo de tal plano de curso:

1-1 a 1-14, 2-1 a 2-14, 3-1 a 3-6, 4-1 a 4-4, 4-6 a 4-9, 4-12, 5-1 a 5-6, 6-1 a 6-7, 6-11 a 6-19, 7-1 a 7-5.

É possível completar tal programa em um curso semestral de 4 horas por semana.

Desejando-se dar maior ênfase a um tópico, então os capítulos correspondentes poderão ser tratados com todos os detalhes. Por exemplo, os capítulos primeiro, terceiro e quinto, juntos, constituem um treino substancial em análise vetorial; os capítulos sétimo e décimo, juntos, contêm material suficiente para um curso semestral de equações diferenciais parciais; o capítulo nono em si é um curso elementar completo de variáveis complexas.

As seções menos importantes estão marcadas com um asterisco.

O autor exprime seu reconhecimento a muitos colegas que deram sugestões e estímulo durante o preparo deste livro. Os professores R. C. F. Bartels, F. E. Hohn, e J. Lehner merecem gratidão especial e reconhecimento, por suas críticas ao manuscrito final; muitos aperfeiçoamentos são devidos a suas sugestões. Outros cujos conselhos foram valiosos são os professores R. V. Churchill, C. L. Dolph, G. E. Hay, M. Morkovin, C. Piranian, G. Y. Rainich, L. L. Rauch, M. O. Reade, E. Rothe, H. Samelson, Dr. R. Büchi, Dr. A. J. Lohwater, Mr. Gilbert Béguim, Mr. Walter Johnson. À sua esposa, o autor exprime seu profundo agradecimento, pela ajuda prestada em cada fase desta árdua tarefa.

Os problemas técnicos que envolvem a preparação do original foram em muito simplificados pelos esplêndidos serviços prestados pela Sra. Betty Wikel, que datilografou a maior parte do texto manuscrito, pela Srta. Sylvia Biorn-Hansen, que ajudou na datilografia e na revisão, e pelos funcionários da Edwards Letter Shop, que ajudaram na impressão.

À Addison-Wesley Press, o autor exprime seu reconhecimento pela constante cooperação e pelo alto nível editorial que estabeleceram e mantiveram.

Janeiro de 1952 *Wilfred Kaplan*

ÍNDICE

Capítulo 5. CÁLCULO INTEGRAL VETORIAL

introdução

REVISÃO DE ÁLGEBRA, GEOMETRIA ANALÍTICA E CÁLCULO

Apresentamos neste capítulo uma revisão de conceitos básicos de álgebra, geometria analítica e cálculo. As idéias aqui discutidas servirão de base para toda a teoria que segue e constituirão uma fonte de referência. Assim sendo, este capítulo serve tanto de preparo para os capítulos posteriores como de lista conveniente de fórmulas e teoremas para referência.

0-1. O SISTEMA DOS NÚMEROS REAIS. Podemos visualizar o sistema dos números reais como composto pelas seguintes partes:

(a) *os números racionais:* são os inteiros positivos e negativos 1, 2, 3, . . . , −1, −2, −3, . . . , e o número 0; as frações p/q, onde p e q são inteiros;

(b) *os números irracionais:* são números que podem ser expressos por números decimais infinitos (por exemplo, −3,14159. . .), mas não por quocientes de inteiros.

Juntos, esses números formam uma coleção da qual dois elementos quaisquer podem ser somados, subtraídos, multiplicados, ou divididos (com exceção da divisão por zero), verificando-se as seguintes regras elementares de álgebra:

$$\begin{gathered} a + b = b + a, \quad a \cdot b = b \cdot a, \\ a + (b + c) = (a + b) + c, \quad a \cdot (bc) = (ab) \cdot c \\ a(b + c) = a \cdot b + a \cdot c, \quad a + 0 = a, \quad a \cdot 1 = a. \end{gathered} \tag{0-1}$$

Os números reais podem ser identificados com os pontos de uma reta, como na Fig. 0-1. Um ponto O dessa reta foi escolhido como origem, e adotou-se uma unidade de comprimento e um sentido positivo. Nessas condições, a cada número x está associado um ponto P da reta; P acha-se em O se x é 0, e está afastado de O no sentido positivo ou negativo conforme o sinal de x, sendo que a distância OP é igual ao valor absoluto $|x|$ de x (o valor absoluto $|x|$ será igual a x se x for positivo, e a $-x$ se x for negativo). Dessa forma, cada número x é representado por um ponto P e, reciprocamente, cada ponto P representa um único número x.

Figura 0-1. Os números reais

Essa representação geométrica sugere que os números podem ser ordenados: $a > b$ ou $b < a$ significa simplesmente que $a - b$ é positivo, ou, então, que a se acha à direita de b no eixo dos números acima. O símbolo =, os símbolos > ou <, e o símbolo | | obedecem às seguintes regras:

Leis da igualdade:

$$\begin{aligned}&\text{se } a = b \text{ e } b = c, \text{ então } a = c; \text{ se } a = b, \text{ então } b = a;\\ &a = a, \text{ sempre; se } a = a' \text{ e } b = b', \text{ então}\\ &a + b = a' + b' \text{ e } a \cdot b = a' \cdot b'.\end{aligned} \tag{0-2}$$

Leis da desigualdade:

$$\begin{aligned}&\text{se } a < b \text{ e } b < c, \text{ então } a < c; \text{ se } a < b, \text{ então } b > a;\\ &a < a \text{ é impossível; se } a < a' \text{ e } b < b', \text{ então}\\ &a + b < a' + b' \text{ e, se } a \text{ e } b \text{ são positivos, } a \cdot b < a' \cdot b'.\end{aligned} \tag{0-3}$$

Leis de valores absolutos:

$$\begin{aligned}&|a| \geqq 0; \ |a| = 0 \text{ se, e somente se, } a = 0;\\ &|a \cdot b| = |a| \cdot |b|; \quad |a + b| \leqq |a| + |b|.\end{aligned} \tag{0-4}$$

0-2. O SISTEMA DOS NÚMEROS COMPLEXOS. A menos de especificação em contrário, os números que aparecem neste texto são os números reais. Contudo o estudo das soluções de equações algébricas tais como

$$x^2 + 1 = 0, \qquad x^2 + 2x + 2 = 0$$

leva-nos a introduzir os números complexos da forma $a + bi$, onde a e b são reais e i, chamado a unidade imaginária, tem a propriedade: $i^2 = -1$. A cada par (a, b) de números reais corresponde um número complexo $a + bi$, e reciprocamente.

Os números complexos podem ser identificados com os pontos de um plano – o plano xy – no qual foram escolhidos dois eixos perpendiculares (retas orientadas) e uma unidade de comprimento, como mostra a Fig. 0-2.

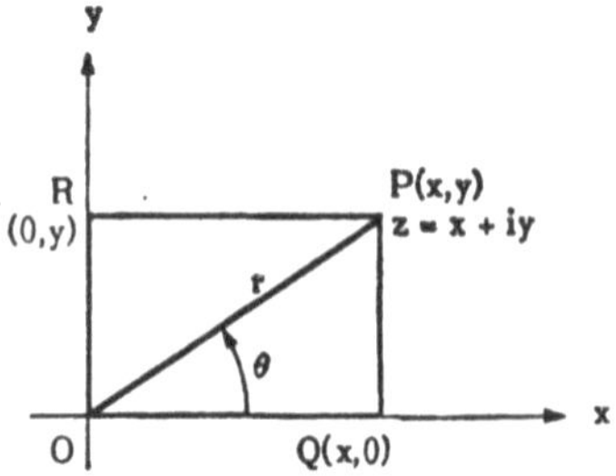

Figura 0-2. Os números complexos

Ao número complexo $z = x + iy$ corresponde o ponto P, tendo este coordenadas retangulares (x, y). O número $0 + 0i = 0$ é representado pela origem O (ponto de interseção do eixo x com o eixo y). Os números $x + 0i = x$ (números reais) são representados pelos pontos $(x, 0)$ do eixo x, exatamente como antes; analogamente, os números $0 + iy = iy$ (números *imaginários puros*) são representados pelos pontos $(0, y)$ do eixo y. O número complexo geral $z = x + iy$ é representado pelo ponto P cuja projeção Q sobre o eixo x é $(x, 0)$ e cuja projeção R sobre o eixo y é $(0, y)$; diz-se que x é a *parte real* de z e que

y é a *parte imaginária* de z. Se $z = x + iy$, então definimos: $\bar{z} = x - iy$, e a $\bar{z}$ chamamos o *conjugado complexo* de z.

A distância $r = OP$ é denominada *valor absoluto* ou *módulo* do número complexo z e é indicada por $|z|$. Em virtude do teorema de Pitágoras, temos

$$|z| = r = \sqrt{x^2 + y^2} \tag{0-5}$$

O ângulo com sinal $\theta = \measuredangle XOP$, medido do eixo positivo x até OP, tem nome de *argumento* ou *amplitude* de $x + iy$; os ângulos terão valores positivos quando medidos no sentido anti-horário, e serão expressos em radianos (a menos de especificação em contrário), de sorte que um ciclo completo corresponde a 2π. Nessas condições, tem-se

$$\arg z = \theta = \text{arc sen}\,\frac{y}{r} = \text{arc cos}\,\frac{x}{r} = \text{arc tg}\,\frac{y}{x}\cdot \tag{0-6}$$

Como em trigonometria, para um dado z, θ é determinado a menos de múltiplos de 2π. Os números r e θ são as *coordenadas polares* de P.

Os números complexos podem ser somados, subtraídos, multiplicados, e divididos (com exceção da divisão por zero), e obedecem às mesmas regras algébricas (0-1) que os números reais. Além disso, valem

$$\begin{aligned} (x_1 + iy_1) + (x_2 + iy_2) &= (x_1 + x_2) + i(y_1 + y_2) \\ (x_1 + iy_1)\cdot(x_2 + iy_2) &= x_1x_2 - y_1y_2 + i(x_1y_2 + x_2y_1). \end{aligned} \tag{0-7}$$

A primeira parte de (0-7) mostra que a adição de números complexos segue a "lei do paralelogramo", a qual rege a adição de forças na mecânica (Fig. 0-3). A segunda parte de (0-7), quando escrita em termos de coordenadas polares, leva-nos à construção gráfica do produto de dois números complexos:

$$\begin{aligned} z_1 \cdot z_2 &= (r_1 \cos\theta_1 + ir_1 \text{ sen }\theta_1)\cdot(r_2\cos\theta_2 + ir_2 \text{ sen }\theta_2) \\ &= r_1r_2[\cos\theta_1\cos\theta_2 - \text{sen }\theta_1 \text{ sen }\theta_2 + i(\text{sen }\theta_1\cos\theta_2 + \cos\theta_1 \text{ sen }\theta_2)] \\ &= r_1r_2[\cos(\theta_1 + \theta_2) + i \text{ sen }(\theta_1 + \theta_2) \end{aligned} \tag{0-8}$$

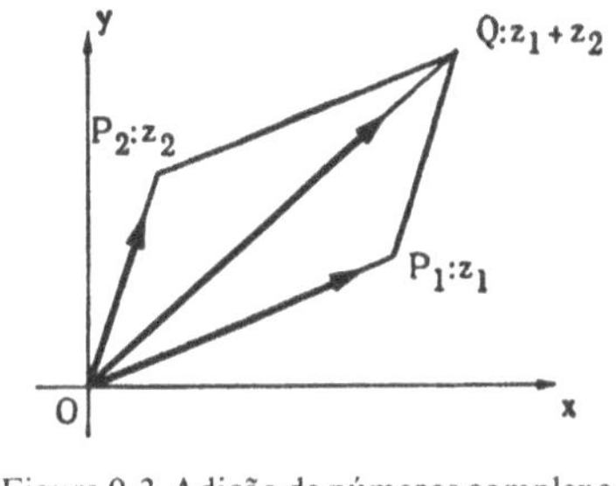

Figura 0-3. Adição de números complexos

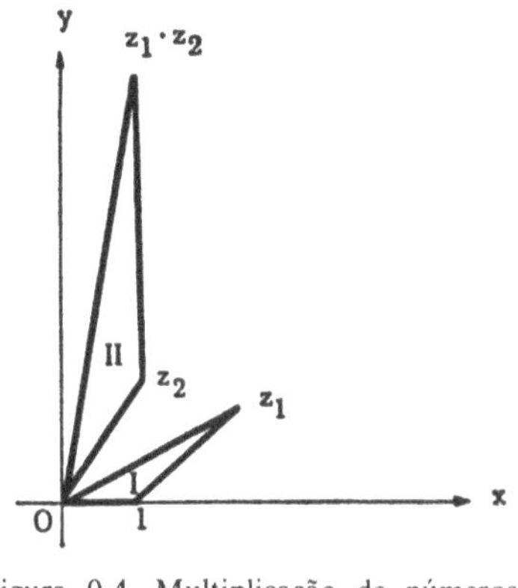

Figura 0-4. Multiplicação de números complexos

Por conseguinte,

$$|z_1 \cdot z_2| = |z_1| \cdot |z_2|, \ \arg(z_1 \cdot z_2) = \arg z_1 + \arg z_2. \qquad (0\text{-}9)$$

Dessas últimas relações segue-se que os triângulos I e II da Fig. 0-4 são semelhantes. Com isso, pode-se construir graficamente $z_1 \cdot z_2$ a partir de z_1 e z_2.

Valem, para os números complexos, as mesmas leis de igualdade que para os números reais, mas não faz sentido falar em desigualdades entre números complexos. Valem também as leis do valor absoluto enunciadas para o caso real. A lei

$$|z_1 + z_2| \leqq |z_1| + |z_2| \qquad (0\text{-}10)$$

retrata a condição geométrica $OQ \leqq OP_1 + P_1Q$ da Fig. 0-3.

0-3. A ÁLGEBRA DOS NÚMEROS REAIS E DOS NÚMEROS COMPLEXOS. Se x é um número real e n um inteiro positivo, então define-se x^n, a n-ésima potência de x, como sendo $x \cdot x \ldots x$ (n fatores). Assim sendo, valem as regras

$$x^m \cdot x^n = x^{m+n}, \qquad (x^m)^n = x^{mn}. \qquad (0\text{-}11)$$

Um polinômio em x, de grau n, é uma expressão do tipo

$$a_0 x^n + a_1 x^{n-1} + \cdots + a_{n-1} x + a_n,$$

onde $a_0, a_1, \ldots, a_n$ são números reais e $a_0 \neq 0$. Assim, $x^2 + 2x - 3$ é um polinômio em x, de grau 2.

Uma equação algébrica em x, de grau n, é um polinômio em x, de grau n, que foi igualado a 0; por exemplo,

$$x^2 - 4x - 5 = 0.$$

Demonstra-se em álgebra que uma tal equação possui no máximo n raízes reais. Em particular, se $a > 0$, a equação

$$x^n = a$$

tem exatamente uma raiz real positiva, indicada por $\sqrt[n]{a}$ ou $a^{1/n}$.

As definições acima se estendem de imediato às potências de números complexos, polinômios e equações algébricas envolvendo números complexos. Assim sendo,

$$z^2 + 1 = 0$$

é uma equação algébrica de grau 2; é também de grau 2 a equação algébrica

$$(1 - i)z^2 + iz - 1 = 0,$$

onde aparecem coeficientes complexos. Demonstra-se, em cursos de cálculo avançado, que uma equação de grau n possui n raízes complexas, podendo algumas delas coincidir; se os coeficientes forem reais, então as raízes imaginárias aparecem em pares conjugados.

Chama-se equação linear a uma equação do primeiro grau, por exemplo,

$$3x - 2 = 0, \qquad 5z + 4i = 0.$$

Ela possui sempre uma solução, apenas: $ax + b = 0$ admite para raiz $x = -(b/a)$.

Uma equação quadrática é aquela do segundo grau, por exemplo,

$$x^2 - 5x + 6 = 0.$$

A equação geral

$$az^2 + bz + c = 0$$

admite para raízes

$$z = \frac{-b \pm \sqrt{b^2 - 4ac}}{2a}. \tag{0-12}$$

Se a, b, c forem reais, então a natureza das raízes será determinada pelo *discriminante*: $b^2 - 4ac$. Se $b^2 - 4ac > 0$, então as raízes são reais e distintas; se $b^2 - 4ac = 0$, então as raízes são reais e iguais; se $b^2 - 4ac < 0$, então as raízes são os números complexos conjugados $x \pm iy$.

Existem fórmulas explícitas para a resolução das equações gerais do terceiro e quarto graus. [Vide L. E. Dickson, *First Course in the Theory of Equations* (New York: Wiley, 1922) Cap. IV.] Não existem fórmulas explícitas para as equações de grau superior. Existem, porém, métodos numéricos e mecânicos para determinar as raízes reais e complexas dessas equações, e uma discussão de tais métodos está apresentada no Cap. VIII do livro de Dickson.

Equações da forma

$$z^n = a$$

admitem soluções dentre os complexos z, seja a real ou complexo. As raízes são as "raízes n-ésimas de a". As soluções são baseadas na fórmula de De Moivre

$$(\cos\theta + i \operatorname{sen}\theta)^n = \cos n\theta + i \operatorname{sen} n\theta, \tag{0-13}$$

que é uma conseqüência da regra (0-8) para a multiplicação. Dessa última fórmula conclui-se que, se a tiver coordenadas polares r e θ, de sorte que $a = r(\cos\theta + i \operatorname{sen}\theta)$, então

$$\sqrt[n]{a} = \sqrt[n]{r}\left[\cos\left(\frac{\theta}{n} + k\frac{2\pi}{n}\right) + i \operatorname{sen}\left(\frac{\theta}{n} + k\frac{2\pi}{n}\right)\right], \tag{0-14}$$

onde k toma todos os valores inteiros $0, 1, 2, \ldots, n-1$ e $\sqrt[n]{r}$ é a raiz n-ésima real positiva de r. Na Fig. 0-5, ilustramos o caso de $z = 2 + i$ e $n = 5$.

Chama-se sistema de *equações lineares simultâneas* um sistema como, por exemplo,

$$\begin{aligned} a_1x + b_1y + c_1z &= k_1, \\ a_2x + b_2y + c_2z &= k_2, \\ a_3x + b_3y + c_3z &= k_3. \end{aligned} \tag{0-15}$$

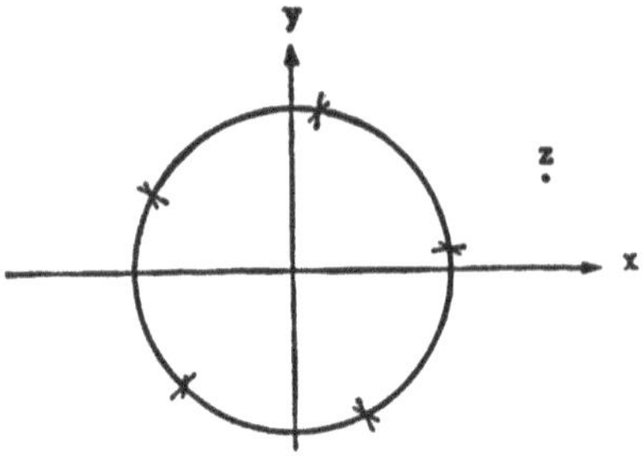

Figura 0-5. As raízes quintas de $z = 2 + i$

Aqui, temos três equações a três incógnitas x, y, z; em geral, há n equações a m incógnitas. De modo geral, pode-se resolver esses sistemas combinando as equações de modo a eliminar as variáveis sucessivamente.

No caso de n equações a n incógnitas, pode-se exprimir a solução em termos de determinantes, cuja teoria passamos a expor. Indiquemos por D o "determinante dos coeficientes"; para (0-15), temos o determinante

$$D = \begin{vmatrix} a_1 & b_1 & c_1 \\ a_2 & b_2 & c_2 \\ a_3 & b_3 & c_3 \end{vmatrix}. \qquad (0\text{-}16)$$

Em geral, D é um determinante de ordem n. Indiquemos por $D_1, D_2, \ldots$ os determinantes obtidos a partir de D pela substituição da primeira, segunda,... coluna de D pelos números $k_1, k_2, \ldots, k_n$. Com isso, temos para (0-15)

$$D_2 = \begin{vmatrix} a_1 & k_1 & c_1 \\ a_2 & k_2 & c_2 \\ a_3 & k_3 & c_3 \end{vmatrix}. \qquad (0\text{-}17)$$

Nestas condições, a solução do sistema de equações é dada por

$$x = \frac{D_1}{D}, \qquad y = \frac{D_2}{D}, \ldots; \qquad (0\text{-}18)$$

essa regra é conhecida como Regra de Cramer. Se $D \neq 0$, então existe uma solução única, dada por (0-18). Se $k_1 = k_2 = k_3 = 0$ (que é o *caso homogêneo*) e $D \neq 0$, (0-18) fornece a solução trivial $x = y = z = 0$; se $D = 0$, há infinitas soluções.

No caso de n equações a m incógnitas, com $n < m$, podemos procurar uma solução pelos métodos acima, para n incógnitas em termos das $m-n$ incógnitas restantes. Isso será possível contanto que o determinante D dos coeficientes dessas n incógnitas em questão não se anule. Se $n > m$, então há mais equações que incógnitas; as equações são contraditórias, a menos que alguns dos determinantes sejam iguais a 0. Para uma discussão detalhada, o leitor pode ver o Cap. VIII do livro de Dickson (obra citada).

Nas equações lineares do tipo que aparece em (0-15), tanto os coeficientes como as incógnitas podem ser reais ou complexos; em ambos os casos, as soluções apresentam a mesma forma (0-18).

Segue-se uma lista das propriedades dos determinantes empregadas neste livro:

$$\begin{vmatrix} a & b \\ c & d \end{vmatrix} = ad - bc; \tag{0-19}$$

$$\begin{vmatrix} a_1 & b_1 & c_1 \\ a_2 & b_2 & c_2 \\ a_3 & b_3 & c_3 \end{vmatrix} = a_1 \begin{vmatrix} b_2 & c_2 \\ b_3 & c_3 \end{vmatrix} - b_1 \begin{vmatrix} a_2 & c_2 \\ a_3 & c_3 \end{vmatrix} + c_1 \begin{vmatrix} a_2 & b_2 \\ a_3 & b_3 \end{vmatrix}; \tag{0-20}$$

$$\begin{vmatrix} a_1 & b_1 & c_1 & d_1 \\ a_2 & b_2 & c_2 & d_2 \\ a_3 & b_3 & c_3 & d_3 \\ a_4 & b_4 & c_4 & d_4 \end{vmatrix} = a_1 \begin{vmatrix} b_2 & c_2 & d_2 \\ b_3 & c_3 & d_3 \\ b_4 & c_4 & d_4 \end{vmatrix} - b_1 \begin{vmatrix} a_2 & c_2 & d_2 \\ a_3 & c_3 & d_3 \\ a_4 & c_4 & d_4 \end{vmatrix} + \cdots \tag{0-21}$$

Assim sendo, de modo geral, um determinante de ordem n é definido em termos de determinantes de ordem $(n-1)$; os coeficientes $a_1, b_1, \ldots$ do membro direito de (0-20) e (0-21) são os "cofatores" desses elementos.

De um modo geral, podem-se trocar as linhas pelas colunas sem afetar o determinante:

$$\begin{vmatrix} a_1 & b_1 & c_1 \\ a_2 & b_2 & c_2 \\ a_3 & b_3 & c_3 \end{vmatrix} = \begin{vmatrix} a_1 & a_2 & a_3 \\ b_1 & b_2 & b_3 \\ c_1 & c_2 & c_3 \end{vmatrix}. \tag{0-22}$$

De modo geral, o determinante muda de sinal quando duas linhas (ou colunas) são trocadas uma pela outra:

$$\begin{vmatrix} a_1 & b_1 & c_1 \\ a_2 & b_2 & c_2 \\ a_3 & b_3 & c_3 \end{vmatrix} = - \begin{vmatrix} a_2 & b_2 & c_2 \\ a_1 & b_1 & c_1 \\ a_3 & b_3 & c_3 \end{vmatrix}. \tag{0-23}$$

Para multiplicar o determinante por um número, basta multiplicar uma linha (ou coluna) qualquer pelo número:

$$k \begin{vmatrix} a_1 & b_1 & c_1 \\ a_2 & b_2 & c_2 \\ a_3 & b_3 & c_3 \end{vmatrix} = \begin{vmatrix} ka_1 & b_1 & c_1 \\ ka_2 & b_2 & c_2 \\ ka_3 & b_3 & c_3 \end{vmatrix}. \tag{0-24}$$

Se duas linhas (ou colunas) são proporcionais, o determinante é igual a 0:

$$\begin{vmatrix} ka_1 & kb_1 & kc_1 \\ a_1 & b_1 & c_1 \\ a_2 & b_2 & c_2 \end{vmatrix} = 0. \tag{0-25}$$

Podem-se somar determinantes diferindo só por uma linha ou coluna, pela regra:

$$\begin{vmatrix} a_1 & b_1 & c_1 \\ a_2 & b_2 & c_2 \\ a_3 & b_3 & c_3 \end{vmatrix} + \begin{vmatrix} A_1 & b_1 & c_1 \\ A_2 & b_2 & c_2 \\ A_3 & b_3 & c_3 \end{vmatrix} = \begin{vmatrix} a_1 + A_1 & b_1 & c_1 \\ a_2 + A_2 & b_2 & c_2 \\ a_3 + A_3 & b_3 & c_3 \end{vmatrix} \tag{0-26}$$

O valor de um determinante não se altera se os elementos de uma linha forem multiplicados por uma mesma constante k e somados aos elementos correspondentes de uma outra linha:

$$\begin{vmatrix} a_1 & b_1 & c_1 \\ a_2 & b_2 & c_2 \\ a_3 & b_3 & c_3 \end{vmatrix} = \begin{vmatrix} a_1 + ka_2 & b_1 + kb_2 & c_1 + kc_2 \\ a_2 & b_2 & c_2 \\ a_3 & b_3 & c_3 \end{vmatrix}; \tag{0-27}$$

mediante uma escolha conveniente de k, pode-se usar essa regra para introduzir zeros; repetindo esse processo, é possível reduzir a zero todos os elementos exceto um de uma linha pré-fixada. Tal procedimento é básico para determinar o valor numérico de um determinante.

O leitor encontrará as demonstrações dessas regras e outras propriedades no Cap. VIII do livro de Dickson que citamos.

É útil conhecer três outras fórmulas da álgebra:

$$a + (a + d) + (a + 2d) + \cdots + [a + (n-1)d] = n\frac{a + [a + (n-1)d]}{2}; \tag{0-28}$$

$$a + ar + ar^2 + \cdots + ar^{n-1} = a\frac{1 - r^n}{1 - r}(r \neq 1); \tag{0-29}$$

$$(a + b)^n = a^n + na^{n-1}b + \frac{n(n-1)}{2!}a^{n-2}b^2 + \cdots + C_r^n a^{n-r}b^r + \cdots + b^n, \tag{0-30}$$

onde

$$C_r^n = \frac{n(n-1)\cdots(n-r+1)}{r!} = \frac{n!}{r!(n-r)!}. \tag{0-31}$$

Essas regras são a soma de uma *progressão aritmética*, a soma de uma *progressão geométrica*, e o *teorema do binômio*, respectivamente. Em cada caso, n é um inteiro positivo e $n!$ (lê-se "n-fatorial") é definido como segue:

$$0! = 1, \quad n! = 1 \cdot 2 \ldots n \quad \text{para} \quad n = 1, 2, 3, \ldots \tag{0-32}$$

A demonstração das fórmulas (0-28) a (0-31) é baseada no *princípio de indução finita:* se um teorema relativo a inteiros n for verdadeiro para $n = 1$ e se a veracidade do mesmo para $n = k$ acarretar sua veracidade para $n = k + 1$, então o teorema será verdadeiro para todos os inteiros positivos n.

0-4. GEOMETRIA ANALÍTICA NO PLANO. O sistema de coordenadas retangulares é introduzido no plano da mesma maneira que na Sec. 0-2. Assim, cada ponto tem coordenadas x (abscissa) e y (ordenada). A distância d entre os pontos $P_1:(x_1, y_1)$ e $P_2:(x_2, y_2)$ é dada pela fórmula

$$d = \sqrt{(x_2 - x_1)^2 + (y_2 - y_1)^2}, \tag{0-33}$$

que decorre do teorema de Pitágoras.

O lugar geométrico dos pontos que verificam a equação linear

$$Ax + By + C = 0 \qquad (0\text{-}34)$$

(A, B, C são números reais quaisquer, com A e B não sendo ambos nulos) é uma reta, e toda reta pode ser representada por uma tal equação. Define-se o *coeficiente angular* ou *inclinação* de uma reta como sendo

$$m = \operatorname{tg} \omega, \qquad (0\text{-}35)$$

onde ω é o ângulo entre o eixo positivo x e a reta, como indica a Fig. 0-6; não se define o coeficiente angular (igual a ∞) de retas paralelas ao eixo y. Se (x_1, y_1) e (x_2, y_2) são dois pontos distintos sobre uma reta, então o coeficiente angular dessa reta é dado por

$$m = \frac{y_2 - y_1}{x_2 - x_1}. \qquad (0\text{-}36)$$

Duas retas são paralelas precisamente quando seus coeficientes angulares são iguais; elas serão perpendiculares se o produto de seus coeficientes angulares for igual a -1.

Figura 0-6

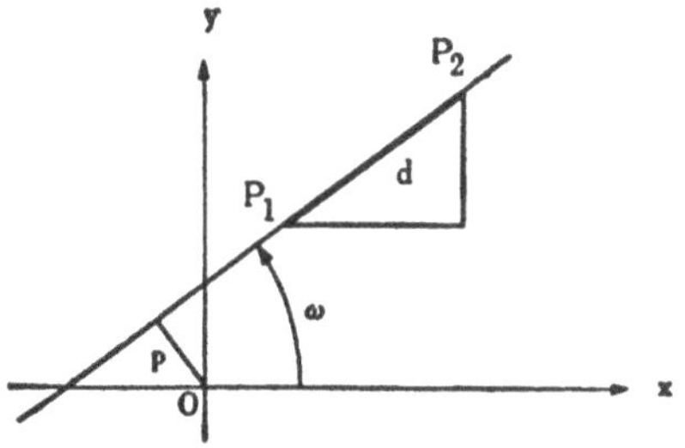

A reta que passa por (x_1, y_1) e tendo coeficiente angular m é representada pela equação

$$y - y_1 = m(x - x_1). \qquad (0\text{-}37)$$

Se dividirmos a equação geral (0-34) por $\sqrt{A^2 + B^2}$, ela passará a ter a *forma normalizada*:

$$x \cos \alpha + y \operatorname{sen} \alpha = p, \qquad (0\text{-}38)$$

onde $\alpha = \omega \pm (\pi/2)$ é o ângulo do eixo positivo x com a reta passando por O e perpendicular à reta de (0-34), e p é a distância de O à reta (Fig. 0-6).

O lugar geométrico de uma *equação do segundo grau* em x e y

$$Ax^2 + Bxy + Cy^2 + Dx + Ey + F = 0 \qquad (0\text{-}39)$$

é um círculo (se $A = C$, $B = 0$), uma elipse (se $B^2 - 4AC < 0$), uma hipérbole (se $B^2 - 4AC > 0$), ou uma parábola (se $B^2 - 4AC = 0$). Esses lugares geométricos podem ser degenerados: por exemplo, uma elipse reduzida a um ponto, um par de retas...

Também podemos descrever os pontos do plano xy por meio de coordenadas polares, r, θ, como na Sec. 0-2. Em termos das coordenadas polares, a equação (0-38) de uma reta toma a forma

$$r \cos(\theta - \alpha) = p, \tag{0-40}$$

e as seções cônicas (0-39) com foco em O são dadas por

$$r = \frac{l}{1 + e \cos(\theta - \beta)}, \tag{0-41}$$

onde e (excentricidade), β, e l são constantes.

0-5. GEOMETRIA ANALÍTICA NO ESPAÇO. No espaço, determina-se um sistema de coordenadas por meio de três retas orientadas Ox, Oy, Oz, perpendiculares entre si e que se interceptam num ponto O. Os pontos $(x, 0, 0)$, $(0, y, 0)$, e $(0, 0, z)$ são situados sobre os eixos correspondentes, como no caso do plano, e a uma tripla genérica (x, y, z) corresponde um ponto P cujas projeções sobre os três eixos são $(x, 0, 0)$, $(0, y, 0)$, e $(0, 0, z)$, como mostra a Fig. 0-7.

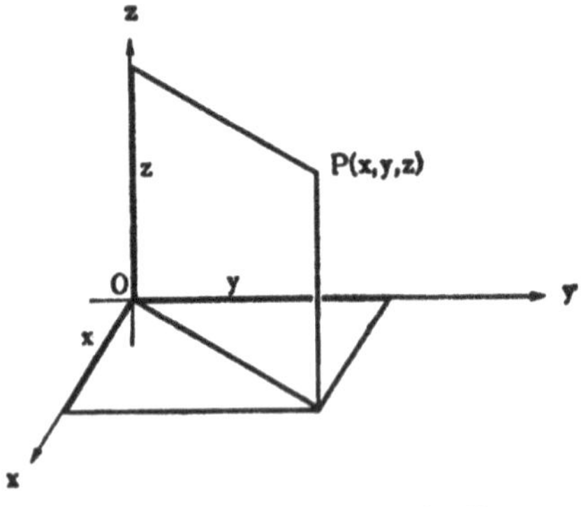

Figura 0-7. Coordenadas no espaço

Por aplicação repetida do Teorema de Pitágoras, conclui-se que a distância d entre dois pontos (x_1, y_1, z_1) e (x_2, y_2, z_2) do espaço é igual a

$$d = \sqrt{(x_2 - x_1)^2 + (y_2 - y_1)^2 + (z_2 - z_1)^2}. \tag{0-42}$$

A uma reta L no espaço são associados conjuntos de *coeficientes direcionais*, ou *componentes direcionais*, da maneira seguinte: sejam $P_1:(x_1, y_1, z_1)$ e $P_2:(x_2, y_2, z_2)$ dois pontos distintos sobre L. Então, os três números $a = x_2 - x_1$, $b = y_2 - y_1$, $c = z_2 - z_1$ (nessa ordem) constituem um conjunto de componentes direcionais. Para obter outros tais conjuntos, basta variar os dois pontos sobre L. Se a', b', c' é um tal outro conjunto, então esses números são proporcionais a a, b, c; isto é, tem-se

$$a:b:c = a':b':c'. \tag{0-43}$$

Além disso, se a', b', c' é uma tripla qualquer de números diferente de 0, 0, 0 tal que verifique (0-43), então a', b', c' é um conjunto de componentes direcionais de L.

Segue-se que L_1 e L_2 são paralelas ou coincidentes se, e somente se, valer

$$a_1 : b_1 : c_1 = a_2 : b_2 : c_2 \tag{0-44}$$

para respectivos conjuntos de componentes direcionais.

Se L passar pela origem (0, 0, 0), então pode-se escolher a origem como sendo P_1; nesse caso, conclui-se que as coordenadas (x, y, z) de um outro ponto qualquer sobre L formam um conjunto de componentes direcionais de L.

Se L é uma reta passando por (x_1, y_1, z_1), tendo componentes direcionais a, b, c, então todo ponto (x, y, z) de L deve satisfazer à condição:

$$(x - x_1):(y - y_1):(z - z_1) = a : b : c \tag{0-45}$$

ou (se nenhuma das componentes direcionais for 0):

$$\frac{x - x_1}{a} = \frac{y - y_1}{b} = \frac{z - z_1}{c}, \tag{0-46}$$

que são equações simétricas de L. Se indicarmos por t o valor comum dos três quocientes, obtemos

$$x = x_1 + at, \quad y = y_1 + bt, \quad z = z_1 + ct, \tag{0-47}$$

que são equações paramétricas de L. À medida que o "parâmetro" t percorre o conjunto dos números reais, (x, y, z) desloca-se na reta L, e a cada ponto de L corresponde um único t.

Define-se o ângulo (não-orientado) entre duas retas orientadas L_1 e L_2, que se interceptam, do mesmo modo que na geometria plana. Se L_1 e L_2 forem retas orientadas que não se cortam, é possível traçar por um ponto P' do espaço duas retas L'_1 e L'_2 respectivamente paralelas a L_1 e L_2, com as mesmas orientações; por definição, o ângulo θ entre L_1 e L_2 será o mesmo que o ângulo entre L'_1 e L'_2. Isso não depende da escolha de P'.

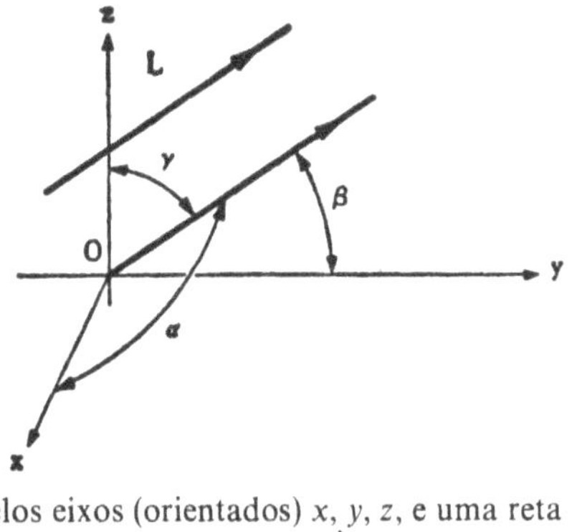

Figura 0-8. Ângulos diretores

Os ângulos α, β, γ determinados pelos eixos (orientados) x, y, z, e uma reta orientada L têm nome de ângulos diretores de L. As quantidades

$$l = \cos\alpha, \quad m = \cos\beta, \quad n = \cos\gamma \tag{0-48}$$

são chamadas cossenos diretores de L. Se o sentido de L for trocado, l, m, e n mudam todos de sinal. Demonstra-se que l, m, n constituem um conjunto de números diretores para L e que

$$l^2 + m^2 + n^2 = 1; \tag{0-49}$$

reciprocamente, se (a, b, c) for uma tripla qualquer de números diretores de L tal que

$$a^2 + b^2 + c^2 = 1, \tag{0-50}$$

então $a = l$, $b = m$, $c = n$, para uma orientação conveniente de L. Disso resulta que, se a, b, c são números diretores, então

$$l = \frac{a}{\sqrt{a^2 + b^2 + c^2}}, \quad m = \frac{b}{\sqrt{a^2 + b^2 + c^2}}, \quad n = \frac{c}{\sqrt{a^2 + b^2 + c^2}} \tag{0-51}$$

também são um conjunto de cossenos diretores de L.

Se L_1 e L_2 são duas retas orientadas no espaço e θ é o ângulo que elas formam, então

$$\cos\theta = l_1 l_2 + m_1 m_2 + n_1 n_2, \tag{0-52}$$

onde l_1, m_1, n_1 e l_2, m_2, n_2 são os cossenos diretores de L_1 e L_2, respectivamente. Essa propriedade pode ser demonstrada se aplicarmos a lei dos cossenos ao triângulo cujos vértices são $(0, 0, 0)$, (l_1, m_1, n_1), (l_2, m_2, n_2) e no qual dois lados têm comprimento 1 e são paralelos a L_1 e L_2, respectivamente. De (0-52) segue-se que L_1 e L_2 serão perpendiculares se, e somente se, valer

$$l_1 l_2 + m_1 m_2 + n_1 n_2 = 0; \tag{0-53}$$

conclui-se também que L_1 e L_2 são perpendiculares se, e somente se,

$$a_1 a_2 + b_1 b_2 + c_1 c_2 = 0, \tag{0-54}$$

onde a_1, b_1, c_1 e a_2, b_2, c_2 são famílias de números diretores de L_1 e L_2.

Toda equação do primeiro grau

$$Ax + By + Cz + D = 0 \tag{0-55}$$

representa um plano no espaço, e todo plano admite uma tal representação. Se (x_1, y_1, z_1) é um ponto do plano, então a equação pode ser colocada sob a forma:

$$A(x - x_1) + B(y - y_1) + C(z - z_1) = 0; \tag{0-56}$$

isso mostra que A, B, C é um conjunto de números diretores de uma reta perpendicular a todas as retas do plano, ou seja, A, B, C é um conjunto de números diretores de uma reta *normal* ao plano. Segue-se que dois planos

$$A_1 x + B_1 y + C_1 z + D_1 = 0$$

e

$$A_2 x + B_2 y + C_2 z + D_2 = 0$$

são paralelos ou coincidentes se, e somente se,

$$A_1 : B_1 : C_1 = A_2 : B_2 : C_2, \tag{0-57}$$

e são perpendiculares se, e somente se,

$$A_1 A_2 + B_1 B_2 + C_1 C_2 = 0. \tag{0-58}$$

Se dividirmos a equação geral (0-55) por $\pm \sqrt{A^2 + B^2 + C^2}$, ela pode ser colocada sob a forma normalizada:

$$lx + my + nz = p, \tag{0-59}$$

onde l, m, n são os cossenos diretores de uma reta passando pela origem, normal ao plano, e p é a distância perpendicular da origem ao plano.

As equações do segundo grau

$$Ax^2 + By^2 + Cz^2 + Dxy + Exz + Fyz + Gx + Hy + Jz + K = 0 \tag{0-60}$$

representam superfícies quádricas no espaço. Entre estas, figuram o elipsóide (sendo a esfera um caso particular), o hiperbolóide de uma folha, o hiperbolóide de duas folhas, o parabolóide elíptico, o parabolóide hiperbólico, o cone elíptico, e cilindros quádricos.

É comum o uso de dois outros sistemas de coordenadas no espaço: as coordenadas cilíndricas e as coordenadas esféricas. As coordenadas cilíndricas são obtidas trocando-se duas das coordenadas retangulares pelas coordenadas polares correspondentes; por exemplo, na Fig. 0-9, (x, y) são substituídas por (r, θ) e, com isso, as coordenadas cilíndricas de P são (r, θ, z). Nas coordenadas esféricas, usa-se um ângulo como coordenada polar num plano coordenado, a distância da origem O ao ponto P, e o ângulo entre OP e o terceiro eixo; por exemplo, na Fig. 0-9, são usados os ângulos θ e ϕ, e a distância ρ. As relações entre os sistemas de coordenadas retangulares, cilíndricas e esféricas podem ser obtidas das fórmulas seguintes:

$$x = r\cos\theta, \qquad y = r \operatorname{sen}\theta,$$
$$z = \rho\cos\phi, \qquad r = \rho \operatorname{sen}\phi; \tag{0-61}$$

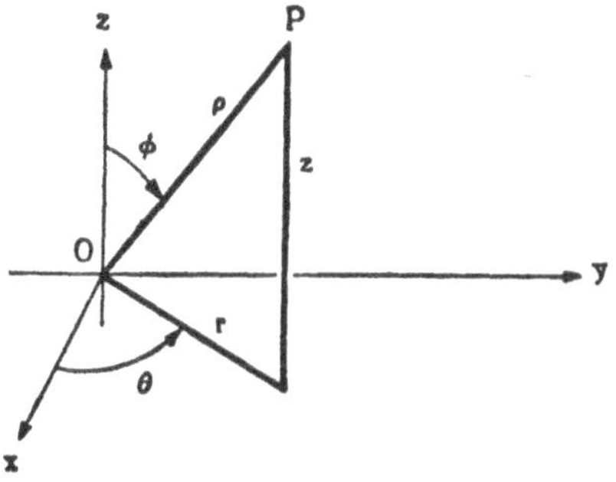

Figura 0-9. Coordenadas cilíndricas e esféricas

seguem-se imediatamente as equações

$$x = \rho \operatorname{sen} \phi \cos \theta, \qquad y = \rho \operatorname{sen} \phi \operatorname{sen} \theta, \qquad z = \rho \cos \phi, \tag{0-62}$$

ligando coordenadas esféricas e retangulares.

0-6. FUNÇÕES, LIMITES, CONTINUIDADE. O estudo de curvas na geometria analítica plana nos conduz de modo natural ao conceito de função. Dizemos que y é uma função de x, para um determinado conjunto de valores de x, se a cada x desse conjunto está associado um valor correspondente de y; a x chamaremos de variável independente, e y de variável dependente. A equação simbólica $y = f(x)$ significa que y é uma função de x e também exibe o par de valores associados. Por exemplo, se $y = x^2 - 1$ para todo x, então $f(1) = 0$, $f(2) = 3$, e, de modo geral, $f(x) = x^2 - 1$. Assim, $f(x)$ é um símbolo que representa a regra explícita que permite calcular y, dado um x qualquer, quando for possível encontrar uma tal regra. Por outro lado, y pode ser dada como uma função implícita de x, como no caso da equação

$$x^2 + y^2 = 1 \qquad (y > 0).$$

Seja agora $y = f(x)$ para $a \leqq x < x_0$, onde $a < x_0$. Então a equação

$$\lim_{x \to x_0 -} f(x) = c \tag{0-63}$$

significa que: dado um número positivo arbitrário ε, existe um número positivo δ tal que, para todo x verificando $x_0 - \delta < x < x_0$, tem-se

$$|f(x) - c| < \varepsilon. \tag{0-64}$$

Em palavras, isso significa que, para x suficientemente próximo a x_0 (e menor que x_0), $f(x)$ é arbitrariamente próxima a c. Define-se de modo análogo a equação

$$\lim_{x \to x_0 +} f(x) = c \tag{0-65}$$

para $f(x)$ definida num intervalo $x_0 < x \leqq b$, de sorte que são tomados apenas aqueles valores de x superiores a x_0. Por fim, se $f(x)$ for definida tanto à esquerda como à direita de x_0 [isto é, para $a \leqq x < x_0$ ou $x_0 < x \leqq b$, existe $f(x)$], então

$$\lim_{x \to x_0} f(x) = c \tag{0-66}$$

significa que, para cada ε positivo, existe um δ positivo, tal que vale (0-64) toda vez que temos $0 < |x - x_0| < \delta$. Assim sendo, (0-66) é equivalente a (0-63) e (0-65) combinados. Deve-se notar que nas três definições não se menciona o fato de $f(x_0)$ ser também definida ou não.

Seja agora $f(x)$ definida para $a \leqq x \leqq b$. Dizemos então que $f(x)$ é contínua no valor x_0, com $a < x_0 < b$, se $\lim_{x \to x_0} f(x)$ existe e

$$\lim_{x \to x_0} f(x) = f(x_0). \tag{0-67}$$

Diz-se que a função $f(x)$ é contínua à esquerda em $x = b$ se

$$\lim_{x \to b-} f(x) = f(b), \tag{0-68}$$

e que ela é contínua à direita em $x = a$ se

$$\lim_{x \to a+} f(x) = f(a). \tag{0-69}$$

Finalmente, diz-se que $f(x)$ é contínua no intervalo $a \leqq x \leqq b$ se ela for contínua para cada x_0 dentro do intervalo (isto é, para $a < x_0 < b$) e contínua à esquerda em b, contínua à direita em a.

Pode acontecer que não exista um limite do tipo (0-66), verificando-se que, à medida que x se aproxima de x_0, $f(x)$ cresce indefinidamente [ou seja, para cada número M existe um δ positivo tal que $f(x) > M$ para $0 < |x - x_0| < \delta$]. Nesse caso, escrevemos

$$\lim_{x \to x_0} f(x) = +\infty. \tag{0-70}$$

Definimos de modo análogo as expressões

$$\lim_{x \to x_0} f(x) = -\infty, \qquad \lim_{x \to x_0+} f(x) = +\infty, \qquad \text{etc.}$$

Se $f(x)$ é definida para todo x maior que a, então, por definição, a equação

$$\lim_{x \to +\infty} f(x) = c \tag{0-71}$$

significa que: dado um ε arbitrário > 0, existe um número K tal que $|f(x) - c| < \varepsilon$ para $x > K$. Definem-se de modo análogo as expressões

$$\lim_{x \to -\infty} f(x) = c, \qquad \lim_{x \to +\infty} f(x) = +\infty, \qquad \text{etc.}$$

Teorema. *Se* $\lim f(x) = c$, $\lim g(x) = d$, *então* $\lim [f(x) + g(x)] = c + d$, $\lim [f(x) \cdot g(x)] = c \cdot d$, $\lim [f(x)/g(x)] = c/d$, *contanto que* $d \neq 0$; *a soma, o produto, e o quociente de funções contínuas são contínuos contanto que não haja divisão por* 0.

Os limites mencionados podem ser do tipo (0-63), (0-65), (0-66) ou (0-71). A continuidade no teorema é válida à esquerda, à direita, ou num intervalo.

Se $y = f(u)$ e $u = g(x)$ são funções dadas, podemos definir uma nova função, a "função composta" (ou a "função da função"), escrevendo $h(x) = f[g(x)]$. Essa função será definida num intervalo $a \leqq x \leqq b$ contanto que $g(x)$ seja definida nesse mesmo intervalo, e assume valores num intervalo $c \leqq u \leqq d$ dentro do qual $f(u)$ é definida. A continuidade de f e g implica na continuidade de h:

Teorema. *Sejam* $y = f(u)$ *e* $u = g(x)$ *definidas e contínuas para* $c \leqq u \leqq d$ *e* $a \leqq x \leqq b$, *respectivamente; seja* $c \leqq g(x) \leqq d$ *para* $a \leqq x \leqq b$. *Então* $h(x) = f[g(x)]$ *é definida e contínua para* $a \leqq x \leqq b$.

Se c é constante, então $f(x) = c$ é contínua para todo x; se $f(x) = x$, então $f(x)$ é contínua para todo x. Em ambos os casos, pode-se verificar diretamente que a condição de continuidade está satisfeita. A partir dessas duas funções, é possível construir as seguintes funções, por mera multiplicação:

$$x^2,\ x^3, \ldots, x^n;\ cx,\ cx^2, \ldots, cx^n\ (n = \text{inteiro positivo}).$$

Os teoremas acima, relativos a produtos de funções contínuas, garantem que todas essas funções são contínuas para todo x. Valendo-nos do teorema da soma e do quociente de duas funções, concluímos que um polinômio

$$f(x) = c_0 x^n + c_1 x^{n-1} + \cdots + c_{n-1} x + c_n$$

é uma função contínua para todo x, o que também é o caso de qualquer função racional

$$f(x) = \frac{c_0 x^n + c_1 x^{n-1} + \cdots + c_{n-1} x + c_n}{a_0 x^m + a_1 x^{m-1} + \cdots + a_{m-1} x + a_m}$$

em todo intervalo que não contém nenhuma raiz do denominador.

0-7. AS FUNÇÕES TRANSCENDENTES ELEMENTARES. Em álgebra, se a é um número positivo, a^x é definida de modo a ter um significado para todo x racional; assim sendo, $a^{-3/2}$ é o inverso da raiz quadrada positiva de a^3. Mostra-se em obras mais avançadas [G. H. Hardy, *Pure Mathematics* (Cambridge University Press, 1938) Cap. IX] que é possível definir a^x também para valores irracionais de x, de modo que a função resultante seja definida e contínua para todos os valores de x. Por causa da continuidade, um número como a^π pode ser calculado aproximadamente, usando números racionais próximos a π (por exemplo, 3,1416).

Seguem aqui outras propriedades dessa função, a "função exponencial de base a":

$$a^x \cdot a^y = a^{x+y}; \quad \frac{a^x}{a^y} = a^{x-y}; \tag{0-72}$$

$$(a^x)^y = a^{xy}; \tag{0-73}$$

se $a > 1$, então a^x cresce à medida que x cresce,

$$\lim_{x \to -\infty} a^x = 0, \quad \text{e} \quad \lim_{x \to +\infty} a^x = +\infty; \quad 1^x = 1 \text{ para todo } x; \tag{0-74}$$

se $a \neq 1$ e $x_2 > 0$, então $a^{x_1} = x_2$ admite uma única solução em x_1. (0-75)

A propriedade (0-75) nos conduz à definição do logaritmo: $x_1 = \log_a x_2$ se $a^{x_1} = x_2$. Se a for positivo e diferente de 1, então a função $\log_a x$ será definida para todos os valores positivos de x. Mostra-se que ela é contínua para esses valores de x e que goza das seguintes propriedades, correspondentes a (0-72)-(0-75):

$$\log_a(x_1 x_2) = \log_a x_1 + \log_a x_2 ; \quad \log_a \frac{x_1}{x_2} = \log_a x_1 - \log_a x_2 ; \tag{0-76}$$

$$\log_a x_1^{x_2} = x_2 \log_a x_1 ; \tag{0-77}$$

se $a > 1$, então $\log_a x$ cresce à medida que x cresce,

$$\lim_{x \to 0+} \log_a x = -\infty, \quad \text{e} \quad \lim_{x \to +\infty} \log_a x = +\infty ; \tag{0-78}$$

a equação $\log_a x_2 = x_1$ admite uma única solução em x_2. (0-79)

A função logarítmica e a função exponencial são relacionadas pelas equações:

$$\log_a a^x = x ; \quad a^{\log_a x} = x ; \tag{0-80}$$

essas expressões revelam que uma função é a inversa da outra.

As funções $\operatorname{sen} x$ e $\cos x$ são definidas em trigonometria para todos os valores de x. Em cálculo, os ângulos são medidos em radianos de sorte que ambas as funções têm período 2π. Pode-se mostrar que essas funções são contínuas para todo x, partindo do significado geométrico das mesmas. Para efeito de referência, segue aqui uma lista das identidades fundamentais verificadas por $\operatorname{sen} x$ e $\cos x$:

$$\left.\begin{aligned}
&\operatorname{sen}(x \pm y) = \operatorname{sen} x \cos y \pm \cos x \operatorname{sen} y,\\
&\cos(x \pm y) = \cos x \cos y \mp \operatorname{sen} x \operatorname{sen} y,\\
&\operatorname{sen} x + \operatorname{sen} y = 2 \operatorname{sen} \frac{x+y}{2} \cos \frac{x-y}{2},\\
&\cos x + \cos y = 2 \cos \frac{x+y}{2} \cos \frac{x-y}{2},\\
&\operatorname{sen} x \operatorname{sen} y = -\tfrac{1}{2}[\cos(x+y) - \cos(x-y)],\\
&\cos x \cos y = \tfrac{1}{2}[\cos(x+y) + \cos(x-y)],\\
&\operatorname{sen} x \cos y = \tfrac{1}{2}[\operatorname{sen}(x+y) + \operatorname{sen}(x-y)],\\
&\operatorname{sen} 2x = 2 \operatorname{sen} x \cos x, \ \cos 2x = \cos^2 x - \operatorname{sen}^2 x, \ \operatorname{sen}^2 x + \cos^2 x = 1,\\
&\operatorname{sen}(-x) = -\operatorname{sen} x, \ \cos(-x) = \cos x, \ \operatorname{sen}\left(\frac{\pi}{2} - x\right) = \cos x,\\
&\operatorname{sen}(\pi - x) = \operatorname{sen} x, \ \operatorname{sen}^2 \frac{x}{2} = \frac{1 - \cos x}{2}, \quad \cos^2 \frac{x}{2} = \frac{1 + \cos x}{2},\\
&c^2 = a^2 + b^2 - 2ab \cos C, \text{ para um triângulo de lados } a, b, c.
\end{aligned}\right\} \tag{0-81}$$

As identidades seguintes definem mais quatro funções trigonometricas:

$$\operatorname{tg} x = \frac{\operatorname{sen} x}{\cos x}, \ \operatorname{cotg} x = \frac{\cos x}{\operatorname{sen} x}, \ \operatorname{cosec} x = \frac{1}{\operatorname{sen} x}, \ \sec x = \frac{1}{\cos x}. \tag{0-82}$$

Essas funções satisfazem a outras identidades, relacionadas com aquelas de $\operatorname{sen} x$ e $\cos x$.

Para um dado x, a equação $\operatorname{sen} y = x$ possui infinitas soluções y, contanto que $-1 \leqq x \leqq 1$. Essa "função com vários valores" é indicada por $\operatorname{arc\,sen} x$ ou $\operatorname{sen}^{-1} x$; assim sendo, $\operatorname{arc\,sen} 1/2$ possui os valores $\pi/6 + 2n\pi$, $5\pi/6 + 2n\pi$ ($n = 0, \pm 1, \pm 2, \ldots$). Para que essa "função" assuma um só valor para cada x, impõe-se a restrição

$$-\frac{\pi}{2} \leqq \operatorname{arc\,sen} x \leqq \frac{\pi}{2}, \quad -1 \leqq x \leqq 1, \tag{0-83}$$

e a função que resulta é denominada valor principal de $\operatorname{arc\,sen} x$. Neste livro, ao escrever $\operatorname{arc\,sen} x$ estaremos falando desse valor principal, a menos de especificação em contrário. Definem-se de modo análogo as funções $\operatorname{arc\,cos} x$ e $\operatorname{arc\,tg} x$, com as restrições:

$$0 \leqq \operatorname{arc\,cos} x \leqq \pi,\ -1 \leqq x \leqq 1;\ -\frac{\pi}{2} < \operatorname{arc\,tg} x < \frac{\pi}{2},\ -\infty < x < \infty. \tag{0-84}$$

Todas essas três funções, com as respectivas restrições, são contínuas em seus intervalos de definição. Elas são as inversas de $\operatorname{sen} x$, $\cos x$, $\operatorname{tg} x$, respectivamente, como mostram as identidades:

$$\begin{aligned} &\operatorname{sen}(\operatorname{arc\,sen} x) = x,\ \cos(\operatorname{arc\,cos} x) = x,\ \operatorname{tg}(\operatorname{arc\,tg} x) = x,\\ &\operatorname{arc\,sen}(\operatorname{sen} x) = x,\ \operatorname{arc\,tg}(\operatorname{tg} x) = x,\ -\frac{1}{2}\pi \leqq x \leqq \frac{1}{2}\pi,\\ &\operatorname{arc\,cos}(\cos x) = x,\ 0 \leqq x \leqq \pi. \end{aligned} \tag{0-85}$$

As funções inversas verificam outras identidades; por exemplo,

$$\operatorname{arc\,tg} x + \operatorname{arc\,tg} y = \operatorname{arc\,tg} \frac{x + y}{1 - xy}$$

(não necessariamente valores principais). Essas identidades adicionais são paralelas àquelas das funções diretas.

Às funções $\operatorname{sen} x$, $\cos x$ e e^x (onde $e = 2{,}71828\ldots$, como será definido na seção seguinte) e suas inversas costuma-se dar o nome de funções transcendentes elementares. As funções que são obtidas a partir destas últimas e de polinômios, por meio de um número finito de aplicações das operações aritméticas, de potenciação, e de substituições (composição de funções), recebem o nome de funções elementares. Por exemplo,

$$y = \log_e(1 + \sqrt{1 - x^2 \cos x})$$

é uma função elementar.

Retratamos na Fig. 0-10 o comportamento das funções $\operatorname{sen} x$, $\cos x$, $\operatorname{tg} x$, e^x, $\log_e x$, $\operatorname{arc\,sen} x$, $\operatorname{arc\,tg} x$. Esses gráficos podem ser aproveitados para cálculos numéricos em que aproximações grosseiras sejam suficientes.

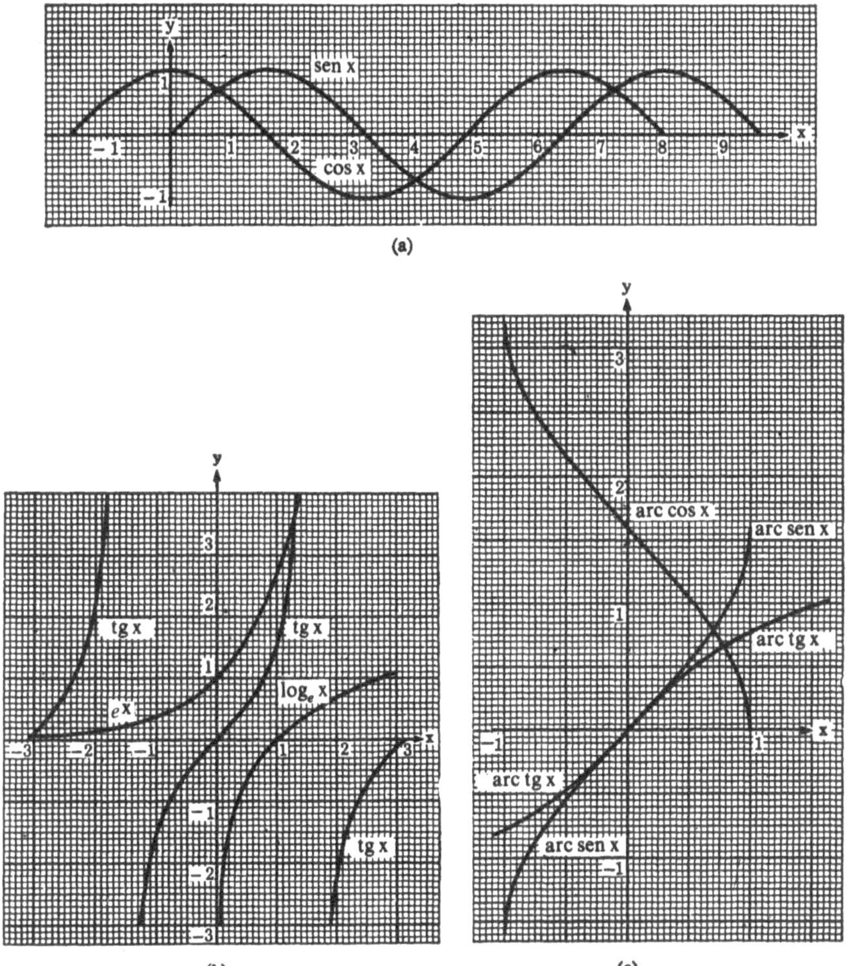

Figura 0-10.

0-8. CÁLCULO DIFERENCIAL. Seja $f(x)$ uma função definida para $a < x < b$. Para cada x desse domínio, a derivada $y' = f'(x)$ é definida pela equação

$$f'(x) = \lim_{\Delta x \to 0} \frac{f(x + \Delta x) - f(x)}{\Delta x}, \qquad (0\text{-}86)$$

contanto que esse limite exista. É de se observar que o limite não poderá existir se $f(x)$ for descontínua no valor x considerado; contudo a continuidade sozinha não garante a existência da derivada.

A diferencial dy da função $y = f(x)$ é definida pela fórmula:

$$dy = f'(x)\,\Delta x. \tag{0-87}$$

Nessa equação, Δx pode ser substituído por dx (por um motivo que daremos abaixo), de sorte que temos

$$dy = f'(x)\,dx \quad \text{ou} \quad \frac{dy}{dx} = f'(x). \tag{0-88}$$

A derivada pode ser interpretada geometricamente como sendo a inclinação da reta tangente à curva $y = f(x)$ no ponto (x, y) considerado. Com isso, a equação da tangente em (x_1, y_1) é, pela (0-37),

$$y - y_1 = f'(x_1)(x - x_1). \tag{0-89}$$

Assim sendo, dx e dy podem ser interpretados como sendo as variações em x e y segundo a tangente à curva (Fig. 0-11).

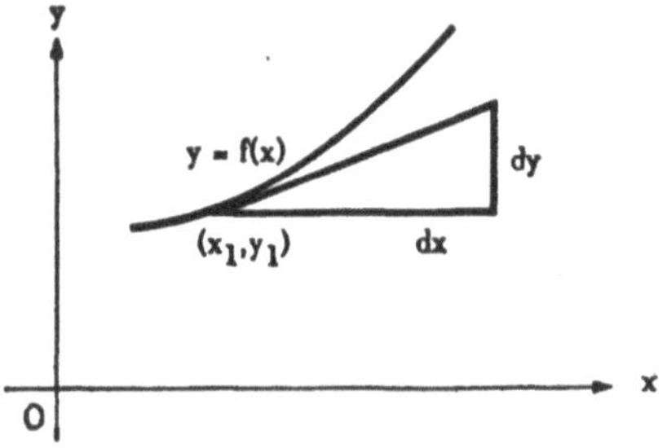

Figura 0-11. Diferenciais

Define-se a derivada segunda $f''(x)$ como sendo a derivada da primeira derivada, e derivadas de ordem superior são definidas de modo análogo. Outras notações para derivadas de ordem superior são:

$$\frac{d^2y}{dx^2}, \frac{d^3y}{dx^3}, \ldots, \frac{d^ny}{dx^n}, \ldots$$

ou

$$y'', y''', y^{\text{iv}}, y^{\text{v}}, \ldots, y^{(n)}$$

O teorema que segue resume as propriedades básicas da derivada:

Teorema. *Sejam $u = f(x)$ e $v = g(x)$ definidas para $a < x < b$. Então, para cada x nesse intervalo, tal que u' e v' existam, as funções $u + v$, $u \cdot v$, u/v possuem derivadas, que são dadas pelas fórmulas*

$$(u + v)' = u' + v',\ (u \cdot v)' = uv' + vu',\ \left(\frac{u}{v}\right)' = \frac{vu' - uv'}{v^2} \tag{0-90}$$

(no último caso, somente quando $v \neq 0$).

Se $w = h(u)$ e $u = f(x)$ são tais que $w = h[f(x)]$ é definida para $a < x < b$, e se existir u' para um determinado x e existir $h'(u)$ para o valor *correspondente de u, então $w = h[f(x)]$ possuirá uma derivada para esse valor de x, que é dada pela fórmula:*

$$\frac{dw}{dx} = h'(u)\frac{du}{dx}\cdot \tag{0-91}$$

Aplicando repetidas vezes a regra de derivação do produto $u \cdot v$, obtém-se a regra

$$\text{se } y = x^n, \quad \text{então} \quad y' = nx^{n-1} \tag{0-92}$$

para qualquer inteiro positivo n. Esse resultado pode ser estendido a todos os valores reais de n. O caso $n = 0$ está incluído na regra:

$$\text{se } y = c(c = \text{constante}), \text{ então } y' = 0. \tag{0-93}$$

As derivadas sucessivas de $y = u \cdot v$ são dadas pelas fórmulas

$$(u \cdot v)' = u'v + uv', \ (u \cdot v)'' = u''v + 2u'v' + uv'',$$
$$(u \cdot v)''' = u'''v + 3u''v' + 3u'v'' + uv''', \ldots,$$

e a regra de Leibniz enuncia o caso geral:

$$(u \cdot v)^{(n)} = u^{(n)} \cdot v + nu^{(n-1)}v' + \frac{n \cdot (n-1)}{1 \cdot 2}u^{(n-2)}v'' + \cdots$$
$$+ C_r^n u^{(n-r)}v^{(r)} + \cdots + uv^{(n)}. \tag{0-94}$$

Essa fórmula se parece com a do teorema do binômio (0-30).

A derivada de um quociente de dois produtos é dada pela regra

$$\left(\frac{u \cdot v}{w \cdot z}\right)' = \left(\frac{u \cdot v}{w \cdot z}\right)\left(\frac{u'}{u} + \frac{v'}{v} - \frac{w'}{w} - \frac{z'}{z}\right),$$

na qual aparecem como casos particulares as regras do produto e quociente simples. De modo geral, verifica-se que

$$\left(\frac{u_1 \cdot u_2 \cdots u_n}{v_1 \cdot v_2 \cdots v_m}\right)' = \left(\frac{u_1 \cdot u_2 \cdots u_n}{v_1 \cdot v_2 \cdots v_m}\right)\left(\frac{u_1'}{u_1} + \frac{u_2'}{u_2} + \cdots + \frac{u_n'}{u_n} - \frac{v_1'}{v_1} - \frac{v_2'}{v_2} - \cdots - \frac{v_m'}{v_m}\right)\cdot \tag{0-95}$$

Isso pode ser demonstrado por indução ou por "derivação logarítmica", que será explicada no Prob. 27.

Seja y dada como uma função implícita em x; por exemplo, pela equação

$$x^3 + x^2y - xy^2 - 2x - y - 1 = 0; \tag{0-96}$$

então, substituindo y pela função correspondente em x, obtemos uma identidade em x. Agora é possível derivar ambos os lados da equação com respeito a x, e obtemos uma relação verificada por y'. Assim, no exemplo acima, temos

$$3x^2 + x^2y' + 2xy - 2xyy' - y^2 - 2 - y' = 0.$$

Podemos derivar novamente essa relação para obter y'' e assim por diante.

Sejam $w = h(u)$ e $u = f(x)$, de modo que a regra (0-91) da função composta seja aplicável. Então, $dw = h'(u)\,\Delta u$ é diferencial de w em termos de u, e $du = f'(x)\,\Delta x$ é a diferencial de u em termos de x. De (0-91) conclui-se que a diferencial de w em termos de x é

$$dw = h'(u)f'(x)\,\Delta x = h'(u)\,du; \tag{0-97}$$

ou seja, se x é a variável independente, então dw e du estão relacionados pela mesma fórmula que dw e Δu, quando u é a variável independente. Portanto a substituição de Δu por du conduz a um resultado correto, pouco importando saber qual é a variável independente. Analogamente, quando se lida com diferenciais, podem-se tratar as variáveis do mesmo modo. Por exemplo, tem-se o seguinte resultado: se $y = f(x)$, então $dy = f'(x)\,dx$, donde

$$\frac{dx}{dy} = \frac{1}{f'(x)}\,[f'(x) \neq 0]; \tag{0-98}$$

essa é a regra da derivada da função inversa. Na equação implícita (0-96), podem-se tratar as duas variáveis da mesma maneira, e tomar as diferenciais ao invés das derivadas; obtém-se

$$3x^2\,dx + x^2\,dy + 2xy\,dx - 2xy\,dy - y^2\,dx - 2dx - dy = 0,$$

donde é possível extrair a derivada dy/dx ou a derivada dx/dy. Estendendo esse raciocínio, conclui-se que, para equações paramétricas

$$x = f(t), \qquad y = g(t), \tag{0-99}$$

vale

$$\frac{dy}{dx} = \frac{g'(t)}{f'(t)}\,[f'(t) \neq 0]. \tag{0-100}$$

Observar que a condição $f'(t) \neq 0$ [e a condição análoga $f'(x) \neq 0$ em (0-98)] é justamente a condição que garante que a função inversa $t = t(x)$ [ou, em (0-98), $x = x(y)$] seja bem definida e derivável. Isso é visto facilmente na representação gráfica das funções.

As regras acima permitem-nos calcular explicitamente as derivadas de todas as funções racionais de x e, de forma mais geral, de todas as funções constituídas a partir de polinômios pelo uso repetido de operações aritméticas e de elevação a uma potência constante. Também é possível derivar funções implícitas definidas por equações onde ocorrem essas operações sobre x e y (obter y' como uma função de x e y), e derivar funções paramétricas do tipo (0-99) (aqui, trata-se de obter y' como uma função de t).

Quanto às funções transcendentes elementares, valem:

$$(\operatorname{sen} x)' = \cos x, \; (\cos x)' = -\operatorname{sen} x, \; (a^x)' = a^x \log_e a,$$

$$(\log_a x)' = \frac{1}{\log_e a}\,\frac{1}{x}\cdot \tag{0-101}$$

As regras para sen x e cos x são conseqüências da relação

$$\lim_{\Delta x \to 0} \frac{\operatorname{sen} \Delta x}{\Delta x} = 1, \tag{0-102}$$

que é válida quando os ângulos são medidos em radianos. As regras para a^x e $\log_a x$ são conseqüências da relação:

$$\lim_{\Delta x \to 0} (1 + \Delta x)^{\frac{1}{\Delta x}} = e = 2{,}71828\ 18285\ldots \tag{0-103}$$

Em vista de (0-101), é natural em cálculo tomar e como base das funções exponencial e logarítmica: assim será feito neste texto. As regras (0-101) tomam então a forma

$$(e^x)' = e^x, \ (\log x)' = \frac{1}{x} (\log x = \log_e x). \tag{0-104}$$

A mudança para a base e é fácil devido às regras

$$a^x = e^{x \log_a}, \ \log_a x = \frac{\log x}{\log a}. \tag{0-105}$$

Um teorema fundamental do cálculo diferencial é o Teorema do Valor Médio:

$$f(b) - f(a) = f'(x_1)(b - a), \qquad a < x_1 < b. \tag{0-106}$$

Aqui, supõe-se que $f(x)$ é contínua em $a \leqq x \leqq b$ e derivável (possui uma derivada) para $a < x < b$. Nessas condições, o teorema garante a existência de um número x_1 tal que (0-106) seja verdadeira. O significado geométrico disso é simples: em algum ponto (x_1, y_1) do gráfico de $f(x)$, entre a e b, a tangente é paralela ao segmento que une as extremidades $[a, f(a)]$ e $[b, f(b)]$ do gráfico. Esse teorema acarreta que, se $f'(x) = 0$ para todo um intervalo, então $f(x)$ é constante nesse intervalo todo.

Um caso especial do Teorema do Valor Médio é o Teorema de Rolle: *Seja $f(x)$ contínua para $a \leqq x \leqq b$ e derivável para $a < x < b$; se $f(a) = f(b)$, então $f'(x_1) = 0$ para pelo menos **um** x_1, tal que $a < x_1 < b$.*

Lembremos que, se $f(x)$ é **definida** para $a \leqq x \leqq b$, a continuidade de $f(x)$ nesse intervalo foi definida por meio dos limites à direita e à esquerda de a e b (ver a definição que segue a equação (0-69) acima). Analogamente, define-se a derivabilidade de $f(x)$ no intervalo $a \leqq x \leqq b$ em termos de determinados limites à esquerda e à direita. Mais precisamente, define-se a derivada de $f(x)$ à direita, no ponto $x = a$, como sendo o limite:

$$\lim_{\Delta x \to 0+} \frac{f(a + \Delta x) - f(a)}{\Delta x};$$

e a derivada de $f(x)$ à esquerda, no ponto $x = b$, como sendo o limite:

$$\lim_{\Delta x \to 0-} \frac{f(b + \Delta x) - f(b)}{\Delta x};$$

contanto que os limites existam. Diz-se então que a função $f(x)$ é derivável no intervalo $a \leqq x \leqq b$ se $f(x)$ possuir uma derivada em cada x pertencente ao intervalo ($a < x < b$), uma derivada à direita em a e uma derivada à esquerda em b. As derivadas em a e b podem ser indicadas por $f'(a)$ e $f'(b)$ se o contexto tornar claro que se trata de limites à direita e à esquerda.

0-9. CÁLCULO INTEGRAL. A integral definida $\int_a^b f(x)\,dx$ de uma função $f(x)$, definida para $a \leqq x \leqq b$, é definida por um processo por limites:

$$\int_a^b f(x)\,dx = \lim_{\substack{n \to \infty \\ \max \Delta_i x \to 0}} \sum_{i=1}^{n} f(x_i^*)\,\Delta_i x. \tag{0-107}$$

Nessa fórmula, $x_i (i = 0, 1, \ldots, n)$ representa uma seqüência de valores de x no intervalo, tal que $a = x_0 < x_1 < x_2 < \cdots < x_n = b$, e $\Delta_i x$ representa a diferença $x_i - x_{i-1}$. O valor x_i^* é um valor qualquer de x tal que

$$x_{i-1} \leqq x_i^* \leqq x_i.$$

A Fig. 0-12 fornece uma ilustração desse processo. O processo de passagem ao limite significa o seguinte: existe um número I tal que, para n suficientemente grande e o maior $\Delta_i x$ suficientemente pequeno, a soma

$$\sum_{i=1}^{n} f(x_i^*)\,\Delta_i x = f(x_1^*)\,\Delta_1 x + \cdots + f(x_n^*)\,\Delta_n x$$

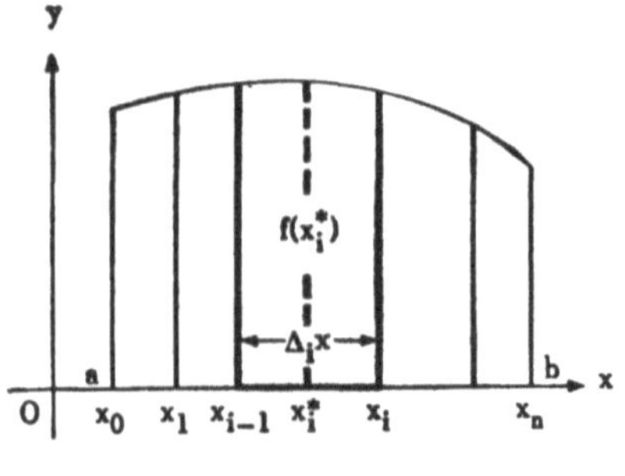

Figura 0-12. A integral definida

é arbitrariamente próxima a I, não importando a escolha dos valores x_i^*. Nessas condições, I é o valor da integral do membro esquerdo de (0-107). É possível demonstrar a existência desse limite se $f(x)$ é contínua para $a \leqq x \leqq b$.

Se $f(x)$ for contínua e positiva no intervalo todo, a integral poderá ser interpretada como sendo a área da região do plano xy limitada pelo eixo x, o gráfico de $y = f(x)$, e as retas $x = a$, $y = b$. Indicando essa área por A, tem-se

$$A = \int_a^b f(x)\,dx \qquad [f(x) \geqq 0]. \tag{0-108}$$

A integral definida verifica certas leis básicas:

$$\int_a^b [f(x) + g(x)]\,dx = \int_a^b f(x)\,dx + \int_a^b g(x)\,dx; \tag{0-109}$$

$$\int_a^b cf(x)\,dx = c\int_a^b f(x)\,dx \qquad (c = \text{constante}); \tag{0-110}$$

$$\int_a^b f(x)\,dx + \int_b^c f(x)\,dx = \int_a^c f(x)\,dx; \tag{0-111}$$

$$\int_a^b f(x)\,dx = f(x_1)(b-a) \qquad (a < x_1 < b); \tag{0-112}$$

se $M_1 \leqq f(x) \leqq M_2$ para $a \leqq x \leqq b$, então

$$M_1(b-a) \leqq \int_a^b f(x)\,dx \leqq M_2(b-a). \tag{0-113}$$

Nessas relações, supõe-se que $f(x)$ e $g(x)$ sejam contínuas nos intervalos em questão; as equações (0-109), (0-110), (0-111), e a desigualdade (0-113) continuam válidas num contexto um pouco mais geral. A equação (0-112) é o Teorema do Valor Médio para integrais; ela pode ser deduzida da propriedade (0-106).

Se $a > b$, define-se $\int_a^b f(x)\,dx$ como sendo igual a $-\int_b^a f(x)\,dx$, enquanto $\int_a^a f(x)\,dx$ é definida como igual a 0. Em conseqüência, na equação (0-11), os números a, b, c podem ser três números quaisquer pertencentes a um intervalo de definição de $f(x)$.

A regra

$$\frac{d}{dx}\int_a^x f(x)\,dx = f(x) \tag{0-114}$$

mostra que existe uma integral indefinida de $f(x)$, isto é, uma função $F(x)$ cuja derivada é $f(x)$. Tal função, é portanto,

$$F(x) = \int_a^x f(x)\,dx.$$

Supõe-se $f(x)$ contínua para $a \leqq x \leqq b$; portanto (0-114) será válida para $a < x < b$, e também para $x = a$ e $x = b$ se considerarmos derivadas à direita e à esquerda. Observa-se que o x no símbolo $f(x)\,dx$ da equação (0-114) não passa de uma variável aparente, isto é, seria igualmente correto escrever (0-114) sob a forma

$$\frac{d}{dx}\int_a^x f(u)\,du = f(x),$$

pois a variável de integração – seja lá o nome que lhe for atribuído – desaparece quando se efetua a integração. (Considere-se, por exemplo, $\int_0^x \operatorname{sen} x\,dx$ e $\int_0^x \operatorname{sen} u\,du$.) Freqüentemente, à regra (0-114) chama-se Teorema Fundamental do Cálculo, pois é o elo vital entre as duas ferramentas de cálculo: derivação e integração.

A derivada da diferença de duas integrais indefinidas de $f(x)$ é nula; portanto essa diferença tem de ser uma constante. Assim, todas as integrais indefinidas de $f(x)$ estão incluídas na fórmula

$$\int f(x)\,dx = F(x) + C, \tag{0-115}$$

onde $F(x)$ é uma função qualquer cuja derivada é $f(x)$, e C uma constante arbitrária.

A integral definida pode ser calculada por meio de uma integral indefinida conhecida usando-se a fórmula

$$\int_a^b f(x)\,dx = G(b) - G(a), \quad \text{se} \quad G'(x) = f(x). \tag{0-116}$$

Demonstração: de fato, seja

$$F(x) = \int_a^x f(x)\,dx,$$

donde, pela (0-114), temos $F'(x) = f(x)$. Portanto $F(x)$ e $G(x)$ são duas integrais indefinidas de $f(x)$, e segue-se que

$$G(x) = F(x) + C$$

para algum C. Disso, conclui-se que

$$G(b) - G(a) = F(b) - F(a) = \int_a^b f(x)\,dx - \int_a^a f(x)\,dx = \int_a^b f(x)\,dx.$$

Fica assim provada a propriedade (0-116).

Está estabelecida a existência de integrais indefinidas (de funções contínuas), porém a arte de calcular essas integrais nada tem de simples. Salvo em casos especiais, as integrais das funções elementares consideradas anteriormente não podem ser expressas em termos dessas funções elementares. Constam dos casos especiais as integrais de funções racionais e funções racionais de sen x e cos x. [Ver o Prob. 31 (r).] Algumas outras integrais podem ser reduzidas a estas últimas mediante a regra de substituição

$$\int f(x)\,dx = \int f[x(u)]\frac{dx}{du}\,du, \tag{0-117}$$

e a de integração por partes

$$\int u(x)v'(x)\,dx = u(x)v(x) - \int v(x)u'(x)\,dx, \tag{0-118}$$

que são aplicáveis sob condições apropriadas. O Prob. 31 é uma ilustração dessas regras e é, em si, uma tabela compacta de integrais. Para uma lista mais completa, ver tabelas como: H. B. Dwight, *Mathematical Tables* (New York: McGraw-Hill Co., 1941); B. O. Peirce, *A Short Table of Integrals* (Boston: Ginn and Co., 1929).

A integral definida encontra vasta aplicação em problemas de física. Além de aplicada ao cálculo de áreas planas, como já mencionamos, é ela usada no cálculo de volumes, comprimentos de curvas, áreas de superfícies, massa, centro de massa, momento de inércia, potenciais eletrostáticos, potenciais gravitacionais, e de inúmeras outras quantidades. Trataremos desse assunto nos próximos capítulos. O comprimento de uma curva $y = f(x)$, $a \leqq x \leqq b$, é dado pela fórmula

$$s = \int_a^b \sqrt{1 + f'(x)^2}\,dx, \tag{0-119}$$

contanto que $f(x)$ possua uma derivada $f'(x)$ contínua nesse intervalo. De (0-119) e (0-114), segue-se que, se s é o comprimento de curva entre $x = a$ e um x variável, então

$$\frac{ds}{dx} = \sqrt{1 + y'^2}, \tag{0-120}$$

ou

$$ds^2 = dx^2 + dy^2. \tag{0-121}$$

Vê-se assim que ds é a hipotenusa do triângulo retângulo da Fig. 0-13.

Se uma curva for dada sob a forma paramétrica

$$x = g(t), \quad y = h(t), \quad \alpha \leqq t \leqq \beta, \tag{0-122}$$

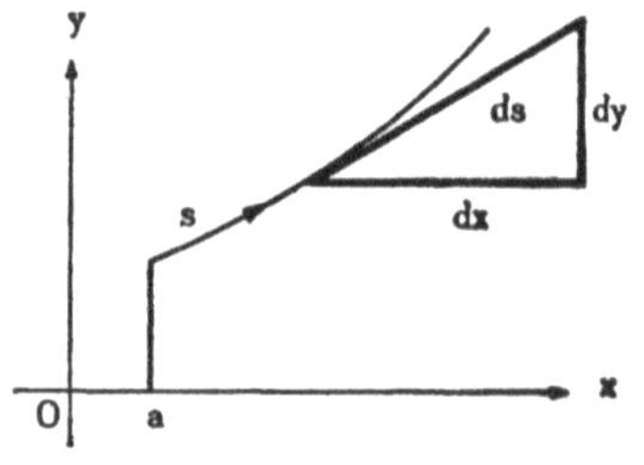

Figura 0-13

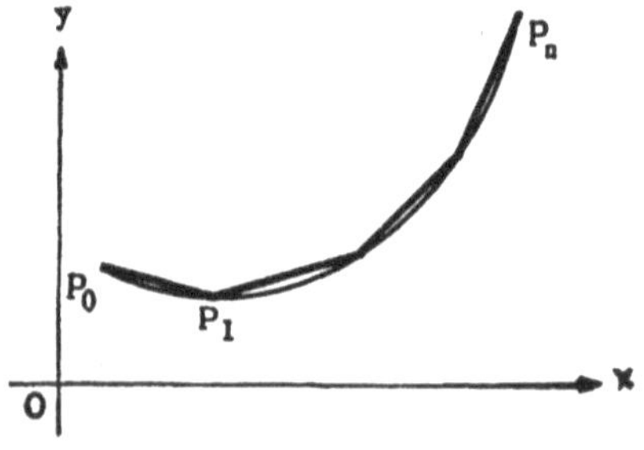

Figura 0-14. Comprimento de arco

então t pode ser interpretado como sendo tempo, e o comprimento s da parte de curva entre α e β como sendo a distância percorrida pelo ponto (x, y) nesse intervalo de tempo. De (0-121) temos que

$$\frac{ds}{dt} = \sqrt{\left(\frac{dx}{dt}\right)^2 + \left(\frac{dy}{dt}\right)^2} = \sqrt{g'(t)^2 + h'(t)^2}; \qquad (0\text{-}123)$$

isso não é senão a *velocidade* do ponto móvel (x, y). A distância total percorrida é então dada pela integral

$$s = \int_\alpha^\beta \sqrt{\left(\frac{dx}{dt}\right)^2 + \left(\frac{dy}{dt}\right)^2}\, dt. \qquad (0\text{-}124)$$

Essa integral pode ser definida diretamente como sendo o limite da soma que dá o comprimento de uma linha poligonal $P_0 P_1 \ldots P_n$ inscrita no arco, como mostra a Fig. 0-14. Os pontos P_i são as posições (x_i, y_i) correspondentes a t_i, com $t_0 = \alpha < t_1 < t_2 < \cdots < t_n = \beta$. O limite é tomado para n tendendo a infinito e a diferença máxima $t_i - t_{i-1}$ tendendo a 0. As quantidades dx/dt e dy/dt em (0-124) podem ser interpretadas como sendo as componentes x e y do "vetor-velocidade" do ponto móvel (x, y). Segue-se de (0-100) que esse vetor é tangente à curva, como indica a Fig. 0-13.

PROBLEMAS

Desigualdades e valores absolutos (Sec. 0-1)

1. Mostrar graficamente as partes do eixo x onde as seguintes desigualdades são satisfeitas:

(a) $x > 2$	(e) $1 < x < 2$	(i) $\lvert x\rvert > 2$
(b) $x < 1$	(f) $0 \leqq x \leqq 1$	(j) $\lvert x-1\rvert < 1$
(c) $x > -1$	(g) $-1 \leqq x \leqq 1$	(k) $\lvert x+1\rvert > 2$
(d) $x \geqq 0$	(h) $\lvert x\rvert \leqq 1$	(l) $x^2 - 1 > 0$

(m) $x^2 - x \geqq 0$

(n) $(x-1)(x-2)(x-3) > 0$

(o) $\dfrac{x}{1-x} > 0$

(p) $\dfrac{x}{1-x} > \dfrac{1-x}{x}$.

2. Traçar o gráfico das seguintes funções:

(a) $y = |x|$, (b) $y = |x-1|$, (c) $y = |x^2|$, (d) $y = x|x|$.

Números complexos (Sec. 0-2)

3. Expressar sob a forma $x + iy$:

(a) $(1 + i) + (3 - 2i)$

(b) $(1 - i)(1 + i)$

(c) $(2 + i)(3 + 2i)$

(d) $\dfrac{1-i}{1+i}$

(e) $(1 + i)^3$

(f) $\dfrac{1}{i}$

(g) $i^{15} + i^7 + i$

(h) $\sqrt{-9}$

(i) $(x + iy)^3$.

4. Traçar os seguintes números complexos e determinar o valor absoluto e o argumento de cada um: i, $-i$, $1 + i$, $-1 - i$, -2.

Solução de equações e determinantes (Sec. 0-3)

5. Resolver as equações em z:

(a) $z^2 - 1 = 0$

(b) $z^2 = z$

(c) $z^2 = z + 1$

(d) $z^2 + z + 1 = 0$

(e) $2z - \dfrac{1}{z} = 1$

(f) $\dfrac{1}{1-z} + \dfrac{1}{1+z} = 1$

(g) $z^2 + 2bz + b^2 + c^2 = 0$

(h) $z^3 - 1 = 0$

(i) $z^5 = -1 - i$.

6. Calcular os determinantes:

(a) $\begin{vmatrix} 1 & 3 \\ 5 & -1 \end{vmatrix}$ (b) $\begin{vmatrix} 1 & 0 & 0 \\ 3 & 5 & 6 \\ 0 & 7 & 2 \end{vmatrix}$ (c) $\begin{vmatrix} a & b & c \\ a & 2b & 3c \\ a & 3b & 4c \end{vmatrix}$

(d) $\begin{vmatrix} a+1 & a & a & a \\ b & 2b & b & 2b \\ c & 2c & 3c & 4c \\ 1 & 1 & 1 & 1 \end{vmatrix}$

7. Resolver as equações simultâneas:

(a) $\begin{cases} x - y + z = 1 \\ x + y - z = 2 \\ 2x + y + z = 0 \end{cases}$ (b) $\begin{cases} x - y + z = 0 \\ 3x - y + 2z = 0 \\ x - 3y + 2z = 0 \end{cases}$ (c) $\begin{cases} x - y + u = 0 \\ x + z - u = 1 \\ y - z + u = 0 \\ x + y + z = 1 \end{cases}$

Geometria analítica plana (Sec. 0-4)

8. Traçar o gráfico das curvas:

(a) $3x^2 + 3y^2 - x + 2y - 1 = 0$
(b) $x^2 - 2y^2 + x - y + 5 = 0$
(c) $r = 3\cos\theta$
(d) $r = 1 + \operatorname{sen}\theta$
(e) $xy = 1$
(*f*) $xy - x - y = 2$

9. Achar a equação de uma reta perpendicular à reta $2x + y = 3$ e passando pelo ponto $(2, -1)$.
10. Qual é a distância da origem à reta $x + y = 2$?

Geometria analítica no espaço (Sec. 0-5)

11. Determinar a equação de um plano passando por $(0, 0, 0)$ e perpendicular à reta que passa por $(2, 1, 2)$ e $(5, 3, 0)$.
12. Determinar o pé da perpendicular do ponto $(1, 1, 1)$ à reta

$$\frac{x-1}{2} = \frac{y+1}{3} = \frac{z-1}{-1}.$$

13. Mostrar que os pontos $(1, 0, 4)$, $(3, 2, 5)$ e $(6, 0, 3)$ são os vértices de um triângulo retângulo; calcular a área do triângulo.
14. Esboçar as seguintes superfícies:

(a) $2x^2 + y^2 + z^2 = 4$, (b) $x^2 + y^2 - z = 0$, (c) $z = xy$.

15. Expressar as equações do Prob. 14 em coordenadas cilíndricas e esféricas.
16. Descrever os seguintes lugares geométricos: $r =$ constante, $\theta =$ constante, sendo cilíndricas as coordenadas; $\rho =$ constante, $\phi =$ constante, sendo esféricas as coordenadas.

Limites e continuidade (Secs. 0-6 e 0-8)

17. Calcular $\lim\limits_{x\to 0} \dfrac{x^2 e^x}{\operatorname{sen} x}$, sabendo que $\lim\limits_{x\to 0} \dfrac{\operatorname{sen} x}{x} = 1$.
18. Determinar os seguintes limites:

(a) $\lim\limits_{x\to\infty} \dfrac{\operatorname{sen} x}{x}$, (b) $\lim\limits_{x\to\infty} \dfrac{2x-1}{3x+5}$, (c) $\lim\limits_{x\to\infty} \log\log x$.

19. A regra de l'Hôpital afirma que, se $\lim\limits_{x\to a} f(x) = 0$ e $\lim\limits_{x\to a} g(x) = 0$, então

$$\lim_{x\to a} \frac{f(x)}{g(x)} = \lim_{x\to a} \frac{f'(x)}{g'(x)},$$

contanto que o limite do membro direito exista. Aplicando essa regra, determinar os seguintes limites:

(a) $\lim\limits_{x\to 0} \dfrac{e^x - 1}{x}$, (b) $\lim\limits_{x\to 0} \dfrac{1-\cos x}{x^2}$, (c) $\lim\limits_{x\to 0} \dfrac{\operatorname{sen}^2 x}{1-\sec x}$.

A regra continua válida quando f/g assume a "forma indeterminada" ∞/∞ para $x = a$, e também quando x tende a infinito. Calcular:

(d) $\lim_{x \to 0+} x \log x$, (e) $\lim_{x \to \infty} \frac{e^x}{x^3}$, (f) $\lim_{x \to \infty} \frac{x}{\log^2 x}$.

20. Dizer para que valores de x as seguintes funções são definidas, assim como os valores de x onde elas são contínuas:

(a) $y = \frac{1}{x}$ (c) $y = \frac{x-1}{x^3 - 2x + 1}$ (e) $y = \frac{|x|}{x}$

(b) $y = \log x$ (d) $y = |x|$ (f) $y = e^{1/x}$

Funções elementares (Secs. 0-7 e 0-8)

21. Traçar o gráfico das seguintes funções, lembrando a primeira e a segunda derivadas:

(a) $y = x^3 - x$ (c) $y = e^{-2x}$ (e) $y = e^x \operatorname{sen} x$

(b) $y = \frac{x}{1+x^2}$ (d) $y = \operatorname{sen} x + \operatorname{sen} 2x$ (f) $y = \log(1 + \cos x)$.

22. (a) Calcular 2^π. (b) Simplificar: $e^{2 \log x}$.

(c) Resolver para x: $y = \operatorname{sen} \log(1 + \sqrt{1 - x^2})$.

23. As funções $\cosh x$ (cosseno hiperbólico) e $\operatorname{senh} x$ (seno hiperbólico) são definidas pelas fórmulas:

$$\cosh x = \frac{e^x + e^{-x}}{2}, \quad \operatorname{senh} x = \frac{e^x - e^{-x}}{2}.$$

Traçar o gráfico dessas funções e o gráfico da função

$$\operatorname{tgh} x = \frac{\operatorname{senh} x}{\cosh x}.$$

Mostrar que:

(a) $\cosh^2 x - \operatorname{senh}^2 x = 1$, (b) $\frac{d}{dx} \cosh x = \operatorname{senh} x$,

(c) $\frac{d}{dx} \operatorname{senh} x = \cosh x$, (d) $\operatorname{senh} 2x = 2 \operatorname{senh} x \cosh x$,

(e) $\cosh 2x = \cosh^2 x + \operatorname{senh}^2 x$,

(f) $\operatorname{senh}(x + y) = \operatorname{senh} x \cosh y + \cosh x \operatorname{senh} y$.

Cálculo diferencial (Sec. 0-8)

24. Derivar:

(a) $y = \frac{x-1}{\sqrt{x^2+1}}$, (b) $y = \log \operatorname{sen}(1 - 2x)$, (c) $y = x^2 e^{x^2} \operatorname{sen} 3x$.

25. Achar y' e y'' se

(a) $y = t - t^3$, $x = e^t$, (b) $x^2 - y^2 + x - 2y + 1 = 0$.

26. Estabelecer as fórmulas:

(a) $d\,\mathrm{tg}\,x = \sec^2 x\,dx$

(b) $d\sec x = \sec x\,\mathrm{tg}\,x\,dx$

(c) $d\,\mathrm{cosec}\,x = -\mathrm{cosec}\,x\,\mathrm{cotg}\,x\,dx$

(d) $d\,\mathrm{arc\,sen}\,x = \dfrac{1}{\sqrt{1-x^2}}dx$

(e) $d\,\mathrm{arc}\cos x = \dfrac{1}{\sqrt{1-x^2}}dx$

(f) $d\,\mathrm{arc\,tg}\,x = \dfrac{1}{1+x^2}dx$

27. *Derivação logarítmica.* Derivar as seguintes funções, tendo previamente tomado o logaritmo de ambos os membros da equação:

(a) $y = (x^2-1)^3(x^2+2x)^4$ (c) $y = x^x$

(b) $y = \sqrt{(x-1)(2x+3)(x-5)}$ (d) $y = (\mathrm{sen}\,x)^{\cos x}$

(e) $y = \dfrac{u_1(x)\cdot u_2(x)\cdots u_n(x)}{v_1(x)\cdot v_2(x)\cdots v_m(x)}$ [trata-se da relação (0-95) acima].

28. Por meio da diferencial, calcular aproximadamente os números dados abaixo; em seguida, verificar a precisão dos resultados com uma tabela com cinco decimais:

(a) $\sqrt{101}$, (b) sen (0,05), (c) log (1,02).

Cálculo integral (Sec. 0-9)

29. Calcular a área entre as curvas:

(a) $y = 0$ e $y = 1 - x^2$, (b) $y = x^3$ e $y = x^{1/3}$.

(c) $y = 6\,\mathrm{arc\,sen}\,x$ e $y = \pi\,\mathrm{sen}\,\pi x$.

30. Um ponto se desloca no plano xy segundo a lei

$$x = \mathrm{sen}\,t, \qquad y = \cos^2 t.$$

Pede-se:

(a) a equação da curva descrita pelo ponto,
(b) as componentes segundo x e y do vetor-velocidade no instante $t = 0$,
(c) a velocidade no instante $t = 0$,
(d) a distância percorrida entre os instantes $t = 0$ e $t = \pi/2$.

31. Verificar as fórmulas de integração dadas abaixo. As fórmulas (a) até (g) são essencialmente repetições de fórmulas básicas de integração. As demais podem ser reduzidas a essas sete com o emprego apropriado de substituição,

integração por partes, frações parciais, e identidades trigonométricas; achando o resultado, verificá-lo por derivação.

(a) $\int x^n\,dx = \frac{x^{n+1}}{n+1} + C \quad (n \neq -1)$

(b) $\int \frac{dx}{x} = \log|x| + C$

(c) $\int \operatorname{sen} x\,dx = -\cos x + C$

(d) $\int \cos x\,dx = \operatorname{sen} x + C$

(e) $\int e^{ax}\,dx = \frac{e^{ax}}{a} + C$

(f) $\int \frac{dx}{\sqrt{a^2 - x^2}} = \operatorname{arc\,sen} \frac{x}{a} + C$

(g) $\int \frac{dx}{a^2 + x^2} = \frac{1}{a} \operatorname{arc\,tg} \frac{x}{a} + C$

(h) $\int \log x\,dx = x \log x - x + C$

(i) $\int e^{ax} \operatorname{sen} bx\,dx = \frac{e^{ax}}{a^2 + b^2}[a \operatorname{sen} bx - b \cos bx] + C$

(j) $\int e^{ax} \cos bx\,dx = \frac{e^{ax}}{a^2 + b^2}[a \cos bx + b \operatorname{sen} bx] + C$

(k) $\int x^n e^{ax}\,dx = \frac{e^{ax}}{a}\left[x^n - \frac{nx^{n-1}}{a} + \frac{n(n-1)x^{n-2}}{a^2} - \cdots \pm \frac{n!}{a^n}\right] + C$

(l) $\int \frac{dx}{a^2 - x^2} = \frac{1}{2a} \log\left|\frac{a+x}{a-x}\right| + C$

(m) $\int \frac{dx}{x^2(x^2+1)^2} = -\frac{1}{x} - \frac{x}{2(x^2+1)} - \frac{3}{2} \operatorname{arc\,tg} x + C$

(n) $\int \operatorname{sen}^2 x\,dx = \frac{1}{2}x - \frac{1}{2} \operatorname{sen} x \cos x + C$

(o) $\int \cos^2 x\,dx = \frac{1}{2}x + \frac{1}{2} \operatorname{sen} x \cos x + C$

(p) $\int \operatorname{tg} x\,dx = \log|\sec x| + C$

(q) $\int \operatorname{cotg} x\,dx = \log|\operatorname{sen} x| + C$

(r) $\int \operatorname{cosec} x\,dx = \log\left|\operatorname{tg} \frac{x}{2}\right| + C$ $\left[\text{Sugestão: tomar } t = \operatorname{tg} \frac{x}{2}\cdot \text{ Mostrar que } \cos x = \frac{1-t^2}{1+t^2},\ \operatorname{sen} x = \frac{2t}{1+t^2},\ dx = \frac{2\,dt}{1+t^2}\right].$

(s) $\int \sec x\,dx = \log\left|\operatorname{tg}\left(\frac{\pi}{4} + \frac{x}{2}\right)\right| + C$

(t) $\displaystyle\int \frac{dx}{a + \cos x} = \frac{2}{\sqrt{a^2 - 1}} \operatorname{tg}^{-1}\left(\frac{\sqrt{a^2-1}\operatorname{tg}\dfrac{x}{2}}{a+1}\right) + C, \qquad a > 1$

(u) $\displaystyle\int \frac{dx}{a + \operatorname{sen} x} = \frac{2}{\sqrt{a^2 - 1}} \operatorname{tg}^{-1}\left(\frac{a\operatorname{tg}\dfrac{x}{2} + 1}{\sqrt{a^2-1}}\right) + C, \qquad a > 1$

(v) $\displaystyle\int \frac{dx}{\sqrt{x^2 \pm a^2}} = \log|x + \sqrt{x^2 \pm a^2}| + C$

(w) $\displaystyle\int \frac{dx}{x\sqrt{x^2 - a^2}} = \frac{1}{a}\arccos\frac{a}{x} + C$

(x) $\displaystyle\int \frac{dx}{x\sqrt{a^2 \pm x^2}} = -\frac{1}{a}\log\left|\frac{a + \sqrt{a^2 \pm x^2}}{x}\right| + C$

(y) $\displaystyle\int \sqrt{a^2 - x^2}\,dx = \tfrac{1}{2}\left[x\sqrt{a^2 - x^2} + a^2 \operatorname{sen}^{-1}\frac{x}{a}\right] + C$

(z) $\displaystyle\int \operatorname{sen} x^2\,dx = C + \frac{x^3}{3\cdot 1!} - \frac{x^7}{7\cdot 3!} + \frac{x^{11}}{11\cdot 5!} + \cdots$

Demonstração por indução (Sec. 0-3)

32. Demonstrar por indução a fórmula de Moivre (0-13). Para tanto, mostrar que: (a) a fórmula é verificada para $n = 1$; (b) se a fórmula for verdadeira para um valor n, então ela é verdadeira para o valor $n + 1$.
33. Provar por indução a fórmula (0-29) da soma de uma progressão geométrica.
34. Mostrar por indução que $y = x^n$ é contínua para todo n inteiro positivo.
35. Dentre os teoremas enunciados no texto, quais parecem requerer uma demonstração por indução?

RESPOSTAS

3. (a) $4 - i$, (b) 2, (c) $4 + 7i$, (d) $-i$, (e) $-2 + 2i$, (f) $-i$, (g) $-i$, (h) $\pm 3i$, (i) $x^3 - 3xy^2 + i(3x^2y - y^3)$.
4. Valores absolutos: 1, 1, $\sqrt{2}$, $\sqrt{2}$, 2; argumentos: $\dfrac{\pi}{2}, \dfrac{3\pi}{2}, \dfrac{\pi}{4}, \dfrac{5\pi}{4}, \pi$.
5. (a) ± 1, (b) 0, 1, (c) $\frac{1}{2}(1 \pm 5)$, (d) $\frac{1}{2}(-1 \pm \sqrt{3}\,i)$, (e) $-\frac{1}{2}$, 1, (f) $\pm i$, (g) $-b \pm ci$, (h) 1, $\frac{1}{2}(-1 \pm \sqrt{3}\,i)$, (i) $2^{0,1}\left[\cos\left(\dfrac{\pi}{4} + \dfrac{2n\pi}{5}\right) + i\operatorname{sen}\left(\dfrac{\pi}{4} + \dfrac{2n\pi}{5}\right)\right]$, $n = 0, 1, 2, 3, 4$.
6. (a) -16, (b) -32, (c) $-abc$, (d) $-2bc$.

7. (a) $x = \frac{3}{2}, y = -\frac{5}{4}, z = -\frac{7}{4}$, (b) $y = -x, z = -2x$ (infinitas soluções), (c) $x = \frac{2}{3}$, $y = \frac{1}{3}$, $z = 0$, $u = -\frac{1}{3}$. 9. $x - 2y = 4$. 10. $\sqrt{2}$. 11. $3x + 2y - 2z = 0$.

12. $(\frac{16}{7}, -\frac{1}{14}, \frac{5}{14})$. 13. $3\sqrt{\frac{17}{2}}$. 15. Coordenadas cilíndricas: (a) $r^2(1 + \cos^2\theta) + z^2 = 4$, (b) $r^2 - z = 0$, (c) $2z = r^2 \operatorname{sen} 2\theta$. Coordenadas esféricas: (a) $\rho^2(1 + \operatorname{sen}^2\phi \cos^2\theta) = 4$, (b) $\rho \operatorname{sen}^2\phi - \cos\phi = 0$, (c) $2\cos\phi = \rho \operatorname{sen}^2 \phi \operatorname{sen} 2\theta$. 17. 0. 18. (a) 0, (b) $\frac{2}{3}$, (c) ∞. 19. (a) 1, (b) $\frac{1}{2}$, (c) -2, (d) 0, (e) ∞, (f) ∞.

20. As funções são definidas e contínuas para os seguintes campos de variação de x: (a) $x \neq 0$, (b) $x > 0$, (c) qualquer x diferente de 1 e de $\frac{1}{2}(-1 \pm \sqrt{5})$, (d) todo x, (e) $x \neq 0$, (f) $x \neq 0$.

22. (a) 8,8252, (b) x^2, (c) $x = \pm\sqrt{1 - (e^{\operatorname{arc\,sen} y} - 1)^2}$.

24. (a) $(x + 1)(x^2 + 1)^{-3/2}$, (b) $-2 \operatorname{cotg}(1 - 2x)$, (c) $xe^{x^2}[3x \cos 3x + 2 \operatorname{sen} 3x(x^2 + 1)]$.

25. (a) $y' = e^{-t}(1 - 3t^2)$, $y'' = e^{-2t}(3t^2 - 6t - 1)$, (b) $y' = \dfrac{2x + 1}{2(y + 1)}$, $y'' = \dfrac{1}{y + 1} - \dfrac{(2x + 1)^2}{4(y + 1)^3}$.

27. (a) $y' = (x^2 - 1)^3(x^2 + 2x)^4 \left[\dfrac{6x}{x^2 - 1} + \dfrac{8(x + 1)}{x^2 + 2x}\right]$,

(b) $y' = \frac{1}{2}\sqrt{(x - 1)(2x + 3)(x - 5)} \left[\dfrac{1}{x - 1} + \dfrac{2}{2x + 3} + \dfrac{1}{x - 5}\right]$

(c) $y' = x^x(1 + \log x)$, (d) $y' = \operatorname{sen} x^{\cos x - 1}[\cos^2 x - \operatorname{sen}^2 x \log \operatorname{sen} x]$.

29. (a) $\frac{4}{3}$, (b) 1, (c) $14 - \pi - 6\sqrt{3}$.

30. (a) $y = 1 - x^2$, $-1 \leqq x \leqq 1$, (b) $v_x = 1$, $v_y = 0$, (c) $v = 1$, (d) $\frac{1}{2}\sqrt{5} + \frac{1}{4}\log(2 + \sqrt{5})$.

REFERÊNCIAS

Este capítulo apresenta uma exposição condensada: para complementá-la, recomendamos a leitura dos livros que se seguem.

Courant, Richard e Robbins, Herbert E., *What is Mathematics*? New York: Oxford University Press, 1941. Trata-se de uma introdução elementar aos métodos da matemática superior, incluindo a álgebra, geometria analítica, cálculo, e uma vasta seleção de tópicos diversos.

Dickson, Leonard E., *First Course in the Theory of Equations*. New York: John Wiley and Sons, Inc., 1922. Inclui a álgebra dos números reais e complexos, resolução das equações do terceiro e quarto graus, determinantes, e equações lineares.

Love, Clyde E., *Analytic Geometry*, 3.ª edição. New York: Macmillan, 1938.

Love, Clyde E., *Differential and Integral Calculus*, 4.ª edição. New York: Macmillan, 1943.

Milne, W. E. e Davis, David R., *A First Course in College Mathematics.* Boston: Ginn and Co., 1941. Inclui a trigonometria, álgebra, geometria analítica, e introdução ao cálculo.

Randolph, John F. e Kac, Mark, *Analytic Geometry and Calculus.* New York: Macmillan, 1946.

Rider, Paul R., *College Algebra.* New York: Macmillan, 1938.

capítulo 1

VETORES

1-1. INTRODUÇÃO. A velocidade de uma esquadrilha de aviões voando em formação pode ser representada por um segmento de reta terminado em ponta de flecha, como mostra a Fig. 1-1. O segmento de reta orientado deve apontar no sentido em que a esquadrilha se desloca e deve ter um comprimento que meça a velocidade real (numa escala apropriada). Esse segmento de reta orientado representa o *vetor-velocidade* da esquadrilha de aviões.

Figura 1-1

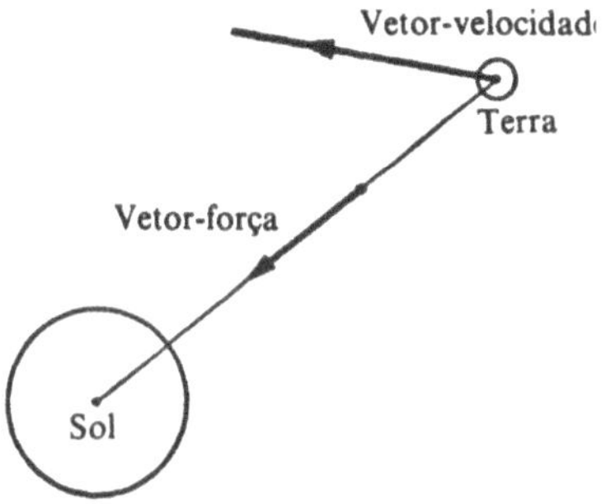

Figura 1-2. Força e velocidade

O vetor-velocidade é apenas um exemplo dos inúmeros vetores desse tipo que surgem em problemas de física. Um outro exemplo é o vetor que representa uma força, por exemplo, a força de gravidade. Os vetores representativos de força e velocidade, no movimento de rotação da Terra em torno do Sol, estão ilustrados na Fig. 1-2. Outros exemplos de vetores são a aceleração, o momento linear, e a velocidade angular.

Verificou-se que a noção de vetor, oriunda da física como podemos ver, reveste-se da maior importância tanto na física como na matemática. O conceito de vetor é uma das idéias mais importantes introduzidas neste livro e ele aparecerá com freqüência numa grande variedade de aplicações. Uma plena avaliação da importância dos vetores virá somente após considerável experiência com eles. Vale a pena salientar os dois aspectos seguintes de sua utilidade:

Os vetores nos permitem raciocinar sobre problemas no espaço sem a ajuda de eixos de coordenadas. Dado que as leis fundamentais da física não dependem de uma posição particular no espaço dos eixos de coordenadas, os vetores são instrumentos admiravelmente adaptados à formulação dessas leis. Um caso típico é a segunda lei de Newton, cujo enunciado em termos de vetores é

$$\boldsymbol{F} = m\boldsymbol{a},$$

onde $\boldsymbol{F}$ é o vetor-força e $\boldsymbol{a}$ é o vetor-aceleração de uma partícula móvel de massa m.

A linguagem dos vetores constitui uma "taquigrafia" econômica para expressar fórmulas complicadas. Por exemplo, a condição para que quatro pontos, P_1, P_2, P_3, P_4, sejam coplanares pode ser escrita sob a forma concisa:

$$\boldsymbol{a} \cdot \boldsymbol{b} \times \boldsymbol{c} = 0,$$

onde $\boldsymbol{a}$, $\boldsymbol{b}$ e $\boldsymbol{c}$ são vetores representados pelos segmentos orientados $\overrightarrow{P_1P_2}$, $\overrightarrow{P_1P_3}$ e $\overrightarrow{P_1P_4}$, respectivamente. O significado do ponto ($\cdot$) e da cruz ($\times$) será esclarecido posteriormente. A concisão das fórmulas vetoriais torna os vetores úteis tanto para a manipulação como para a compreensão.

1-2. DEFINIÇÕES BÁSICAS. Um vetor no espaço é uma combinação de um *comprimento* (número real positivo), uma *direção* e um *sentido*. Assim sendo, um vetor pode ser representado por um segmento de reta orientado $\overrightarrow{PQ}$ no espaço; um outro segmento de reta $\overrightarrow{P'Q'}$, paralelo a $\overrightarrow{PQ}$, igual em comprimento, direção e sentido, estará representando o mesmo vetor (ver a Fig. 1-3). Será conveniente indicar por $\overrightarrow{PQ}$ tanto o segmento de reta orientado como o vetor representado. Portanto escrevemos

$$\overrightarrow{PQ} = \overrightarrow{P'Q'} = \boldsymbol{a}, \qquad (1\text{-}1)$$

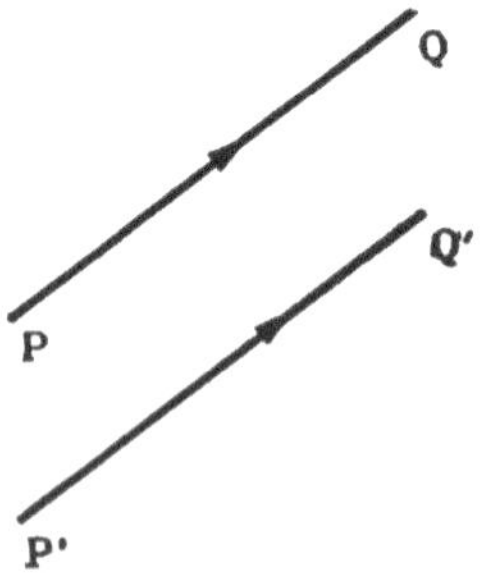

Figura 1-3. Dois segmentos de reta orientados representando um mesmo vetor

onde $\boldsymbol{a}$ é o vetor. De modo geral, vetores serão indicados por negritos $\boldsymbol{a}$, $\boldsymbol{b}$, $\boldsymbol{u}$, $\boldsymbol{v}$, $\boldsymbol{F}$, $\boldsymbol{M}$, etc., ou, então, por um símbolo $\overrightarrow{PQ}$, $\overrightarrow{AB}$, etc., que descreve um segmento de reta orientado representativo do vetor.

Dois vetores serão *iguais* quando forem caracterizados pelo mesmo comprimento, direção e sentido; por isso, vetores iguais podem ser representados pelo mesmo segmento de reta orientado $\overrightarrow{PQ}$, ou por dois segmentos de reta paralelos $\overrightarrow{PQ}$ e $\overrightarrow{P'Q'}$ de mesmo comprimento e mesma orientação.

É útil definir um *vetor-zero* (ou *vetor nulo*), que tem comprimento 0. Esse vetor será indicado por $\mathbf{0}$. Ele pode ser representado por um segmento de reta degenerado $\overrightarrow{PP}$, ou seja, por um ponto. Sua direção e seu sentido são completamente indeterminados e o mais simples será imaginar $\mathbf{0}$ como tendo todas as direções e um sentido arbitrário, de sorte que **0** é paralelo e perpendicular a qualquer vetor $\boldsymbol{a}$.

Como observamos acima, o vetor $\boldsymbol{a}$ representado por um segmento de reta orientado $\overrightarrow{PQ}$ permanece inalterado se deslocarmos $\overrightarrow{PQ}$ rigidamente para uma nova posição paralela à antiga, conservando a orientação. Portanto o vetor $\boldsymbol{a}$ pode ser representado por um número infinito de segmentos de retas diferentes e não tem uma posição fixa no espaço. Por esse motivo, $\boldsymbol{a}$ recebe o nome de *vetor livre*.

Tanto na mecânica como na geometria, recorre-se às noções especiais de *vetor ligado* e *vetor deslizante*. Trata-se de conceitos compostos. Um vetor ligado consiste num vetor e um ponto ("ponto de aplicação"), e portanto pode ser representado por um segmento de reta orientado $\overrightarrow{PQ}$ fixo, com extremidade inicial P no ponto onde está preso o vetor. Um vetor deslizante consiste num vetor e uma reta ("linha de ação") paralela ao vetor; seu representante é um elemento qualquer de uma classe de segmentos de reta com o mesmo comprimento e a mesma orientação que o vetor, e que pertencem à reta. (Ver a Fig. 1-4.) Esses conceitos particulares não serão usados a menos de especificação em contrário: a palavra "vetor" indicará em geral algum vetor livre desprovido de ponto de aplicação especial ou linha de ação.

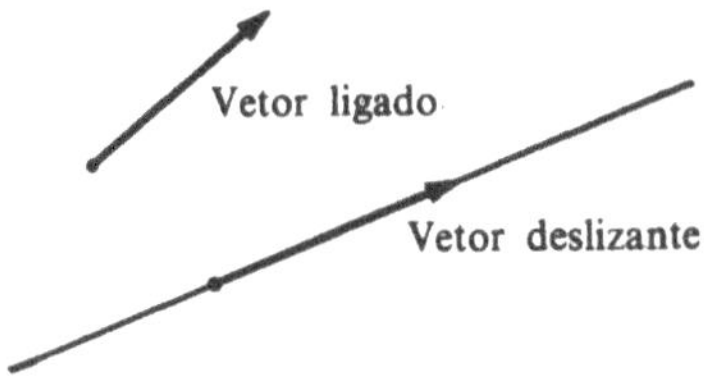

Figura 1-4.

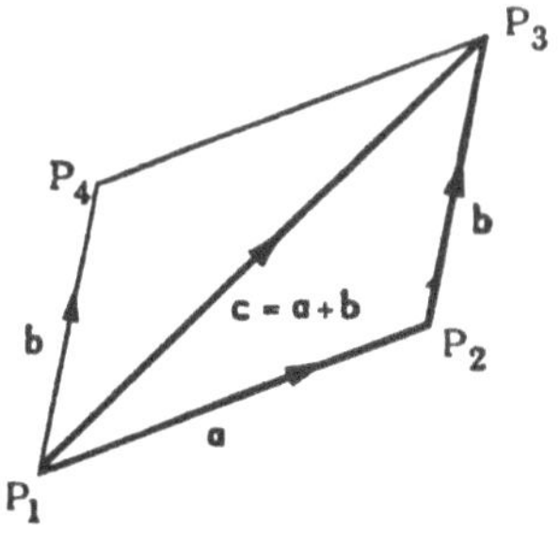

Figura 1-5. Adição de vetores

1-3. ADIÇÃO E SUBTRAÇÃO DE VETORES. Dados dois vetores, $\boldsymbol{a}$ e $\boldsymbol{b}$, obtemos um terceiro vetor $\boldsymbol{c} = \boldsymbol{a} + \boldsymbol{b}$ por meio da seguinte construção: fixamos um ponto inicial P_1 e, partindo desse ponto, construímos os vetores $\overrightarrow{P_1P_2} = \boldsymbol{a}$ e $\overrightarrow{P_2P_3} = \boldsymbol{b}$. O vetor $\boldsymbol{c}$ é, então, o vetor $\overrightarrow{P_1P_3}$, de sorte que temos

$$\overrightarrow{P_1P_2} + \overrightarrow{P_2P_3} = \overrightarrow{P_1P_3}. \tag{1-2}$$

A Fig. 1-5 ilustra esse procedimento.

Segue-se dos teoremas da geometria que o vetor $\boldsymbol{a} + \boldsymbol{b}$ assim definido independe da escolha do ponto inicial P_1. Observa-se ainda que, se P_4 for escolhido de modo tal que $\overrightarrow{P_1P_4} = \overrightarrow{P_2P_3} = \boldsymbol{b}$, então $\boldsymbol{c}$ poderá ser interpretado como sendo uma diagonal do paralelogramo $P_1P_2P_3P_4$. Portanto a adição de vetores é efetuada segundo a lei do paralelogramo, lei esta que já conhecemos por tê-la empregado na física ao combinar forças e velocidades.

A adição de vetores pode ser interpretada em termos de deslocamentos. Se um objeto for deslocado de P_1 a P_2, podemos dizer que o objeto sofreu um deslocamento igual ao vetor $\boldsymbol{a} = \overrightarrow{P_1P_2}$. Desse modo, a soma $\boldsymbol{a} + \boldsymbol{b}$ corresponde ao efeito combinado de um deslocamento de P_1 a P_2 com um de P_2 a P_3. É óbvio que o resultado equivale a um deslocamento de P_1 a P_3, ou seja, ao deslocamento $\boldsymbol{c}$. Temos exemplos disso na vida cotidiana: um veículo percorre 3 quilômetros na direção oeste e daí segue 3 quilômetros para o norte; o resultado final é a soma de dois vetores $\boldsymbol{a}$ e $\boldsymbol{b}$, a saber, é um vetor $\boldsymbol{c} = \boldsymbol{a} + \boldsymbol{b}$ de comprimento igual a $3\sqrt{2}$ e apontando na direção noroeste, como mostra a Fig. 1-6.

Dados $\boldsymbol{a}$ e $\boldsymbol{c}$, a construção acima revela que existe sempre um único vetor $\boldsymbol{b}$ tal que $\boldsymbol{a} + \boldsymbol{b} = \boldsymbol{c}$. Escreve-se $\boldsymbol{b} = \boldsymbol{c} - \boldsymbol{a}$, ficando assim definida a operação de subtração de vetores. Nessas condições, a adição e a subtração obedecem às seguintes leis:

$$\boldsymbol{a} + \boldsymbol{b} = \boldsymbol{b} + \boldsymbol{a} \text{ (lei comutativa)}, \tag{1-3}$$

$$\boldsymbol{a} + (\boldsymbol{b} + \boldsymbol{c}) = (\boldsymbol{a} + \boldsymbol{b}) + \boldsymbol{c} \text{ (lei associativa)}, \tag{1-4}$$

$$\boldsymbol{a} + \boldsymbol{b} = \boldsymbol{c} \text{ se e somente se } \boldsymbol{b} = \boldsymbol{c} - \boldsymbol{a}, \tag{1-5}$$

$$\boldsymbol{a} + \boldsymbol{0} = \boldsymbol{a}; \qquad \boldsymbol{a} - \boldsymbol{a} = \boldsymbol{0}. \tag{1-6}$$

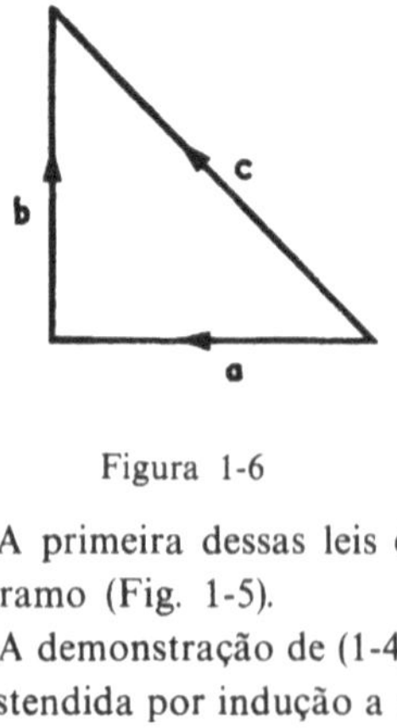

Figura 1-6

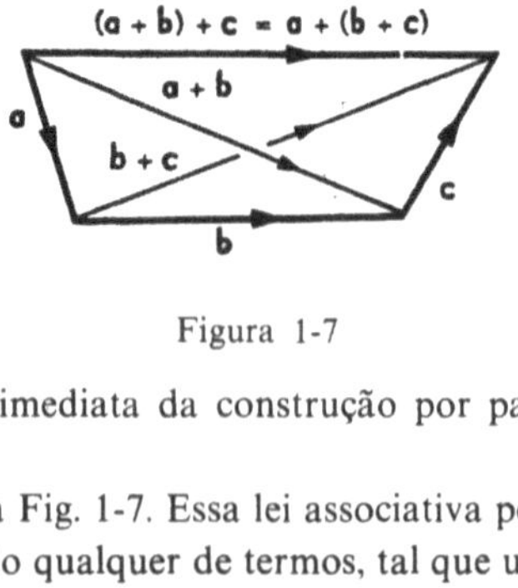

Figura 1-7

A primeira dessas leis é conseqüência imediata da construção por paralelogramo (Fig. 1-5).

A demonstração de (1-4) é sugerida pela Fig. 1-7. Essa lei associativa pode ser estendida por indução a um número finito qualquer de termos, tal que uma expressão do tipo $\boldsymbol{a}_1 + \boldsymbol{a}_2 + \cdots + \boldsymbol{a}_n$ significa sempre a mesma coisa, independentemente da maneira em que os termos são agrupados. A soma sempre pode ser interpretada como um segmento de reta que liga o ponto inicial ao ponto final de uma linha poligonal. Portanto temos

$$\overrightarrow{P_1P_2} + \overrightarrow{P_2P_3} + \overrightarrow{P_3P_4} + \overrightarrow{P_4P_5} = \overrightarrow{P_1P_5},$$

como mostra a Fig. 1-8. Invertendo o sentido de $\overrightarrow{P_1P_5}$, resulta

$$\overrightarrow{P_1P_2} + \overrightarrow{P_2P_3} + \overrightarrow{P_3P_4} + \overrightarrow{P_4P_5} + \overrightarrow{P_5P_1} = \boldsymbol{0}.$$

Esse fato ilustra a seguinte regra geral: a soma dos vetores representados pelos lados orientados de um polígono fechado é sempre igual a $\boldsymbol{0}$, contanto que as

Figura 1-8

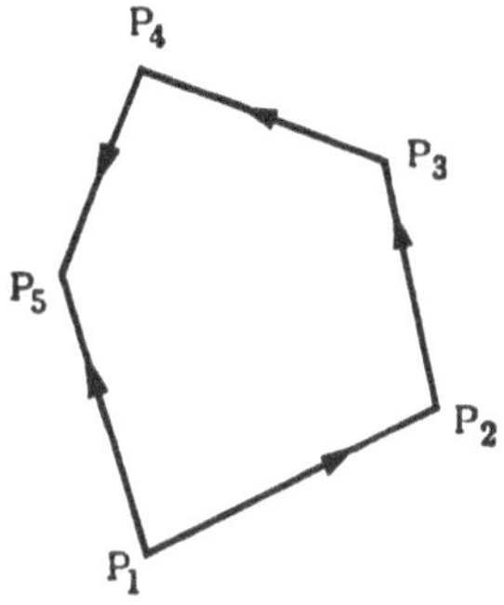

orientações sejam consistentes – isto é, correspond m a uma determinada maneira de percorrer o polígono.

A lei (1-5) não é senão o enunciado da definição de subtração. A lei (1-6) exibe casos degenerados de construção por paralelogramo.

PROBLEMAS

1. Consideremos no plano xy os pontos O, A, B, C, D, com as seguintes coordenadas:

   O: (0, 0); A: (2, –1); B: (3, 2); C: (3, 4); D: (1, 5).

   Sejam $\boldsymbol{a} = \overrightarrow{OA}$, $\boldsymbol{b} = \overrightarrow{AB}$, $\boldsymbol{c} = \overrightarrow{AC}$, $\boldsymbol{d} = \overrightarrow{AD}$. Construir graficamente os seguintes vetores:

   $$\boldsymbol{a} + \boldsymbol{d}, \quad \boldsymbol{a} - \boldsymbol{d}, \quad \boldsymbol{a} + \boldsymbol{b} + \boldsymbol{c} + \boldsymbol{d}, \quad \boldsymbol{a} + \boldsymbol{b} - (\boldsymbol{c} + \boldsymbol{d}).$$

2. Sejam A, B, C, D os vértices de um tetraedro (pirâmide triangular) no espaço. Sejam $\boldsymbol{b} = \overrightarrow{AB}$, $\boldsymbol{c} = \overrightarrow{AC}$, $\boldsymbol{d} = \overrightarrow{AD}$. Expressar as arestas orientadas $\overrightarrow{BC}$, $\overrightarrow{BD}$, $\overrightarrow{CD}$ do tetraedro em termos dos vetores $\boldsymbol{b}$, $\boldsymbol{c}$, $\boldsymbol{d}$.
3. Sejam A, B, C, D, E, F, G, H os vértices de um paralelepípedo no espaço cujas faces são os paralelogramos $ABCD$, $ABFE$, $AEHD$, etc. Sejam ainda $\boldsymbol{b} = \overrightarrow{AB}$, $\boldsymbol{e} = \overrightarrow{AE}$, $\boldsymbol{d} = \overrightarrow{AD}$. Expressar os vetores $\overrightarrow{AC}$, $\overrightarrow{AF}$, $\overrightarrow{AG}$, $\overrightarrow{FG}$, $\overrightarrow{EG}$ em termos de $\boldsymbol{b}$, $\boldsymbol{e}$, $\boldsymbol{d}$.
4. Um avião desloca-se na direção leste com uma velocidade no ar de 300 km/h. Se a velocidade do vento (soprando na direção noroeste) for 50 km/h, determinar graficamente a velocidade do avião em relação ao solo.
5. Forças de 1 e 2 kgf são exercidas sobre um objeto, formando entre elas um ângulo de 135°. Determinar graficamente a força necessária para restabelecer o equilíbrio.

RESPOSTAS

2. $\overrightarrow{BC} = \boldsymbol{c} - \boldsymbol{b}$, $\overrightarrow{BD} = \boldsymbol{d} - \boldsymbol{b}$, $\overrightarrow{CD} = \boldsymbol{d} - \boldsymbol{c}$.
3. $\overrightarrow{AC} = \boldsymbol{b} + \boldsymbol{d}$, $\overrightarrow{AF} = \boldsymbol{b} + \boldsymbol{e}$, $\overrightarrow{AG} = \boldsymbol{b} + \boldsymbol{e} + \boldsymbol{d}$, $\overrightarrow{FG} = \boldsymbol{d}$, $\overrightarrow{EG} = \boldsymbol{b} + \boldsymbol{d}$.

1-4. COMPRIMENTO DE UM VETOR. O comprimento (ou *módulo*) de um vetor $\boldsymbol{a}$ será indicado por $|\boldsymbol{a}|$ ou a. Com isso, esse número verifica as leis:

$$|\boldsymbol{a}| \geqq 0; \quad |\boldsymbol{a}| = 0 \text{ se, e somente se, } \boldsymbol{a} = \mathbf{0}; \tag{1-7}$$

$$|\boldsymbol{a} + \boldsymbol{b}| \leqq |\boldsymbol{a}| + |\boldsymbol{b}|. \tag{1-8}$$

A lei (1-7) decorre da definição. A lei (1-8) expressa o teorema da geometria, que afirma ser a soma de dois lados quaisquer de um triângulo maior que o terceiro lado, sendo a igualdade verificada num triângulo degenerado cujos vértices estão alinhados (Prob. 10).

Se representarmos os números reais por pontos de uma reta orientada (como fizemos na Sec. 0-1), de sorte que a cada número x corresponde um ponto P, então a cada número x corresponde um vetor $\overrightarrow{OP}$. O comprimento $|\overrightarrow{OP}|$ é precisamente o valor absoluto de x: $|x| = |\overrightarrow{OP}|$. Com isso, o módulo de um vetor surge como uma generalização do conceito de valor absoluto e é por esse motivo que aparecem as barras $|\cdot|$ de valor absoluto.

1-5. PRODUTO DE UM VETOR POR UM ESCALAR. Se h é um número e $\boldsymbol{a}$ um vetor, define-se a expressão

$$h\boldsymbol{a}$$

como sendo um vetor cujo comprimento é $|h|$ vezes o comprimento de $\boldsymbol{a}$, tendo a mesma direção que $\boldsymbol{a}$ e cujo sentido será o mesmo de $\boldsymbol{a}$ se h for positivo e será o oposto se h for negativo. Portanto temos

$$|h\boldsymbol{a}| = |h| \cdot |\boldsymbol{a}|. \tag{1-9}$$

Exemplos: $|2\boldsymbol{a}| = 2|\boldsymbol{a}|$, $|-2\boldsymbol{a}| = 2|\boldsymbol{a}|$. Ver a Fig. 1-9. Se $h = 0$, o produto se reduz a

$$0 \cdot \boldsymbol{a} = \mathbf{0}. \tag{1-10}$$

Se $h = -1$ e $\boldsymbol{a} = \overrightarrow{P_1P_2}$, então $(-1)\boldsymbol{a} = -\boldsymbol{a} = \overrightarrow{P_2P_1}$; em outros termos, o oposto de um vetor $\boldsymbol{a}$ é obtido a partir de $\boldsymbol{a}$, invertendo-se o seu sentido.

Se multiplicarmos todos os vetores por um mesmo número h, resultará uma mudança na "escala" da geometria. Disso decorre que, em análise vetorial, os números são habitualmente chamados de "escalares" e $h\boldsymbol{a}$ é chamado de produto do vetor $\boldsymbol{a}$ pelo escalar h, ou, abreviadamente, *múltiplo escalar do vetor* $\boldsymbol{a}$.

Como conseqüência das definições, valem as seguintes leis [além de (1-9) e (1-10)]:

$$1 \cdot \boldsymbol{a} = \boldsymbol{a}, \tag{1-11}$$

$$(h_1 h_2)\boldsymbol{a} = h_1(h_2\boldsymbol{a}), \tag{1-12}$$

$$(h_1 + h_2)\boldsymbol{a} = h_1\boldsymbol{a} + h_2\boldsymbol{a}, \tag{1-13}$$

$$h_1(\boldsymbol{a} + \boldsymbol{b}) = h_1\boldsymbol{a} + h_1\boldsymbol{b}, \tag{1-14}$$

$$\boldsymbol{c} + (-\boldsymbol{a}) = \boldsymbol{c} - \boldsymbol{a}. \tag{1-15}$$

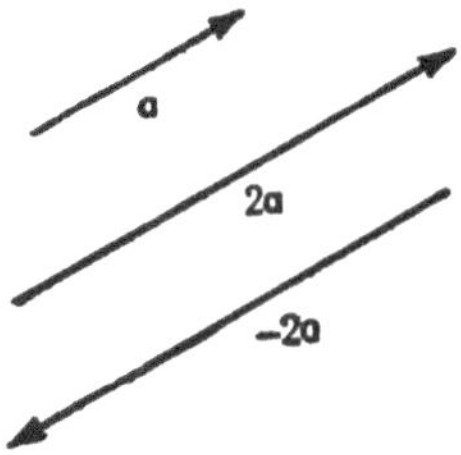

Figura 1-9. Múltiplo escalar de um vetor

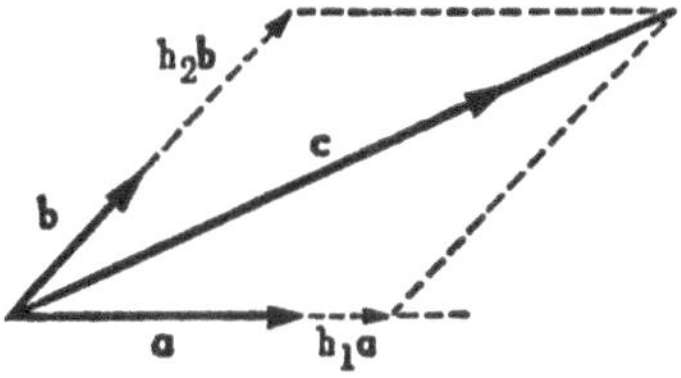

Figura 1-10

Portanto, em virtude de (1-15), vê-se que a subtração de um vetor $\boldsymbol{a}$ equivale a somar o oposto de $\boldsymbol{a}$.

Diz-se que dois vetores $\boldsymbol{a}$, $\boldsymbol{b}$ são *colineares* (ou *linearmente dependentes*) se existirem escalares h_1, h_2, não ambos nulos, tais que

$$h_1 \boldsymbol{a} + h_2 \boldsymbol{b} = \boldsymbol{0}. \tag{1-16}$$

Isso equivale a dizer que $\boldsymbol{a}$ e $\boldsymbol{b}$ são representados por segmentos de reta paralelos. Diz-se que três vetores $\boldsymbol{a}$, $\boldsymbol{b}$, $\boldsymbol{c}$ são *coplanares* (ou *linearmente dependentes*) se existirem escalares h_1, h_2, h_3, não todos nulos, tal que

$$h_1 \boldsymbol{a} + h_2 \boldsymbol{b} + h_3 \boldsymbol{c} = \boldsymbol{0}. \tag{1-17}$$

Nesse caso, $\boldsymbol{a}$, $\boldsymbol{b}$, e $\boldsymbol{c}$ podem ser representados por segmentos pertencentes a um mesmo plano.

Sejam $\boldsymbol{a}$ e $\boldsymbol{b}$ dois vetores não-colineares. Então todo vetor $\boldsymbol{c}$ do plano determinado por $\boldsymbol{a}$ e $\boldsymbol{b}$ pode ser expresso sob a forma

$$\boldsymbol{c} = h_1 \boldsymbol{a} + h_2 \boldsymbol{b}, \tag{1-18}$$

onde h_1 e h_2 são determinados de modo único (Fig. 1-10).

Analogamente, se $\boldsymbol{a}$, $\boldsymbol{b}$, $\boldsymbol{c}$ não são coplanares, então todo vetor $\boldsymbol{d}$ do espaço pode ser expresso sob a forma

$$\boldsymbol{d} = h_1 \boldsymbol{a} + h_2 \boldsymbol{b} + h_3 \boldsymbol{c}, \tag{1-19}$$

onde h_1, h_2 e h_3 são determinados de modo único (Fig. 1-11).

Figura 1-11

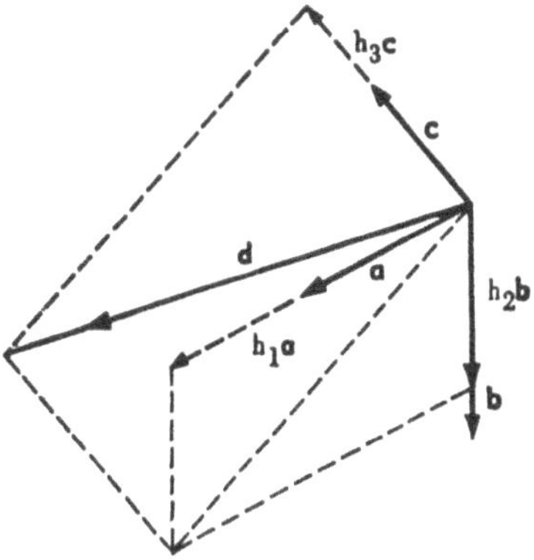

1-6. APLICAÇÕES DE VETORES A TEOREMAS DA GEOMETRIA.

Os exemplos que se seguem ilustram o emprego de vetores na demonstração de resultados geométricos.

Exemplo 1. Demonstrar que o ponto de interseção das diagonais de um paralelogramo é o ponto médio das diagonais.

Solução. Sejam A, B, C, D os vértices do paralelogramo (Fig. 1-12). Seja M o ponto médio de AC, e seja N o ponto médio de BD. Escrevamos $\boldsymbol{b} = \overrightarrow{AB}$, $\boldsymbol{d} = \overrightarrow{AD}$. Nessas condições, temos

$$\begin{aligned}\overrightarrow{AN} &= \overrightarrow{AB} + \overrightarrow{BN} = \overrightarrow{AB} + \tfrac{1}{2}\overrightarrow{BD}\\ &= \boldsymbol{b} + \tfrac{1}{2}(\boldsymbol{d} - \boldsymbol{b}) = \tfrac{1}{2}\boldsymbol{b} + \tfrac{1}{2}\boldsymbol{d}\,;\\ \overrightarrow{AM} &= \tfrac{1}{2}\overrightarrow{AC} = \tfrac{1}{2}(\boldsymbol{b} + \boldsymbol{d}) = \tfrac{1}{2}\boldsymbol{b} + \tfrac{1}{2}\boldsymbol{d} = \overrightarrow{AN}.\end{aligned}$$

Logo, M e N coincidem, e as diagonais AC, BD se interceptam nos seus pontos médios.

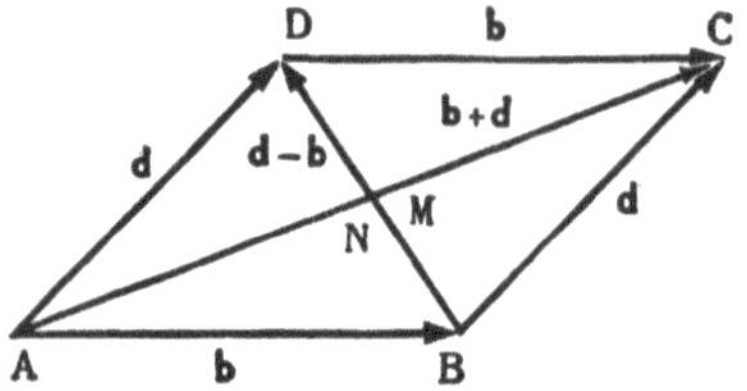

Figura 1-12

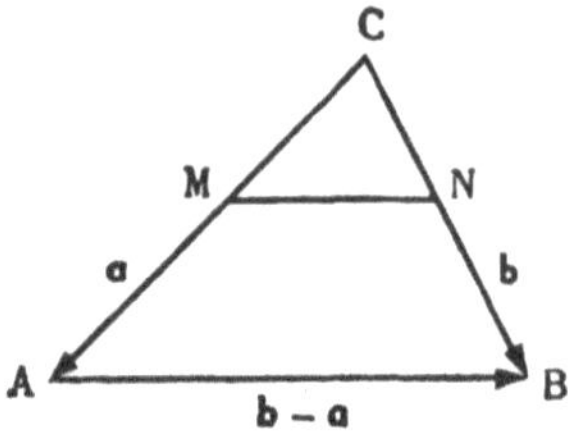

Figura 1-13

Exemplo 2. Demonstrar que o segmento de reta que une os pontos médios de dois lados de um triângulo é paralelo ao terceiro lado e que seu comprimento é igual à metade do comprimento do terceiro lado.

Solução. Sejam A, B, C os vértices do triângulo (Fig. 1-13). Sejam M o ponto médio de AC, e N o ponto médio de BC. Escrevamos $\boldsymbol{a} = \overrightarrow{CA}$, $\boldsymbol{b} = \overrightarrow{CB}$. Nessas condições, temos

$$\begin{aligned}\overrightarrow{AB} &= \overrightarrow{CB} - \overrightarrow{CA} = \boldsymbol{b} - \boldsymbol{a}\,;\\ \overrightarrow{MN} &= \overrightarrow{CN} - \overrightarrow{CM} = \tfrac{1}{2}\overrightarrow{CB} - \tfrac{1}{2}\overrightarrow{CA}\\ &= \tfrac{1}{2}\boldsymbol{b} - \tfrac{1}{2}\boldsymbol{a} = \tfrac{1}{2}(\boldsymbol{b} - \boldsymbol{a}) = \tfrac{1}{2}\overrightarrow{AB}.\end{aligned}$$

Portanto MN é paralelo a AB e o comprimento de MN é metade do comprimento de AB.

Em ambos os exemplos foram usados estes dois princípios:

– se P é um ponto conhecido, a posição de um ponto Q pode ser especificada dando-se o vetor $\overrightarrow{PQ}$;

– é possível estabelecer a igualdade de dois vetores mostrando que ambos são expressos por uma mesma combinação linear (1-18) ou (1-19) de outros vetores.

PROBLEMAS

1. Seja O um ponto fixo do plano xy. Sejam P e Q dois pontos variáveis do plano xy, tais que $|\overrightarrow{OP}| = 3$ e $|\overrightarrow{PQ}| = 1$. (a) Determinar o lugar geométrico de Q. (b) Determinar o lugar geométrico de Q sendo que P varia do mesmo modo que antes e Q varia agora no espaço. (c) Determinar o lugar geométrico de Q se tanto P como Q variam no espaço.
2. Sejam A e B dois pontos fixos do espaço. Determinar o lugar geométrico de P em cada um dos casos seguintes: (a) $|\overrightarrow{AP}| + |\overrightarrow{BP}| = |\overrightarrow{AB}|$;

   (b) $|\overrightarrow{AB}| + |\overrightarrow{BP}| = |\overrightarrow{AP}|$; (c) $|\overrightarrow{AP}|^2 + |\overrightarrow{BP}|^2 = |\overrightarrow{AB}|^2$; (d) $|\overrightarrow{AP}| = |\overrightarrow{BP}|$; (e) $|\overrightarrow{AP}| = 2|\overrightarrow{BP}|$; (f) $|\overrightarrow{AP}| + |\overrightarrow{BP}| = 2|\overrightarrow{AB}|$.

3. Demonstrar que, quaisquer que sejam os quatro vetores $\boldsymbol{a}$, $\boldsymbol{b}$, $\boldsymbol{c}$, $\boldsymbol{d}$ no espaço, é sempre possível achar escalares h_1, h_2, h_3, h_4, não todos nulos, tais que

$$h_1\boldsymbol{a} + h_2\boldsymbol{b} + h_3\boldsymbol{c} + h_4\boldsymbol{d} = \boldsymbol{0}.$$

4. Sejam O, A, B três pontos no espaço. Mostrar que o ponto médio M do segmento AB é determinado pelo vetor $\overrightarrow{OM} = \frac{1}{2}(\overrightarrow{OA} + \overrightarrow{OB})$.
5. Sejam O, A, B três pontos no espaço. Determinar o lugar geométrico do ponto Q dado por

$$\overrightarrow{OQ} = \frac{k\overrightarrow{OA} + l\overrightarrow{OB}}{k+l} (k + l \neq 0),$$

   (a) se k e l são escalares não-negativos e (b) se k e l são escalares quaisquer.
6. Sejam O, A, B, C quatro pontos no espaço. Determinar o lugar geométrico do ponto Q dado por

$$\overrightarrow{OQ} = \frac{h_1\overrightarrow{OA} + h_2\overrightarrow{OB} + h_3\overrightarrow{OC}}{h_1 + h_2 + h_3} (h_1 + h_2 + h_3 \neq 0),$$

   (a) se h_1, h_2, h_3 são escalares não-negativos, (b) se h_1, h_2, h_3 são escalares quaisquer.
7. Mostrar que o ponto de interseção das medianas de um triângulo acha-se aos dois terços de cada mediana.
8. Seja $ABCD$ um quadrilátero (não necessariamente contido num plano) no espaço. Sejam M_1, M_2, M_3, M_4 os pontos médios de cada um de seus lados. Mostrar que M_1M_3 e M_2M_4 cortam-se nos seus pontos médios (e são portanto as diagonais de um paralelogramo).
9. Sejam A, B, C, D os vértices de um tetraedro no espaço. Seja M_1 o centro do triângulo ABC, isto é, o ponto de interseção das medianas de ABC; sejam M_2 o centro do triângulo BCD, M_3 o centro de ACD, e M_4 o centro de ABD. Provar que os segmentos DM_1, AM_2, BM_3, CM_4 cortam-se num ponto Q que, para cada vértice, acha-se aos três quartos da distância do vértice à face oposta.

10. Sejam P_1, P_2, P_3 três pontos no espaço, e sejam os vetores $\boldsymbol{a} = \overrightarrow{P_1P_2}$, $\boldsymbol{b} = \overrightarrow{P_2P_3}$, $\boldsymbol{c} = \boldsymbol{a} + \boldsymbol{b} = \overrightarrow{P_1P_3}$ da Fig. 1-5. Sob que condições poderemos ter:

$$|\boldsymbol{a} + \boldsymbol{b}| = |\boldsymbol{a}| + |\boldsymbol{b}|?$$

RESPOSTAS

1. (a) O anel formado por dois círculos de centro O e de raios 2 e 4. (b) Um toro sólido. (c) Uma casca de espessura 2, de raio interno 2 e raio externo 4.
2. (a) O segmento de reta AB. (b) O prolongamento do segmento de reta AB, do lado de B. (c) Uma esfera de diâmetro AB. (d) O plano mediador de AB. (e) Uma esfera. (f) Um elipsóide de revolução.
5. (a) O segmento de reta AB. (b) A reta determinada por A e B.
6. (a) O triângulo ABC e seu interior. (b) O plano determinado por A, B e C ou, se eles forem colineares, a reta determinada por A, B e C.
10. P_1, P_2, P_3 são pontos de uma reta, nessa ordem.

1-7. PRODUTO ESCALAR DE DOIS VETORES. Define-se o ângulo θ entre dois vetores $\boldsymbol{a}$ e $\boldsymbol{b}$ não-nulos da seguinte maneira:

$$\theta = \measuredangle(\boldsymbol{a}, \boldsymbol{b}) = \measuredangle AOB, \tag{1-20}$$

onde O é um ponto qualquer do espaço, e A e B são escolhidos de modo tal que $\overrightarrow{OA} = \boldsymbol{a}$, $\overrightarrow{OB} = \boldsymbol{b}$ (ver Fig. 1-14). Convenciona-se que θ é medido em radianos e que seu valor é tomado no intervalo $0 \leqq \theta \leqq \pi$.

O produto escalar de $\boldsymbol{a}$ por $\boldsymbol{b}$ é um número indicado por $\boldsymbol{a} \cdot \boldsymbol{b}$ e é calculado por meio da fórmula

$$\boldsymbol{a} \cdot \boldsymbol{b} = ab\cos\theta, \quad [\text{onde } \theta = \measuredangle(\boldsymbol{a}, \boldsymbol{b}), \quad a = |\boldsymbol{a}|, \quad b = |\boldsymbol{b}|]. \tag{1-21}$$

Se $\boldsymbol{a}$ ou $\boldsymbol{b}$ for $\mathbf{0}$, então a ou b é 0 e define-se $\boldsymbol{a} \cdot \boldsymbol{b}$ como sendo 0.

A quantidade $b\cos\theta$ que aparece em (1-21) pode ser interpretada como sendo a *componente de* $\boldsymbol{b}$ *na direção de* $\boldsymbol{a}$:

$$\text{comp}_a\, \boldsymbol{b} = b\cos\theta. \tag{1-22}$$

Portanto a componente é um escalar que mede o comprimento da projeção de $\boldsymbol{b}$ sobre uma reta paralela a $\boldsymbol{a}$; esse escalar terá um sinal + se $\boldsymbol{a}$ e $\boldsymbol{b}$ formarem um ângulo agudo, e terá um sinal – no caso contrário. Com isso, a equação (1-21) pode ser escrita sob a forma

$$\boldsymbol{a} \cdot \boldsymbol{b} = a\, \text{comp}_a\, \boldsymbol{b}, \tag{1-23}$$

ou, interpretando $a\cos\theta$ como sendo uma componente:

$$\boldsymbol{a} \cdot \boldsymbol{b} = b\, \text{comp}_b\, \boldsymbol{a}. \tag{1-24}$$

O conceito de componente é fundamental nas aplicações de vetores na mecânica.

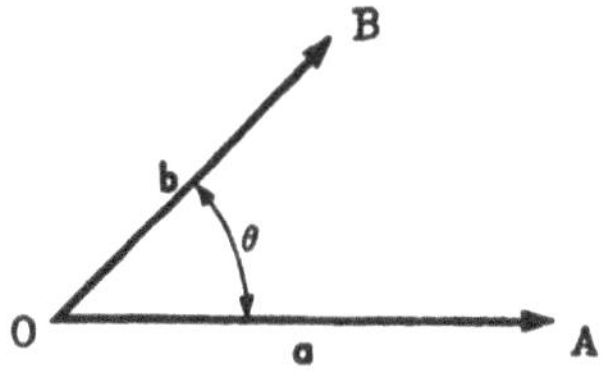

Figura 1-14. Ângulo entre dois vetores

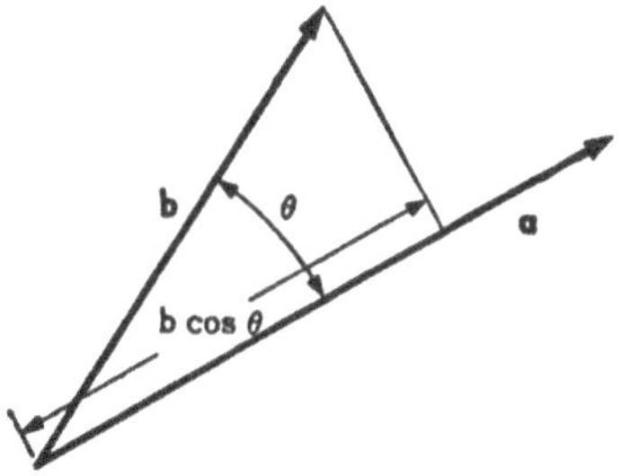

Figura 1-15. Componentes

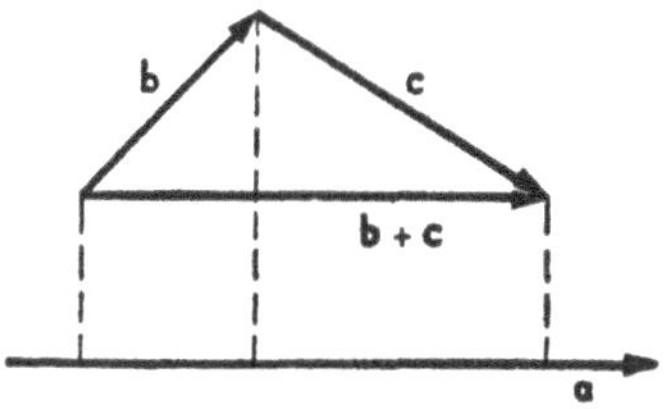

Figura 1-16

O vetor-velocidade ou o vetor-força, como qualquer outro vetor, pode ser descrito dando-se suas componentes em três direções perpendiculares duas a duas. Se uma força constante $\boldsymbol{F}$ agir sobre um objeto que se desloca de A até B ao longo do segmento AB, então o trabalho efetuado provém unicamente da componente de $\boldsymbol{F}$ sobre AB; mais precisamente, esse trabalho é o produto da componente pela distância percorrida. Assim sendo, temos:

trabalho = (componente da força na direção do movimento) · (deslocamento). (1-25)

Portanto

$$\text{trabalho} = F\cos\theta\cdot|\overrightarrow{AB}| = \boldsymbol{F}\cdot\overrightarrow{AB}, \tag{1-26}$$

ou seja: o *trabalho realizado* é igual ao *produto escalar* da *força* pelo *deslocamento.*

O produto escalar obedece às seguintes leis:

$$\boldsymbol{a}\cdot\boldsymbol{b} = \boldsymbol{b}\cdot\boldsymbol{a}\ [\text{lei comutativa}]; \tag{1-27}$$

$$\boldsymbol{a}\cdot(\boldsymbol{b}+\boldsymbol{c}) = (\boldsymbol{a}\cdot\boldsymbol{b}) + (\boldsymbol{a}\cdot\boldsymbol{c})\ [\text{lei distributiva}]; \tag{1-28}$$

$$\boldsymbol{a}\cdot(h\boldsymbol{b}) = (h\boldsymbol{a})\cdot\boldsymbol{b} = h(\boldsymbol{a}\cdot\boldsymbol{b}),\ \text{onde } h = \text{escalar}; \tag{1-29}$$

$$\boldsymbol{a}\cdot\boldsymbol{a} = a^2. \tag{1-30}$$

A lei (1-27) é conseqüência da definição de $\boldsymbol{a}\cdot\boldsymbol{b}$. A Fig. 1-16 sugere como demonstrar a lei (1-28). Essencialmente, trata-se de estabelecer que

$$\text{comp}_a\,(\boldsymbol{b}+\boldsymbol{c}) = \text{comp}_a\,\boldsymbol{b} + \text{comp}_a\,\boldsymbol{c}. \tag{1-31}$$

As leis (1-29) e (1-30) seguem-se da definição. Às vezes, escreve-se $\boldsymbol{a}^2$ no lugar de $\boldsymbol{a}\cdot\boldsymbol{a}$, mas, como mostra (1-30), o resultado é o mesmo que a^2.

O produto escalar $\boldsymbol{a} \cdot \boldsymbol{b} = ab \cos\theta$ será igual a zero se a ou b ou $\cos\theta$ for 0. Se $\cos\theta = 0$, então $\boldsymbol{a}$ e $\boldsymbol{b}$ são perpendiculares. Se convencionarmos, como acima, que o vetor $\mathbf{0}$ é perpendicular a qualquer vetor, então o caso geral é resumido pela regra

$$\boldsymbol{a} \cdot \boldsymbol{b} = 0 \text{ se, e somente se, } \boldsymbol{a} \perp \boldsymbol{b}. \tag{1-32}$$

Um dos pontos essenciais do produto escalar é que ele permite expressar perpendicularismo, como mostra (1-32).

Deve-se observar que, numa equação do tipo

$$\boldsymbol{a} \cdot \boldsymbol{b} = \boldsymbol{a} \cdot \boldsymbol{c},$$

não é permitido "cancelar" termos e concluir que $\boldsymbol{b} = \boldsymbol{c}$, pois tal equação significa apenas que

$$\boldsymbol{a} \cdot \boldsymbol{b} - \boldsymbol{a} \cdot \boldsymbol{c} = \boldsymbol{a} \cdot (\boldsymbol{b} - \boldsymbol{c}) = 0,$$

ou seja, que $\boldsymbol{a}$ é perpendicular a $\boldsymbol{b} - \boldsymbol{c}$.

1-8. VETORES DE BASE. Seja $Oxyz$ um sistema de coordenadas retangulares no espaço e sejam P_1, P_2, P_3 pontos com as seguintes coordenadas:

$$P_1: (1, 0, 0); \quad P_2: (0, 1, 0); \quad P_3: (0, 0, 1).$$

Nessas condições, definem-se os vetores $\boldsymbol{i}, \boldsymbol{j}, \boldsymbol{k}$ do seguinte modo (ver Fig. 1-17):

$$\boldsymbol{i} = \overrightarrow{OP}_1, \qquad \boldsymbol{j} = \overrightarrow{OP}_2, \qquad \boldsymbol{k} = \overrightarrow{OP}_3. \tag{1-33}$$

Nota-se de imediato que

$$\begin{aligned} \boldsymbol{i} \cdot \boldsymbol{i} &= 1, & \boldsymbol{j} \cdot \boldsymbol{j} &= 1, & \boldsymbol{k} \cdot \boldsymbol{k} &= 1, \\ \boldsymbol{i} \cdot \boldsymbol{j} &= 0, & \boldsymbol{j} \cdot \boldsymbol{k} &= 0, & \boldsymbol{k} \cdot \boldsymbol{i} &= 0, \end{aligned} \tag{1-34}$$

e que $\boldsymbol{i}, \boldsymbol{j}, \boldsymbol{k}$ não são coplanares. À tripla $\boldsymbol{i}, \boldsymbol{j}, \boldsymbol{k}$ chamaremos um conjunto de de *vetores de base.*

Se $\boldsymbol{a}$ é um vetor qualquer no espaço, consideremos $\overrightarrow{OP} = \boldsymbol{a}$. Sejam (x, y, z) as coordenadas de P. Temos então

$$\boldsymbol{a} = \overrightarrow{OP} = x\boldsymbol{i} + y\boldsymbol{j} + z\boldsymbol{k}, \tag{1-35}$$

como mostra a Fig. 1-17. Além disso, x, y, z são as componentes de $\boldsymbol{a}$ nas direções de $\boldsymbol{i}$, $\boldsymbol{j}$, $\boldsymbol{k}$, respectivamente; em conseqüência, podemos escrever

$$\begin{aligned} x &= \text{comp}_i\, \boldsymbol{a} = a_x, \\ y &= \text{comp}_j\, \boldsymbol{a} = a_y, \\ z &= \text{comp}_k\, \boldsymbol{a} = a_z, \end{aligned} \tag{1-36}$$

ou,

$$\boldsymbol{a} = a_x\boldsymbol{i} + a_y\boldsymbol{j} + a_z\boldsymbol{k}. \tag{1-37}$$

Assim, um vetor qualquer pode ser expresso em termos de suas componentes a_x, a_y, a_z nos três eixos. Vetores distintos não podem ter os mesmos conjuntos

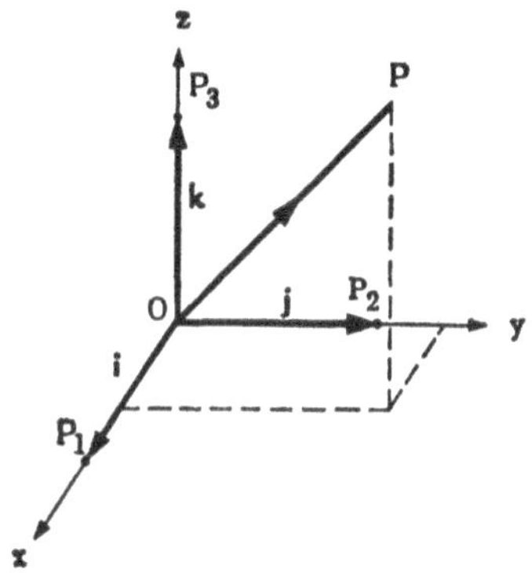

Figura 1-17. Vetores de base

de componentes, e todo conjunto de três números a_x, a_y, a_z é um conjunto de componentes de algum vetor. Portanto, uma vez fixado um sistema de coordenadas, o estudo de vetores equivale ao estudo de triplas de números.

Observar que (1-37) é um caso particular do resultado (1-19). Em (1-19), um vetor arbitrário é expresso como uma combinação linear de três vetores dados que não são coplanares. Isso é verdadeiro também em (1-37). Outrossim, os vetores não-coplanares têm comprimento 1 e são perpendiculares dois a dois.

As componentes obedecem às seguintes leis:

$$\boldsymbol{a} = \boldsymbol{b} \text{ se, e somente se, } a_x = b_x,\ a_y = b_y,\ a_z = b_z; \tag{1-38}$$

$$\boldsymbol{a} = \boldsymbol{0} \text{ se, e somente se, } a_x = 0,\ a_y = 0,\ a_z = 0; \tag{1-39}$$

$$\begin{aligned} \boldsymbol{a} + \boldsymbol{b} &= (a_x + b_x)\boldsymbol{i} + (a_y + b_y)\boldsymbol{j} + (a_z + b_z)\boldsymbol{k}, \\ \boldsymbol{a} - \boldsymbol{b} &= (a_x - b_x)\boldsymbol{i} + (a_y - b_y)\boldsymbol{j} + (a_z - b_z)\boldsymbol{k}; \end{aligned} \tag{1-40}$$

em outros termos, para somar ou subtrair dois vetores, soma-se ou subtrai-se as componentes correspondentes;

$$h\boldsymbol{a} = (ha_x)\boldsymbol{i} + (ha_y)\boldsymbol{j} + (ha_z)\boldsymbol{k} \quad (h = \text{escalar}), \tag{1-41}$$

$$\overrightarrow{P_1P_2} = (x_2 - x_1)\boldsymbol{i} + (y_2 - y_1)\boldsymbol{j} + (z_2 - z_1)\boldsymbol{k}, \tag{1-42}$$

onde P_1 e P_2 são os pontos (x_1, y_1, z_1) e (x_2, y_2, z_2);

$$a_x = \boldsymbol{a} \cdot \boldsymbol{i}, \quad a_y = \boldsymbol{a} \cdot \boldsymbol{j}, \quad a_z = \boldsymbol{a} \cdot \boldsymbol{k}, \tag{1-43}$$

$$\boldsymbol{a} \cdot \boldsymbol{b} = a_x b_x + a_y b_y + a_z b_z, \tag{1-44}$$

$$\boldsymbol{a} \cdot \boldsymbol{a} = |\boldsymbol{a}|^2 = a_x^2 + a_y^2 + a_z^2. \tag{1-45}$$

As leis (1-38) e (1-39) seguem de imediato da definição. A lei (1-40) afirma que $\text{comp}_i (\boldsymbol{a} \pm \boldsymbol{b}) = \text{comp}_i\, \boldsymbol{a} \pm \text{comp}_i\, \boldsymbol{b}$, e analogamente para $\boldsymbol{j}$ e $\boldsymbol{k}$; isso decorre da relação (1-31) acima. A lei (1-41) tem um significado geométrico facilmente exibido por triângulos semelhantes. A lei (1-42) vem de

$$\overrightarrow{P_1P_2} = \overrightarrow{OP}_2 - \overrightarrow{OP}_1 = (x_2\boldsymbol{i} + y_2\boldsymbol{j} + z_2\boldsymbol{k}) - (x_1\boldsymbol{i} + y_1\boldsymbol{j} + z_1\boldsymbol{k}),$$

onde aplicamos (1-40). A lei (1-43) segue de (1-24), onde tomamos $\boldsymbol{b} = \boldsymbol{i}, \boldsymbol{j}$ ou $\boldsymbol{k}$, dado que cada um deles tem comprimento 1.

A lei (1-44) é uma conseqüência da lei distributiva (1-28). Aplicando repetidas vezes (1-28), temos que

$$\begin{aligned}
\boldsymbol{a}\cdot\boldsymbol{b} &= (a_x\boldsymbol{i} + a_y\boldsymbol{j} + a_z\boldsymbol{k})\cdot(b_x\boldsymbol{i} + b_y\boldsymbol{j} + b_z\boldsymbol{k})\\
&= (a_x\boldsymbol{i})\cdot(b_x\boldsymbol{i}) + (a_x\boldsymbol{i})\cdot(b_y\boldsymbol{j}) + (a_x\boldsymbol{i})\cdot(b_z\boldsymbol{k})\\
&\quad + (a_y\boldsymbol{j})\cdot(b_x\boldsymbol{i}) + (a_y\boldsymbol{j})\cdot(b_y\boldsymbol{j}) + (a_y\boldsymbol{j})\cdot(b_z\boldsymbol{k})\\
&\quad + (a_z\boldsymbol{k})\cdot(b_x\boldsymbol{i}) + (a_z\boldsymbol{k})\cdot(b_y\boldsymbol{j}) + (a_z\boldsymbol{k})\cdot(b_z\boldsymbol{k})\\
&= a_xb_x(\boldsymbol{i}\cdot\boldsymbol{i}) + a_xb_y(\boldsymbol{i}\cdot\boldsymbol{j}) + a_xb_z(\boldsymbol{i}\cdot\boldsymbol{k})\\
&\quad + a_yb_x(\boldsymbol{j}\cdot\boldsymbol{i}) + a_yb_y(\boldsymbol{j}\cdot\boldsymbol{j}) + a_yb_z(\boldsymbol{j}\cdot\boldsymbol{k})\\
&\quad + a_zb_x(\boldsymbol{k}\cdot\boldsymbol{i}) + a_zb_y(\boldsymbol{k}\cdot\boldsymbol{j}) + a_zb_z(\boldsymbol{k}\cdot\boldsymbol{k})\\
&= a_xb_x + a_yb_y + a_zb_z\,.
\end{aligned}$$

Na demonstração, foram usadas as relações (1-41), (1-27) e (1-34).

A lei (1-45) segue agora de (1-44), onde tomamos $\boldsymbol{b} = \boldsymbol{a}$.

1-9 VETORES UNITÁRIOS, COSSENOS DIRETORES, NÚMEROS DIRETORES. Se $\boldsymbol{a}$ for um vetor de comprimento 1, isto é, se $|\boldsymbol{a}| = 1$, então chamaremos $\boldsymbol{a}$ de *vetor unitário*. Nesse caso,

$$a_x = \boldsymbol{a}\cdot\boldsymbol{i} = 1\cdot 1\cdot\cos\alpha = \cos\alpha, \tag{1-46}$$

onde α é o ângulo formado por $\boldsymbol{a}$ e $\boldsymbol{i}$, ou seja, α é o ângulo entre $\boldsymbol{a}$ e o semi--eixo x positivo. Analogamente, $a_y = \cos\beta$, $a_z = \cos\gamma$, onde β e γ são os ângulos entre $\boldsymbol{a}$ e os eixos y e z, respectivamente. Assim sendo, *as componentes de um vetor unitário são os cossenos diretores de uma reta orientada tendo mesma direção e mesmo sentido que o próprio vetor.* Observa-se então que as componentes de $-\boldsymbol{a}$ são os cossenos diretores de uma reta orientada paralela a $\boldsymbol{a}$ e que tem o sentido oposto ao de $\boldsymbol{a}$ (ver Sec. 0-5).

Seja $\boldsymbol{a}$ um vetor não-nulo qualquer; então o vetor

$$\frac{\boldsymbol{a}}{|\boldsymbol{a}|} = \frac{a_x\boldsymbol{i} + a_y\boldsymbol{j} + a_z\boldsymbol{k}}{|\boldsymbol{a}|} \tag{1-47}$$

é um vetor unitário e suas componentes são os cossenos diretores:

$$\frac{a_x}{|\boldsymbol{a}|} = \cos\alpha, \quad \frac{a_y}{|\boldsymbol{a}|} = \cos\beta, \quad \frac{a_z}{|\boldsymbol{a}|} = \cos\gamma. \tag{1-48}$$

Se $\boldsymbol{a}$ é um vetor unitário, então $\boldsymbol{b}\cdot\boldsymbol{a} = b\cos\theta$. Logo,

$$\text{comp}_{\boldsymbol{a}}\boldsymbol{b} = \boldsymbol{b}\cdot\boldsymbol{a}, \text{ se } \boldsymbol{a} \text{ é um vetor unitário.} \tag{1-49}$$

Se $\boldsymbol{a}$ não for um vetor unitário e $\boldsymbol{a} \neq \boldsymbol{0}$, então $c = \boldsymbol{a}/a$ será unitário e

$$\text{comp}_{\boldsymbol{a}}\boldsymbol{b} = \boldsymbol{b}\cdot\boldsymbol{c} = \frac{\boldsymbol{b}\cdot\boldsymbol{a}}{a} \quad (a \neq 0). \tag{1-50}$$

Esse é um caso particular do enunciado (1-23).

Um vetor arbitrário não-nulo $\boldsymbol{a}$ possui componentes que podem ser interpretadas como sendo os números diretores de uma reta paralela a $\boldsymbol{a}$. Isso resulta de (1-42) e da definição de números diretores (Sec. 0-5). Então todos os demais conjuntos de números diretores da reta são dados pelas componentes dos vetores $h\boldsymbol{a}$, onde h é um escalar arbitrário não-nulo. Tomando $h = \pm \frac{1}{a}$, obtêm-se os cossenos diretores, como visto em (1-48).

Segue-se de (1-44) e (1-45) que

$$\cos\theta = \frac{\boldsymbol{a}\cdot\boldsymbol{b}}{|\boldsymbol{a}|\,|\boldsymbol{b}|} = \frac{a_x b_x + a_y b_y + a_z b_z}{\sqrt{a_x^2 + a_y^2 + a_z^2}\,\sqrt{b_x^2 + b_y^2 + b_z^2}}. \qquad (1\text{-}51)$$

Esse resultado equivale à conhecida fórmula encontrada em geometria analítica [equações (0-51) e (0-52) do capítulo anterior].

PROBLEMAS

1. Localizar num gráfico os seguintes vetores:

   (a) $\boldsymbol{i} + \boldsymbol{j}$, (b) $\boldsymbol{i} - \boldsymbol{k}$, (c) $2\boldsymbol{i} + \boldsymbol{j} + 3\boldsymbol{k}$.

2. Dados os vetores $\boldsymbol{u} = \boldsymbol{i} - \boldsymbol{j} + \boldsymbol{k}$, $\boldsymbol{v} = \boldsymbol{i} + \boldsymbol{j} + 2\boldsymbol{k}$, $\boldsymbol{w} = 3\boldsymbol{i} - \boldsymbol{k}$, calcular

   (a) $\boldsymbol{u} + \boldsymbol{v} + \boldsymbol{w}$ (e) $\cos \measuredangle(\boldsymbol{v}, \boldsymbol{w})$ (i) $\text{comp}_{\boldsymbol{v}}\boldsymbol{u}$
   (b) $2\boldsymbol{u} - \boldsymbol{v}$ (f) $\boldsymbol{u}\cdot\boldsymbol{u}$ (j) $\text{comp}_{\boldsymbol{w}}\boldsymbol{v}$.
   (c) $\boldsymbol{u}\cdot\boldsymbol{v}$ (g) $|\boldsymbol{u}|$ (k) $\text{comp}_{\boldsymbol{u}}(\boldsymbol{v} + \boldsymbol{w})$
   (d) $\boldsymbol{u}\cdot\boldsymbol{w}$ (h) $\boldsymbol{u}\cdot\boldsymbol{i}$, $\boldsymbol{u}\cdot\boldsymbol{j}$, $\boldsymbol{u}\cdot\boldsymbol{k}$ (l) $(\boldsymbol{u}\cdot\boldsymbol{w})\boldsymbol{v} - (\boldsymbol{u}\cdot\boldsymbol{v})\boldsymbol{w}$.

3. Dados os pontos $P_1: (1, 2, 2)$, $P_2: (0, 1, 0)$, $P_3: (2, -1, 1)$ no espaço, achar (a) as componentes de $\overrightarrow{P_1P_2}$, (b) $|\overrightarrow{P_1P_2}|$, (c) $\overrightarrow{P_1P_2}\cdot\overrightarrow{P_1P_3}$, (d) $\measuredangle P_2P_1P_3$, (e) a área do triângulo $P_1P_2P_3$.
4. Determinar a componente de $2\boldsymbol{i} + \boldsymbol{j} + 2\boldsymbol{k}$ na direção do vetor, da origem ao ponto $(1, -2, 3)$.
5. Achar (a) um conjunto de componentes diretoras, (b) um conjunto de cossenos diretores da reta passando por $(1, 2, 2)$ e paralela ao vetor $3\boldsymbol{i} - \boldsymbol{j} + \boldsymbol{k}$.
6. Seja (π) um plano no espaço passando pelo ponto $P_1: (x_1, y_1, z_1)$ e perpendicular a um vetor $\boldsymbol{b}$. Dar a equação de (π): (a) sob forma vetorial e (b) em coordenadas retangulares. [*Sugestão:* se $P: (x, y, z)$ é um ponto do plano, então $\overrightarrow{P_1P} \perp \boldsymbol{b}$. Expresse essa condição por meio de (1-32); use agora (1-42) e (1-44) para obter o resultado em termos de componentes.]
7. Dar a equação de um plano contendo o ponto $(2, 3, 0)$ e perpendicular à reta que passa por $(1, 1, -1)$ e $(0, 0, 3)$ (ver Prob. 6).
8. Dado um plano no espaço, seja p a distância da origem ao plano. Seja $\boldsymbol{b} = l\boldsymbol{i} + m\boldsymbol{j} + n\boldsymbol{k}$ um vetor unitário perpendicular ao plano; se $p \neq 0$, toma-se o sentido de $\boldsymbol{b}$ como sendo o sentido da origem ao plano. Dar a equação do plano (a) sob forma vetorial e (b) em coordenadas retangulares. [*Sugestão:* se $P: (x, y, z)$ pertencer ao plano, então $\text{comp}_{\boldsymbol{b}}\overrightarrow{OP} = p$.]

9. Dar a equação de um plano que contém Q: (2, 1, 2), perpendicular à reta que passa pela origem e por Q (ver Prob. 8).
10. Achar uma fórmula vetorial para expressar a distância de um ponto P_1 à reta que passa por P_2 e P_3.
11. Calcular a distância do ponto (1, 2, 2) à reta passando por (2, 2, 3) e (2, −1, 0) (ver Prob. 10).
12. As componentes de uma força são 2 N na direção x e 2 N na direção y. Determinar o trabalho efetuado por essa força quando age sobre um objeto que se desloca em linha reta de $x = 0$, $y = 1$ até $x = 2$, $y = 2$ (unidade: metro).
13. Diz-se que um objeto se desloca num campo de forças constantes se a força que age sobre o objeto for sempre o mesmo vetor, qualquer que seja a posição do objeto. Um exemplo (aproximado) disso é a força de gravidade agindo numa vizinhança de um determinado ponto na superfície da Terra. Mostrar que o trabalho realizado por uma força constante agindo sobre uma partícula que se desloca de A até B é o mesmo qualquer que seja o caminho poligonal de A até B. [*Observação:* este exercício dá uma interpretação física da lei distributiva geral:

$$\boldsymbol{a}\cdot(\boldsymbol{b}_1+\boldsymbol{b}_2+\cdots+\boldsymbol{b}_n)=\boldsymbol{a}\cdot\boldsymbol{b}_1+\boldsymbol{a}\cdot\boldsymbol{b}_2+\cdots+\boldsymbol{a}\cdot\boldsymbol{b}_n.]$$

14. Provar a identidade:

$$\boldsymbol{a}\cdot\boldsymbol{b}=\tfrac{1}{2}(|\boldsymbol{a}+\boldsymbol{b}|^2-|\boldsymbol{a}|^2-|\boldsymbol{b}|^2).$$

[*Sugestão:* empregar a regra (1-45) ou usar a lei dos cossenos que aparece em (0-81).]
15. Demonstrar (1-45) sem empregar (1-44), mas fazendo uso de (1-42) e da fórmula (0-42) para distâncias.
16. Demonstrar (1-44) a partir da identidade do Prob. 14 e usando (1-40) e (1-45).

RESPOSTAS

2. (a) $5\boldsymbol{i}+2\boldsymbol{k}$, (b) $\boldsymbol{i}-3\boldsymbol{j}$, (c) 2, (d) 2, (e) $\dfrac{\sqrt{15}}{30}$, (f) 3, (g) $\sqrt{3}$, (h) 1, −1, 1, (i) $\dfrac{\sqrt{6}}{3}$, (j) $\dfrac{\sqrt{10}}{10}$, (k) $\dfrac{4\sqrt{3}}{3}$, (l) $-4\boldsymbol{i}+2\boldsymbol{j}+6\boldsymbol{k}$.
3. (a) −1, −1, −2, (b) $\sqrt{6}$, (c) 4, (d) arc cos $(4/\sqrt{66})$, (e) $\frac{1}{2}\sqrt{50}$.
4. $\dfrac{3\sqrt{14}}{7}$. 5. (a) 3, −1, 1, (b) $\dfrac{3}{\sqrt{11}}$, $-\dfrac{1}{\sqrt{11}}$, $\dfrac{1}{\sqrt{11}}$.
6. (a) $\overrightarrow{P_1P}\cdot\boldsymbol{b}=0$ (b) $b_x(x-x_1)+b_y(y-y_1)+b_z(z-z_1)=0$.

7. $x + y - 4z = 5$. 8. (a) $\overrightarrow{OP} \cdot \boldsymbol{b} = p$, (b) $lx + my + nz = p$.

9. $\dfrac{2x + y + 2z}{3} = 3$. 10. $d^2 = a^2 - \dfrac{(\boldsymbol{a} \cdot \boldsymbol{b})^2}{b^2}$, $\boldsymbol{a} = \overrightarrow{P_1P_2}$, $\boldsymbol{b} = \overrightarrow{P_2P_3}$.

11. $\frac{1}{2}\sqrt{6}$. 12. 6 J.

1-10. ORIENTAÇÃO NO ESPAÇO. Na geometria analítica, estamos familiarizados com as noções de sistemas de eixos orientados à direita ou à esquerda. Neste livro, fica subentendido que são adotados os sistemas destros.

Sejam $\boldsymbol{i}, \boldsymbol{j}, \boldsymbol{k}$ uma tripla fixa de vetores unitários correspondentes a uma determinada escolha de sistema de coordenadas xyz (sistema destro). Essa tripla $\boldsymbol{i}, \boldsymbol{j}, \boldsymbol{k}$ de vetores unitários, nessa ordem, é denominada uma *tripla positiva*.

Se $\boldsymbol{i}_1, \boldsymbol{j}_1, \boldsymbol{k}_1$ é uma outra tripla qualquer de vetores no espaço perpendiculares dois a dois, então a tripla $\boldsymbol{i}_1, \boldsymbol{j}_1, \boldsymbol{k}_1$, nessa ordem, será chamada de tripla positiva se for possível transportar a tripla $\boldsymbol{i}, \boldsymbol{j}, \boldsymbol{k}$ rigidamente no espaço até coincidir com a tripla $\boldsymbol{i}_1, \boldsymbol{j}_1, \boldsymbol{k}_1$, sendo que $\boldsymbol{i}$ é levado em $\boldsymbol{i}_1$, $\boldsymbol{j}$ em $\boldsymbol{j}_1$ e $\boldsymbol{k}$ em $\boldsymbol{k}_1$, como mostra a Fig. 1-18. Desse modo, $\boldsymbol{i}_1, \boldsymbol{j}_1, \boldsymbol{k}_1$ também poderiam servir de base para um sistema destro de coordenadas. Se a tripla $\boldsymbol{i}_1, \boldsymbol{j}_1, \boldsymbol{k}_1$ não for positiva, então ela será chamada uma *tripla negativa*.

Segue-se disso que as triplas $(\boldsymbol{i}, \boldsymbol{j}, \boldsymbol{k})$, $(\boldsymbol{k}, \boldsymbol{i}, \boldsymbol{j})$ e $(\boldsymbol{j}, \boldsymbol{k}, \boldsymbol{i})$ são todas as três positivas, ao passo que as triplas $(\boldsymbol{j}, \boldsymbol{i}, \boldsymbol{k})$, $(\boldsymbol{k}, \boldsymbol{j}, \boldsymbol{i})$ e $(\boldsymbol{i}, \boldsymbol{k}, \boldsymbol{j})$ são todas negativas. Portanto vê-se que é apenas a ordem cíclica que importa.

Esse conceito pode ser estendido a uma tripla arbitrária $(\boldsymbol{a}, \boldsymbol{b}, \boldsymbol{c})$ de vetores não-coplanares. Com efeito, é possível torcer uma tal tripla até obter um tripla $(\boldsymbol{a}', \boldsymbol{b}', \boldsymbol{c}')$ de vetores perpendiculares dois a dois; isso é feito dando a cada vetor uma rotação por um ângulo agudo, sem que nenhum dos vetores corte o plano formado pelos outros dois. Agora, a tripla $(\boldsymbol{a}', \boldsymbol{b}', \boldsymbol{c}')$ pode ser substituída por um sistema $(\boldsymbol{i}_1, \boldsymbol{j}_1, \boldsymbol{k}_1)$ de vetores unitários tendo, respectivamente, os mesmos sentidos e direções. Diz-se que a tripla $(\boldsymbol{a}, \boldsymbol{b}, \boldsymbol{c})$ é positiva se $(\boldsymbol{i}_1, \boldsymbol{j}_1, \boldsymbol{k}_1)$ é positiva, e negativa em caso contrário; demonstra-se que esse resultado não depende da maneira particular de transformar-se $(\boldsymbol{a}, \boldsymbol{b}, \boldsymbol{c})$ na tripla $(\boldsymbol{a}', \boldsymbol{b}', \boldsymbol{c}')$. Como antes, o que interessa é unicamente a ordem cíclica, de sorte que, se $(\boldsymbol{a}, \boldsymbol{b}, \boldsymbol{c})$ for positiva, então $(\boldsymbol{b}, \boldsymbol{c}, \boldsymbol{a})$ e $(\boldsymbol{c}, \boldsymbol{a}, \boldsymbol{b})$ também o serão e $(\boldsymbol{b}, \boldsymbol{a}, \boldsymbol{c})$, etc., serão negativas. Além do mais, vê-se facilmente que, se $(\boldsymbol{a}, \boldsymbol{b}, \boldsymbol{c})$ for positiva, então $(\boldsymbol{a}, \boldsymbol{b}, -\boldsymbol{c})$ será negativa.

A escolha de um tipo privilegiado de sistema de coordenadas (o sistema destro), junto com uma separação correspondente de triplas de vetores nas duas classes, recebe o nome de *orientação* do espaço. Encontramos noções análogas em espaços a duas dimensões (a escolha de uma orientação positiva para ângulos) e em espaços de uma dimensão (escolha de um sentido na reta).

Na prática, muitas vezes é conveniente visualizar as triplas positivas como representadas pelo polegar, dedo indicador e dedo médio da mão direita, nessa ordem, ou então por direções: para a frente, para a esquerda e para cima, nessa ordem. Veremos posteriormente que $(\boldsymbol{a}, \boldsymbol{b}, \boldsymbol{c})$ é uma tripla positiva ou negativa conforme o determinante

$$\begin{vmatrix} a_x & a_y & a_z \\ b_x & b_y & b_z \\ c_x & c_y & c_z \end{vmatrix}$$

seja positivo ou negativo.

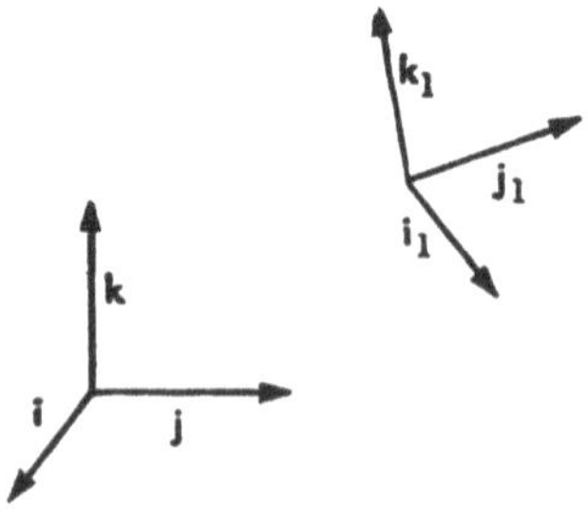

Figura 1-18. Orientação do espaço

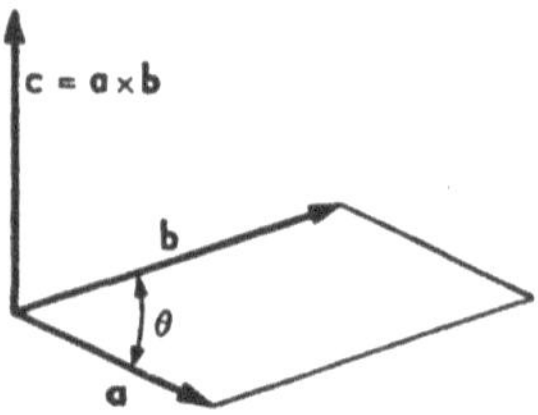

Figura 1-19. O produto vetorial

1-11. O PRODUTO VETORIAL. Com esses conceitos em mente, estamos preparados para definir o produto vetorial de dois vetores. O *produto vetorial* de $\boldsymbol{a}$ por $\boldsymbol{b}$, nessa ordem, é um vetor $\boldsymbol{c} = \boldsymbol{a} \times \boldsymbol{b}$ tal que $\boldsymbol{c}$ é $\boldsymbol{0}$ se $\boldsymbol{a}$ e $\boldsymbol{b}$ são colineares, e, se $\boldsymbol{a}$ e $\boldsymbol{b}$ não forem colineares, então $\boldsymbol{c}$ será tal que

$$c = ab \operatorname{sen} \theta, \qquad \theta = \sphericalangle(\boldsymbol{a}, \boldsymbol{b}), \tag{1-52}$$

$$\boldsymbol{c} \perp \boldsymbol{a}, \qquad \boldsymbol{c} \perp \boldsymbol{b}, \tag{1-53}$$

$$(\boldsymbol{a}, \boldsymbol{b}, \boldsymbol{c}) \text{ é uma tripla positiva.} \tag{1-54}$$

A Fig. 1-19 ilustra essas condições. Observa-se que há dois vetores que satisfazem (1-52) e (1-53), e que (1-54) obriga-nos a tomar um deles como sendo $\boldsymbol{c}$, fazendo com que o outro seja $-\boldsymbol{c}$. Como $(\boldsymbol{a}, \boldsymbol{b}, \boldsymbol{c})$ é uma tripla positiva, a tripla $(\boldsymbol{a}, \boldsymbol{b}, -\boldsymbol{c})$ é negativa.

O produto vetorial satisfaz às leis:

$$\boldsymbol{a} \times \boldsymbol{b} = -(\boldsymbol{b} \times \boldsymbol{a}) \text{ [lei anticomutativa]}; \tag{1-55}$$

$$\boldsymbol{a} \times (\boldsymbol{b} + \boldsymbol{c}) = \boldsymbol{a} \times \boldsymbol{b} + \boldsymbol{a} \times \boldsymbol{c} \text{ [lei distributiva]}; \tag{1-56}$$

$$\boldsymbol{a} \times (h\boldsymbol{b}) = (h\boldsymbol{a}) \times \boldsymbol{b} = h(\boldsymbol{a} \times \boldsymbol{b}),\ h = \text{escalar}; \tag{1-57}$$

$$\boldsymbol{a} \times \boldsymbol{a} = \boldsymbol{0}; \tag{1-58}$$

$$\begin{aligned} &\boldsymbol{i} \times \boldsymbol{j} = \boldsymbol{k}, \quad \boldsymbol{j} \times \boldsymbol{k} = \boldsymbol{i}, \quad \boldsymbol{k} \times \boldsymbol{i} = \boldsymbol{j}, \\ &\boldsymbol{i} \times \boldsymbol{i} = \boldsymbol{0}, \quad \boldsymbol{j} \times \boldsymbol{j} = \boldsymbol{0}, \quad \boldsymbol{k} \times \boldsymbol{k} = \boldsymbol{0}; \end{aligned} \tag{1-59}$$

$$\boldsymbol{a} \times \boldsymbol{b} = (a_y b_z - a_z b_y)\boldsymbol{i} + (a_z b_x - a_x b_z)\boldsymbol{j} + (a_x b_y - a_y b_x)\boldsymbol{k}. \tag{1-60}$$

A lei (1-55) é correta pois, se permutarmos $\boldsymbol{a}$ e $\boldsymbol{b}$, a tripla $(\boldsymbol{a}, \boldsymbol{b}, \boldsymbol{c})$ será transformada numa tripla negativa, donde a necessidade de inverter o sentido de $\boldsymbol{c}$. A lei (1-56) será provada na próxima seção. As leis (1-57) e (1-58) decorrem da definição. Deve-se notar que $\boldsymbol{a} \times \boldsymbol{b}$ é igual a $\boldsymbol{0}$ somente se $\boldsymbol{a} = \boldsymbol{0}$ ou $\boldsymbol{b} = \boldsymbol{0}$ ou sen $\theta = 0$; em todos esses casos, $\boldsymbol{a}$ e $\boldsymbol{b}$ são vetores colineares. Temos daí a regra geral

$$\boldsymbol{a} \times \boldsymbol{b} = \boldsymbol{0} \text{ se, e somente se, } \boldsymbol{a} \text{ e } \boldsymbol{b} \text{ são colineares.} \qquad (1\text{-}61)$$

A lei (1-59) segue da definição. A demonstração de (1-60) é feita a partir de (1-59), da lei distributiva (1-56) e da lei (1-57) [comparar com a demonstração de (1-44) na Sec. 1-8 acima]:

$$\begin{aligned} \boldsymbol{a} \times \boldsymbol{b} &= (a_x\boldsymbol{i} + a_y\boldsymbol{j} + a_z\boldsymbol{k}) \times (b_x\boldsymbol{i} + b_y\boldsymbol{j} + b_z\boldsymbol{k}) \\ &= a_xb_x(\boldsymbol{i} \times \boldsymbol{i}) + a_xb_y(\boldsymbol{i} \times \boldsymbol{j}) + a_xb_z(\boldsymbol{i} \times \boldsymbol{k}) \\ &\quad + a_yb_x(\boldsymbol{j} \times \boldsymbol{i}) + a_yb_y(\boldsymbol{j} \times \boldsymbol{j}) + a_yb_z(\boldsymbol{j} \times \boldsymbol{k}) \\ &\quad + a_zb_x(\boldsymbol{k} \times \boldsymbol{i}) + a_zb_y(\boldsymbol{k} \times \boldsymbol{j}) + a_zb_z(\boldsymbol{k} \times \boldsymbol{k}) \\ &= \boldsymbol{i}(a_yb_z - a_zb_y) + \boldsymbol{j}(a_zb_x - a_xb_z) + \boldsymbol{k}(a_xb_y - a_yb_x). \end{aligned}$$

Esse resultado pode ser colocado sob a forma

$$\boldsymbol{a} \times \boldsymbol{b} = \boldsymbol{i}\begin{vmatrix} a_y & a_z \\ b_y & b_z \end{vmatrix} + \boldsymbol{j}\begin{vmatrix} a_z & a_x \\ b_z & b_x \end{vmatrix} + \boldsymbol{k}\begin{vmatrix} a_x & a_y \\ b_x & b_y \end{vmatrix} \qquad (1\text{-}62)$$

e interpretado como sendo a expansão de um determinante:

$$\boldsymbol{a} \times \boldsymbol{b} = \begin{vmatrix} \boldsymbol{i} & \boldsymbol{j} & \boldsymbol{k} \\ a_x & a_y & a_z \\ b_x & b_y & b_z \end{vmatrix}. \qquad (1\text{-}62')$$

Não se trata de um determinante comum, pois os elementos da primeira linha são vetores e não-escalares [ver Sec. 0-3] e, embora muitas das propriedades usuais continuem válidas, é melhor expandi-lo de imediato usando (1-62).

O comprimento do produto vetorial $\boldsymbol{a} \times \boldsymbol{b}$ é o escalar $ab \operatorname{sen} \theta$, que pode ser interpretado como a área de um paralelogramo de lados $\boldsymbol{a}$ e $\boldsymbol{b}$, como na Fig. 1-19. Então, temos a regra

$$|\boldsymbol{a} \times \boldsymbol{b}| = \text{área de paralelogramo de lados } \boldsymbol{a} \text{ e } \boldsymbol{b}. \qquad (1\text{-}63)$$

A maior parte das aplicações geométricas do produto vetorial decorre das propriedades (1-61) e (1-63). O produto vetorial aparece na mecânica, especialmente com relação a momentos e velocidades angulares. Nós trataremos disso na Sec. 1-18.

PROBLEMAS

1. Dados os vetores $\boldsymbol{a} = 2\boldsymbol{i} - \boldsymbol{j}$, $\boldsymbol{b} = \boldsymbol{i} + \boldsymbol{j} + \boldsymbol{k}$, $\boldsymbol{c} = -2\boldsymbol{i} + \boldsymbol{k}$, determinar as expressões:

   (a) $\boldsymbol{a} \times \boldsymbol{b}$
   (b) $\boldsymbol{c} \times \boldsymbol{b}$
   (c) $\boldsymbol{a} \times (\boldsymbol{b} \times \boldsymbol{c})$
   (d) $(\boldsymbol{a} \times \boldsymbol{b}) \times \boldsymbol{c}$
   (e) $(\boldsymbol{a} \times \boldsymbol{c}) \cdot \boldsymbol{b}$
   (f) $\boldsymbol{a} \cdot (\boldsymbol{c} \times \boldsymbol{b})$
   (g) $\boldsymbol{a} \cdot (\boldsymbol{a} \times \boldsymbol{b})$
   (h) $\boldsymbol{a} \times (\boldsymbol{a} \times \boldsymbol{b})$
   (i) $(\boldsymbol{a} \cdot \boldsymbol{b})(\boldsymbol{a} \times \boldsymbol{b})$.

2. Dar as equações de uma reta no espaço passando por dois pontos P_1, P_2: (a) sob forma vetorial e (b) em coordenadas retangulares. [*Sugestão*: se P for um ponto qualquer da reta, então $\overrightarrow{P_1P}$ e $\overrightarrow{P_1P_2}$ serão colineares. Expresse tal condição usando (1-61). Use agora (1-42) e (1-62) para expressar esse resultado em termos de componentes.]
3. Dar as equações de uma reta no espaço que passa pelo ponto (1, 2, 5) e paralela à reta que passa por (3, 0, 1) e (−1, 2, 1) (ver Prob. 2).
4. Dar a equação de um plano no espaço passando por três pontos P_1, P_2, P_3 (não todos numa mesma reta): (a) sob forma vetorial e (b) em coordenadas retangulares. [*Sugestão*: se P for um ponto qualquer do plano, então $\overrightarrow{PP_1}$ será perpendicular ao vetor $\overrightarrow{P_1P_2} \times \overrightarrow{P_1P_3}$.]
5. Dar a equação de um plano passando por (0, 0, 0), (0, 1, 0) e (1, 1, 1) (ver Prob. 4).
6. Achar a área do triângulo cujos vértices são os três pontos do Prob. 5.
7. Dados quatro pontos, A: (1, 2, 2); B: (3, 1, 2), C: (−1, 5, 2), D: (2, −1, 0), achar as equações de uma reta passando por (0, 0, 0) e perpendicular às retas AB e CD.
8. Mostrar que $(\mathbf{a}, \mathbf{b}, \mathbf{c})$ é uma tripla positiva ou negativa conforme $(\mathbf{a} \times \mathbf{b}) \cdot \mathbf{c} > 0$ ou $(\mathbf{a} \times \mathbf{b}) \cdot \mathbf{c} < 0$. Qual é o significado da condição $(\mathbf{a} \times \mathbf{b}) \cdot \mathbf{c} = 0$?
9. (a) Dizer se os vetores $\mathbf{i} - \mathbf{j}$, $\mathbf{i} + 2\mathbf{j} + \mathbf{k}$, $3\mathbf{i} - \mathbf{j} - \mathbf{k}$ formam uma tripla positiva ou negativa (ver Prob. 8). (b) Dizer se os pontos (10, 9, 9) e (−9, −9, −10) estão num mesmo lado ou em lados opostos do plano determinado por (0, 0, 0), (1, 1, 1), (2, 0, −2).
10. Sejam $\mathbf{a}$ e $\mathbf{c}$ dois vetores dados e k um escalar dado. Determinar todos os vetores $\mathbf{b}$ tais que $\mathbf{a} \times \mathbf{b} = \mathbf{c}$ e $\mathbf{a} \cdot \mathbf{b} = k$.

RESPOSTAS

1. (a) $-\mathbf{i} - 2\mathbf{j} + 3\mathbf{k}$, (b) $-\mathbf{i} + 3\mathbf{j} - 2\mathbf{k}$, (c) $-2\mathbf{i} - 4\mathbf{j} - 5\mathbf{k}$, (d) $-2\mathbf{i} - 5\mathbf{j} - 4\mathbf{k}$, (e) −5, (f) −5, (g) 0, (h) $-3\mathbf{i} - 6\mathbf{j} - 5\mathbf{k}$, (i) $-\mathbf{i} - 2\mathbf{j} + 3\mathbf{k}$.
2. (a) $\overrightarrow{P_1P} \times \overrightarrow{P_1P_2} = \mathbf{0}$, (b) $\dfrac{x - x_1}{x_2 - x_1} = \dfrac{y - y_1}{y_2 - y_1} = \dfrac{z - z_1}{z_2 - z_1}$.
3. $[(x-1)\mathbf{i} + (y-2)\mathbf{j} + (z-5)\mathbf{k}] \times (4\mathbf{i} - 2\mathbf{j}) = \mathbf{0}$.
4. (a) $\overrightarrow{PP_1} \cdot \overrightarrow{P_1P_2} \times \overrightarrow{P_1P_3} = 0$,

   (b) $$\begin{vmatrix} x - x_1 & y - y_1 & z - z_1 \\ x_2 - x_1 & y_2 - y_1 & z_2 - z_1 \\ x_3 - x_1 & y_3 - y_1 & z_3 - z_1 \end{vmatrix} = 0.$$

5. $x - z = 0$. 6. $\frac{1}{2}\sqrt{2}$. 7. $(x\mathbf{i} + y\mathbf{j} + z\mathbf{k}) \times (2\mathbf{i} + 4\mathbf{j} - 9\mathbf{k}) = \mathbf{0}$.
9. (a) negativa, (b) opostos.
10. Se $\mathbf{a} \cdot \mathbf{c} \neq 0$, não existe solução. Se $\mathbf{a} \cdot \mathbf{c} = 0$ e $\mathbf{a} \neq \mathbf{0}$, então existe uma única solução: $\mathbf{b} = \frac{1}{a^2}(\mathbf{c} \times \mathbf{a} + k\mathbf{a})$. Se $\mathbf{a} = \mathbf{0}$, então não existe solução a menos que $\mathbf{c} = \mathbf{0}$ e $k = 0$, em cujo caso $\mathbf{b}$ pode ser um vetor totalmente arbitrário.

1-12. O PRODUTO TRIPLO ESCALAR. O produto $\boldsymbol{a} \times \boldsymbol{b} \cdot \boldsymbol{c}$ é conhecido como o produto triplo escalar de $\boldsymbol{a}$, $\boldsymbol{b}$, $\boldsymbol{c}$, nessa ordem. Observemos que não é necessário colocar parênteses, dado que $\boldsymbol{a} \times (\boldsymbol{b} \cdot \boldsymbol{c})$ não teria nenhum significado. Veremos abaixo que o valor do produto triplo escalar depende unicamente da ordem cíclica dos vetores.

O produto triplo escalar verifica as seguintes leis:

$\boldsymbol{a} \times \boldsymbol{b} \cdot \boldsymbol{c} = 0$ se, e somente se, $\boldsymbol{a}$, $\boldsymbol{b}$, $\boldsymbol{c}$ são coplanares; (1-64)

$\boldsymbol{a} \times \boldsymbol{b} \cdot \boldsymbol{c} = \pm$ volume do paralelogramo de arestas $\boldsymbol{a}$, $\boldsymbol{b}$, $\boldsymbol{c}$, sendo (+) se ($\boldsymbol{a}$, $\boldsymbol{b}$, $\boldsymbol{c}$) for uma tripla positiva e (–) em caso contrário; (1-65)

$\boldsymbol{a} \times \boldsymbol{b} \cdot \boldsymbol{c} = \boldsymbol{a} \cdot \boldsymbol{b} \times \boldsymbol{c}$; (1-66)

$$\boldsymbol{a} \times \boldsymbol{b} \cdot \boldsymbol{c} = \begin{vmatrix} a_x & a_y & a_z \\ b_x & b_y & b_z \\ c_x & c_y & c_z \end{vmatrix}. \tag{1-67}$$

Demonstração de (1-64). Se um dos vetores $\boldsymbol{a}$, $\boldsymbol{b}$ ou $\boldsymbol{c}$ for $\boldsymbol{0}$, então os vetores serão coplanares e $\boldsymbol{a} \times \boldsymbol{b} \cdot \boldsymbol{c}$ se reduzirá a 0. Se nenhum deles for $\boldsymbol{0}$, então a condição $\boldsymbol{a} \times \boldsymbol{b} \cdot \boldsymbol{c} = 0$ acarretará que $\boldsymbol{c}$ seja perpendicular a $\boldsymbol{a} \times \boldsymbol{b}$; como $\boldsymbol{a} \times \boldsymbol{b}$ é perpendicular a $\boldsymbol{a}$ e a $\boldsymbol{b}$, isso implica que $\boldsymbol{c}$, $\boldsymbol{a}$ e $\boldsymbol{b}$ podem ser colocados num mesmo plano, ou seja, que os vetores são coplanares. Reciprocamente, se $\boldsymbol{a}$, $\boldsymbol{b}$, $\boldsymbol{c}$ forem coplanares, então $\boldsymbol{c}$, necessariamente, será perpendicular a $\boldsymbol{a} \times \boldsymbol{b}$, de sorte que $\boldsymbol{a} \times \boldsymbol{b} \cdot \boldsymbol{c} = 0$.

Demonstração de (1-65). Se os vetores forem coplanares, então o volume em questão se reduzirá a 0 e $\boldsymbol{a} \times \boldsymbol{b} \cdot \boldsymbol{c} = 0$ em virtude de (1-64). Sejam então $\boldsymbol{a}$, $\boldsymbol{b}$, $\boldsymbol{c}$ vetores não-coplanares, e sejam $\theta = \sphericalangle(\boldsymbol{a}, \boldsymbol{b})$, $\phi = \sphericalangle(\boldsymbol{a} \times \boldsymbol{b}, \boldsymbol{c})$. Segue que, da definição na Sec. 1-11, $\boldsymbol{a}$, $\boldsymbol{b}$, $\boldsymbol{c}$ é uma tripla positiva ou negativa conforme ϕ seja menor ou maior que $\pi/2$. Agora, temos

$$\boldsymbol{a} \times \boldsymbol{b} \cdot \boldsymbol{c} = |\boldsymbol{a} \times \boldsymbol{b}|\ c \cos\phi = ab \operatorname{sen}\theta \cdot c \cdot \cos\phi.$$

Se ϕ for menor que $\pi/2$, então $c\cos\phi$ será a altura do paralelepípedo, como mostra a Fig. 1-20. Como ab sen θ é a área da base [(1-63)], o produto ab sen $\theta \cdot c \cdot \cos\phi$ é o volume do paralelepípedo. Se ϕ for maior que $\pi/2$, então $\cos\phi$ será negativo e $-c\cos\phi$ será a altura. Portanto, em ambos os casos, $\boldsymbol{a} \times \boldsymbol{b} \cdot \boldsymbol{c} =$ $= \pm$ base $\times$ altura $= \pm$ volume, sendo que o sinal (+) ou (–) dependerá de a tripla ($\boldsymbol{a}$, $\boldsymbol{b}$, $\boldsymbol{c}$) ser positiva ou negativa.

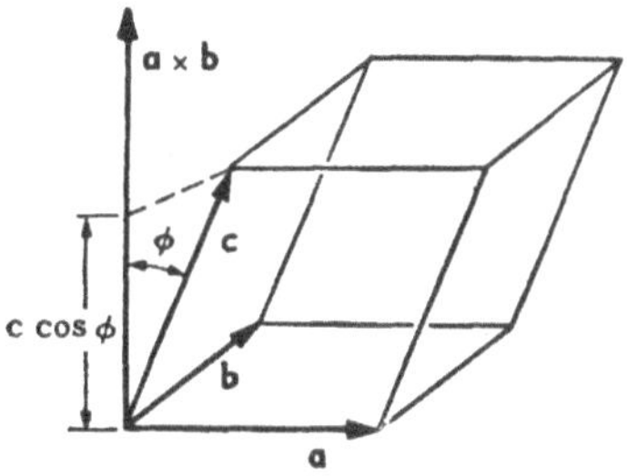

Figura 1-20

Demonstração de (1-66). Em virtude da lei comutativa (1-27) o produto $\boldsymbol{a} \cdot \boldsymbol{b} \times \boldsymbol{c}$ pode ser escrito como $\boldsymbol{b} \times \boldsymbol{c} \cdot \boldsymbol{a}$. Pela lei (1-65), isso representa $\pm$ o volume do mesmo paralelepípedo, sendo que o sinal (+) ou (–) depende de a tripla ($\boldsymbol{b}$, $\boldsymbol{c}$, $\boldsymbol{a}$) ser positiva ou negativa. Mas, dado que é a ordem cíclica que influi, ($\boldsymbol{b}$, $\boldsymbol{c}$, $\boldsymbol{a}$) é uma tripla positiva precisamente quando ($\boldsymbol{a}$, $\boldsymbol{b}$, $\boldsymbol{c}$) for uma tripla positiva. Logo, ambos os produtos triplos têm o mesmo sinal e o mesmo valor.

Antes de provar (1-67), vamos mostrar que (1-66) pode ser usada para demonstrar a lei distributiva (1-56) para produtos vetoriais. De fato, para mostrar que vale

$$\boldsymbol{a} \times (\boldsymbol{b} + \boldsymbol{c}) = \boldsymbol{a} \times \boldsymbol{b} + \boldsymbol{a} \times \boldsymbol{c},$$

é necessário mostrar que as componentes segundo x, y, e z de ambos os membros são iguais; ou seja, para a componente em x, é necessário mostrar que

$$\boldsymbol{i} \cdot \boldsymbol{a} \times (\boldsymbol{b} + \boldsymbol{c}) = \boldsymbol{i} \cdot [(\boldsymbol{a} \times \boldsymbol{b}) + (\boldsymbol{a} \times \boldsymbol{c})].$$

Em virtude de (1-66), temos

$$\begin{aligned} \boldsymbol{i} \cdot \boldsymbol{a} \times (\boldsymbol{b} + \boldsymbol{c}) &= \boldsymbol{i} \times \boldsymbol{a} \cdot (\boldsymbol{b} + \boldsymbol{c}) = \boldsymbol{i} \times \boldsymbol{a} \cdot \boldsymbol{b} + \boldsymbol{i} \times \boldsymbol{a} \cdot \boldsymbol{c} \\ &= \boldsymbol{i} \cdot \boldsymbol{a} \times \boldsymbol{b} + \boldsymbol{i} \cdot \boldsymbol{a} \times \boldsymbol{c} \\ &= \boldsymbol{i} \cdot [(\boldsymbol{a} \times \boldsymbol{b}) + (\boldsymbol{a} \times \boldsymbol{c})]; \end{aligned}$$

vale um raciocínio análogo para as componentes em y e z. Assim, ficam estabelecidas a lei distributiva (1-56) e suas conseqüências (1-60), (1-62) e (1-62'). Este método de demonstração é de autoria do Professor A. H. Copeland.

Demonstração de (1-67). Temos

$$\begin{aligned} \boldsymbol{a} \times \boldsymbol{b} \cdot \boldsymbol{c} = \boldsymbol{a} \cdot \boldsymbol{b} \times \boldsymbol{c} = \boldsymbol{a} \cdot \begin{vmatrix} \boldsymbol{i} & \boldsymbol{j} & \boldsymbol{k} \\ b_x & b_y & b_z \\ c_x & c_y & c_z \end{vmatrix} \\ = a_x \begin{vmatrix} b_y & b_z \\ c_y & c_z \end{vmatrix} + a_y \begin{vmatrix} b_z & b_x \\ c_z & c_x \end{vmatrix} + a_z \begin{vmatrix} b_x & b_y \\ c_x & c_y \end{vmatrix} \\ = \begin{vmatrix} a_x & a_y & a_z \\ b_x & b_y & b_z \\ c_x & c_y & c_z \end{vmatrix}. \end{aligned}$$

As regras (1-65) e (1-67) justificam agora a afirmação feita anteriormente de que uma tripla ($\boldsymbol{a}$, $\boldsymbol{b}$, $\boldsymbol{c}$) é positiva ou negativa conforme o determinante

$$\begin{vmatrix} a_x & a_y & a_z \\ b_x & b_y & b_z \\ c_x & c_y & c_z \end{vmatrix}$$

seja positivo ou negativo.

A regra (1-66) permite-nos "trocar um tipo de produto pelo outro" dentro de um produto triplo escalar. Aplicando repetidas vezes essa propriedade e usando a lei comutativa para o produto escalar, obtemos as seguintes seis formas equivalentes do produto triplo escalar:

$$\begin{aligned} \boldsymbol{a} \times \boldsymbol{b} \cdot \boldsymbol{c} &= \boldsymbol{a} \cdot \boldsymbol{b} \times \boldsymbol{c} = \boldsymbol{b} \times \boldsymbol{c} \cdot \boldsymbol{a} = \boldsymbol{b} \cdot \boldsymbol{c} \times \boldsymbol{a} \\ &= \boldsymbol{c} \times \boldsymbol{a} \cdot \boldsymbol{b} = \boldsymbol{c} \cdot \boldsymbol{a} \times \boldsymbol{b}. \end{aligned} \tag{1-68}$$

Assim, o valor do produto triplo escalar depende unicamente da ordem cíclica dos vetores, e não da ordem na qual aparecem os dois tipos de produtos. Se a ordem cíclica for mudada, o sinal será então trocado:

$$\boldsymbol{a} \times \boldsymbol{b} \cdot \boldsymbol{c} = -\boldsymbol{b} \times \boldsymbol{a} \cdot \boldsymbol{c} = -\boldsymbol{b} \cdot \boldsymbol{a} \times \boldsymbol{c}, \text{ etc.} \tag{1-69}$$

PROBLEMAS

1. Calcular as expressões:

   (a) $\boldsymbol{i} \cdot \boldsymbol{j} \times \boldsymbol{k}$ (c) $(\boldsymbol{i} + \boldsymbol{j} + \boldsymbol{k}) \cdot (\boldsymbol{i} + \boldsymbol{j} + \boldsymbol{k}) \times (\boldsymbol{i} + \boldsymbol{j})$
   (b) $(\boldsymbol{i} + \boldsymbol{j}) \cdot \boldsymbol{k} \times \boldsymbol{j}$ (d) $(\boldsymbol{i} \times \boldsymbol{j}) \cdot (\boldsymbol{j} \times \boldsymbol{k}) \times (\boldsymbol{k} \times \boldsymbol{i})$.

2. Dados os vetores $\boldsymbol{u} = \boldsymbol{i} - 2\boldsymbol{j} + \boldsymbol{k}$, $\boldsymbol{v} = 3\boldsymbol{i} + \boldsymbol{k}$, $\boldsymbol{w} = \boldsymbol{j} - \boldsymbol{k}$ calcular:

   (a) $\boldsymbol{u} \cdot \boldsymbol{u} \times \boldsymbol{w}$ (c) $(\boldsymbol{u} + \boldsymbol{v}) \cdot (\boldsymbol{v} + \boldsymbol{w}) \times \boldsymbol{w}$
   (b) $\boldsymbol{w} \times \boldsymbol{v} \cdot \boldsymbol{u}$ (d) $(\boldsymbol{u} \times \boldsymbol{v}) \times (\boldsymbol{v} + \boldsymbol{w}) \cdot (\boldsymbol{u} + \boldsymbol{w})$.

3. Dado um tetraedro de vértices A, B, C, D, sejam $\boldsymbol{b} = \overrightarrow{AB}$, $\boldsymbol{c} = \overrightarrow{AC}$, $\boldsymbol{d} = \overrightarrow{AD}$. Expressar as seguintes quantidades em termos de $\boldsymbol{b}$, $\boldsymbol{c}$, $\boldsymbol{d}$:

   (a) o volume do tetraedro;
   (b) a área do triângulo ACD;
   (c) a distância de A ao plano BCD;
   (d) a menor distância entre as retas reversas AB e CD.

   Dar os valores de (a), (b), (c), (d) numericamente sendo A o ponto (1, 2, 2), B é (–1, 0, 0), C é (1, 0, 1) e D é (–2, 3, 0).
4. Dar a equação de um plano passando pelos três pontos P_1, P_2, P_3 sob a forma de um produto triplo escalar igualado a 0.
5. Dar a equação de um plano passando pelas retas paralelas $\overrightarrow{AB}$ e $\overrightarrow{CD}$, onde $\overrightarrow{AB} = \overrightarrow{CD} = \boldsymbol{i} - \boldsymbol{j} - \boldsymbol{k}$, A é o ponto (1, 2, 2), e C é o ponto (3, 0, 3).
6. Mostrar que as retas AB e CD se cortam, sendo que $\overrightarrow{AB} = 2\boldsymbol{i} + \boldsymbol{k}$, $CD = \boldsymbol{j} - \boldsymbol{k}$, A é (7, –2, 3) e C é (5, –1, 1). Escrever também a equação do plano assim determinado.

RESPOSTAS

1. (a) 1, (b) –1, (c) 0, (d) 1.
2. (a) –4, (b) 4, (c) $\boldsymbol{u} \cdot \boldsymbol{v} \times \boldsymbol{w} = -4$, (d) –24.
3. (a) $\frac{1}{6}|\boldsymbol{b} \cdot \boldsymbol{c} \times \boldsymbol{d}| = \frac{2}{3}$, (b) $\frac{1}{2}|\boldsymbol{c} \times \boldsymbol{d}| = \frac{1}{2}\sqrt{70}$,

   (c) $\dfrac{|\boldsymbol{b} \cdot (\boldsymbol{d} - \boldsymbol{b}) \times (\boldsymbol{d} - \boldsymbol{c})|}{|(\boldsymbol{d} - \boldsymbol{b}) \times (\boldsymbol{d} - \boldsymbol{c})|} = \dfrac{4}{\sqrt{46}}$, (d) $\dfrac{|\boldsymbol{c} \cdot \boldsymbol{b} \times (\boldsymbol{d} - \boldsymbol{c})|}{|\boldsymbol{b} \times (\boldsymbol{d} - \boldsymbol{c})|} = \dfrac{1}{\sqrt{14}}$.

4. $\overrightarrow{P_1P} \cdot \overrightarrow{P_1P_2} \times \overrightarrow{P_1P_3} = 0$. 5. $x + y - 3 = 0$.
6. As retas se cortam, pois: $\overrightarrow{AB} \times \overrightarrow{CD} \neq 0$, mas $\overrightarrow{AB} \times \overrightarrow{CD} \cdot \overrightarrow{AC} = 0$. O plano é $x - 2y - 2z = 5$.

1-13. OS PRODUTOS TRIPLOS VETORIAIS. As expressões $(\boldsymbol{a} \times \boldsymbol{b}) \times \boldsymbol{c}$ e $\boldsymbol{a} \times (\boldsymbol{b} \times \boldsymbol{c})$ são conhecidas como produtos triplos vetoriais. Nesse tipo de produto, é necessário colocar os parênteses, pois, por exemplo, $(\boldsymbol{i} \times \boldsymbol{i}) \times \boldsymbol{j} = \boldsymbol{0}$, ao passo que $\boldsymbol{i} \times (\boldsymbol{i} \times \boldsymbol{j}) = \boldsymbol{i} \times \boldsymbol{k} = -\boldsymbol{j}$.

Para esses produtos, valem estas duas identidades:

$$\boldsymbol{a} \times (\boldsymbol{b} \times \boldsymbol{c}) = (\boldsymbol{a} \cdot \boldsymbol{c})\boldsymbol{b} - (\boldsymbol{a} \cdot \boldsymbol{b})\boldsymbol{c}, \tag{1-70}$$

$$(\boldsymbol{a} \times \boldsymbol{b}) \times \boldsymbol{c} = (\boldsymbol{c} \cdot \boldsymbol{a})\boldsymbol{b} - (\boldsymbol{c} \cdot \boldsymbol{b})\boldsymbol{a}, \tag{1-71}$$

que podemos resumir numa só regra:

$$\begin{aligned} \text{produto triplo vetorial} = &(\text{exterior} \cdot \text{extremo})\ \text{médio} \\ &- (\text{exterior} \cdot \text{médio})\ \text{extremo}. \end{aligned} \tag{1-72}$$

Com essa notação, em (1-70), $\boldsymbol{a}$ é o vetor exterior (aos parênteses), enquanto que $\boldsymbol{b}$ é médio (situado entre $\boldsymbol{a}$ e $\boldsymbol{c}$) e $\boldsymbol{c}$ está no extremo (a partir de $\boldsymbol{a}$); em (1-71), $\boldsymbol{c}$ é exterior, $\boldsymbol{b}$ é médio e $\boldsymbol{a}$ é o extremo.

A regra (1-70) pode ser provada por meio de componentes. Temos assim

$$\begin{aligned} \boldsymbol{i} \cdot \boldsymbol{a} \times (\boldsymbol{b} \times \boldsymbol{c}) &= \begin{vmatrix} 1 & 0 & 0 \\ a_x & a_y & a_z \\ \begin{vmatrix} b_y & b_z \\ c_y & c_z \end{vmatrix} & \begin{vmatrix} b_z & b_x \\ c_z & c_x \end{vmatrix} & \begin{vmatrix} b_x & b_y \\ c_x & c_y \end{vmatrix} \end{vmatrix} \\ &= a_y(b_x c_y - b_y c_x) - a_z(b_z c_x - b_x c_z) \\ &= b_x(a_x c_x + a_y c_y + a_z c_z) - c_x(a_x b_x + a_y b_y + a_z b_z) \\ &= \boldsymbol{i} \cdot [(\boldsymbol{a} \cdot \boldsymbol{c})\boldsymbol{b} - (\boldsymbol{a} \cdot \boldsymbol{b})\boldsymbol{c}], \end{aligned}$$

e, analogamente, para as componentes em y e em z.

A regra (1-71) pode ser provada do mesmo modo ou, então, pode ser deduzida diretamente de (1-70).

1-14. IDENTIDADES VETORIAIS. Em conseqüência das identidades enunciadas nas seções anteriores, é possível estabelecer uma série de outras identidades. Algumas delas aparecem nos próximos problemas. Quando se quer demonstrar uma identidade, deve-se, na medida do possível, reduzi-la a alguma identidade já vista. Em último recurso, pode-se introduzir um argumento por componentes, como foi feito na demonstração de (1-70); em geral, isso conduz a um método de demonstração mais extenso e, havendo possibilidade, deve ser evitado.

Exemplo 1. Provar a identidade

$$(\boldsymbol{a} + \boldsymbol{b}) \cdot (\boldsymbol{a} \times \boldsymbol{c}) \times (\boldsymbol{a} + \boldsymbol{b}) = 0.$$

Temos aqui um produto triplo dos três vetores $\boldsymbol{a} + \boldsymbol{b}$, $\boldsymbol{a} \times \boldsymbol{c}$, $\boldsymbol{a} + \boldsymbol{b}$; como dois dos vetores são iguais, os vetores são coplanares e o produto triplo é 0 em virtude de (1-64).

Exemplo 2. Provar a identidade

$$\boldsymbol{a} \times [\boldsymbol{a} \times (\boldsymbol{a} \times \boldsymbol{b})] = (\boldsymbol{a} \cdot \boldsymbol{a})(\boldsymbol{b} \times \boldsymbol{a}).$$

Façamos $\boldsymbol{c} = \boldsymbol{a} \times \boldsymbol{b}$. Então o primeiro membro é um produto triplo vetorial. Pela regra (1-70), esse produto é igual a

$$(\boldsymbol{a} \cdot \boldsymbol{c})\boldsymbol{a} - (\boldsymbol{a} \cdot \boldsymbol{a})\boldsymbol{c} = [\boldsymbol{a} \cdot (\boldsymbol{a} \times \boldsymbol{b})]\boldsymbol{a} - (\boldsymbol{a} \cdot \boldsymbol{a})(\boldsymbol{a} \times \boldsymbol{b}).$$

A quantidade $\boldsymbol{a} \cdot (\boldsymbol{a} \times \boldsymbol{b})$ é um produto triplo escalar de vetores coplanares, sendo, portanto, igual a 0. Usando (1-55), podemos finalmente expressar o primeiro membro da identidade inicial por

$$(\boldsymbol{a} \cdot \boldsymbol{a})(\boldsymbol{b} \times \boldsymbol{a}),$$

que é o resultado desejado.

PROBLEMAS

1. Deduzir (1-71) a partir de (1-70).
2. Provar a identidade: $(\boldsymbol{a} \times \boldsymbol{b}) \times (\boldsymbol{c} \times \boldsymbol{d}) = (\boldsymbol{a} \times \boldsymbol{b} \cdot \boldsymbol{d})\boldsymbol{c} - (\boldsymbol{a} \times \boldsymbol{b} \cdot \boldsymbol{c})\boldsymbol{d}$.
3. Provar a identidade: $(\boldsymbol{a} \times \boldsymbol{b}) \cdot (\boldsymbol{c} \times \boldsymbol{d}) = (\boldsymbol{a} \cdot \boldsymbol{c})(\boldsymbol{b} \cdot \boldsymbol{d}) - (\boldsymbol{a} \cdot \boldsymbol{d})(\boldsymbol{b} \cdot \boldsymbol{c})$.
4. Provar a identidade: $(\boldsymbol{a} \times \boldsymbol{b}) \times (\boldsymbol{a} \times \boldsymbol{c}) = (\boldsymbol{a} \cdot \boldsymbol{b} \times \boldsymbol{c})\boldsymbol{a}$. [*Sugestão:* usar o Prob. 2.]
5. Provar a identidade:

$$\begin{vmatrix} \boldsymbol{a} \cdot \boldsymbol{a} & \boldsymbol{a} \cdot \boldsymbol{b} \\ \boldsymbol{a} \cdot \boldsymbol{b} & \boldsymbol{b} \cdot \boldsymbol{b} \end{vmatrix} = |\boldsymbol{a} \times \boldsymbol{b}|^2.$$

[*Sugestão:* usar o Prob. 3.]

6. Provar a identidade:

$$\boldsymbol{a} \times (\boldsymbol{b} \times \boldsymbol{c}) + \boldsymbol{b} \times (\boldsymbol{c} \times \boldsymbol{a}) + \boldsymbol{c} \times (\boldsymbol{a} \times \boldsymbol{b}) = \boldsymbol{0}.$$

7. Demonstrar a *lei dos senos* para um triângulo:

$$\frac{\text{sen } A}{a} = \frac{\text{sen } B}{b} = \frac{\text{sen } C}{c}$$

usando vetores e a propriedade (1-52).

8. Seja $(\boldsymbol{a}_1, \boldsymbol{a}_2, \boldsymbol{a}_3)$ uma tripla positiva de vetores. Consideremos $D = \boldsymbol{a}_1 \cdot \boldsymbol{a}_2 \times \times \boldsymbol{a}_3$, e sejam

$$\boldsymbol{b}_1 = \frac{\boldsymbol{a}_2 \times \boldsymbol{a}_3}{D}, \quad \boldsymbol{b}_2 = \frac{\boldsymbol{a}_3 \times \boldsymbol{a}_1}{D}, \quad \boldsymbol{b}_3 = \frac{\boldsymbol{a}_1 \times \boldsymbol{a}_2}{D}.$$

Mostrar que $\boldsymbol{b}_1 \cdot \boldsymbol{b}_2 \times \boldsymbol{b}_3 = 1/D$, que $(\boldsymbol{b}_1, \boldsymbol{b}_2, \boldsymbol{b}_3)$ é uma tripla positiva e que

$$\boldsymbol{a}_i \cdot \boldsymbol{b}_j = \begin{cases} 0 \text{ para } i \neq j \\ 1 \text{ para } i = j \end{cases}, \quad \text{para } i = 1, 2, 3, \quad j = 1, 2, 3.$$

Interprete isso geometricamente por meio de uma figura.

1-15. FUNÇÕES VETORIAIS DE UMA VARIÁVEL. Se a cada valor da variável real t de um intervalo $t_1 \leqq t \leqq t_2$ for associado um vetor $\boldsymbol{u}$ do espaço, diremos então que $\boldsymbol{u}$ é dado como uma função vetorial de t sobre esse intervalo. Por exemplo, podemos ter

$$\boldsymbol{u} = t\boldsymbol{a} + (1-t)\boldsymbol{b}, \quad 0 \leqq t \leqq 1, \tag{1-73}$$

onde $\boldsymbol{a}$ e $\boldsymbol{b}$ são vetores dados, ou, então, podemos ter

$$\boldsymbol{u} = t^2\boldsymbol{i} + t^3\boldsymbol{j} + \text{sen}\, t\boldsymbol{k}, \quad 0 \leqq t \leqq 2\pi, \tag{1-74}$$

onde $\boldsymbol{i}$, $\boldsymbol{j}$, $\boldsymbol{k}$ formam uma tripla de vetores unitários perpendiculares dois a dois. Sendo dada tal função, emprega-se uma notação como

$$\boldsymbol{u} = \boldsymbol{F}(t), \quad t_1 \leqq t \leqq t_2, \tag{1-75}$$

ou, mais simplesmente,

$$\boldsymbol{u} = \boldsymbol{u}(t), \quad t_1 \leqq t \leqq t_2. \tag{1-76}$$

Uma vez escolhido um sistema de coordenadas no espaço, o vetor $\boldsymbol{u}$ sempre pode ser colocado sob a forma

$$\boldsymbol{u} = u_x\boldsymbol{i} + u_y\boldsymbol{j} + u_z\boldsymbol{k}, \tag{1-77}$$

sendo u_x, u_y, u_z as componentes correspondentes. Essas componentes, por sua vez, dependerão de t; vamos supor que os eixos sejam fixos e não dependam de t. Nessas condições, podemos escrever

$$u_x = f(t), \quad u_y = g(t), \quad u_z = h(t), \quad t_1 \leqq t \leqq t_2. \tag{1-78}$$

Assim, uma função vetorial de t determina três funções escalares de t. Reciprocamente, se $f(t)$, $g(t)$ e $h(t)$ são três funções escalares de t definidas para $t_1 \leqq$ $\leqq t \leqq t_2$, então o vetor

$$\boldsymbol{u} = f(t)\boldsymbol{i} + g(t)\boldsymbol{j} + h(t)\boldsymbol{k} \tag{1-79}$$

é uma função vetorial de t.

Uma função vetorial pode ser representada graficamente por uma curva no espaço. Seja então O um ponto de referência fixo e seja P um ponto determinado de modo tal que $\overrightarrow{OP} = \boldsymbol{u}$. À medida que t varia, P descreve uma curva, como mostra a Fig. 1-21. Se eixos forem fixados com origem em O e $\boldsymbol{u}$ for expresso como em (1-79), então as equações

$$x = f(t), \quad y = g(t), \quad z = h(t) \tag{1-80}$$

serão simplesmente equações paramétricas para a curva descrita por P; o parâmetro pode ser interpretado como *tempo*.

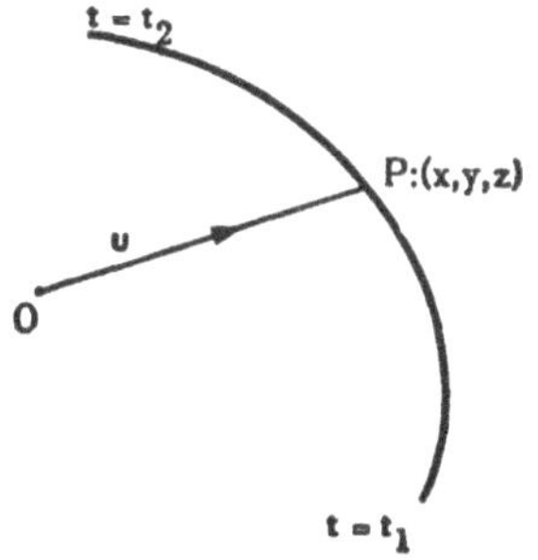

Figura 1-21. Gráfico de uma função vetorial

Ainda que essa interpretação da função vetorial seja muito útil, uma função vetorial pode surgir de outras maneiras, por exemplo, como o vetor-velocidade de um ponto móvel P (Sec. 1-16).

Diz-se que a função vetorial $\boldsymbol{u} = \boldsymbol{u}(t)$ tem um *limite* $\boldsymbol{v}$ quando t tende a t_0, e escreve-se

$$\lim_{t \to t_0} \boldsymbol{u}(t) = \boldsymbol{v} \tag{1-81}$$

se

$$\lim_{t \to t_0} |\boldsymbol{u}(t) - \boldsymbol{v}| = 0, \tag{1-82}$$

isto é, caso seja possível tornar a diferença entre $\boldsymbol{u}(t)$ e $\boldsymbol{v}$ arbitrariamente pequena (como vetor) para t suficientemente próximo de t_0. Diz-se que a função $\boldsymbol{u} = \boldsymbol{u}(t)$ é *contínua* no valor t_0 ao se verificar que

$$\lim_{t \to t_0} \boldsymbol{u}(t) = \boldsymbol{u}(t_0). \tag{1-83}$$

A partir disso demonstra-se que $\boldsymbol{u}(t)$ *é contínua num valor* t_0 *se, e somente se, suas componentes* u_x, u_y, u_z *são contínuas em* t_0. Segue-se então, como na Sec. 0-6, que, se $\boldsymbol{u}_1(t)$ e $\boldsymbol{u}_2(t)$ são duas funções vetoriais de t, ambas definidas e contínuas para $t_1 \leqq t \leqq t_2$, então as funções

$$\boldsymbol{u}_1(t) + \boldsymbol{u}_2(t), \quad \boldsymbol{u}_1(t) \cdot \boldsymbol{u}_2(t), \quad \boldsymbol{u}_1(t) \times \boldsymbol{u}_2(t) \tag{1-84}$$

são funções contínuas de t sobre esse intervalo.

1-16. DERIVADA DE UMA FUNÇÃO VETORIAL. O VETOR-VELOCIDADE. Define-se a *derivada* da função vetorial $\boldsymbol{u} = \boldsymbol{u}(t)$ como sendo o limite

$$\frac{d\boldsymbol{u}}{dt} = \lim_{\Delta t \to 0} \frac{\boldsymbol{u}(t + \Delta t) - \boldsymbol{u}(t)}{\Delta t} = \lim_{\Delta t \to 0} \frac{\Delta \boldsymbol{u}}{\Delta t}, \tag{1-85}$$

contanto que o limite exista. Essa idéia está ilustrada na Fig. 1-22, onde $\boldsymbol{u}$ é representado pelo vetor $\overrightarrow{OP}$, com O fixo. O numerador $\boldsymbol{u}(t + \Delta t) - \boldsymbol{u}(t) = \Delta\boldsymbol{u}$ representa o vetor $\overrightarrow{PP'}$, que é o deslocamento do ponto móvel P no intervalo de t até $t + \Delta t$. A quantidade $\Delta\boldsymbol{u}$ é um vetor e $\Delta\boldsymbol{u}/\Delta t$ é o vetor $\Delta\boldsymbol{u}$ vezes o escalar $1/\Delta t$. Portanto $\Delta\boldsymbol{u}/\Delta t$ é um vetor e seu limite é um vetor $d\boldsymbol{u}/dt$.

Em termos de componentes (1-79), temos

$$\boldsymbol{u}(t + \Delta t) - \boldsymbol{u}(t) = [f(t + \Delta t) - f(t)]\boldsymbol{i} + [g(t + \Delta t) - g(t)]\boldsymbol{j} + + [h(t + \Delta t) - h(t)]\boldsymbol{k}, \quad (1\text{-}86)$$

donde, dividindo por Δt e fazendo Δt tender a 0, obtemos

$$\frac{d\boldsymbol{u}}{dt} = f'(t)\boldsymbol{i} + g'(t)\boldsymbol{j} + h'(t)\boldsymbol{k} = \frac{du_x}{dt}\boldsymbol{i} + \frac{du_y}{dt}\boldsymbol{j} + \frac{du_z}{dt}\boldsymbol{k}; \quad (1\text{-}87)$$

Em outras palavras, para derivar uma função vetorial, derivamos cada componente separadamente.

Se definirmos a tangente a uma curva como sendo a posição-limite de uma secante (se o limite existir), então concluiremos que, salvo para $d\boldsymbol{u}/dt = \boldsymbol{0}$, o vetor $d\boldsymbol{u}/dt$ representa a tangente à curva descrita por P no ponto P (ver Fig. 1-22). Se $d\boldsymbol{u}/dt = \boldsymbol{0}$, é possível que haja meios de obter o vetor-tangente por derivação repetida (Prob. 11).

Demonstra-se, como na Sec. 0-9, que, se s é a distância percorrida por P do instante $t = t_1$ até o instante t, então

$$\frac{ds}{dt} = \sqrt{f'(t)^2 + g'(t)^2 + h'(t)^2} = \sqrt{\left(\frac{dx}{dt}\right)^2 + \left(\frac{dy}{dt}\right)^2 + \left(\frac{dz}{dt}\right)^2}, \quad (1\text{-}88)$$

isto é, que

$$ds = \sqrt{dx^2 + dy^2 + dz^2}. \quad (1\text{-}89)$$

[Para curvas no plano xy, $dz = 0$ e (1-89) é reduzida a (0-121).] Portanto, se $\boldsymbol{u} = \overrightarrow{OP}$ é o vetor-posição do ponto móvel P, então o vetor $\boldsymbol{v} = (d/dt)\overrightarrow{OP}$ é tangente à curva traçada por P e, em cada ponto, tem o comprimento

$$|\boldsymbol{v}| = \left|\frac{d\boldsymbol{u}}{dt}\right| = \sqrt{f'(t)^2 + g'(t)^2 + h'(t)^2} = \frac{ds}{dt}. \quad (1\text{-}90)$$

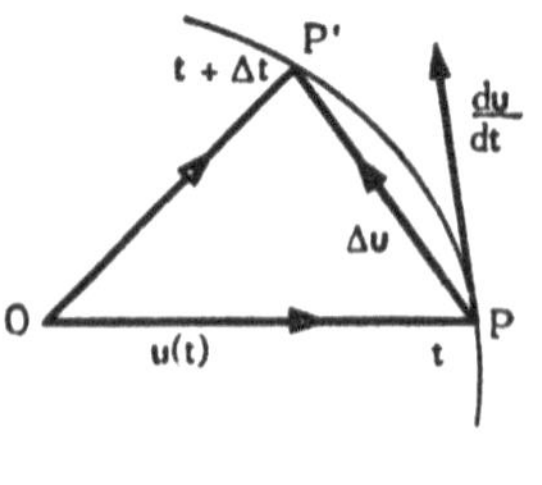

Figura 1-22. Derivada de uma função vetorial

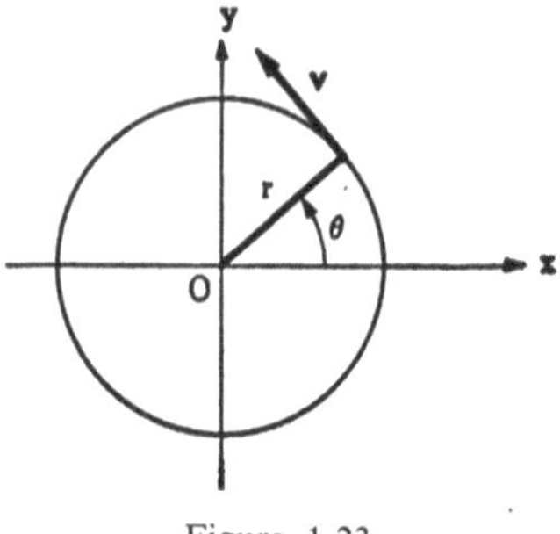

Figura 1-23

Conclui-se que $\boldsymbol{v}$ é precisamente o vetor-velocidade do ponto móvel P, pois $\boldsymbol{v}$ é tangente ao caminho seguido tendo comprimento $v = ds/dt$ (a "velocidade"), e é óbvio que $\boldsymbol{v}$ aponta no sentido do movimento. Assim sendo, tem-se a regra

$$\frac{d}{dt}\overrightarrow{OP} = \text{velocidade de } P, \tag{1-91}$$

para um ponto de referência O fixo.

Exemplo 1. Seja $\boldsymbol{u} = r\cos(\omega t)\boldsymbol{i} + r\,\text{sen}(\omega t)\boldsymbol{j}$, onde r e ω são constantes. Então o ponto P desloca-se segundo as equações

$$x = r\cos(\omega t), \qquad y = r\,\text{sen}(\omega t), \tag{1-92}$$

que representam o círculo $x^2 + y^2 = r^2$ do plano xy (Fig. 1-23). O ângulo polar θ de P no instante t é

$$\theta = \omega t, \tag{1-93}$$

de sorte que P tem uma *velocidade angular*

$$\frac{d\theta}{dt} = \omega. \tag{1-94}$$

O vetor-velocidade é

$$\boldsymbol{v} = \frac{d\boldsymbol{u}}{dt} = \frac{dx}{dt}\boldsymbol{i} + \frac{dy}{dt}\boldsymbol{j} = -r\omega\,\text{sen}(\omega t)\boldsymbol{i} + r\omega\cos(\omega t)\boldsymbol{j}. \tag{1-95}$$

A velocidade é

$$v = \frac{ds}{dt} = \sqrt{r^2\omega^2\,\text{sen}^2(\omega t) + r^2\omega^2\cos^2(\omega t)} = r\omega, \tag{1-96}$$

contanto que $\omega \geqq 0$.

Exemplo 2. Seja $\boldsymbol{u} = (A + at)\boldsymbol{i} + (B + bt)\boldsymbol{j} + (C + ct)\boldsymbol{k}$, onde A, B, C, a, b, c são constantes. Então o ponto P se desloca segundo as equações

$$x = A + at, \qquad y = B + bt, \qquad z = C + ct, \tag{1-97}$$

que são as equações paramétricas de uma reta no espaço, passando pelo ponto (A, B, C) e tendo números diretores a, b, c [equação (0-47)]. O vetor-velocidade é

$$\boldsymbol{v} = \frac{d\boldsymbol{u}}{dt} = \frac{dx}{dt}\boldsymbol{i} + \frac{dy}{dt}\boldsymbol{j} + \frac{dz}{dt}\boldsymbol{k} = a\boldsymbol{i} + b\boldsymbol{j} + c\boldsymbol{k}. \tag{1-98}$$

A velocidade é

$$v = \frac{ds}{dt} = \sqrt{\left(\frac{dx}{dt}\right)^2 + \left(\frac{dy}{dt}\right)^2 + \left(\frac{dz}{dt}\right)^2} = \sqrt{a^2 + b^2 + c^2} \tag{1-99}$$

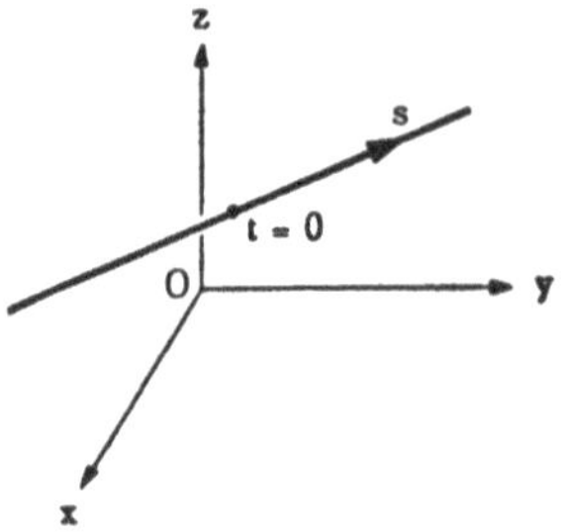

Figura 1-24

No caso particular de $\boldsymbol{v}$ ser um vetor unitário, a, b, c são os cossenos diretores:

$$a = l, \quad b = m, \quad c = n,$$
$$v = \sqrt{l^2 + m^2 + n^2} = 1. \tag{1-100}$$

Como $ds/dt = 1$, temos $s = t$, se s é medido a partir da posição $t = 0$ e no sentido crescente de t. Portanto, as equações paramétricas da reta em termos do parâmetro s são:

$$x = A + ls, \quad y = B + ms, \quad z = C + ns, \quad (l^2 + m^2 + n^2 = 1). \tag{1-101}$$

1-17. PROPRIEDADES DA DERIVADA. DERIVADAS SUPERIORES. As conhecidas regras de derivação da soma e do produto têm suas correspondentes no caso vetorial:

$$\frac{d}{dt}(\boldsymbol{u} + \boldsymbol{v}) = \frac{d\boldsymbol{u}}{dt} + \frac{d\boldsymbol{v}}{dt}; \tag{1-102}$$

$$\frac{d}{dt}(\boldsymbol{u} \cdot \boldsymbol{v}) = \boldsymbol{u} \cdot \frac{d\boldsymbol{v}}{dt} + \frac{d\boldsymbol{u}}{dt} \cdot \boldsymbol{v}; \tag{1-103}$$

$$\frac{d}{dt}(\boldsymbol{u} \times \boldsymbol{v}) = \boldsymbol{u} \times \frac{d\boldsymbol{v}}{dt} + \frac{d\boldsymbol{u}}{dt} \times \boldsymbol{v}; \tag{1-104}$$

$$\frac{d}{dt}(f\boldsymbol{u}) = f\frac{d\boldsymbol{u}}{dt} + \frac{df}{dt}\boldsymbol{u} \;\; [f = f(t) = \text{função escalar de } t]; \tag{1-105}$$

$$\frac{d\boldsymbol{a}}{dt} = \boldsymbol{0} \;\; (\boldsymbol{a} = \text{vetor constante}). \tag{1-106}$$

As regras que seguem são casos particulares das acima:

$$\frac{d}{dt}(\boldsymbol{a} \cdot \boldsymbol{v}) = \boldsymbol{a} \cdot \frac{d\boldsymbol{v}}{dt} \qquad (\boldsymbol{a} = \text{vetor constante}); \tag{1-103'}$$

$$\frac{d}{dt}(\boldsymbol{a} \times \boldsymbol{v}) = \boldsymbol{a} \times \frac{d\boldsymbol{v}}{dt} \quad (\boldsymbol{a} = \text{vetor constante}); \tag{1-104'}$$

$$\frac{d}{dt}(c\boldsymbol{u}) = c\frac{d\boldsymbol{u}}{dt} \qquad (c = \text{escalar constante}); \tag{1-105'}$$

$$\frac{d}{dt}(f\boldsymbol{a}) = \frac{df}{dt}\boldsymbol{a} \qquad (\boldsymbol{a} = \text{vetor constante}). \tag{1-105''}$$

Todas essas regras podem ser demonstradas usando componentes e a relação (1-87) ou, então, diretamente a partir da definição (1-85). Assim, para (1-104), temos o seguinte raciocínio:

$$\boldsymbol{w} = \boldsymbol{u} \times \boldsymbol{v}, \quad \Delta\boldsymbol{w} = (\boldsymbol{u} + \Delta\boldsymbol{u}) \times (\boldsymbol{v} + \Delta\boldsymbol{v}) - \boldsymbol{u} \times \boldsymbol{v},$$

$$\frac{\Delta\boldsymbol{w}}{\Delta t} = \frac{\Delta\boldsymbol{u} \times \boldsymbol{v} + \boldsymbol{u} \times \Delta\boldsymbol{v} + \Delta\boldsymbol{u} \times \Delta\boldsymbol{v}}{\Delta t}$$

$$= \frac{\Delta\boldsymbol{u}}{\Delta t} \times \boldsymbol{v} + \boldsymbol{u} \times \frac{\Delta\boldsymbol{v}}{\Delta t} + \frac{\Delta\boldsymbol{u}}{\Delta t} \times \Delta\boldsymbol{v}.$$

Quando Δt se aproxima de 0, o último termo à direita aproxima-se de $d\boldsymbol{u}/dt \times \times \boldsymbol{0} = \boldsymbol{0}$, e obtemos

$$\frac{d\boldsymbol{w}}{dt} = \frac{d}{dt}(\boldsymbol{u} \times \boldsymbol{v}) = \frac{d\boldsymbol{u}}{dt} \times \boldsymbol{v} + \boldsymbol{u} \times \frac{d\boldsymbol{v}}{dt}.$$

Aqui, é evidente, supôs-se $\boldsymbol{u}$ e $\boldsymbol{v}$ com derivadas no valor t considerado. Deve-se observar que a ordem dos fatores no segundo membro de (1-104) não pode ser alterada, dado que o produto vetorial não é comutativo [ver (1-55)].

Vale ainda uma regra de função composta para a derivada de um vetor:

$$\frac{d\boldsymbol{u}}{dt} = \frac{d\alpha}{dt}\frac{d\boldsymbol{u}}{d\alpha}, \tag{1-107}$$

se $\boldsymbol{u}$ é uma função de α, que, por sua vez, é uma função de t. A demonstração é análoga à apresentada no caso de funções comuns; com efeito, considerando-se as componentes, a regra (1-107) reduz-se à regra (0-91).

Exemplo 1. A função vetorial do Ex. 2 da Sec. 1-16 pode ser colocada sob a forma mais concisa:

$$\boldsymbol{u} = \boldsymbol{p} + t\boldsymbol{q}, \tag{1-108}$$

onde $\boldsymbol{p} = A\boldsymbol{i} + B\boldsymbol{j} + C\boldsymbol{k}$, $\boldsymbol{q} = a\boldsymbol{i} + b\boldsymbol{j} + c\boldsymbol{k}$. Com essas notações, (1-108) é a equação vetorial de uma reta no espaço se $\boldsymbol{u}$ é interpretado como o vetor-posição $\overrightarrow{OP}$. Calcula-se a velocidade por meio de (1-106) e (1-105″), obtendo-se

$$v = \frac{d\boldsymbol{u}}{dt} = \frac{d\boldsymbol{p}}{dt} + 1 \cdot \boldsymbol{q} = \boldsymbol{q}, \tag{1-109}$$

pois $\boldsymbol{p}$ e $\boldsymbol{q}$ são vetores constantes. Portanto a equação

$$\boldsymbol{u} = \overrightarrow{OP} = \boldsymbol{p} + t\boldsymbol{q} \tag{1-110}$$

descreve o movimento de P com vetor-velocidade constante $\boldsymbol{q}$, ao longo de uma reta passando pelo ponto P_0 dado por $\overrightarrow{OP_0} = \boldsymbol{p}$.

Exemplo 2. Seja P um ponto que se desloca no plano xy, tendo coordenadas polares (r, θ). O vetor $\overrightarrow{OP}$ pode ser escrito sob a forma

$$\overrightarrow{OP} = r(\cos\theta\boldsymbol{i} + \operatorname{sen}\theta\boldsymbol{j}) = r\boldsymbol{e}, \tag{1-111}$$

onde $\boldsymbol{e}$ é o vetor unitário $\cos\theta\boldsymbol{i} + \operatorname{sen}\theta\boldsymbol{j}$, como mostra a Fig. 1-25. O vetor-velocidade é

$$\boldsymbol{v} = \frac{d}{dt}\overrightarrow{OP} = r\frac{d\boldsymbol{e}}{dt} + \frac{dr}{dt}\boldsymbol{e}. \tag{1-112}$$

O vetor $\boldsymbol{e}$ tem mesma direção e sentido que o "vetor radial" $\overrightarrow{OP}$, enquanto que

$$\frac{d\boldsymbol{e}}{dt} = -\operatorname{sen}\theta\frac{d\theta}{dt}\boldsymbol{i} + \cos\theta\frac{d\theta}{dt}\boldsymbol{j} = \frac{d\theta}{dt}(-\operatorname{sen}\theta\boldsymbol{i} + \cos\theta\boldsymbol{j}) \tag{1-113}$$

é perpendicular à direção de $\overrightarrow{OP}$, pois o vetor $\boldsymbol{h} = -\operatorname{sen}\theta\boldsymbol{i} + \cos\theta\boldsymbol{j}$ é obtido dando-se uma rotação a $\boldsymbol{e}$ de $\pi/2$, no sentido positivo. Portanto temos

$$\boldsymbol{v} = \frac{dr}{dt}\boldsymbol{e} + r\frac{d\theta}{dt}\boldsymbol{h}, \tag{1-114}$$

que é a decomposição de $\boldsymbol{v}$ em componentes segundo a "direção r" e a "direção θ":

$$v_r = \frac{dr}{dt}, \qquad v_\theta = r\frac{d\theta}{dt}. \tag{1-115}$$

A velocidade é dada por

$$v = \sqrt{v_r^2 + v_\theta^2} = \sqrt{\left(\frac{dr}{dt}\right)^2 + r^2\left(\frac{d\theta}{dt}\right)^2}. \tag{1-116}$$

A *derivada segunda* de uma função vetorial é definida como sendo a derivada da derivada; derivadas superiores são definidas de modo análogo:

$$\frac{d^2\boldsymbol{u}}{dt^2} = \frac{d}{dt}\left(\frac{d\boldsymbol{u}}{dt}\right), \quad \frac{d^3\boldsymbol{u}}{dt^3} = \frac{d}{dt}\left(\frac{d^2\boldsymbol{u}}{dt^2}\right), \ldots \tag{1-117}$$

Aplicando repetidas vezes (1-87), conclui-se que essas derivadas podem ser calculadas mediante a derivação correspondente das componentes; por exemplo,

$$\frac{d^2\boldsymbol{u}}{dt^2} = \frac{d^2u_x}{dt^2}\boldsymbol{i} + \frac{d^2u_y}{dt^2}\boldsymbol{j} + \frac{d^2u_z}{dt^2}\boldsymbol{k}, \ldots \tag{1-118}$$

Se $\boldsymbol{u}$ é interpretado como o vetor-posição $\overrightarrow{OP}$ de um ponto P, então a derivada segunda de $\boldsymbol{u}$ em relação ao tempo t é definida como sendo o *vetor-aceleração* de P:

$$\boldsymbol{a} = \frac{d\boldsymbol{v}}{dt} = \frac{d^2\overrightarrow{OP}}{dt^2} = \frac{d^2x}{dt^2}\boldsymbol{i} + \frac{d^2y}{dt^2}\boldsymbol{j} + \frac{d^2z}{dt^2}\boldsymbol{k}. \tag{1-119}$$

O comprimento da aceleração é

$$|\boldsymbol{a}| = \sqrt{\left(\frac{d^2x}{dt^2}\right)^2 + \left(\frac{d^2y}{dt^2}\right)^2 + \left(\frac{d^2z}{dt^2}\right)^2}; \tag{1-120}$$

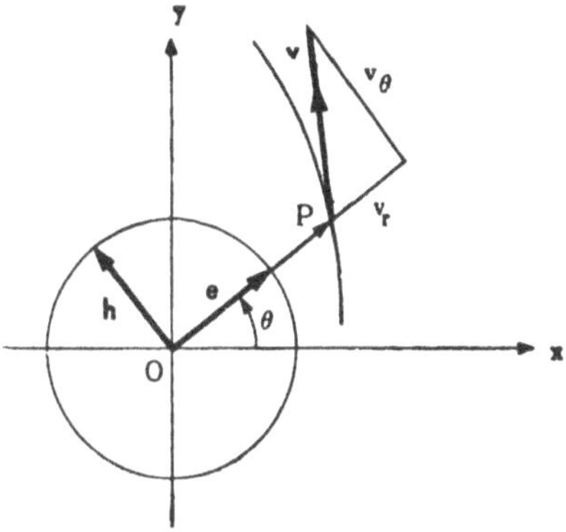

Figura 1-25. Componentes da velocidade em coordenadas polares

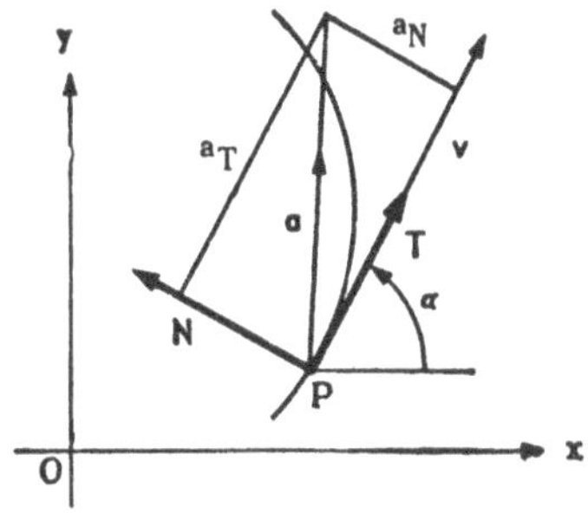

Figura 1-26. Componentes tangencial e normal da aceleração

deve-se observar que essa quantidade não é, em geral, igual à taxa de variação da velocidade v.

Seja P um ponto móvel no plano xy e seja $\boldsymbol{v}$ seu vetor-velocidade. Consideremos o vetor $\boldsymbol{T} = \boldsymbol{v}/v$, que é unitário e tangente, tendo direção e sentido do movimento; $\boldsymbol{T}$ pode ser escrito como

$$\boldsymbol{T} = \cos\alpha\boldsymbol{i} + \operatorname{sen}\alpha\boldsymbol{j}, \tag{1-121}$$

onde α é o ângulo formado pelo eixo positivo x e $\boldsymbol{v}$ (Fig. 1-26). Temos então

$$\frac{d\boldsymbol{v}}{dt} = \frac{d}{dt}(v\boldsymbol{T}) = v\frac{d\boldsymbol{T}}{dt} + \frac{dv}{dt}\boldsymbol{T}. \tag{1-122}$$

Vem agora que, como no Ex. 2 anterior,

$$\frac{d\boldsymbol{T}}{dt} = \frac{d\alpha}{dt}(-\operatorname{sen}\alpha\boldsymbol{i} + \cos\alpha\boldsymbol{j}) = \boldsymbol{n}. \tag{1-123}$$

O vetor $\boldsymbol{n}$ é perpendicular a $\boldsymbol{T}$ e tem comprimento $|d\alpha/dt|$. Portanto

$$\boldsymbol{n} = \left|\frac{d\alpha}{dt}\right|\boldsymbol{N},$$

onde $\boldsymbol{N}$ é um vetor unitário normal. Temos agora

$$\left|\frac{d\alpha}{dt}\right| = \left|\frac{d\alpha}{ds}\right|\frac{ds}{dt} = \frac{1}{\rho}v,$$

onde $\rho = |ds/d\alpha|$ é, por definição, o *raio de curvatura* do caminho. Logo,

$$\boldsymbol{n} = \frac{v}{\rho}\boldsymbol{N}; \tag{1-124}$$

as equações (1-122), (1-123), e (1-124) fornecem

$$\boldsymbol{a} = \frac{d\boldsymbol{v}}{dt} = \frac{v^2}{\rho}\boldsymbol{N} + \frac{dv}{dt}\boldsymbol{T}. \tag{1-125}$$

Essa relação é a decomposição do vetor-aceleração $\boldsymbol{a}$ nas suas *componentes normal e tangencial*:

$$\boldsymbol{a} = a_N\boldsymbol{N} + a_T\boldsymbol{T}, \quad a_N = \frac{v^2}{\rho}, \quad a_T = \frac{dv}{dt} = \frac{d^2s}{dt^2}. \tag{1-126}$$

Demonstra-se, a partir de (1-123), que $\boldsymbol{N}$ sempre aponta para o lado côncavo da curva, como mostra a Fig. 1-26.

Define-se a *curvatura* κ *como sendo o inverso do raio de curvatura:*

$$\kappa = \frac{1}{\rho} = \frac{a_N}{v^2}. \tag{1-127}$$

Trataremos da *integração* de vetores no Cap. 5.

PROBLEMAS

1. Derivar as seguintes funções vetoriais:

   (a) $\boldsymbol{u} = 2t\boldsymbol{i} - t^2\boldsymbol{j} + 3\boldsymbol{k}$ (b) $\boldsymbol{u} = \text{sen}\, t(2\boldsymbol{i} - 3\boldsymbol{j} + 5\boldsymbol{k}) + \cos t(\boldsymbol{i} - \boldsymbol{j} + \boldsymbol{k})$,
   (c) $\boldsymbol{u} = (\text{sen}\, t)(t^2\boldsymbol{i} - 2t\boldsymbol{j} + t^2\boldsymbol{k})$.

2. Dados $\boldsymbol{u} = 5t\boldsymbol{i} - \boldsymbol{j} + t^2\boldsymbol{k}$ e $\boldsymbol{v} = \text{sen}\, t\boldsymbol{i} + \cos t\boldsymbol{k}$, calcular

   (a) $\frac{d}{dt}(\boldsymbol{u} + \boldsymbol{v})$ (b) $\frac{d}{dt}(\boldsymbol{u} \cdot \boldsymbol{v})$ (c) $\frac{d}{dt}(\boldsymbol{u} \times \boldsymbol{v})$ (d) $\frac{d}{dt}(\boldsymbol{u} \cdot \boldsymbol{u})$.

3. Se $\boldsymbol{u}$ é uma função de t tal que $|\boldsymbol{u}| = 1$, mostrar que $\boldsymbol{u}$ é perpendicular a $d\boldsymbol{u}/dt$. [*Sugestão:* derivar a equação $\boldsymbol{u} \cdot \boldsymbol{u} = 1$.] Se $\boldsymbol{u} = \overrightarrow{OP}$, e O é fixo, o que se pode dizer do lugar geométrico de P?
4. Um ponto P se desloca segundo a lei

   $$\overrightarrow{OP} = \cos t\boldsymbol{i} + \text{sen}\, t\boldsymbol{j} + t\boldsymbol{k}:$$

   (a) esboçar a curva percorrida;
   (b) achar o vetor-velocidade para t qualquer e determiná-lo no gráfico para $t = 0$, $t = \pi/2$;
   (c) achar o vetor-aceleração para t qualquer e determiná-lo no gráfico para $t = 0$, $t = \pi/2$.
5. Determinar as componentes v_r e v_θ em coordenadas polares r e θ de um ponto que se desloca no plano xy segundo as leis

   $$x = 3 - 2t, \quad y = 1 + t.$$

   Traçar a curva e verificar graficamente a decomposição obtida para $t = 2$.

6. Determinar a componente tangencial e a componente normal da aceleração do ponto P que se desloca segundo as equações

$$x = r \cos \omega t, \qquad y = r \operatorname{sen} \omega t$$

da relação (1-92) acima.

7. Seja P um ponto que se desloca no plano xy com velocidade $\boldsymbol{v}$ e aceleração $\boldsymbol{a}$. Mostrar que

$$|\boldsymbol{v} \times \boldsymbol{a}| = \frac{v^3}{\rho}\cdot$$

[*Sugestão:* faça $\boldsymbol{v} = v\boldsymbol{T}$ e use (1-125).] Concluir daí que o raio de curvatura ρ pode ser calculado por meio da fórmula

$$\rho = \frac{\left[\left(\dfrac{dx}{dt}\right)^2 + \left(\dfrac{dy}{dt}\right)^2\right]^{3/2}}{\left|\dfrac{dx}{dt}\dfrac{d^2y}{dt^2} - \dfrac{dy}{dt}\dfrac{d^2x}{dt^2}\right|}.$$

8. Seja P um ponto que se desloca no espaço com velocidade 1, tal que o parâmetro t de tempo possa ser identificado com o comprimento de arco s. Nessas condições, o vetor-velocidade é o vetor unitário tangente

$$\boldsymbol{T} = \boldsymbol{v} = \frac{d}{ds}\overrightarrow{OP}.$$

(a) Mostrar que $\boldsymbol{v}$ é perpendicular ao vetor-aceleração $\boldsymbol{a} = d\boldsymbol{v}/ds$ (ver Prob. 3). O plano passando por P, determinado por $\boldsymbol{v}$ e $\boldsymbol{a}$, é conhecido como o *plano osculador* da curva em P. É dado pela equação

$$\overrightarrow{PQ} \cdot \boldsymbol{v} \times \boldsymbol{a} = \boldsymbol{0},$$

onde Q é um ponto arbitrário do plano, contanto que $\boldsymbol{v} \times \boldsymbol{a} \neq \boldsymbol{0}$.

(b) Determinar o plano osculador da curva do Prob. 4 no ponto $t = \pi/4$ e indicá-lo num gráfico. [Se P_1, P_2, P_3 são três pontos da curva, correspondentes a valores paramétricos t_1, t_2, t_3, mostra-se que o plano procurado é a posição-limite do plano passando por P_1, P_2, P_3, quando os valores t_1, t_2, t_3 aproximam-se do valor t em P.]

9. Seja P um ponto que se desloca no espaço com velocidade 1, como no Prob. 8. Nessas condições, define-se o raio de curvatura do caminho como sendo um número ρ tal que

$$\frac{1}{\rho} = |\boldsymbol{a}| = \left|\frac{d\boldsymbol{v}}{ds}\right| = \left|\frac{d\boldsymbol{T}}{ds}\right|.$$

Assim, $\boldsymbol{T}$ e $\rho(d\boldsymbol{T}/ds) = \boldsymbol{N}$ são dois vetores unitários; $\boldsymbol{T}$ é tangente à curva em P, $\boldsymbol{N}$ é normal à curva e tem o nome de *normal principal*. O vetor $\boldsymbol{B} =$

$= \boldsymbol{T} \times \boldsymbol{N}$ é conhecido como o *binormal*. Estabelecer as seguintes relações:

(a) $\boldsymbol{B}$ é um vetor unitário e $(\boldsymbol{T}, \boldsymbol{N}, \boldsymbol{B})$ é uma tripla positiva de vetores;

(b) $\dfrac{d\boldsymbol{B}}{ds} \cdot \boldsymbol{B} = 0 \quad \text{e} \quad \dfrac{d\boldsymbol{B}}{ds} \cdot \boldsymbol{T} = 0$;

(c) existe um escalar $-\tau$ de forma tal que $\dfrac{d\boldsymbol{B}}{ds} = -\tau \boldsymbol{N}$; a quantidade τ chama-se *torção;*

(d) $\dfrac{d\boldsymbol{N}}{ds} = -\dfrac{1}{\rho} \boldsymbol{T} + \tau \boldsymbol{B}$.

As equações

$$\frac{d\boldsymbol{T}}{ds} = \frac{1}{\rho} \boldsymbol{N}, \qquad \frac{d\boldsymbol{N}}{ds} = -\frac{1}{\rho} \boldsymbol{T} + \tau \boldsymbol{B}, \qquad \frac{d\boldsymbol{B}}{ds} = -\tau \boldsymbol{N}$$

são conhecidas como *fórmulas de Frenet*. Para propriedades adicionais de curvas, ver D. J. Struik, *Differential Geometry* (1950).

10. Mostrar que, se um ponto P desloca-se no espaço, o vetor-aceleração pode ser expresso por

$$\boldsymbol{a} = \frac{dv}{dt} \boldsymbol{T} + \frac{v^2}{\rho} \boldsymbol{N},$$

em termos das componentes na direção da tangente e do normal principal. [*Sugestão:* escrever $\boldsymbol{v} = v\boldsymbol{T}$, derivar, e empregar a fórmula $d\boldsymbol{T}/ds = (1/\rho)\boldsymbol{N}$ do Prob. 9.]

11. Uma curva no espaço é dada na forma paramétrica pela equação:

$$\boldsymbol{u} = \boldsymbol{u}(t), \text{ onde } t_1 \leqq t \leqq t_2, \ \boldsymbol{u} = \overrightarrow{OP} \text{ e } O \text{ é fixo.}$$

(a) Mostrar que, se $d\boldsymbol{u}/dt \equiv \boldsymbol{0}$, então a curva reduz-se a um ponto.

(b) Suponhamos que $d\boldsymbol{u}/dt = \boldsymbol{0}$ num ponto P_0 da curva, onde $t = t_0$. Mostrar que, se $d^2\boldsymbol{u}/dt^2 \neq \boldsymbol{0}$ para $t = t_0$, então $d^2\boldsymbol{u}/dt^2$ representa um vetor tangente à curva em P_0, e que, de modo geral, se

$$\frac{d\boldsymbol{u}}{dt} = \boldsymbol{0}, \quad \frac{d^2\boldsymbol{u}}{dt^2} = \boldsymbol{0}, \quad \ldots, \quad \frac{d^n\boldsymbol{u}}{dt^n} = \boldsymbol{0}, \quad \frac{d^{n+1}\boldsymbol{u}}{dt^{n+1}} \neq \boldsymbol{0}$$

para $t = t_0$, então

$$\left. \frac{d^{n+1}\boldsymbol{u}}{dt^{n+1}} \right|_{t=t_0}$$

representa um vetor tangente à curva em P_0. [*Sugestão:* para $t \neq t_0$, o vetor

$$\frac{\boldsymbol{u}(t) - \boldsymbol{u}(t_0)}{(t-t_0)^{n+1}} = \frac{f(t) - f(t_0)}{(t-t_0)^{n+1}} \boldsymbol{i} + \frac{g(t) - g(t_0)}{(t-t_0)^{n+1}} \boldsymbol{j} + \frac{h(t) - h(t_0)}{(t-t_0)^{n+1}} \boldsymbol{k}$$

representa uma secante à curva, como se vê na Fig. 1-22. Façamos agora $t \longrightarrow t_0$ e calculemos o limite desse vetor usando a regra de l'Hôpital (Prob. 19, no final da Introdução), e observando que $f'(t_0) = 0$, $g'(t_0) = 0$, $h'(t_0) = 0$, mas que pelo menos uma das três derivadas de ordem $n + 1$ é diferente de 0.]

(c) Mostrar que, se o parâmetro t for o comprimento de arco s, então $d\boldsymbol{u}/ds$ terá módulo 1 e portanto será sempre um vetor tangente unitário.

RESPOSTAS

1. (a) $2\boldsymbol{i} - 2t\boldsymbol{j}$, (b) $\cos t(2\boldsymbol{i} - 3\boldsymbol{j} + 5\boldsymbol{k}) - \operatorname{sen} t(\boldsymbol{i} - \boldsymbol{j} + \boldsymbol{k})$,
(c) $\cos t(t^2\boldsymbol{i} - 2t\boldsymbol{j} + t^2\boldsymbol{k}) + \operatorname{sen} t(2t\boldsymbol{i} - 2\boldsymbol{j} + 2t\boldsymbol{k})$.
2. (a) $(5 + \cos t)\boldsymbol{i} + (2t - \operatorname{sen} t)\boldsymbol{k}$, (b) $\operatorname{sen} t(5 - t^2) + 7t \cos t$,
(c) $\operatorname{sen} t\boldsymbol{i} + (t^2 \cos t - 5 \cos t + 7t \operatorname{sen} t)\boldsymbol{j} + \cos t\boldsymbol{k}$, (d) $50t + 4t^3$.
4. (b) $\boldsymbol{v} = -\operatorname{sen} t\boldsymbol{i} + \cos t\boldsymbol{j} + \boldsymbol{k}$, (c) $\boldsymbol{a} = -\cos t\boldsymbol{i} - \operatorname{sen} t\boldsymbol{j}$.
5. $v_r = \dfrac{\sqrt{5}(t-1)}{\sqrt{t^2 - 2t + 2}}$, $v_\theta = \dfrac{\sqrt{5}}{\sqrt{t^2 - 2t + 2}}$.
6. $a_T = 0$, $a_N = r\omega^2$. 8. (b) $4x - 4y + 4\sqrt{2}z = \sqrt{2}\pi$.

*1-18. VETORES NA MECÂNICA. Na mecânica, os problemas a três dimensões sofrem uma imensa simplificação quando se empregam vetores. Com efeito, um problema complicado a três dimensões pode com facilidade tornar-se desesperadamente emaranhado se não forem usados vetores. Nesta seção apresentamos uma rápida introdução ao assunto. Para explicações mais completas, o leitor pode consultar os livros de mecânica citados na lista de referências do final deste capítulo.

Consideremos um sistema de eixos fixos escolhidos no espaço, com origem em O, munidos dos vetores unitários $\boldsymbol{i}, \boldsymbol{j}, \boldsymbol{k}$ correspondentes. (A expressão "eixos fixos" usada na mecânica requer algum esclarecimento; um postulado da mecânica clássica diz ser possível escolher eixos de modo tal que as equações dadas abaixo sejam válidas.)

Para analisar a mecânica de uma partícula P de massa m que se desloca no espaço, são necessários os seguintes vetores:

$$\boldsymbol{r} = \overrightarrow{OP} = x\boldsymbol{i} + y\boldsymbol{j} + z\boldsymbol{k} \quad \text{(Vetor-posição)}; \tag{1-128}$$

$$\boldsymbol{v} = \frac{d\boldsymbol{r}}{dt} = \frac{dx}{dt}\boldsymbol{i} + \frac{dy}{dt}\boldsymbol{j} + \frac{dz}{dt}\boldsymbol{k} \quad \text{(Vetor-velocidade)}; \tag{1-129}$$

$$\boldsymbol{a} = \frac{d\boldsymbol{v}}{dt} = \frac{d^2x}{dt^2}\boldsymbol{i} + \frac{d^2y}{dt^2}\boldsymbol{j} + \frac{d^2z}{dt^2}\boldsymbol{k} \quad \text{(Vetor-aceleração)}; \tag{1-130}$$

$$\boldsymbol{F} = X\boldsymbol{i} + Y\boldsymbol{j} + Z\boldsymbol{k} \quad \text{(Vetor-força)}. \tag{1-131}$$

Define-se o vetor $\boldsymbol{F}$ com componentes X, Y, Z como sendo a soma vetorial de todas as forças que agem sobre P.

A equação fundamental do movimento de P é a Segunda Lei de Newton:

$$\boldsymbol{F} = m\boldsymbol{a}. \tag{1-132}$$

A natureza da força $\boldsymbol{F}$ varia conforme os problemas; de um modo geral, essa força pode depender do tempo t, da posição da partícula P, e da velocidade de P.

Se nenhuma força estiver agindo sobre P, isto é, se $\boldsymbol{F} = \boldsymbol{0}$, então a equação

$$m\boldsymbol{a} = \boldsymbol{0} \tag{1-133}$$

serve para determinar o movimento de P. Em virtude de (1-130), essa relação equivale às equações

$$\frac{d^2x}{dt^2} = 0, \quad \frac{d^2y}{dt^2} = 0, \quad \frac{d^2z}{dt^2} = 0, \tag{1-134}$$

das quais concluímos que

$$x = A + at, \quad y = B + bt, \quad z = C + ct, \tag{1-135}$$

onde A, B, C, a, b, c são constantes arbitrárias. Essas equações equivalem à equação vetorial [ver (1-108)]

$$\boldsymbol{r} = \boldsymbol{p} + t\boldsymbol{q}, \tag{1-136}$$

onde $\boldsymbol{p}$ e $\boldsymbol{q}$ são vetores constantes arbitrários. Portanto a partícula se desloca sobre uma reta com velocidade constante $\boldsymbol{q}$ e todos os movimentos assim caracterizados satisfazem à equação.

A *quantidade de movimento* de P é definida como sendo o vetor $m\boldsymbol{v}$. Com isso, a Segunda Lei de Newton pode ser escrita sob a forma

$$\boldsymbol{F} = \frac{d}{dt}(m\boldsymbol{v}), \tag{1-137}$$

ou seja: força = taxa de variação da quantidade de movimento. Define-se a *quantidade de movimento angular* de P em relação a O como sendo o vetor $\boldsymbol{r} \times m\boldsymbol{v}$. Define-se o *momento* da força $\boldsymbol{F}$ em relação a O como sendo o vetor $\boldsymbol{r} \times \boldsymbol{F}$. Cada componente desse vetor $\boldsymbol{r} \times \boldsymbol{F}$ dá o momento de torção de $\boldsymbol{F}$, aplicada em P, em relação ao eixo de coordenada correspondente; de modo geral, $\boldsymbol{e} \cdot \boldsymbol{r} \times \boldsymbol{F}$ é o momento de torção de $\boldsymbol{F}$ em relação a um eixo passando por O e paralelo ao vetor unitário $\boldsymbol{e}$. De (1-132) vem que

$$\boldsymbol{r} \times \boldsymbol{F} = m\boldsymbol{r} \times \frac{d\boldsymbol{v}}{dt}. \tag{1-138}$$

Por outro lado.

$$\frac{d}{dt}(\boldsymbol{r} \times \boldsymbol{v}) = \boldsymbol{r} \times \frac{d\boldsymbol{v}}{dt} + \frac{d\boldsymbol{r}}{dt} \times \boldsymbol{v} = \boldsymbol{r} \times \frac{d\boldsymbol{v}}{dt} + \boldsymbol{v} \times \boldsymbol{v} = \boldsymbol{r} \times \frac{d\boldsymbol{v}}{dt}.$$

Logo, (1-138) pode ser escrita como

$$\boldsymbol{r} \times \boldsymbol{F} = \frac{d}{dt}(\boldsymbol{r} \times m\boldsymbol{v}), \tag{1-139}$$

ou seja: momento da força = taxa de variação da quantidade de movimento angular.

O movimento de um sistema de partículas $P_1, \ldots, P_n$ é descrito pelos vetores-posição correspondentes $\boldsymbol{r}_i = \overrightarrow{OP}_i$, os vetores-velocidade $\boldsymbol{v}_i = d\boldsymbol{r}_i/dt$, os vetores-aceleração $\boldsymbol{a}_i = d\boldsymbol{v}_i/dt$, e os vetores-força $\boldsymbol{F}_i$, onde $i = 1, \ldots, n$. Se a massa de P_i é m_i, temos então as equações

$$m_i \boldsymbol{a}_i = \boldsymbol{F}_i \quad (i = 1, \ldots, n). \tag{1-140}$$

Somando as n equações de (1-140), obtemos a equação

$$m_1 \boldsymbol{a}_1 + \cdots + m_n \boldsymbol{a}_n = \boldsymbol{F}_1 + \cdots + \boldsymbol{F}_n. \tag{1-141}$$

O primeiro membro de (1-141) pode ser interpretado em termos do *centro de massa* P^* do sistema; por definição, esse ponto tem um vetor-posição $\boldsymbol{r}^* =$ $= \overrightarrow{OP^*}$ (ver Prob. 5) tal que

$$M\boldsymbol{r}^* = m_1 \boldsymbol{r}_1 + \cdots + m_n \boldsymbol{r}_n, \quad M = m_1 + \cdots + m_n, \tag{1-142}$$

de modo que M é a massa total do sistema. O centro de massa tem uma velocidade $\boldsymbol{v}^* = d\boldsymbol{r}^*/dt$ e uma aceleração $\boldsymbol{a}^* = d\boldsymbol{v}^*/dt = d^2\boldsymbol{r}^*/dt^2$. Com isso, a equação (1-141) pode ser escrita como

$$M\boldsymbol{a}^* = \boldsymbol{F}, \quad \boldsymbol{F} = \boldsymbol{F}_1 + \cdots + \boldsymbol{F}_n, \tag{1-143}$$

onde $\boldsymbol{F}$ é a *resultante* das forças aplicadas; a relação (1-143) segue de (1-140) e da equação

$$M\boldsymbol{a}^* = M\frac{d^2\boldsymbol{r}^*}{dt^2} = m_1\frac{d^2\boldsymbol{r}_1}{dt^2} + \cdots + m_n\frac{d^2\boldsymbol{r}_n}{dt^2} = m_1\boldsymbol{a}_1 + \cdots + m_n\boldsymbol{a}_n.$$

A equação (1-143) afirma que o centro de massa P^* desloca-se como se toda a massa M fosse ali concentrada e a força $\boldsymbol{F}$ ali aplicada integralmente. As forças $\boldsymbol{F}_i$ podem ser desdobradas em forças internas e forças externas:

$$\boldsymbol{F}_i = \boldsymbol{I}_i + \boldsymbol{E}_i, \tag{1-144}$$

sendo que a força interna $\boldsymbol{I}_i$ é a soma das forças provenientes das interações entre P_i e as demais partículas. A Terceira Lei de Newton postula que P_i e P_j exercem uma sobre a outra forças iguais e opostas, segundo a reta P_iP_j. Se admitimos isso, então a soma das forças internas $\boldsymbol{I}_i$ tem de ser $\boldsymbol{0}$, dado que as "ações" e as "reações" cancelam-se duas a duas. Assim, a resultante $\boldsymbol{F}$ provém unicamente das forças externas. Se não houver forças externas, vale então a equação $m\boldsymbol{a}^* = \boldsymbol{0}$ e, como vimos anteriormente para (1-133), o centro de massa desloca-se sobre uma reta com velocidade constante.

Multiplicando vetorialmente as equações em (1-140) pelos vetores $\boldsymbol{r}_i$ e somando os resultados, obtemos uma equação semelhante a (1-139):

$$\frac{d}{dt}(\boldsymbol{r}_1 \times m_1\boldsymbol{v}_1 + \boldsymbol{r}_2 \times m_2\boldsymbol{v}_2 + \cdots + \boldsymbol{r}_n \times m_n\boldsymbol{v}_n) = \boldsymbol{r}_1 \times \boldsymbol{F}_1 + \cdots + \boldsymbol{r}_n \times \boldsymbol{F}_n. \quad (1\text{-}145)$$

Podemos chamar o membro à esquerda de taxa de variação da quantidade de movimento angular total, e o membro à direita de momento total das forças aplicadas. Se admitimos a Terceira Lei de Newton, como acima, então os momentos de ação e reação novamente se cancelam. Seja $\boldsymbol{f}$ a força exercida por P_i sobre P_j de sorte que P_j exerce uma força $-\boldsymbol{f}$ sobre P_i. Essas duas forças contribuem ao momento total com os termos

$$\overrightarrow{OP}_j \times \boldsymbol{f} + \overrightarrow{OP}_i \times (-\boldsymbol{f}) = (\overrightarrow{OP}_i + \overrightarrow{P_iP_j}) \times \boldsymbol{f} + \overrightarrow{OP}_i \times (-\boldsymbol{f}). \quad (1\text{-}146)$$

Essa expressão reduz-se a $\overrightarrow{P_iP_j} \times \boldsymbol{f}$, que é igual a $\mathbf{0}$, pois a linha de ação de $\boldsymbol{f}$ é a reta P_iP_j. Portanto o momento total provém das forças externas. Se não houver forças externas, o segundo membro de (1-145) é $\mathbf{0}$ e conclui-se que a quantidade de movimento angular total permanece constante, qualquer que seja o movimento do sistema.

A teoria dos movimentos de um corpo rígido baseia-se nas equações (1-141) e (1-145) para sistemas. Se o corpo rígido for sujeito a forças $\boldsymbol{F}_1, \ldots, \boldsymbol{F}_n$ aplicadas nos pontos $P_1, \ldots, P_n$, então cada força terá uma linha de ação l_i. Usando o mesmo raciocínio que em (1-146), vemos que uma translação da força $\boldsymbol{F}_i$ ao longo de l_i não afeta a resultante

$$\boldsymbol{F} = \boldsymbol{F}_1 + \cdots + \boldsymbol{F}_n \quad (1\text{-}147)$$

nem o momento total com respeito a O:

$$\boldsymbol{L}_O = \boldsymbol{r}_1 \times \boldsymbol{F}_1 + \cdots + \boldsymbol{r}_n \times \boldsymbol{F}_n. \quad (1\text{-}148)$$

Esses dois vetores determinam completamente o movimento, e as forças podem então ser interpretadas como vetores *deslizantes* (Sec. 1-2). Em estática demonstra-se que o corpo rígido está em equilíbrio precisamente quando a resultante e o momento total são $\mathbf{0}$:

$$\begin{aligned} \boldsymbol{F}_1 + \cdots + \boldsymbol{F}_n &= \mathbf{0}, \\ \boldsymbol{r}_1 \times \boldsymbol{F}_1 + \cdots + \boldsymbol{r}_n \times \boldsymbol{F}_n &= \mathbf{0}. \end{aligned} \quad \text{(equações do equilíbrio estático)} \quad (1\text{-}149)$$

Façamos agora o corpo girar em torno de um eixo fixo, por exemplo, o eixo z, conforme se vê na Fig. 1-27. Cada ponto P do corpo descreve um círculo:

$$x = r\cos\theta, \qquad y = r \operatorname{sen}\theta, \qquad z = z \quad (1\text{-}150)$$

num plano perpendicular ao eixo. Nessas condições, o vetor-velocidade de P é

$$\boldsymbol{v} = \frac{d}{dt}\overrightarrow{OP} = -r\operatorname{sen}\theta\frac{d\theta}{dt}\boldsymbol{i} + r\cos\theta\frac{d\theta}{dt}\boldsymbol{j}. \quad (1\text{-}151)$$

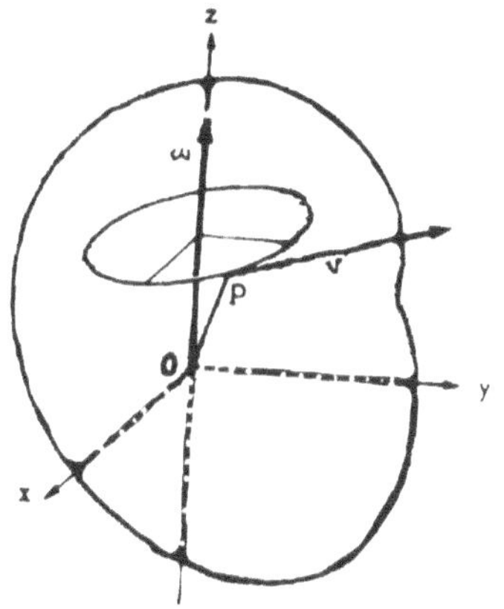

Figura 1-27

Esse fato pode ser descrito em termos do vetor de aceleração angular

$$\omega = \frac{d\theta}{dt}\boldsymbol{k}. \tag{1-152}$$

Temos:

$$\begin{aligned}\omega \times \overrightarrow{OP} &= \frac{d\theta}{dt} r\cos\theta(\boldsymbol{k} \times \boldsymbol{i}) + \frac{d\theta}{dt} r \operatorname{sen}\theta(\boldsymbol{k} \times \boldsymbol{j}) + \frac{d\theta}{dt} z(\boldsymbol{k} \times \boldsymbol{k}) \\ &= r\cos\theta \frac{d\theta}{dt}\boldsymbol{j} - r\operatorname{sen}\theta\frac{d\theta}{dt}\boldsymbol{i} + \boldsymbol{0}.\end{aligned} \tag{1-153}$$

Logo, para cada ponto P do corpo, temos

$$\boldsymbol{v} = \omega \times \overrightarrow{OP} \tag{1-154}$$

A aceleração de P é dada por

$$\frac{d\boldsymbol{v}}{dt} = \omega \times \frac{d\overrightarrow{OP}}{dt} + \frac{d\omega}{dt} \times \overrightarrow{OP} = \omega \times \boldsymbol{v} + \frac{d\omega}{dt} \times \overrightarrow{OP}. \tag{1-155}$$

Essa equação pode ser simplificada se introduzimos o vetor de aceleração angular:

$$\boldsymbol{\alpha} = \frac{d\omega}{dt} = \frac{d^2\theta}{dt^2}\boldsymbol{k}; \tag{1-156}$$

empregando esse vetor e a relação (1-154), obtemos:

$$\frac{d\boldsymbol{v}}{dt} = \omega \times (\omega \times \overrightarrow{OP}) + \boldsymbol{\alpha} \times \overrightarrow{OP} = (\omega \cdot \overrightarrow{OP})\omega - \omega^2\overrightarrow{OP} + \boldsymbol{\alpha} \times \overrightarrow{OP}. \tag{1-157}$$

Se P está no plano xy, de sorte que O é o pé da perpendicular por P ao eixo de revolução, essa equação assume uma forma mais simples, pois, nesse caso, ω é perpendicular a $\overrightarrow{OP}$; se, além disso, ω for constante, tal que $\boldsymbol{\alpha}$ seja $\boldsymbol{0}$, teremos

$$\frac{d\boldsymbol{v}}{dt} = -\omega^2 \overrightarrow{OP}. \tag{1-158}$$

Assim, quando $\boldsymbol{\alpha} = \mathbf{0}$, a aceleração de cada ponto P tem módulo $r\omega^2$ e é "centrípeta", isto é, orientada para o centro do círculo descrito por P.

Pode-se calcular a quantidade de movimento angular total do corpo em rotação por meio de uma integral de elementos $\boldsymbol{r} \times \boldsymbol{v}\, dm$. Então, a taxa de variação da quantidade de movimento angular de cada elemento é dada por

$$\frac{d}{dt}(\boldsymbol{r} \times \boldsymbol{v}\, dm) = \left(\boldsymbol{r} \times \frac{d\boldsymbol{v}}{dt}\right) dm = \{\boldsymbol{r} \times [(\boldsymbol{\omega} \cdot \boldsymbol{r})\boldsymbol{\omega} - \omega^2 \boldsymbol{r} + \boldsymbol{\alpha} \times \boldsymbol{r}]\}\, dm, \tag{1-159}$$

onde usamos a relação (1-157). Como $\boldsymbol{r} = x\boldsymbol{i} + y\boldsymbol{j} + z\boldsymbol{k}$, calculando a componente z do vetor acima achamos

$$(r^2 - z^2)\frac{d^2\theta}{dt^2}\, dm = (x^2 + y^2)\frac{d^2\theta}{dt^2}\, dm. \tag{1-160}$$

Integrando sobre todo o sólido, obtemos

$$\int (x^2 + y^2)\, dm \frac{d^2\theta}{dt^2} = I_z \frac{d^2\theta}{dt^2}, \tag{1-161}$$

onde a quantidade

$$I_z = \int (x^2 + y^2)\, dm \tag{1-162}$$

é o *momento de inércia* do corpo em relação ao eixo z. A última integral será discutida posteriormente, no Cap. 4. A expressão (1-161) é a extensão da taxa de variação da quantidade de movimento angular ao caso de um corpo rígido em rotação; ela pode ser igualada ao momento total das forças aplicadas em relação ao eixo z:

$$I_z \frac{d^2\theta}{dt^2} = \boldsymbol{r}_1 \times \boldsymbol{F}_1 \cdot \boldsymbol{k} + \boldsymbol{r}_2 \times \boldsymbol{F}_2 \cdot \boldsymbol{k} + \cdots + \boldsymbol{r}_n \times \boldsymbol{F}_n \cdot \boldsymbol{k} = L_z. \tag{1-163}$$

Essa equação é freqüentemente colocada sob uma forma concisa:

$$I\alpha = L, \tag{1-164}$$

onde

$$I = I_z, \quad \alpha = \alpha_z = \frac{d^2\theta}{dt^2}, \quad L = L_z.$$

PROBLEMAS

1. Uma partícula P de massa m desloca-se no espaço, sujeita a uma força constante $\boldsymbol{F} = X\boldsymbol{i} + Y\boldsymbol{j} + Z\boldsymbol{k}$.

(a) Expressar x, y, z em termos do tempo t.

(b) Se os eixos forem escolhidos no espaço de modo tal que $\boldsymbol{F}$ seja paralela a $\boldsymbol{k}$, então X e Y serão 0. Dar as equações de x, y, e z neste caso. Mostrar que cada curva é uma parábola.

(c) Se $\boldsymbol{F} = -mg\boldsymbol{k}$ e o eixo z é orientado para cima, então $\boldsymbol{F}$ pode ser interpretada como sendo a força de gravidade na vizinhança de um ponto da superfície da Terra. A energia potencial da partícula é o escalar mgz, e a energia cinética é $\frac{1}{2}mv^2$. Mostrar que, ao longo de qualquer curva, a soma

$$\text{energia cinética} + \text{energia potencial} = \tfrac{1}{2}mv^2 + mgz$$

é constante.

2. Se uma partícula P se desloca no plano xy, mostrar que sua quantidade de movimento angular com respeito à origem é igual a $mr^2(d\theta/dt)\boldsymbol{k}$, onde (r, θ) são as coordenadas polares de P.

3. Consideremos uma força $\boldsymbol{F}$ aplicada num ponto P. Mostrar que o momento de $\boldsymbol{F}$ em relação a O permanecerá inalterado se $\boldsymbol{F}$ for deslizada ao longo de sua linha de ação l. Mostrar que o momento de $\boldsymbol{F}$ em relação ao eixo z é dado por $\pm\, d|\boldsymbol{F}_{xy}|$, onde d é a menor distância entre o eixo z e l, e $\boldsymbol{F}_{xy} = \boldsymbol{F} - Z\boldsymbol{k} = X\boldsymbol{i} + Y\boldsymbol{j}$. O que significam os sinais $\pm$?

4. As seguintes forças são aplicadas a um corpo rígido: $\boldsymbol{F}_1 = 2\boldsymbol{i} + \boldsymbol{j} + 3\boldsymbol{k}$ no ponto $(7, 2, 3)$, $\boldsymbol{F}_2 = \boldsymbol{i} - 2\boldsymbol{j} - 4\boldsymbol{k}$ no ponto $(5, 1, 0)$, $\boldsymbol{F}_3 = -2\boldsymbol{i} + 2\boldsymbol{j} + 2\boldsymbol{k}$ em $(4, 0, -1)$, e $\boldsymbol{F}_4 = -\boldsymbol{i} - \boldsymbol{j} - \boldsymbol{k}$ no ponto $(2, 2, 1)$. Mostrar que as equações (1-149) são verificadas, de sorte que o corpo está em equilíbrio estático.

5. Mostrar que a definição (1-142) do centro de massa não depende da escolha da origem O, ou seja, se O_0 é uma nova origem e P_0^* é definido conforme (1-142) em relação à origem O_0, então $\overrightarrow{O_0P_0^*} = \overrightarrow{O_0O} + \overrightarrow{OP^*}$, de sorte que P_0^* coincide com P^*.

6. Um cubo de diagonal OM, sendo M o ponto $(4, 4, 4)$, gira em torno da diagonal com uma velocidade angular de 3 rad/s. Achar o vetor-velocidade do ponto do cubo que está na posição $(1, 3, 2)$.

7. Mostrar que, se a soma (a resultante) de um sistema de forças for nula, então o sistema terá o mesmo momento total em relação a qualquer ponto de referência. Assim, é de pouca importância a escolha da origem O em (1-149).

8. Se $\boldsymbol{F}_1$ e $\boldsymbol{F}_2$ são duas forças tais que $\boldsymbol{F}_1 + \boldsymbol{F}_2 = \boldsymbol{0}$ (de sorte que $\boldsymbol{F}_1$ e $\boldsymbol{F}_2$ formam um *binário*), mostrar que o momento total de $\boldsymbol{F}_1$ e $\boldsymbol{F}_2$ em relação a qualquer ponto de referência O é um vetor $\boldsymbol{H}$ perpendicular a $\boldsymbol{F}_1$ e a $\boldsymbol{F}_2$; mostrar também que $\boldsymbol{H}$ tem módulo $d|\boldsymbol{F}_1|$, onde d é a menor distância entre as linhas de ação de $\boldsymbol{F}_1$ e $\boldsymbol{F}_2$. Como se determina o sentido de $\boldsymbol{H}$?

9. *Movimento planar de um corpo rígido.* Por movimento planar de um corpo rígido entende-se um movimento no qual cada ponto se desloca num plano paralelo a um plano fixo; assim sendo, o movimento pode ser estudado observando-se o movimento de uma seção transversal a duas dimensões do corpo num plano paralelo ao plano fixado. Supor que essa seção transversal desloque-se no plano xy e seja Q um ponto da seção transversal. Mostrar que existem vetores $\boldsymbol{\omega}$ e $\boldsymbol{\alpha}$, tal que a velocidade e a aceleração de

cada ponto P da seção transversal sejam dadas por

$$\boldsymbol{v}_P = \boldsymbol{v}_Q + \omega \times \overrightarrow{QP}, \quad \boldsymbol{a}_P = \boldsymbol{a}_Q + \boldsymbol{\alpha} \times \overrightarrow{QP} - \omega^2 \overrightarrow{QP}.$$

Assim sendo, o movimento pode ser considerado como uma translação, com velocidade $\boldsymbol{v}_Q$, combinada com uma rotação em torno de Q, com velocidade angular ω. Mostrar que, a menos que $\omega = \mathbf{0}$, há sempre um único ponto S da seção transversal (que podemos aumentar, caso necessário) tal que $\boldsymbol{v}_S = \mathbf{0}$ em cada instante. [*Sugestão:* escrever $\overrightarrow{OP} = \overrightarrow{OQ} + \overrightarrow{QP} = \overrightarrow{OQ} + r\cos\theta\boldsymbol{i} + r\,\text{sen}\,\theta\boldsymbol{j}$, onde r é constante. Derivar em relação a t, como foi feito anteriormente, nas demonstrações de (1-154) e (1-157), para obter as expressões de $\boldsymbol{v}_P$ e $\boldsymbol{a}_P$. Substituir P por S na equação de $\boldsymbol{v}_P$ e igualar $\boldsymbol{v}_S$ a $\mathbf{0}$ para obter uma equação para $\overrightarrow{QS}$.]

10. *Movimento relativo, caso de um movimento planar.* Consideremos um corpo rígido que se desloca em movimento planar como no Prob. 9. O movimento de um ponto arbitrário P, no plano, pode ser composto pelo movimento do corpo e pelo movimento de P em relação ao corpo. Assim, seja Q um ponto fixo do corpo, de modo que $\overrightarrow{OP} = \overrightarrow{OQ} + \overrightarrow{QP}$. Sejam $\boldsymbol{i}_1$ e $\boldsymbol{j}_1$ dois eixos fixos, escolhidos no corpo, com origem em Q. Então o vetor

$$\overrightarrow{QP} = x_1\boldsymbol{i}_1 + y_1\boldsymbol{j}_1$$

dá a posição instantânea de P relativa ao corpo, e a equação

$$\boldsymbol{v}_{\text{rel}} = \frac{dx_1}{dt}\boldsymbol{i}_1 + \frac{dy_1}{dt}\boldsymbol{j}_1$$

descreve a velocidade de P em relação ao corpo.

(a) Mostrar que vale

$$\boldsymbol{v}_P = \boldsymbol{v}_B + \boldsymbol{v}_{\text{rel}},$$

onde $\boldsymbol{v}_B$ é a velocidade do ponto fixo no corpo com o qual P coincide num dado instante.

(b) Mostrar que vale

$$\boldsymbol{a}_P = \boldsymbol{a}_B + \boldsymbol{a}_{\text{rel}} + 2(\omega \times \boldsymbol{v}_{\text{rel}})$$

onde $\boldsymbol{a}_B$ é caracterizada da mesma forma que $\boldsymbol{v}_B$ (sendo que se trata da aceleração ao invés da velocidade) e o termo

$$\boldsymbol{a}_{\text{rel}} = \frac{d^2x_1}{dt^2}\boldsymbol{i}_1 + \frac{d^2y_1}{dt^2}\boldsymbol{j}_1$$

descreve a aceleração de P em relação ao corpo. O termo adicional $2(\omega \times \boldsymbol{v}_{\text{rel}})$ é denominado *aceleração de Coriolis.* Tanto (a) como (b) podem ser obtidos derivando a equação

$$\overrightarrow{OP} = \overrightarrow{OQ} + x_1\boldsymbol{i}_1 + y_1\boldsymbol{j}_1$$

e usando os resultados do Prob. 9.

11. *O hodógrafo.* Consideremos um ponto P que se desloca no espaço com velocidade $\boldsymbol{v}$. A curva traçada pelo ponto Q, onde $\overrightarrow{OQ} = \boldsymbol{v}$, tem nome de *hodógrafo* do movimento de P. Descrever o hodógrafo de cada um dos seguintes movimentos:

(a) $\overrightarrow{OP} = r\cos\omega t\boldsymbol{i} + r\,\mathrm{sen}\,\omega t\boldsymbol{j}$ (r e ω constantes);

(b) $\overrightarrow{OP} = (t^2 - 1)\boldsymbol{i} + (2t^2 + t)\boldsymbol{j} + (t^2 + 2t - 1)\boldsymbol{k}$;

(c) $\overrightarrow{OP} = \cos t\boldsymbol{i} + \mathrm{sen}\, t\boldsymbol{j} + t\boldsymbol{k}$.

RESPOSTAS

1. (a) $x = \frac{1}{2}Xt^2 + c_1 t + c_2$, $y = \frac{1}{2}Yt^2 + c_3 t + c_4$, $z = \frac{1}{2}Zt^2 + c_5 t + c_6$.
(b) $x = c_1 t + c_2$, $y = c_3 t + c_4$, $z = c_5 t + c_6 + \frac{1}{2}Zt^2$.

6. $\pm\sqrt{3}(\boldsymbol{i} + \boldsymbol{j} - 2\boldsymbol{k})$. 11. (a) Circunferência de raio $r\omega$, com centro em O; (b) uma reta; (c) uma circunferência de raio 1, com centro em (0, 0, 1).

REFERÊNCIAS

Brand, Louis, *Vectorial Mechanics.* New York: John Wiley and Sons, Inc., 1930

Gibbs, J. Willard, *Vector Analysis.* New Haven: Yale University Press, 1913

Goldstein, Herbert, *Classical Mechanics.* Cambridge: Addison-Wesley Press, Inc., 1950.

Hay, G. E., *Vector Analysis.* New York: Dover Publication (no prelo).

Phillips, H. B., *Vector Analysis.* New York: John Wiley and Sons, Inc., 1933.

Struik, Dirk J., *Lectures on Classical Differential Geometry.* Cambridge: Addison-Wesley Press, Inc., 1950.

capítulo 2

CÁLCULO DIFERENCIAL DE FUNÇÕES DE VÁRIAS VARIÁVEIS

2-1. FUNÇÕES DE VÁRIAS VARIÁVEIS. Se a cada ponto (x, y) de uma certa parte do plano xy for associado um número real z, diremos então que z é dado como uma função das duas variáveis reais x e y. Assim,

$$z = x^2 - y^2, \qquad z = x \operatorname{sen} xy \; [\text{para todo par } (x, y)]$$

são exemplos de tais funções. Muitas dessas funções foram vistas, sem nenhuma menção especial, na teoria de funções de uma variável real (Secs. 0-6 a 0-9). Por exemplo, a função $y = a^x$ é uma função nas variáveis a e x, bem como a função $y = \log_a x$. Um outro exemplo são os teoremas básicos de derivação que dizem respeito às funções $y = u + v$, $y = u \cdot v$, $y = u/v$, isto é, a certas funções de u e v, onde u e v são funções de x. Em muitos casos, uma função de uma variável pode ser olhada como uma função de duas variáveis, sendo que uma das variáveis foi mantida fixa; por exemplo, $y = x^3$ é obtida a partir de $y = x^n$ (que é uma função em x e n), onde a n foi dado o valor 3.

Observações semelhantes são feitas a respeito de funções de três ou mais variáveis. Assim,

$$u = xyz, \qquad u = x^2 + y^2 + z^2 - t^2$$

são exemplos de funções u de três e quatro variáveis, respectivamente.

Constataremos em todo nosso estudo que segue que a teoria das funções de três ou mais variáveis difere muito pouco da teoria das funções de duas variáveis. Por isso, maior ênfase será dada às funções de duas variáveis. Por outro lado, existem diferenças fundamentais entre o cálculo de funções de uma variável e o cálculo de funções de duas variáveis.

Na física, aparecem funções de duas, três, quatro e até de milhões de variáveis. Eis alguns exemplos simples:

$$p = \frac{RT}{V} \quad \text{(lei dos gases perfeitos)},$$

$$L = \frac{\pi r^4 \theta n}{2} \quad \text{(momento de torção de um fio)},$$

$$E = \frac{m}{2} \sum_{i=1}^{N} (u_i^2 + v_i^2 + w_i^2)$$ (energia de um gás ideal em termos das componentes das velocidades das N moléculas).

2-2. DOMÍNIOS E REGIÕES. A maior parte da teoria de funções de uma variável é formulada em termos de uma função definida num intervalo: $a \leqq x \leqq b$. Para funções de x e y, faz-se necessário introduzir um conceito análogo. Uma idéia natural seria tomar um retângulo: $a \leqq x \leqq b$, $c \leqq y \leqq d$. Porém muitos problemas requerem áreas mais complicadas: círculos, elipses, etc. Assim, para estarmos em condições suficientemente gerais para cobrir todos os casos práticos, é preciso formular o conceito de domínio.

Usa-se a expressão geral de *conjunto de pontos* no plano xy para significar qualquer tipo de coleção de pontos, tenha essa coleção um número finito ou infinito de elementos. Assim, um conjunto de pontos pode ser formado pelos pontos $(0, 0)$ e $(1, 0)$, ou pelos pontos da reta $y = x$, ou ainda pelos pontos internos à circunferência $x^2 + y^2 = 1$.

Por uma *vizinhança* de um ponto (x_1, y_1) entende-se o conjunto dos pontos dentro de um círculo de centro (x_1, y_1) e de raio δ: portanto, podemos falar de uma *vizinhança de raio* δ. Todo ponto (x, y) da vizinhança satisfaz à desigualdade:

$$(x-x_1)^2 + (y-y_1)^2 < \delta^2. \tag{2-1}$$

Um conjunto de pontos se diz *aberto* se todo ponto (x_1, y_1) do conjunto tiver uma vizinhança totalmente contida no conjunto. O interior de um círculo é aberto, assim como o interior de uma elipse e o interior de um quadrado; esses conjuntos abertos são definidos por desigualdades do tipo:

$$x^2 + y^2 < 1; \qquad \frac{x^2}{2} + \frac{y^2}{3} < 1; \qquad |x| < 1 \quad \text{e} \quad |y| < 1.$$

O plano xy todo é aberto; também é aberto um semiplano como o "semiplano à direita" caracterizado por $x > 0$. Contudo o interior de um círculo mais a circunferência não é aberto, pois um ponto qualquer da circunferência não possui nenhuma vizinhança totalmente contida no conjunto.

Um conjunto E se diz *fechado* se os pontos do plano que não pertencem a E formarem um conjunto aberto. Assim, os pontos sobre a circunferência $x^2 + y^2 = 1$ e aqueles fora dela constituem um conjunto fechado. Os pontos da circunferência por si formam um conjunto fechado; também formam um conjunto fechado os pontos sobre a circunferência mais aqueles interiores a ela.

Um conjunto será chamado *limitado* se o conjunto todo estiver contido dentro de um círculo de raio suficientemente grande. Assim, os pontos do quadrado: $|x| \leqq 1$, $|y| \leqq 1$ formam um conjunto limitado; esse conjunto é também fechado. Os pontos interiores à elipse, $x^2 + 2y^2 < 1$, constituem um conjunto aberto e limitado.

Um conjunto aberto será chamado *conjunto aberto conexo* ou *domínio* se, além de aberto, ele tiver a propriedade seguinte: dois pontos P, Q quaisquer do conjunto podem ser ligados por uma linha poligonal inteiramente contida no conjunto. Assim, o interior de um círculo é um domínio.

Nota-se que um *domínio D não pode ser constituído por dois conjuntos abertos disjuntos*. Por exemplo, os pontos tais que $|x| > 0$ formam um conjunto aberto E composto de duas partes: o conjunto dos pontos tais que $x > 0$ e o conjunto dos pontos tais que $x < 0$. Esse conjunto E não é um domínio porque os pontos (–1, 0) e (1, 0) estão em E, mas não podem ser ligados por uma linha poligonal inteiramente contida em E.

Um *ponto de fronteira* de um conjunto é um ponto tal que qualquer vizinhança sua contém pelo menos um ponto do conjunto e pelo menos um ponto não pertencente ao conjunto. Assim, os pontos de fronteira do domínio circular (disco): $x^2 + y^2 < 1$ são os pontos da circunferência: $x^2 + y^2 = 1$. Nenhum ponto de fronteira de um conjunto aberto pode pertencer ao conjunto; contudo todo ponto de fronteira de um conjunto fechado é elemento do conjunto.

Usaremos a palavra *região* para indicar um conjunto formado por um domínio mais, eventualmente, alguns ou todos os pontos de fronteira do domínio. Assim, uma região pode ser um domínio (se forem excluídos todos os pontos de fronteira do domínio). Se todos os pontos de fronteira forem incluídos, a região será chamada de *região fechada;* nesse caso, ela será necessariamente um conjunto *fechado.* Assim, um círculo mais todo seu interior: $x^2 + y^2 \leqq 1$ é uma região fechada. Um domínio é às vezes chamado de *região aberta.*

Constataremos que, para a maior parte dos problemas práticos, um domínio é definido por uma ou mais desigualdades, e a fronteira de um domínio é dada por uma ou mais equações, enquanto que uma região fechada é caracterizada por uma combinação dos dois; eis alguns exemplos:

$$
\begin{aligned}
xy &< 1 \text{ é um domínio,}\\
xy &= 1 \text{ é sua fronteira,}\\
xy &\leqq 1 \text{ é uma região fechada.}
\end{aligned}
$$

Essas idéias são ilustradas na Fig. 2-1.

A extensão dessas noções para três ou mais dimensões não é difícil; uma representação gráfica para o caso de quatro dimensões ou mais é fatalmente irrealizável. Assim, uma *vizinhança* de um ponto (x_1, y_1, z_1) no espaço é o conjunto dos pontos (x, y, z) dentro de uma esfera:

$$(x - x_1)^2 + (y - y_1)^2 + (z - z_1)^2 < \delta^2,$$

e as demais definições podem ser repetidas sem nenhuma alteração.

As definições ainda podem ser adaptadas para o caso de uma dimensão. Uma *vizinhança* de um ponto x_1 do eixo x é um intervalo: $x_1 - \delta < x < x_1 + \delta$. Um *domínio* do eixo x é um dos seguintes quatro tipos de conjuntos: (1) um *intervalo aberto:* $a < x < b$; (2) um *intervalo aberto infinito:* $a < x$; (3) um *intervalo aberto infinito:* $x < b$; (4) todo o eixo x. Uma *região fechada limitada* do eixo x é um *intervalo fechado:* $a \leqq x \leqq b$.

2-3. NOTAÇÕES PARA FUNÇÕES. CURVAS DE NÍVEL E SUPERFÍCIES DE NÍVEL. A maior parte das funções que vamos considerar serão definidas num domínio ou, ocasionalmente, numa região fechada. A notação "$z = f(x, y)$ no domínio D" significará que z é dado como uma função de x e y para todos os pontos de um domínio D do plano xy. As variáveis x e y são

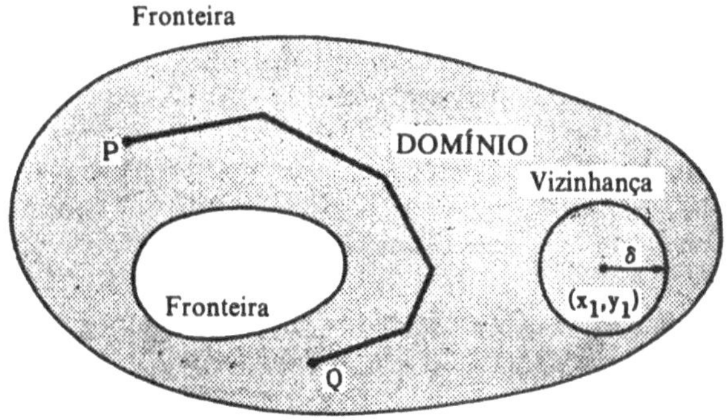

Figura 2-1

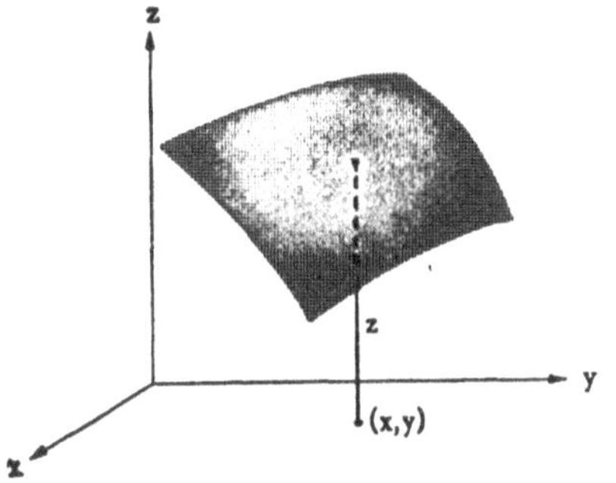

Figura 2-2

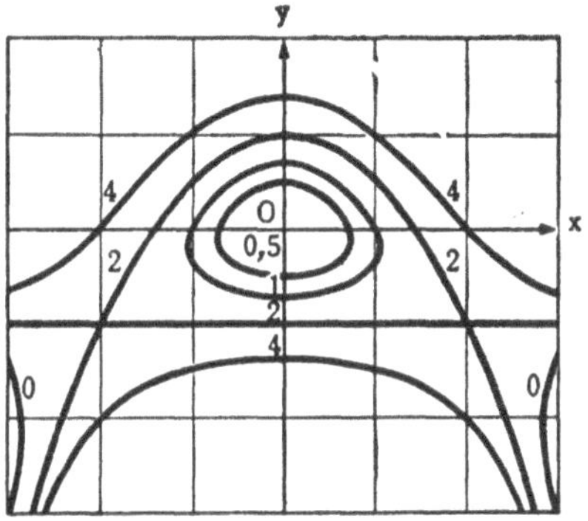

Figura 2-3. Curvas de nível

chamadas *variáveis independentes*, enquanto que z se diz *dependente*. Com um significado análogo, escreveremos para funções de mais de duas variáveis: "$u = f(x, y, z)$ no domínio D" ou "$w = f(x, y, z, u)$ no domínio D". Como no caso de funções de uma variável, a notação usada também serve para indicar os valores associados, para uma dada função. Assim, se $z = f(x, y)$ é definida pela equação: $z = \sqrt{1 - x^2 - y^2}$ no domínio: $x^2 + y^2 < 1$, então $f(0, 0) = = 1$, $f(\frac{1}{2}, \frac{1}{2}) = \sqrt{\frac{1}{2}}$, etc.

Às vezes, a relação $z = f(x, y)$ é escrita como: $z = z(x, y)$. De modo análogo, para funções de três ou mais variáveis, escreve-se:

$$u = u(x, y, z), \qquad w = w(x, y, z, u).$$

Uma função de duas variáveis pode ser representada graficamente por uma superfície no espaço a três dimensões, conforme se vê na Fig. 2-2. Para funções de três ou mais variáveis, essa representação não é possível.

Podemos também descrever funções de duas variáveis por meio de *curvas de nível* ou *linhas de nível*. É o método usado para estabelecer mapas de contorno ou cartas topográficas. Traçam-se os lugares geométricos

$$f(x, y) = c_1, \quad f(x, y) = c_2, \ldots$$

para diversas escolhas das constantes $c_1, c_2, \ldots$; cada lugar geométrico $f(x, y) = c$ é uma *curva de nível* de $f(x, y)$; uma curva de nível pode ser constituída por várias curvas distintas. Esse método está ilustrado na Fig. 2-3, onde $f(x, y) = x^2y + x^2 + 2y^2$; o valor de c está indicado em cada curva. Freqüentemente as curvas de nível dão-nos uma imagem melhor da função do que um esboço da superfície $z = f(x, y)$.

O método que acabamos de descrever é, em princípio, aplicável no caso de funções de três variáveis; nesse caso, são traçadas as *superfícies de nível*: $f(x, y, z) = c_1, f(x, y, z) = c_2, \ldots$ para valores de $c_1, c_2, \ldots$ convenientemente escolhidos. Um exemplo disso são as superfícies de potencial gravitacional constante (são aproximadamente esferas) ao redor da Terra. As superfícies de temperatura constante ou pressão constante têm sua importância na meteorologia.

É também possível representar uma função de três variáveis por meio de *curvas* de nível: pois, se fixarmos a variável z (por exemplo), então $f(x, y, z)$ se torna uma função de x e y e pode ser representada por suas curvas de nível no plano xy, como vimos há pouco. Se repetirmos esse processo para diversos valores de z, obtemos um número correspondente de diagramas que, no seu conjunto, representam a função. É comum essa prática na meteorologia, onde linhas de pressão constante ("isóbares") são traçadas para altitudes variadas.

No caso de funções de quatro ou mais variáveis, os lugares geométricos caracterizados por f = constante são "hipersuperfícies" num espaço a quatro ou mais dimensões. Essas hipersuperfícies de nível são de interesse essencialmente teórico. Para representar a função graficamente, vemo-nos forçados a fixar uma ou mais variáveis, e com isso obtemos superfícies de nível no espaço tridimensional ou curvas de nível no plano.

Uma função $f(x, y)$ será dita *limitada* para (x, y) restrito a um conjunto E se existir um número M tal que $|f(x, y)| < M$ toda vez que (x, y) pertencer a E. Por exemplo, $z = x^2 + y^2$ será limitada, com $M = 2$, se tomarmos $|x| < 1$ e $|y| < 1$. A função $z = \operatorname{tg}(x + y)$ não é limitada para $|x + y| < \frac{1}{2}\pi$.

2-4. LIMITES E CONTINUIDADE. Seja $z = f(x, y)$ uma função definida num domínio D, e seja (x_1, y_1) um ponto de D ou um ponto de fronteira de D. Nessas condições, a equação

$$\lim_{\substack{x \to x_1 \\ y \to y_1}} f(x, y) = c \tag{2-2}$$

tem o seguinte significado: dado um $\varepsilon > 0$ qualquer, é possível achar um $\delta > 0$ tal que, para todo (x, y) em D e pertencente à vizinhança de (x_1, y_1) de raio δ

[exceto eventualmente o próprio (x_1, y_1)], tem-se

$$|f(x, y) - c| < \varepsilon. \tag{2-3}$$

Em outras palavras, se (x, y) está em D e

$$0 < (x - x_1)^2 + (y - y_1)^2 < \delta^2, \tag{2-4}$$

então vale a desigualdade (2-3). Portanto, se o ponto variável (x, y) estiver suficientemente próximo (sem no entanto ser igual) à posição-limite (x_1, y_1), então o valor da função aproxima-se tanto quanto se queira do valor limite c.

Se o ponto (x_1, y_1) está em D e se

$$\lim_{\substack{x \to x_1 \\ y \to y_1}} f(x, y) = f(x_1, y_1), \tag{2-5}$$

então $f(x, y)$ se diz *contínua* em (x_1, y_1). Se isso for verificado para todo o ponto (x_1, y_1) de D, então $f(x, y)$ será chamada *contínua em D*.

As noções de limite e continuidade podem ser estendidas a conjuntos mais complicados; por exemplo, a regiões fechadas. As definições acima podem ser repetidas sem nenhuma modificação profunda. Assim, se $f(x, y)$ for definida numa região fechada R e (x_1, y_1) estiver em R, diremos então que vale a relação (2-2) se, para um dado $\varepsilon > 0$ qualquer, é possível achar um $\delta > 0$ tal que vale (2-3) toda vez que (x, y) *está em* R e está a uma distância de (x_1, y_1) inferior a δ, sem no entanto se achar em (x_1, y_1). Se for verificada a relação (2-5), então $f(x, y)$ será contínua em (x_1, y_1). Definições análogas valem se $f(x, y)$ for definida apenas numa curva do plano xy. As noções de limite e continuidade devem sempre ser consideradas *em relação ao conjunto no qual a função está definida.*

No caso de funções de duas variáveis, a continuidade é um fenômeno mais sutil do que no caso de funções de uma variável. Uma função simples como

$$z = \frac{x^2 - y^2}{x^2 + y^2}$$

é terrivelmente descontínua na origem, sem se tornar infinita nesse ponto, pois z terá limite 0 se (x, y) tender à origem seguindo a reta $x = y$; z terá limite 1 se (x, y) se aproximar da origem seguindo o eixo x; finalmente, z terá limite -1 se (x, y) se aproximar da origem seguindo o eixo y. Portanto, z não tem nenhum limite em (0, 0). Deve-se observar que as curvas de nível dessa função são retas, todas elas passando por (0, 0): tal fato, por si, basta para mostrar que há uma descontinuidade na origem.

Todavia o teorema fundamental a respeito de limites e continuidade (Sec. 0-6) permanece válido, sem alteração:

Teorema. *Sejam $u = f(x, y)$ e $v = g(x, y)$ ambas definidas no domínio D do plano xy. Sejam*

$$\lim_{\substack{x \to x_1 \\ y \to y_1}} f(x, y) = u_1, \qquad \lim_{\substack{x \to x_1 \\ y \to y_1}} g(x, y) = v_1. \tag{2-6}$$

Então

$$\lim_{\substack{x \to x_1 \\ y \to y_1}} [f(x, y) + g(x, y)] = u_1 + v_1, \tag{2-7}$$

$$\lim_{\substack{x \to x_1 \\ y \to y_1}} [f(x, y) \cdot g(x, y)] = u_1 \cdot v_1, \tag{2-8}$$

$$\lim_{\substack{x \to x_1 \\ y \to y_1}} \frac{f(x, y)}{g(x, y)} = \frac{u_1}{v_1} \quad (v_1 \neq 0). \tag{2-9}$$

Se $f(x, y)$ e $g(x, y)$ são contínuas em (x_1, y_1) então as funções

$$f(x, y) + g(x, y), \qquad f(x, y) \cdot g(x, y), \qquad \frac{f(x, y)}{g(x, y)}$$

também são contínuas em (x_1, y_1), contanto que, no último caso, $g(x_1, y_1) \neq 0$.

Seja $F(u, v)$ uma função definida e contínua num domínio D_0 do plano uv, e suponhamos que $F[f(x, y), g(x, y)]$ seja definida para (x, y) em D. Então, se (u_1, v_1) está em D_0, vale

$$\lim_{\substack{x \to x_1 \\ y \to y_1}} F[f(x, y), g(x, y)] = F(u_1, v_1). \tag{2-10}$$

Se $f(x, y)$ e $g(x, y)$ forem contínuas em (x_1, y_1) então $F[f(x, y), g(x, y)]$ também será contínua em (x_1, y_1).

Demonstração. Consideremos inicialmente a função composta $F[f(x, y), g(x, y)]$, que é o centro do teorema todo. Como supomos por hipótese que $F[u, v]$ é contínua em D_0, temos:

$$\lim_{\substack{u \to u_1 \\ v \to v_1}} F[u, v] = F[u_1, v_1]. \tag{2-11}$$

Em virtude de (2-6), quando (x, y) se aproxima de (x_1, y_1), (u, v) se aproxima de (u_1, v_1), de sorte que temos, pela (2-11),

$$\lim_{\substack{x \to x_1 \\ y \to y_1}} F[f(x, y), \quad g(x, y)] = F[\lim_{\substack{x \to x_1 \\ y \to y_1}} f(x, y), \quad \lim_{\substack{x \to x_1 \\ y \to y_1}} g(x, y)] = F[u_1, v_1].$$

Com isso está estabelecida a relação (2-10). Se f e g forem contínuas em (x_1, y_1), então $f(x_1, y_1) = u_1$ e $g(x_1, y_1) = v_1$, de modo que temos, pela (2-10),

$$\lim_{\substack{x \to x_1 \\ y \to y_1}} F[f(x, y), g(x, y)] = F[f(x_1, y_1), g(x_1, y_1)],$$

ou seja, $F[f(x, y), g(x, y)]$ é contínua em (x_1, y_1).

Verifica-se agora facilmente que, em particular, a funções $F[u, v] \equiv u + v$ é contínua para todos os valores de u e v. Aplicando a relação (2-10) a essa escolha de F, conclui-se que

$$\lim_{\substack{x \to x_1 \\ y \to y_1}} [f(x, y) + g(x, y)] = u_1 + v_1,$$

que é a relação (2-7); o mesmo raciocínio mostra que, se $f(x, y)$ e $g(x, y)$ forem contínuas em (x_1, y_1), então $f(x, y) + g(x, y)$ também será contínua em (x_1, y_1).

Os resultados relativos a produtos e quocientes são deduzidos do mesmo modo, tomando-se as funções especiais $F \equiv u \cdot v$ e $F \equiv u/v$. Basta mostrarmos que essas funções são contínuas (tomando $v \neq 0$ no segundo caso). Isso pode ser feito diretamente aplicando a definição por ε e δ ou, então, fazendo o seguinte raciocínio: mostra-se que as funções $u + v$ e $u - v$ são funções contínuas de u e v, e ainda que $\frac{1}{4}w$ e w^2 são funções contínuas de w (nesse último caso, usar teoremas relativos a funções de uma variável). Segue-se da regra da função composta demonstrada logo acima que $(u + v)^2$ e $(u - v)^2$ são contínuas, e que, portanto, a função

$$u \cdot v \equiv \tfrac{1}{4}[(u + v)^2 - (u - v)^2]$$

é contínua para todo (u, v). Por fim, mostra-se que $1/v$ é uma função contínua de v para $v \neq 0$ (função de uma variável) e que, portanto, a função

$$\frac{u}{v} \equiv u \cdot \frac{1}{v}$$

é contínua em u e v para $v \neq 0$.

O teorema anterior pode ser enunciado sob uma forma análoga para funções de três ou mais variáveis. No caso de funções compostas, ele pode ser enunciado para combinações de funções de uma e duas variáveis, de uma e três variáveis, etc.; exemplificando:

$$F[f(x, y)], \quad F[f(t), g(t)], \quad F[f(x, y, z)], \quad F[f(t), g(t), h(t)], \ldots$$

Como conseqüência desse teorema, conclui-se que funções *polinomiais* como

$$w = x^3y + 3xz^2 - xyz$$

são contínuas para todos os valores das variáveis, enquanto que funções *racionais* como

$$w = \frac{x^2y - x}{1 - x^2 - y}$$

são contínuas para quaisquer valores das variáveis exceto aqueles que anulam o denominador.

PROBLEMAS

1. Dar exemplos diversos de funções de várias variáveis que aparecem na geometria (fórmulas de área e volume, a lei dos cossenos, etc.).

2. Representar as funções abaixo (a) esboçando uma superfície, (b) traçando curvas de nível:

(i) $z = 1 - x - y$ (iii) $z = \cos(x + y)$
(ii) $z = x^2 + y^2$ (iv) $z = e^{xy}$.

3. Analisar as funções que seguem por meio de suas superfícies de nível no espaço:

(a) $u = x^2 + y^2 + z^2$ (c) $w = xyz$
(b) $u = x + y + z$ (d) $w = x^2 + y^2$.

4. Determinar o valor dos seguintes limites, quando existem:

(a) $\lim\limits_{\substack{x\to 0\\ y\to 0}} \dfrac{x^2 - y^2}{1 + x^2 + y^2}$ (c) $\lim\limits_{\substack{x\to 0\\ y\to 0}} \dfrac{(1 + y^2)\operatorname{sen} x}{x}$

(b) $\lim\limits_{\substack{x\to 0\\ y\to 0}} \dfrac{x}{x^2 + y^2}$ (d) $\lim\limits_{\substack{x\to 0\\ y\to 0}} \dfrac{1 + x - y}{x^2 + y^2}$

5. Mostrar que as funções seguintes são descontínuas em (0, 0), e traçar as superfícies correspondentes:

(a) $z = \dfrac{x}{x - y}$ (b) $z = \log(x^2 + y^2)$.

6. Descrever os conjuntos nos quais as seguintes funções são definidas:

(a) $z = e^{x-y}$ (c) $z = \sqrt{1 - x^2 - y^2}$

(b) $z = \log(x^2 + y^2 - 1)$ (d) $u = \dfrac{xy}{z}$.

7. Demonstrar o teorema: *seja $f(x, y)$ uma função definida num domínio D e contínua no ponto (x_1, y_1) de D. Se $f(x_1, y_1) > 0$, então existe uma vizinhança de (x_1, y_1) na qual vale $f(x, y) > \frac{1}{2}f(x_1, y_1) > 0$.* [*Sugestão:* tomar $\varepsilon = \frac{1}{2}f(x_1, y_1)$ na definição de continuidade.]

8. Demonstrar o teorema: *seja $f(x, y)$ uma função contínua num domínio D. Suponhamos que $f(x, y)$ seja positiva para pelo menos um ponto de D e negativa para pelo menos um ponto de D. Então $f(x, y) = 0$ para pelo menos um ponto de D.* [*Sugestão:* usar o Prob. 7 para concluir que o conjunto A dos (x, y) tais que $f(x, y) > 0$, e o conjunto B dos (x, y) tais que $f(x, y) < 0$ são abertos. Se $f(x, y) \neq 0$ em D, então D é formado por dois conjuntos A e B abertos e disjuntos; ora, isso é impossível, em virtude da Sec. 2-2.]

RESPOSTAS

4. (a) 0, (b) o limite não existe, (c) 1, (d) ∞, 6. (a) todos os pares (x, y); é um domínio; (b) $x^2 + y^2 > 1$; é um domínio; (c) $x^2 + y^2 < 1$; é uma região

fechada; (d) todas as triplas (x, y, z), salvo os pontos do plano xy; o conjunto é aberto, mas não é um domínio.

2-5. DERIVADAS PARCIAIS. Seja $z = f(x, y)$ uma função definida num domínio D do plano xy e seja (x_1, y_1) um ponto de D. Então, a função $f(x, y_1)$ depende unicamente de x e é definida num intervalo que contém x_1. Logo, é possível que exista a sua derivada em relação a x, no ponto $x = x_1$. Se essa derivada existir, seu valor será chamado *derivada parcial de $f(x, y)$ em relação a x no ponto* (x_1, y_1), e ela é designada por

$$\frac{\partial f}{\partial x}(x_1, y_1) \quad \text{ou por} \quad \left.\frac{\partial z}{\partial x}\right|_{(x_1, y_1)}$$

Assim sendo, pela definição de derivada

$$\frac{\partial f}{\partial x}(x_1, y_1) = \lim_{\Delta x \to 0} \frac{f(x_1 + \Delta x, y_1) - f(x_1, y_1)}{\Delta x}. \tag{2-12}$$

Se for evidente o ponto (x_1, y_1) no qual está calculada a derivada, então escreveremos simplesmente $\partial z/\partial x$ ou $\partial f/\partial x$ para indicar a derivada. Outras notações comumente usadas são z_x, f_x, f_1 ou, mais explicitamente, $z_x(x_1, y_1)$, $f_x(x_1, y_1)$, $f_1(x_1, y_1)$. Quando são usados índices, há perigo de confusão com os símbolos que denotam as componentes de um vetor; portanto, *quando vetores e derivadas parciais estiverem ambos presentes, será preferível empregar uma notação do tipo $\partial z/\partial x$ ou $\partial f/\partial x$ para as derivadas parciais.*

A função $z = f(x, y)$ pode ser representada por uma superfície no espaço. Então a equação $y = y_1$ representa um plano que corta a superfície, dando origem a uma curva. Nessas circunstâncias, a derivada parcial $\partial z/\partial x$ em (x_1, y_1) pode ser interpretada como a inclinação da reta tangente à curva, ou seja, como sendo tg α, onde α é o ângulo indicado na Fig. 2-4. Nessa figura, a função é $z = 5 + x^2 - y^2$ e calculamos a derivada no ponto $x = 1$, $y = 2$. Para $y = 2$, temos $z = 1 + x^2$, de sorte que a derivada ao longo da curva é $2x$; fazendo $x = 1$, vemos que $f_x(1, 2)$ é igual a 2.

Define-se de modo análogo a derivada parcial $\left.\frac{\partial z}{\partial y}\right|_{(x_1, y_1)}$; desta vez, fixamos x, que igualamos a x_1, e derivamos em relação a y. Com isso, obtemos:

$$\frac{\partial f}{\partial y}(x_1, y_1) = \left.\frac{\partial z}{\partial y}\right|_{(x_1, y_1)} = \lim_{\Delta y \to 0} \frac{f(x_1, y_1 + \Delta y) - f(x_1, y_1)}{\Delta y}. \tag{2-13}$$

Esta derivada parcial pode também ser interpretada como sendo a inclinação da reta tangente à curva de interseção do plano $x = x_1$ com a superfície $z = f(x, y)$. Outras notações para essa derivada são $f_y(x_1, y_1)$, $f_2(x_1, y_1)$.

Se agora variarmos o ponto (x_1, y_1), obteremos (onde a derivada existir) uma nova função de duas variáveis: a função $f_x(x, y)$. Analogamente, a derivada $\partial z/\partial y$ num ponto variável (x, y) é uma função $f_y(x, y)$. No caso de funções ex-

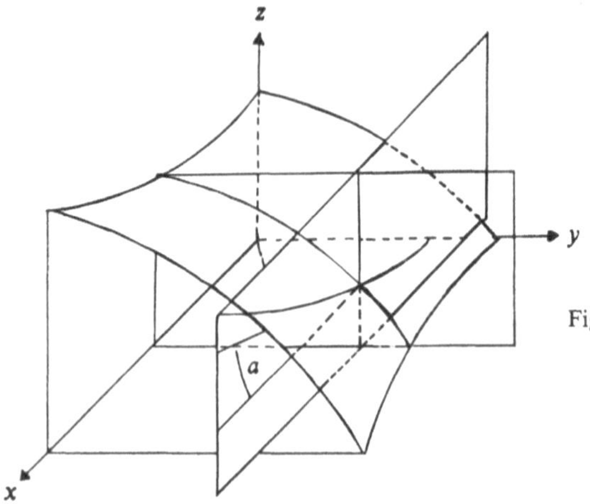

Figura 2-4. Derivadas parciais

plícitas $z = f(x, y)$, o cálculo dessas derivadas é efetuado de modo usual, pois trata-se sempre de derivar uma função de uma variável, *sendo a outra variável tratada como uma constante.* Por exemplo, se $z = x^2 - y^2$, então

$$\frac{\partial z}{\partial x} = 2x, \quad \frac{\partial z}{\partial y} = -2y.$$

As definições acima estendem-se diretamente a funções de três ou mais variáveis. Se $w = g(x, y, u, v)$, então uma derivada parcial em (x, y, u, v) é

$$\frac{\partial w}{\partial u} = \lim_{\Delta u \to 0} \frac{g(x, y, u + \Delta u, v) - g(x, y, u, v)}{\Delta u}. \tag{2-14}$$

Se numa discussão entram apenas três variáveis x, y, z, a notação $\partial z/\partial x$ não deixa possibilidade de dúvida: de fato, x e y são as variáveis independentes e é y que é mantida constante. Todavia, quando entram quatro ou mais variáveis, o símbolo de derivada parcial sozinho é ambíguo. Por exemplo, se trabalhamos com x, y, u, v, então $\partial u/\partial x$ pode ser interpretado como $f_x(x, y)$, onde $u = f(x, y)$ e $v = g(x, y)$; pode-se ainda interpretar $\partial u/\partial x$ como sendo $h_x(x, y, v)$, onde $u = h(x, y, v)$. Por esse motivo, quando entram quatro ou mais variáveis, é aconselhável completar o símbolo de derivada parcial indicando as variáveis que estão mantidas constantes. Por exemplo,

$$\left(\frac{\partial z}{\partial x}\right)_y \quad \text{representa } f_x(x, y), \text{ onde } z = f(x, y),$$

$$\left(\frac{\partial u}{\partial x}\right)_{yv} \quad \text{representa } h_x(x, y, v), \text{ onde } u = h(x, y, v).$$

As variáveis independentes são a variável em relação à qual é feita a derivação mais todas as variáveis que aparecem como índices.

Exemplo 1. Se $w = xuv + u - 2v$, então

$$\frac{\partial w}{\partial x} = uv, \quad \frac{\partial w}{\partial u} = xv + 1, \quad \frac{\partial w}{\partial v} = xu - 2.$$

Exemplo 2. Se u, v, x, y são relacionadas pelas equações

$$u = x - y, \quad v = x + y$$

então

$$\left(\frac{\partial u}{\partial x}\right)_y = 1, \quad \left(\frac{\partial v}{\partial x}\right)_y = 1,$$

ao passo que

$$\left(\frac{\partial u}{\partial x}\right)_v = 2, \quad \left(\frac{\partial v}{\partial x}\right)_u = 2,$$

já que u pode ser expresso em termos de x e v pela equação

$$u = 2x - v,$$

da qual tiramos, ainda,

$$v = 2x - u.$$

Exemplo 3. Se $x^2 + y^2 - z^2 = 1$, então

$$2x - 2z\frac{\partial z}{\partial x} = 0, \quad 2y - 2z\frac{\partial z}{\partial y} = 0,$$

donde

$$\frac{\partial z}{\partial x} = \frac{x}{z}, \quad \frac{\partial z}{\partial y} = \frac{y}{z} \quad (z \neq 0).$$

2-6. DIFERENCIAL TOTAL. **LEMA FUNDAMENTAL.** Ao formarmos as derivadas parciais $\partial z/\partial x$ e $\partial z/\partial y$ na seção anterior, nós consideramos separadamente os acréscimos Δx e Δy em x e y; vejamos agora o que acontece quando variamos x e y ao mesmo tempo. Seja (x, y) um ponto fixo de D, e seja $(x + \Delta x, y + \Delta y)$ um outro ponto de D. Então, a função $z = f(x, y)$ varia por uma quantidade Δz ao passar de (x, y) a $(x + \Delta x, y + \Delta y)$:

$$\Delta z = f(x + \Delta x, \; y + \Delta y) - f(x, y). \qquad \text{(2-15)}$$

Isso nos dá Δz como uma função de Δx e Δy (sendo x e y consideradas cons tantes), tendo a propriedade particular

$$\Delta z = 0 \quad \text{se} \quad \Delta x = 0 \quad \text{e} \quad \Delta y = 0.$$

Por exemplo, se $z = x^2 + xy + xy^2$, então

$$\begin{aligned}\Delta z &= (x + \Delta x)^2 + (x + \Delta x)(y + \Delta y) + (x + \Delta x)(y + \Delta y)^2 - x^2 - xy - xy^2 \\ &= \Delta x(2x + y + y^2) + \Delta y(x + 2xy) + \overline{\Delta x}^2 + \Delta x\,\Delta y(1 + 2y) \\ &\quad + \overline{\Delta y}^2 x + \Delta x\,\overline{\Delta y}^2.\end{aligned}$$

Aqui, Δz é da forma

$$\Delta z = a\,\Delta x + b\,\Delta y + c\,\overline{\Delta x}^2 + d\,\Delta x\,\Delta y + e\,\overline{\Delta y}^2 + f\,\Delta x\,\overline{\Delta y}^2,$$

ou seja, *Δz é dada por uma função linear de Δx e Δy mais termos de grau superior.*

De um modo geral, diz-se que a função $z = f(x, y)$ tem uma *diferencial total* no ponto (x, y) se nesse ponto

$$\Delta z = a\,\Delta x + b\,\Delta y + \varepsilon_1 \cdot \Delta x + \varepsilon_2 \cdot \Delta y, \tag{2-16}$$

onde a e b não dependem de Δx, Δy, e ε_1, ε_2 são funções de Δx e Δy definidas numa vizinhança de (0, 0) tal que

$$\lim_{\substack{\Delta x \to 0 \\ \Delta y \to 0}} \varepsilon_1 = 0, \qquad \lim_{\substack{\Delta x \to 0 \\ \Delta y \to 0}} \varepsilon_2 = 0. \tag{2-17}$$

Nessas condições, a função linear de Δx e Δy:

$$a\,\Delta x + b\,\Delta y$$

tem nome de *diferencial total* de z no ponto (x, y), e é indicada por dz:

$$dz = a\,\Delta x + b\,\Delta y. \tag{2-18}$$

Se Δx e Δy são suficientemente pequenos, dz dá uma boa aproximação para Δz. Mais precisamente, pode-se colocar

$$\Delta z = \Delta x(a + \varepsilon_1) + \Delta y(b + \varepsilon_2),$$

onde a e b são constantes. Em virtude de (2-17), o erro porcentual cometido ao substituir-se ε_1 e ε_2 por 0 pode se tornar tão pequeno quanto se quer, se Δx e Δy forem tomados suficientemente pequenos. (Esse argumento não será válido se a ou b for 0.)

No exemplo anterior, z tem uma diferencial total em cada ponto (x, y), sendo que

$$a = 2x + y + y^2, \qquad b = x + 2xy,$$

e

$$\varepsilon_1 = \Delta x + \Delta y(1 + 2y), \qquad \varepsilon_2 = x\,\Delta y + \Delta x\,\Delta y.$$

Teorema. *Se $z = f(x, y)$ tiver uma diferencial total* (2-18) *no ponto (x, y), então*

$$a = \frac{\partial z}{\partial x}, \qquad b = \frac{\partial z}{\partial y}; \tag{2-19}$$

isto é, as duas derivadas parciais existem em (x, y) e assumem os valores indicados.

Demonstração. Façamos $\Delta y = 0$. Então, em virtude de (2-16) e (2-17), vem que

$$\frac{\partial z}{\partial x} = \lim_{\Delta x \to 0} \frac{\Delta z}{\Delta x} = \lim_{\Delta x \to 0} \frac{\Delta x(a + \varepsilon_1)}{\Delta x} = \lim_{\Delta x \to 0} (a + \varepsilon_1) = a.$$

Analogamente, demonstra-se que $\partial z/\partial y = b$.

A existência das derivadas parciais no ponto (x, y) não basta para garantir a existência da diferencial total; todavia, a continuidade dessas derivadas na proximidade do ponto será suficiente para que exista a diferencial.

Lema Fundamental. *Se as derivadas parciais primeiras de $z = f(x, y)$ são contínuas em D, então z possui uma diferencial*

$$dz = \frac{\partial z}{\partial x}\Delta x + \frac{\partial z}{\partial y}\Delta y \tag{2-20}$$

em cada ponto (x, y) de D.

Demonstração. Seja (x, y) um ponto fixo de D. Se apenas x variar, obteremos para z uma variação Δz dada por:

$$\Delta z = f(x + \Delta x, y) - f(x, y).$$

Essa diferença pode ser calculada usando o teorema do valor médio [Eq. (0-106)]; com efeito, y estando fixo, z é uma função na variável x e (por hipótese) tem uma derivada contínua $f_x(x, y)$. Disso concluímos que, numa vizinhança de (x, y),

$$f(x + \Delta x, y) - f(x, y) = f_x(x_1, y)\Delta x,$$

onde x_1 é um valor entre x e $x + \Delta x$. Como $f_x(x, y)$ é contínua, a diferença

$$\varepsilon_1 = f_x(x_1, y) - f_x(x, y)$$

tende a 0 quando Δx tende a 0. Com isso, podemos escrever

$$f(x + \Delta x, y) - f(x, y) = f_x(x, y)\Delta x + \varepsilon_1 \Delta x. \tag{2-21}$$

Agora, se x e y variarem ambos, obteremos uma variação Δz para z, dada por:

$$\Delta z = f(x + \Delta x, y + \Delta y) - f(x, y).$$

Essa diferença pode ser expressa como a soma de termos que representam o efeito de uma variação apenas em x, seguida de uma variação apenas em y:

$$\Delta z = [f(x + \Delta x, y) - f(x, y)] + [f(x + \Delta x, y + \Delta y) - f(x + \Delta x, y)]. \tag{2-22}$$

O primeiro termo já foi calculado em (2-21). O cálculo do segundo é feito de modo análogo, tratando z como uma função na variável y:

$$f(x + \Delta x, y + \Delta y) - f(x + \Delta x, y) = f_y(x + \Delta x, y_1)\Delta y,$$

onde y_1 é um valor entre y e $y + \Delta y$. Segue, da continuidade de $f_y(x, y)$, que a diferença

$$\varepsilon_2 = f_y(x + \Delta x, y_1) - f_y(x, y)$$

tende a 0 quando Δx e Δy tendem *ambos* a 0. Agora temos

$$f(x + \Delta x, y + \Delta y) - f(x + \Delta x, y) = f_y(x, y)\Delta y + \varepsilon_2 \Delta y. \tag{2-23}$$

Reunindo as equações (2-21), (2-22) e (2-23), temos

$$\Delta z = f_x(x, y)\,\Delta x + f_y(x, y)\,\Delta y + \varepsilon_1\,\Delta x + \varepsilon_2\,\Delta y,$$

onde ε_1 e ε_2 satisfazem a (2-17). Portanto z possui uma diferencial dz da forma descrita em (2-20) e está provado o Lema Fundamental.

Por motivos que serão dados posteriormente, Δx e Δy podem ser substituídos por dx e dy na equação (2-20). Assim sendo, temos

$$dz = \frac{\partial z}{\partial x}\,dx + \frac{\partial z}{\partial y}\,dy, \tag{2-24}$$

que é o modo costumeiro de se escrever a diferencial.

A análise precedente pode ser estendida diretamente a funções de três ou mais variáveis. Por exemplo, se $w = f(x, y, u, v)$, então

$$dw = \frac{\partial w}{\partial x}\,dx + \frac{\partial w}{\partial y}\,dy + \frac{\partial w}{\partial u}\,du + \frac{\partial w}{\partial v}\,dv. \tag{2-25}$$

Exemplo 1. Se $z = x^2 - y^2$, então $dz = 2x\,dx - 2y\,dy$.

Exemplo 2. Se $w = \dfrac{xy}{z}$, então $dw = \dfrac{y}{z}\,dx + \dfrac{x}{z}\,dy - \dfrac{xy}{z^2}\,dz$.

PROBLEMAS

1. Calcular $\dfrac{\partial z}{\partial x}$ e $\dfrac{\partial z}{\partial y}$ nos casos seguintes:

   (a) $z = \dfrac{x}{x^2 + y^2}$

   (b) $z = x \operatorname{sen} xy$

   (c) $x^3 + xy^2 - x^2 z + z^3 - 2 = 0$

   (d) $z = \sqrt{e^{x+2y} - y^2}$

2. Sabe-se que uma certa função $f(x, y)$ assume os seguintes valores:

   $f(0, 0) = 0$, $f(1, 0) = 1$, $f(2, 0) = 4$, $f(0, 1) = -2$, $f(1, 1) = -1$, $f(2, 1) = 2$, $f(0, 2) = -4$, $f(1, 2) = -3$, $f(2, 2) = 0$.
   Calcular aproximadamente as derivadas $f_x(1, 1)$ e $f_y(1, 1)$.

3. Determinar as derivadas parciais seguintes:

   (a) $\left(\dfrac{\partial u}{\partial x}\right)_y$ e $\left(\dfrac{\partial v}{\partial y}\right)_x$ se $u = x^2 - y^2$, $v = x + 2y$,

   (b) $\left(\dfrac{\partial x}{\partial u}\right)_y$ e $\left(\dfrac{\partial y}{\partial v}\right)_u$ se $u = x - 2y$, $v = u + 2y$.

4. Determinar as diferenciais das seguintes funções:

   (a) $z = \dfrac{x}{y}$

   (b) $z = \log\sqrt{x^2 + y^2}$

   (c) $z = \operatorname{arc\,tg} \dfrac{y}{x}$

   (d) $u = \dfrac{1}{\sqrt{x^2 + y^2 + z^2}}$

5. Dada a função $z = x^2 + 2xy$, calcular Δz em termos de Δx e Δy para $x = 1$, $y = 1$. Esboçar o gráfico de Δz em função de Δx e Δy, e compará-lo com o gráfico da função dz de Δx e Δy.
6. Sabe-se que uma certa função $z = f(x, y)$ é tal que $f(1, 2) = 3$ e suas derivadas satisfazem a $f_x(1, 2) = 2$, $f_y(1, 2) = 5$. Faça estimativas "razoáveis" dos valores de $f(11/10, 18/10)$, $f(12/10, 18/10)$, $f(13/10, 18/10)$.

RESPOSTAS

1. (a) $\dfrac{\partial z}{\partial x} = \dfrac{y^2 - x^2}{(x^2 + y^2)^2}, \quad \dfrac{\partial z}{\partial y} = \dfrac{-2xy}{(x^2 + y^2)^2};$

   (b) $\dfrac{\partial z}{\partial x} = \operatorname{sen} xy + xy \cos xy, \quad \dfrac{\partial z}{\partial y} = x^2 \cos xy;$

   (c) $\dfrac{\partial z}{\partial x} = \dfrac{3x^2 + y^2 - 2xz}{x^2 - 3z^2}, \quad \dfrac{\partial z}{\partial y} = \dfrac{2xy}{x^2 - 3z^2};$

   (d) $\dfrac{\partial z}{\partial x} = \dfrac{e^{x+2y}}{2\sqrt{e^{x+2y} - y^2}}, \quad \dfrac{\partial z}{\partial y} = \dfrac{e^{x+2y} - y}{\sqrt{e^{x+2y} - y^2}}.$

2. Aproximadamente:

$$f_x(1, 1) = \frac{f(2, 1) - f(1, 1)}{1} = 3, \quad \text{ou} \quad f_x(1, 1) = \frac{f(1, 1) - f(0, 1)}{1} = 1,$$

$$\text{ou} \quad f_x(1, 1) = \frac{f(2, 1) - f(0, 1)}{2} = 2.$$

Demonstra-se que o último valor é "em geral" a melhor estimativa. Quanto a $f_y(1, 1)$, as fórmulas correspondentes fornecem as estimativas -2, -2, -2. Esse assunto será discutido na Sec. 2-18.

3. (a) $\left(\dfrac{\partial u}{\partial x}\right)_y = 2x, \quad \left(\dfrac{\partial v}{\partial y}\right)_x = 2;$ (b) $\left(\dfrac{\partial x}{\partial u}\right)_y = 1, \quad \left(\dfrac{\partial y}{\partial v}\right)_u = \tfrac{1}{2}.$

4. (a) $\dfrac{y\,dx - x\,dy}{y^2}$, (b) $\dfrac{x\,dx + y\,dy}{x^2 + y^2}$, (c) $\dfrac{-y\,dx + x\,dy}{x^2 + y^2}$,

   (d) $\dfrac{-(x\,dx + y\,dy + z\,dz)}{(x^2 + y^2 + z^2)^{3/2}}.$

5. $\Delta z = 4\Delta x + 2\Delta y + \overline{\Delta x}^2 + 2\Delta x \Delta y, \quad dz = 4\Delta x + 2\Delta y.$
6. 2,2; 2,4; 2,6.

2.7. DERIVADAS E DIFERENCIAIS DE FUNÇÕES COMPOSTAS. No que segue, supõe-se que as funções consideradas são definidas em domínios apropriados e possuem derivadas parciais primeiras contínuas, de sorte que as diferenciais correspondentes podem ser formadas.

Teorema. *Se* $z = f(x, y)$ *e* $x = g(t)$, $y = h(t)$, *então*

$$\frac{dz}{dt} = \frac{\partial z}{\partial x}\frac{dx}{dt} + \frac{\partial z}{\partial y}\frac{dy}{dt}. \tag{2-26}$$

Se $z = f(x, y)$, *e* $x = g(u, v)$, $y = h(u, v)$, *então*

$$\frac{\partial z}{\partial u} = \frac{\partial z}{\partial x}\frac{\partial x}{\partial u} + \frac{\partial z}{\partial y}\frac{\partial y}{\partial u}, \quad \frac{\partial z}{\partial v} = \frac{\partial z}{\partial x}\frac{\partial x}{\partial v} + \frac{\partial z}{\partial y}\frac{\partial y}{\partial v}. \tag{2-27}$$

De um modo geral, se $z = f(x, y, t, \ldots)$, *e* $x = g(u, v, w, \ldots)$, $y = h(u, v, w, \ldots)$, $t = p(u, v, w, \ldots), \ldots$, *então*

$$\begin{aligned} \frac{\partial z}{\partial u} &= \frac{\partial z}{\partial x}\frac{\partial x}{\partial u} + \frac{\partial z}{\partial y}\frac{\partial y}{\partial u} + \frac{\partial z}{\partial t}\frac{\partial t}{\partial u} + \cdots, \\ \frac{\partial z}{\partial v} &= \frac{\partial z}{\partial x}\frac{\partial x}{\partial v} + \frac{\partial z}{\partial y}\frac{\partial y}{\partial v} + \frac{\partial z}{\partial t}\frac{\partial t}{\partial v} + \cdots, \\ \frac{\partial z}{\partial w} &= \frac{\partial z}{\partial x}\frac{\partial x}{\partial w} + \frac{\partial z}{\partial y}\frac{\partial y}{\partial w} + \frac{\partial z}{\partial t}\frac{\partial t}{\partial w} + \cdots. \\ &\vdots \end{aligned} \tag{2-28}$$

Essas regras, conhecidas como "regras de cadeia", são fundamentais no cálculo de derivadas de funções compostas. As Eqs. (2-26), (2-27), (2-28) são maneiras concisas de se expressarem as relações entre as derivadas em questão. Assim, em (2-26),

$$z = f[g(t), h(t)]$$

é a função de t cuja derivada é indicada por dz/dt, enquanto que dx/dt e dy/dt denotam $g'(t)$ e $h'(t)$, respectivamente. As derivadas $\partial z/\partial x$ e $\partial z/\partial y$, que poderiam ser escritas como $(\partial z/\partial x)_y$ e $(\partial z/\partial y)_x$, representam $f_x(x, y)$ e $f_y(x, y)$. Em (2-27),

$$z = f[g(u, v), h(u, v)]$$

é a função cuja derivada com respeito a u é indicada por $\partial z/\partial u$, sendo esta última sinônimo de $(\partial z/\partial u)_v$. Um modo mais preciso de escrever-se a primeira equação em (2-27) seria:

$$\left(\frac{\partial z}{\partial u}\right)_v = \left(\frac{\partial z}{\partial x}\right)_y \left(\frac{\partial x}{\partial u}\right)_v + \left(\frac{\partial z}{\partial y}\right)_x \left(\frac{\partial y}{\partial u}\right)_v.$$

Valem observações semelhantes para as outras equações.

À guisa de exemplo, vamos demonstrar a Eq. (2-26); as demais regras são provadas do mesmo modo. Seja t um valor fixo e sejam x, y, z os valores correspondentes das funções g, h, e f. Então, para uma Δt dada, as variações Δx e Δy são

$$\Delta x = g(t + \Delta t) - g(t), \qquad \Delta y = h(t + \Delta t) - h(t),$$

enquanto Δz é dada por

$$\Delta z = f(x + \Delta x,\ y + \Delta y) - f(x, y).$$

Pelo Lema Fundamental, temos

$$\Delta z = \frac{\partial z}{\partial x}\Delta x + \frac{\partial z}{\partial y}\Delta y + \varepsilon_1 \Delta x + \varepsilon_2 \Delta y,$$

donde,

$$\frac{\Delta z}{\Delta t} = \frac{\partial z}{\partial x}\frac{\Delta x}{\Delta t} + \frac{\partial z}{\partial y}\frac{\Delta y}{\Delta t} + \varepsilon_1 \frac{\Delta x}{\Delta t} + \varepsilon_2 \frac{\Delta y}{\Delta t}.$$

À medida que Δt tende a 0, $\Delta x/\Delta t$ e $\Delta y/\Delta t$ se aproximam das derivadas dx/dt e dy/dt, respectivamente, e ε_1, ε_2 tendem a 0 pois Δx e Δy tendem a 0. Portanto

$$\lim_{\Delta t \to 0} \frac{\Delta z}{\Delta t} = \frac{\partial z}{\partial x}\cdot\frac{dx}{dt} + \frac{\partial z}{\partial y}\cdot\frac{dy}{dt} + 0\cdot\frac{dx}{dt} + 0\cdot\frac{dy}{dt},$$

ou seja:

$$\frac{dz}{dt} = \frac{\partial z}{\partial x}\frac{dx}{dt} + \frac{\partial z}{\partial y}\frac{dy}{dt},$$

como queríamos demonstrar.

Como na Sec. 0-8, as três funções de t aqui consideradas, $x = g(t)$, $y = h(t)$, $z = f[g(t), h(t)]$, têm as seguintes diferenciais:

$$dx = \frac{dx}{dt}\Delta t, \qquad dy = \frac{dy}{dt}\Delta t, \qquad dz = \frac{dz}{dt}\Delta t.$$

De (2-26) concluímos que

$$\frac{dz}{dt}\Delta t = \frac{\partial z}{\partial x}\left(\frac{dx}{dt}\Delta t\right) + \frac{\partial z}{\partial y}\left(\frac{dy}{dt}\Delta t\right),$$

isto é, que

$$dz = \frac{\partial z}{\partial x}dx + \frac{\partial z}{\partial y}dy.$$

Mas isso é o mesmo que (2-24), onde dx e dy são Δx e Δy, os acréscimos arbitrários nas variáveis independentes. Assim, vale a fórmula (2-24), quer x e y sejam variáveis independentes e dz seja a diferencial correspondente, quer x e y – e, portanto, z também – dependam de t, de sorte que dx, dy, dz são as diferenciais dessas variáveis em termos de t.

Vale um raciocínio análogo para a fórmula (2-27). Aqui, u e v são as variáveis independentes das quais x, y e z dependem. As diferenciais correspondentes são:

$$dx = \frac{\partial x}{\partial u}\Delta u + \frac{\partial x}{\partial v}\Delta v, \qquad dy = \frac{\partial y}{\partial u}\Delta u + \frac{\partial y}{\partial v}\Delta v, \qquad dz = \frac{\partial z}{\partial u}\Delta u + \frac{\partial z}{\partial v}\Delta v.$$

Mas, de (2-27), vem que

$$dz = \left(\frac{\partial z}{\partial x}\frac{\partial x}{\partial u} + \frac{\partial z}{\partial y}\frac{\partial y}{\partial u}\right)\Delta u + \left(\frac{\partial z}{\partial x}\frac{\partial x}{\partial v} + \frac{\partial z}{\partial y}\frac{\partial y}{\partial v}\right)\Delta v$$

$$= \frac{\partial z}{\partial x}\left(\frac{\partial x}{\partial u}\Delta u + \frac{\partial x}{\partial v}\Delta v\right) + \frac{\partial z}{\partial y}\left(\frac{\partial y}{\partial u}\Delta u + \frac{\partial y}{\partial v}\Delta v\right)$$

$$= \frac{\partial z}{\partial x}dx + \frac{\partial z}{\partial y}dy;$$

isto é, de novo vale (2-24). Generalizando isso para (2-28), concluímos o seguinte:

Teorema. *A fórmula diferencial*

$$dz = \frac{\partial z}{\partial x}dx + \frac{\partial z}{\partial y}dy + \frac{\partial z}{\partial t}dt + \cdots \tag{2-29}$$

válida para $z = f(x, y, t, \ldots)$ e $dx = \Delta x$, $dy = \Delta y$, $dt = \Delta t, \ldots$, continua válida quando $x, y, t, \ldots$, e portanto z, são todas funções de outras variáveis independentes e $dx, dy, dt, \ldots, dz$ são diferenciais correspondentes.

Como conseqüência desse teorema, podemos concluir que: *qualquer equação envolvendo diferenciais que for correta para uma escolha de variáveis independentes e dependentes permanecerá correta para qualquer outra escolha.* Um outro modo de dizer isso é que qualquer equação envolvendo diferenciais trata todas as variáveis sem distinção. Portanto, se num certo ponto tivermos

$$dz = 2dx - 3dy,$$

então,

$$dx = \tfrac{1}{2}dz + \tfrac{3}{2}dy$$

é a diferencial de x correspondente, em termos de y e z.

Uma importante aplicação prática do teorema é esta: para calcular derivadas parciais, podem-se, inicialmente, calcular diferenciais, como se todas as variáveis fossem funções de uma variável hipotética (por exemplo, t), de sorte que *valem todas as regras de cálculo diferencial ordinário* (Sec. 0-8). Da fórmula diferencial que resulta, podem-se, de imediato, obter todas as derivadas parciais desejadas.

Exemplo 1. Se $z = (x^2 - 1)/y$, então, pela regra do quociente [regra (0-90) da Sec. 0-8], vem que

$$dz = \frac{2xy\,dx - (x^2 - 1)\,dy}{y^2}.$$

Portanto

$$\frac{\partial z}{\partial x} = \frac{2x}{y}, \quad \frac{\partial z}{\partial y} = \frac{1 - x^2}{y^2}.$$

Exemplo 2. Se $r^2 = x^2 + y^2$. então $r\,dr = x\,dx + y\,dy$, donde

$$\left(\frac{\partial r}{\partial x}\right)_y = \frac{x}{r}, \quad \left(\frac{\partial r}{\partial y}\right)_x = \frac{y}{r}, \quad \left(\frac{\partial x}{\partial r}\right)_y = \frac{r}{x}, \text{ etc.}$$

Exemplo 3. Se $z = \operatorname{arc\,tg} y/x \; (x \neq 0)$, então

$$dz = \frac{1}{1 + \left(\frac{y}{x}\right)^2} d\left(\frac{y}{x}\right) = \frac{x\,dy - y\,dx}{x^2 + y^2},$$

donde

$$\frac{\partial z}{\partial x} = -\frac{y}{x^2 + y^2}, \quad \frac{\partial z}{\partial y} = \frac{x}{x^2 + y^2}.$$

PROBLEMAS

1. Se (a) $y = u + v$, (b) $y = u \cdot v$, (c) $y = u/v$, onde u e v são funções de x, então use (2-26) para calcular dy/dx. Comparar os resultados com (0-90) da Sec. 0-8.
2. Se $y = u^v$, onde u e v são funções de x, calcular dy/dx por meio de (2-26). [*Sugestão:* empregar (0-92) e (0-101) da Sec. 0-8.]
3. Se $y = \log_u v$, onde u e v são funções de x, calcular dy/dx por meio de (2-26). [*Sugestão:* empregar (0-105) da Sec. 0-8.]
4. Se $z = e^x \cos y$, onde x e y são funções implícitas de t definidas pelas equações

$$x^3 + e^x - t^2 - t = 1, \quad yt^2 + y^2 t - t + y = 0,$$

calcular dz/dt para $t = 0$. [*Observação:* $x = 0$ e $y = 0$ para $t = 0$.]

5. Se $u = f(x, y)$ e $x = r\cos\theta$, $y = r\operatorname{sen}\theta$, mostrar que

$$\left(\frac{\partial u}{\partial x}\right)^2 + \left(\frac{\partial u}{\partial y}\right)^2 = \left(\frac{\partial u}{\partial r}\right)^2 + \frac{1}{r^2}\left(\frac{\partial u}{\partial \theta}\right)^2.$$

[*Sugestão:* usar as regras de cadeia para calcular as derivadas no *segundo* membro.]

6. Se $w = f(x, y)$ e $x = u\cosh v$, $y = u\operatorname{senh} v$, mostrar que

$$\left(\frac{\partial w}{\partial x}\right)^2 - \left(\frac{\partial w}{\partial y}\right)^2 = \left(\frac{\partial w}{\partial u}\right)^2 - \frac{1}{u^2}\left(\frac{\partial w}{\partial v}\right)^2.$$

[Ver a sugestão do problema anterior.]

7. Se $z = f(ax + by)$, mostrar que

$$b\frac{\partial z}{\partial x} - a\frac{\partial z}{\partial y} = 0.$$

8. Calcular $\partial z/\partial x$ e $\partial z/\partial y$ passando por dz:

(a) $z = \log \operatorname{sen}(x^2y^2 - 1)$
(b) $z = x^2y^2\sqrt{1 - x^2 - y^2}$
(c) $x^2 + 2y^2 - z^2 = 1$.

9. Se $f(x, y)$ satisfizer à identidade

$$f(tx, ty) = t^n f(x, y)$$

para um n fixo, então f será dita *homogênea* de grau n. Nesse caso, mostrar que se tem a relação

$$x\frac{\partial f}{\partial x} + y\frac{\partial f}{\partial y} = nf(x, y).$$

Esse é o *teorema de Euler para funções homogêneas*. [*Sugestão:* derivar ambos os lados da identidade com respeito a t e igualar t a 1.]

10. *A derivada total de Stokes em relação ao tempo na hidrodinâmica.* Seja $w = F(x, y, z, t)$, onde $x = f(t)$, $y = g(t)$, $z = h(t)$, de sorte que w pode ser expressa tão-somente em termos de t. Mostrar que

$$\frac{dw}{dt} = \frac{\partial w}{\partial x}\frac{dx}{dt} + \frac{\partial w}{\partial y}\frac{dy}{dt} + \frac{\partial w}{\partial z}\frac{dz}{dt} + \frac{\partial w}{\partial t}\cdot$$

Aqui, tanto dw/dt como $\partial w/\partial t = F_t(x, y, z, t)$ têm significado e, em geral, não são iguais. Na hidrodinâmica, dx/dt, dy/dt, dz/dt são as componentes da velocidade de uma partícula móvel do fluido, e dw/dt descreve a variação de w "segundo o movimento do fluido". Seguindo um hábito estabelecido por Stokes, escreve-se Dw/Dt ao invés de dw/dt. [Ver H. Lamb, *Hydrodynamics*, 6.ª edição (Cambridge University Press, 1932), p. 3.]

RESPOSTAS

2. $\dfrac{dy}{dx} = vu^{v-1}\dfrac{du}{dx} + u^v \log u\dfrac{dv}{dx}\cdot$

3. $\dfrac{dy}{dx} = -\dfrac{\log v}{u\log^2 u}\dfrac{du}{dx} + \dfrac{1}{v\log u}\dfrac{dv}{dx}\cdot$

4. 1.

8. Em cada caso, $dz = \dfrac{\partial z}{\partial x}dx + \dfrac{\partial z}{\partial y}dy$:

(a) $dz = 2\operatorname{cotg}(x^2y^2 - 1)(xy^2\,dx + x^2y\,dy)$,

(b) $dz = \dfrac{(2xy^2 - 3x^3y^2 - 2xy^4)\,dx + (2x^2y - 3x^2y^3 - 2x^4y)\,dy}{\sqrt{1 - x^2 - y^2}}$,

(c) $dz = \dfrac{x\,dx + 2y\,dy}{z}\cdot$

2-8. FUNÇÕES IMPLÍCITAS. FUNÇÕES INVERSAS. JACOBIANOS.

Na presente secção, vamos nos apoiar consideravelmente na teoria de equações lineares e determinantes. Por isso, é aconselhável que o leitor reveja as Secs. 0-1 a 0-3 e os Probs. 6 e 7 no final da Introdução, antes de abordar a matéria que segue.

Se $F(x, y, z)$ é uma dada função de x, y e z, então a equação

$$F(x, y, z) = 0 \tag{2-30}$$

é uma relação que pode descrever uma ou várias funções z de x e y. Assim, se $x^2 + y^2 + z^2 - 1 = 0$, então

$$z = \sqrt{1 - x^2 - y^2} \quad \text{ou} \quad z = -\sqrt{1 - x^2 - y^2},$$

sendo ambas as funções definidas para $x^2 + y^2 \leqq 1$. Tanto uma função como a outra é dita *implicitamente definida* pela equação $x^2 + y^2 + z^2 - 1 = 0$.

Analogamente, uma equação da forma

$$F(x, y, z, w) = 0 \tag{2-31}$$

pode definir uma ou mais funções implícitas w de x, y, z. Se são dadas duas dessas equações,

$$F(x, y, z, w) = 0 \quad \text{e} \quad G(x, y, z, w) = 0, \tag{2-32}$$

é em geral possível (pelo menos teoricamente) reduzir as equações por eliminação à forma

$$w = f(x, y), \quad z = g(x, y). \tag{2-33}$$

isto é, obter duas funções de duas variáveis. De um modo geral, se são dadas m equações a n incógnitas ($m < n$), é possível expressar m variáveis em termos das n-m variáveis restantes; *o número de variáveis dependentes é igual ao número de equações.*

A questão principal aqui é do tipo seguinte. Suponhamos que se conheça uma solução particular das m equações simultâneas, por exemplo, uma quádrupla (x_1, y_1, z_1, w_1) de valores que satisfazem a (2-32); então, procura-se determinar o comportamento das m variáveis dependentes vistas como funções das variáveis independentes numa vizinhança daquele ponto; por exemplo, para (2-32), quer-se estudar $f(x, y)$ e $g(x, y)$ numa vizinhança de (x_1, y_1), supondo que $f(x_1, y_1) = w_1$ e $g(x_1, y_1) = z_1$. No presente caso, determinar o comportamento de uma função numa vizinhança de um ponto consistirá em achar as derivadas parciais primeiras no ponto; uma vez que as derivadas parciais são conhecidas, a diferencial total pode ser calculada e, portanto, tem-se uma *aproximação linear* para a função.

De fato, veremos que o passo essencial a ser dado consiste numa *linearização* das equações simultâneas dadas. Nosso trabalho assemelha-se à tarefa de formular leis físicas; tenta-se descrever fenômenos naturais por meio das equações mais simples possíveis. Estas, em geral, são lineares na sua forma, sendo válidas somente quando as variáveis são restritas a um domínio pequeno. A descrição completa do fenômeno envolve geralmente equações não-lineares simultâneas, que são bem mais difíceis de se entender. Um caso típico é a Lei de Hooke para uma mola: $F = k^2 x$; a dependência linear da fôrça F do deslocamento x é válida somente como uma primeira aproximação.

A fim de situar o problema o mais claramente possível, vamos examinar de início um caso particular, onde as funções dadas já são lineares. Suponhamos que as equações simultâneas sejam três equações em cinco incógnitas:

$$F(x, y, z, u, v) = 0, \quad G(x, y, z, u, v) = 0, \quad H(x, y, z, u, v) = 0, \tag{2-34}$$

e que F, G, H sejam lineares e não contenham termos constantes, de sorte que (2-34) assume a forma

$$\begin{aligned} a_1x + b_1y + c_1z + d_1u + e_1v &= 0, \\ a_2x + b_2y + c_2z + d_2u + e_2v &= 0, \\ a_3x + b_3y + c_3z + d_3u + e_3v &= 0, \end{aligned} \tag{2-35}$$

e a solução particular conhecida é $x = 0$, $y = 0$, $z = 0$, $u = 0$, $v = 0$.

Suponhamos que x, y, z seja a seleção de variáveis dependentes, de sorte que u e v sejam independentes. A fim de resolver x, y, z em termos de u e v, escrevamos (2-35) sob a forma

$$\begin{aligned} a_1x + b_1y + c_1z &= -d_1u - e_1v, \\ a_2x + b_2y + c_2z &= -d_2u - e_2v, \\ a_3x + b_3y + c_3z &= -d_3u - e_3v. \end{aligned} \tag{2-36}$$

O problema de resolver para x, y, e z é-nos agora familiar: trata-se de resolver três equações simultâneas em três incógnitas [ver Eqs. (0-15)]. Será conveniente representar as soluções em termos de determinantes. Vamos indicar o determinante dos coeficientes das incógnitas por D. Assim sendo,

$$D = \begin{vmatrix} a_1 & b_1 & c_1 \\ a_2 & b_2 & c_2 \\ a_3 & b_3 & c_3 \end{vmatrix}. \tag{2-37}$$

Vamos indicar por D_1 o determinante obtido a partir de D pela substituição da primeira coluna pelos termos "constantes" $-d_1u - e_1v$, etc. Assim,

$$D_1 = \begin{vmatrix} -d_1u - e_1v & b_1 & c_1 \\ -d_2u - e_2v & b_2 & c_2 \\ -d_3u - e_3v & b_3 & c_3 \end{vmatrix}. \tag{2-38}$$

Indicaremos por D_2, D_3 os determinantes que resultam da substituição da segunda coluna e da terceira coluna em D, respectivamente. Demonstra-se facilmente que

$$D_1 = -\begin{vmatrix} d_1 & b_1 & c_1 \\ d_2 & b_2 & c_2 \\ d_3 & b_3 & c_3 \end{vmatrix} u - \begin{vmatrix} e_1 & b_1 & c_1 \\ e_2 & b_2 & c_2 \\ e_3 & b_3 & c_3 \end{vmatrix} v, \tag{2-39}$$

quer usando propriedades elementares de determinantes [(0-24) e (0-26) da Sec. 0-3], quer por cálculo direto [(0-20) e (0-19) da Sec. (0-3)]. Se $D \neq 0$, a solução única de (2-36) é dada por [Sec. 0-3, fórmula (0-18)]:

$$x = \frac{D_1}{D}, \quad y = \frac{D_2}{D}, \quad z = \frac{D_3}{D}. \tag{2-40}$$

Portanto, escrevendo (2-39) sob a forma condensada

$$D_1 = -pu - qv,$$

vem que

$$x = -\frac{p}{D}u - \frac{q}{D}v, \tag{2-41}$$

e valem expressões semelhantes para y e z. Com isso, conseguimos exprimir x, y, e z como *funções lineares* de u e v, que se anulam para $u = 0$ e $v = 0$.

Se $D = 0$, pode ocorrer que haja uma outra escolha de tripla de variáveis dependentes (por exemplo, x, u, e v) em relação às quais o determinante correspondente não seja 0. Se isso for impossível para qualquer escolha de variáveis dependentes, então, por algum motivo, o sistema será degenerado, tornando-se necessário investigar o problema mais a fundo (ver Sec. 2-17).

Voltemos agora ao caso geral (2-34), onde as funções F, G, H não são mais, necessariamente, lineares. Suponhamos que x, y, z sejam funções de u e v:

$$x = f(u, v), \qquad y = g(u, v), \qquad z = h(u, v), \tag{2-42}$$

que satisfazem a (2-34) numa vizinhança do ponto (u_1, v_1), onde $x = x_1$, $y = y_1$ e $z = z_1$; então,

$$F[f(u, v), g(u, v), h(u, v), u, v] = 0, \qquad G[f(\;), \ldots] = 0, \text{ etc.}, \tag{2-43}$$

são identidades em u e v. Logo, as diferenciais totais dessas funções também têm de ser nulas. Portanto

$$\begin{aligned} F_x dx + F_y dy + F_z dz + F_u du + F_v dv &= 0, \\ G_x dx + G_y dy + G_z dz + G_u du + G_v dv &= 0, \\ H_x dx + H_y dy + H_z dz + H_u du + H_v dv &= 0. \end{aligned} \tag{2-44}$$

Entende-se aqui que todas as diferenciais são expressas em têrmos de du e dv; porém, em virtude do importante teorema anterior, as equações (2-44) continuam válidas para qualquer outra escolha de variáveis independentes. As derivadas parciais F_x, $F_y, \ldots$ devem ser todas calculadas no ponto $(x_1, y_1, z_1, u_1, v_1)$ dado, de maneira que os coeficientes que aparecem em (2-44) são tratados como *constantes*. Mas, nesse caso, (2-44) tem exatamente a forma de (2-35), ou seja, tem a forma de três equações lineares simultâneas em cinco incógnitas, sendo dx, dy, dz, du, dv essas incógnitas. Usando determinantes, como acima, podem-se calcular três das incógnitas (por exemplo, dx, dy, dz) em termos das duas restantes. Assim sendo, obtém-se

$$dx = -\frac{p}{D}du - \frac{q}{D}dv, \qquad dy = \cdots, \tag{2-45}$$

onde

$$p = \begin{vmatrix} F_u & F_y & F_z \\ G_u & G_y & G_z \\ H_u & H_y & H_z \end{vmatrix}, \qquad q = \begin{vmatrix} F_v & F_y & F_z \\ G_v & G_y & G_z \\ H_v & H_y & H_z \end{vmatrix}, \tag{2-46}$$

e

$$D = \begin{vmatrix} F_x & F_y & F_z \\ G_x & G_y & G_z \\ H_x & H_y & H_z \end{vmatrix}. \tag{2-47}$$

Agora, as derivadas parciais podem ser determinadas a partir das relações em (2-45): $\partial x/\partial u = -p/D$, $\partial x/\partial v = -q/D$, e assim por diante. Usando os valores (2-46) e (2-47), conclui-se que

$$\frac{\partial x}{\partial u} = -\frac{\begin{vmatrix} F_u & F_y & F_z \\ G_u & G_y & G_z \\ H_u & H_y & H_z \end{vmatrix}}{\begin{vmatrix} F_x & F_y & F_z \\ G_x & G_y & G_z \\ H_x & H_y & H_z \end{vmatrix}}, \qquad \frac{\partial x}{\partial v} = -\frac{\begin{vmatrix} F_v & F_y & F_z \\ G_v & G_y & G_z \\ H_v & H_y & H_z \end{vmatrix}}{\begin{vmatrix} F_x & F_y & F_z \\ G_x & G_y & G_z \\ H_x & H_y & H_z \end{vmatrix}}, \tag{2-48}$$

contanto que $D \neq 0$. Demonstra-se, em cursos mais avançados, que, se F, G, H possuírem derivadas contínuas num domínio contendo o ponto $(x_1, y_1, z_1, u_1, v_1)$, então a condição $D \neq 0$ é suficiente para garantir que x, y, z sejam funções de u e v bem definidas e diferenciáveis numa vizinhança de (u_1, v_1), assumindo os valores x_1, y_1, z_1 naquele ponto. Este teorema, na sua forma mais geral, é o Teorema da Função Implícita; para a demonstração, sugerimos o *Differential and Integral Calculus* (Vol. 2, pp. 117-121) de R. Courant (New York: Interscience, 1947). Se $D = 0$, uma outra escolha de variáveis dependentes poderia evitar a dificuldade; ver ainda a Sec. 2-17.

Os determinantes que aqui aparecem são formados de modo especial, isto é, a partir das derivadas parciais de três funções em relação a três das variáveis das quais elas dependem. Tais determinantes recebem o nome de *determinantes jacobianos*. Uma abreviação bastante usada para um tal determinante é:

$$\frac{\partial(F, G, H)}{\partial(x, y, z)} = \begin{vmatrix} F_x & F_y & F_z \\ G_x & G_y & G_z \\ H_x & H_y & H_z \end{vmatrix}; \tag{2-49}$$

esse ente será chamado o jacobiano de F, G, H em relação a x, y, z. Com essa notação, a solução completa de (2-44) para as derivadas parciais procuradas (obtidas a partir de diferenciais) é a seguinte:

$$\frac{\partial x}{\partial u} = -\frac{\dfrac{\partial(F, G, H)}{\partial(u, y, z)}}{\dfrac{\partial(F, G, H)}{\partial(x, y, z)}}, \qquad \frac{\partial x}{\partial v} = -\frac{\dfrac{\partial(F, G, H)}{\partial(v, y, z)}}{\dfrac{\partial(F, G, H)}{\partial(x, y, z)}},$$

$$\frac{\partial y}{\partial u} = -\frac{\dfrac{\partial(F, G, H)}{\partial(x, u, z)}}{\dfrac{\partial(F, G, H)}{\partial(x, y, z)}}, \qquad \frac{\partial y}{\partial v} = -\frac{\dfrac{\partial(F, G, H)}{\partial(x, v, z)}}{\dfrac{\partial(F, G, H)}{\partial(x, y, z)}}, \tag{2-50}$$

$$\frac{\partial z}{\partial u} = -\frac{\dfrac{\partial(F, G, H)}{\partial(x, y, u)}}{\dfrac{\partial(F, G, H)}{\partial(x, y, z)}}, \qquad \frac{\partial z}{\partial v} = -\frac{\dfrac{\partial(F, G, H)}{\partial(x, y, v)}}{\dfrac{\partial(F, G, H)}{\partial(x, y, z)}}.$$

Para maior precisão, deveríamos escrever $(\partial x/\partial u)_v$, $(\partial x/\partial v)_u$, etc. para indicar as derivadas parciais.

O caso que acabamos de considerar é inteiramente análogo ao caso de qualquer sistema de m equações com n incógnitas. Eis alguns casos, dados a título de exemplo:

1 *equação a* 2 *incógnitas*: $F(x, y) = 0$. Nesse caso,

$$\frac{dy}{dx} = -\frac{F_x}{F_y} \quad (F_y \neq 0). \tag{2-51}$$

1 *equação a* 3 *incógnitas*: $F(x, y, z) = 0$. Nesse caso,

$$\frac{\partial z}{\partial x} = -\frac{F_x}{F_z}, \quad \frac{\partial z}{\partial y} = -\frac{F_y}{F_z} \quad (F_z \neq 0). \tag{2-52}$$

2 *equações a* 3 *incógnitas*: $F(x, y, z) = 0$, $G(x, y, z) = 0$. Nesse caso,

$$\frac{\partial z}{\partial x} = -\frac{\dfrac{\partial(F, G)}{\partial(y, x)}}{\dfrac{\partial(F, G)}{\partial(y, z)}}, \qquad \frac{\partial y}{\partial x} = -\frac{\dfrac{\partial(F, G)}{\partial(x, z)}}{\dfrac{\partial(F, G)}{\partial(y, z)}}, \tag{2-53}$$

onde

$$\frac{\partial(F, G)}{\partial(y, z)} = \begin{vmatrix} F_y & F_z \\ G_y & G_z \end{vmatrix} \neq 0. \tag{2-54}$$

2 *equações a* 4 *incógnitas*: $F(x, y, u, v) = 0$, $G(x, y, u, v) = 0$. Nesse caso,

$$\frac{\partial x}{\partial u} = -\frac{\dfrac{\partial(F, G)}{\partial(u, y)}}{\dfrac{\partial(F, G)}{\partial(x, y)}}, \qquad \frac{\partial x}{\partial v} = -\frac{\dfrac{\partial(F, G)}{\partial(v, y)}}{\dfrac{\partial(F, G)}{\partial(x, y)}},$$

$$\frac{\partial y}{\partial u} = -\frac{\dfrac{\partial(F, G)}{\partial(x, u)}}{\dfrac{\partial(F, G)}{\partial(x, y)}}, \qquad \frac{\partial y}{\partial v} = -\frac{\dfrac{\partial(F, G)}{\partial(x, v)}}{\dfrac{\partial(F, G)}{\partial(x, y)}}, \tag{2-55}$$

onde $\dfrac{\partial(F, G)}{\partial(x, y)} \neq 0$.

Outros métodos. Ao invés de tomar as diferenciais das equações (2-34), podem-se calcular as derivadas parciais em relação a u e v e obter, por exemplo,

$$\begin{aligned} F_x \frac{\partial x}{\partial u} + F_y \frac{\partial y}{\partial u} + F_z \frac{\partial z}{\partial u} + F_u &= 0, \\ G_x \frac{\partial x}{\partial u} + G_y \frac{\partial y}{\partial u} + G_z \frac{\partial z}{\partial u} + G_u &= 0, \\ H_x \frac{\partial x}{\partial u} + H_y \frac{\partial y}{\partial u} + H_z \frac{\partial z}{\partial u} + H_u &= 0. \end{aligned} \tag{2-56}$$

Essas três equações são lineares nas três derivadas parciais, que podem ser resolvidas por determinantes para $\partial x/\partial u$, $\partial y/\partial u$, $\partial z/\partial u$. O resultado será evidentemente o mesmo que (2-50).

No lugar de determinantes, pode-se resolver (2-44) ou (2-56) pelo método da eliminação. Assim, para as equações

$$u + 2v - x^2 + y^2 = 0, \qquad 2u - v - 2xy = 0,$$

tem-se

$$du + 2\,dv - 2x\,dx + 2y\,dy = 0, \qquad 2\,du - dv - 2y\,dx - 2x\,dy = 0.$$

Agora, pode-se resolver para dx e dy em termos de du e dv. Para tanto, pode-se multiplicar a primeira equação por $-y$ e a segunda por x e somar os resultados, obtendo a relação

$$(2x - y)\,du - (x + 2y)\,dv - (2x^2 + 2y^2)\,dy = 0.$$

Dessa equação deduz-se que

$$\frac{\partial y}{\partial u} = \frac{2x - y}{2x^2 + 2y^2}, \qquad \frac{\partial y}{\partial v} = \frac{-(x + 2y)}{2x^2 + 2y^2}.$$

As demais derivadas podem ser calculadas de modo análogo. A solução por determinantes é essencialmente uma sistematização desse procedimento. Aqui, a fórmula (2-55) fornece de imediato:

$$\frac{\partial y}{\partial u} = \frac{-\begin{vmatrix} -2x & 1 \\ -2y & 2 \end{vmatrix}}{\begin{vmatrix} -2x & 2y \\ -2y & -2x \end{vmatrix}} = \frac{4x-2y}{4x^2+4y^2}, \quad \frac{\partial y}{\partial v} = \frac{-\begin{vmatrix} -2x & 2 \\ -2y & -1 \end{vmatrix}}{\begin{vmatrix} -2x & 2y \\ -2y & -2x \end{vmatrix}} = \frac{-2x-4y}{4x^2+4y^2}.$$

Funções inversas. Se o número de variáveis dependentes é igual ao número de variáveis independentes, então as equações simultâneas podem ser vistas como uma *transformação de coordenadas.* Assim, se

$$F(x, y, u, v) = 0, \quad G(x, y, u, v) = 0, \tag{2-57}$$

então as funções correspondentes

$$x = f(u, v), \quad y = g(u, v) \tag{2-58}$$

podem ser interpretadas como sendo uma associação entre pontos do plano xy e pontos do plano uv. Nessas condições, as curvas u = constante e v = constante do plano xy determinam um sistema de *coordenadas curvilíneas* no plano xy. O exemplo mais comum disso é o par de equações

$$x = r\cos\theta, \quad y = r \operatorname{sen}\theta, \tag{2-59}$$

que relacionam coordenadas retangulares e polares.

Se uma transformação é dada explicitamente sob a forma (2-58), então as derivadas parciais $\partial x/\partial u$, $\partial x/\partial v$, $\partial y/\partial u$, $\partial y/\partial v$ podem ser determinadas imediatamente. Podem-se ainda tomar, nas condições abaixo, u e v como variáveis dependentes, no qual caso as equações (2-58) são *equações implícitas* de u e v em função de x e y. Essas funções

$$u = \phi(x, y), \quad v = \psi(x, y) \tag{2-60}$$

determinam uma transformação chamada transformação inversa de (2-58), ou sistema de funções inversas do sistema (2-58). [Nas Eqs. (2-58), diz-se que a transformação leva *do* plano uv *para* o plano xy; em (2-60), a transformação leva *do* plano xy *para* o plano uv.]

Para calcular as derivadas parciais das funções inversas, pode-se escrever (2-58) sob a forma

$$f(u, v) - x = 0, \quad g(u, v) - y = 0, \tag{2-61}$$

que é um caso particular de (2-57), e proceder como em (2-55). Assim, obtém-se (ver Prob. 8):

$$\frac{\partial u}{\partial x} = -\frac{\begin{vmatrix} -1 & f_v \\ 0 & g_v \end{vmatrix}}{\begin{vmatrix} f_u & f_v \\ g_u & g_v \end{vmatrix}} = \frac{g_v}{\begin{vmatrix} f_u & f_v \\ g_u & g_v \end{vmatrix}}, \text{ etc.} \tag{2-62}$$

O jacobiano $\dfrac{\partial(f, g)}{\partial(u, v)} = \dfrac{\partial(x, y)}{\partial(u, v)}$, que tem um papel de destaque aqui, é chamado de *jacobiano da transformação*. Em vários aspectos ele se assemelha a uma derivada comum, e seu valor absoluto pode ser visto como o limite do quociente

$$\frac{\Delta A_{xy}}{\Delta A_{uv}}$$

de áreas ΔA_{xy}, ΔA_{uv} correspondentes nos dois planos, quando ΔA_{uv} tende a 0 (Cap. 4).

O Teorema da Função Implícita, mencionado acima, implica que, se o jacobiano $\partial(x, y)/\partial(u, v)$ não for 0 em (u_1, v_1), então as funções inversas $\phi(x, y)$ e $\psi(x, y)$ serão bem definidas e diferenciáveis numa vizinhança do ponto (x_1, y_1) onde $x_1 = f(u_1, v_1)$ e $y_1 = g(u_1, v_1)$. Este tópico será discutido mais a fundo nas Secs. 4-8, 5-14, 9-28 e 9-30.

Os jacobianos comportam-se, em alguns aspectos, como derivadas. Por exemplo, é possível estabelecer as seguintes regras:

$$\begin{aligned} \frac{\partial(x, y)}{\partial(u, v)} \frac{\partial(u, v)}{\partial(z, w)} &= \frac{\partial(x, y)}{\partial(z, w)}, \\ \frac{\partial(x, y)}{\partial(u, v)} \frac{\partial(u, v)}{\partial(x, y)} &= 1. \end{aligned} \tag{2-63}$$

A primeira é uma "regra de cadeia"; a segunda (caso particular da primeira) afirma que o jacobiano da transformação inversa de (2-58) é o inverso do jacobiano da transformação. Para a demonstração dessas regras, ver o Prob. 11.

Vale uma discussão análoga para três funções de três variáveis independentes, etc. Exemplos de destaque são os dois sistemas seguintes:

$$x = r \cos\theta, \quad y = r \operatorname{sen}\theta, \quad z = z, \tag{2-64}$$

$$x = \rho \operatorname{sen}\phi \cos\theta, \quad y = \rho \operatorname{sen}\phi \operatorname{sen}\theta, \quad z = \rho\cos\phi. \tag{2-65}$$

Esses sistemas dão-nos as equações de transformação de coordenadas retangulares a cilíndricas e de coordenadas retangulares a esféricas, respectivamente (ver a Sec. 0-5).

PROBLEMAS

1. Sabendo que

$$2x + y - 3z - 2u = 0, \quad x + 2y + z + u = 0,$$

calcular as seguintes derivadas parciais:

$$\left(\frac{\partial x}{\partial y}\right)_z, \quad \left(\frac{\partial y}{\partial x}\right)_u, \quad \left(\frac{\partial z}{\partial u}\right)_x, \quad \left(\frac{\partial y}{\partial z}\right)_x.$$

2. Sabendo que

$$x^2 + y^2 + z^2 - u^2 + v^2 = 1, \qquad x^2 - y^2 + z^2 + u^2 + 2v^2 = 21,$$

   (a) calcular du e dv em função de dx, dy e dz no ponto $x = 1$, $y = 1$, $z = 2$, $u = 3$, $v = 2$;
   (b) calcular $(\partial u/\partial x)_{y,z}$ e $(\partial v/\partial y)_{x,z}$ nesse ponto;
   (c) calcular aproximadamente os valores de u e v para $x = 11/10$, $y = 12/10$, $z = 18/10$.

3. A transformação $x = r\cos\theta$, $y = r\,\text{sen}\,\theta$ permite passar de coordenadas retangulares a coordenadas polares. Nessa transformação, verificar as seguintes relações:

   (a) $dx = \cos\theta\, dr - r\,\text{sen}\,\theta\, d\theta, \qquad dy = \text{sen}\,\theta\, dr + r\cos\theta\, d\theta;$
   (b) $dr = \cos\theta\, dx + \text{sen}\,\theta\, dy, \qquad d\theta = -\dfrac{\text{sen}\,\theta}{r}dx + \dfrac{\cos\theta}{r}dy;$
   (c) $\left(\dfrac{\partial x}{\partial r}\right)_\theta = \cos\theta, \quad \left(\dfrac{\partial x}{\partial r}\right)_y = \sec\theta, \quad \left(\dfrac{\partial r}{\partial x}\right)_y = \cos\theta, \quad \left(\dfrac{\partial r}{\partial x}\right)_\theta = \sec\theta;$
   (d) $\dfrac{\partial(x, y)}{\partial(r, \theta)} = r, \quad \dfrac{\partial(r, \theta)}{\partial(x, y)} = \dfrac{1}{r}.$

4. Sabendo que

$$x^2 - y\cos(uv) + z^2 = 0,$$
$$x^2 + y^2 - \text{sen}\,(uv) + 2z^2 = 2,$$
$$xy - \text{sen}\,u\cos v + z = 0,$$

   calcular $(\partial x/\partial u)_v$ e $(\partial x/\partial v)_u$ no ponto $x = 1$, $y = 1$, $u = \frac{\pi}{2}$, $v = 0$, $z = 0$.

5. Calcular $(\partial u/\partial x)_y$ se

$$x^2 - y^2 + u^2 + 2v^2 = 1, \qquad x^2 + y^2 - u^2 - v^2 = 2.$$

6. Dada a transformação:

$$x = u - 2v, \qquad y = 2u + v,$$

   (a) escrever as equações da transformação inversa;
   (b) determinar o jacobiano da transformação e o jacobiano da transformação inversa.

7. Dada a transformação:

$$x = u^2 - v^2, \qquad y = 2uv,$$

   (a) determinar seu jacobiano; (b) calcular $\left(\dfrac{\partial u}{\partial x}\right)_y$ e $\left(\dfrac{\partial v}{\partial x}\right)_y$.

8. Dada a transformação:

$$x = f(u, v), \qquad y = g(u, v)$$

cujo jacobiano é $J = \dfrac{\partial(x, y)}{\partial(u, v)}$, mostrar que, para as funções inversas, tem-se

$$\frac{\partial u}{\partial x} = \frac{1}{J}\frac{\partial y}{\partial v}, \quad \frac{\partial u}{\partial y} = -\frac{1}{J}\frac{\partial x}{\partial v}, \quad \frac{\partial v}{\partial x} = -\frac{1}{J}\frac{\partial y}{\partial u}, \quad \frac{\partial v}{\partial y} = \frac{1}{J}\frac{\partial x}{\partial u}.$$

Usando esses resultados, verificar o Prob. 3(b) acima.

9. Dada a transformação

$$x = f(u, v, w), \quad y = g(u, v, w), \quad z = h(u, v, w),$$

com jacobiano $J = \dfrac{\partial(x, y, z)}{\partial(u, v, w)}$, mostrar que, para as funções inversas, tem-se

$$\frac{\partial u}{\partial x} = \frac{1}{J}\frac{\partial(y, z)}{\partial(v, w)}, \quad \frac{\partial u}{\partial y} = \frac{1}{J}\frac{\partial(z, x)}{\partial(v, w)}, \quad \frac{\partial u}{\partial z} = \frac{1}{J}\frac{\partial(x, y)}{\partial(v, w)},$$

$$\frac{\partial v}{\partial x} = \frac{1}{J}\frac{\partial(y, z)}{\partial(w, u)}, \quad \frac{\partial v}{\partial y} = \frac{1}{J}\frac{\partial(z, x)}{\partial(w, u)}, \quad \frac{\partial v}{\partial z} = \frac{1}{J}\frac{\partial(x, y)}{\partial(w, u)},$$

$$\frac{\partial w}{\partial x} = \frac{1}{J}\frac{\partial(y, z)}{\partial(u, v)}, \quad \frac{\partial w}{\partial y} = \frac{1}{J}\frac{\partial(z, x)}{\partial(u, v)}, \quad \frac{\partial w}{\partial z} = \frac{1}{J}\frac{\partial(x, y)}{\partial(u, v)}.$$

10. Na transformação (2-65) de coordenadas retangulares a coordenadas esféricas, (a) calcular o jacobiano $\dfrac{\partial(x, y, z)}{\partial(\rho, \phi, \theta)}$, (b) determinar $\partial\rho/\partial y$, $\partial\phi/\partial z$, $\partial\theta/\partial x$ para a transformação inversa (ver Prob. 9).

11. Demonstrar as identidades (2-63). [*Sugestão:* em virtude das regras de cadeia da Sec. 2-7, tem-se

$$\frac{\partial(x, y)}{\partial(z, w)} = \begin{vmatrix} x_z x_w \\ y_z y_w \end{vmatrix} = \begin{vmatrix} x_u u_z + x_v v_z \cdots \\ y_u u_z + y_v v_z \cdots \end{vmatrix}.$$

Usando (0-26), o último determinante se expressa como a soma de quatro determinantes; em seguida, introduzindo (0-24) e (0-25), reduzir a expressão obtida ao produto $\dfrac{\partial(x, y)}{\partial(u, v)}\dfrac{\partial(u, v)}{\partial(z, w)}$, que estabelece a primeira identidade; a segunda identidade é obtida a partir desta tomando-se $z = x$, $w = y$.]

12. Demonstrar que, se $F(x, y, z) = 0$, então

$$\left(\frac{\partial z}{\partial x}\right)_y \left(\frac{\partial x}{\partial y}\right)_z \left(\frac{\partial y}{\partial z}\right)_x = -1.$$

13. Demonstrar que, se $x = f(u, v)$, $y = g(u, v)$, então

$$\left(\frac{\partial x}{\partial u}\right)_v \left(\frac{\partial u}{\partial x}\right)_y = \left(\frac{\partial y}{\partial v}\right)_u \left(\frac{\partial v}{\partial y}\right)_x$$

e

$$\left(\frac{\partial x}{\partial v}\right)_u \left(\frac{\partial v}{\partial x}\right)_y = \left(\frac{\partial u}{\partial y}\right)_x \left(\frac{\partial y}{\partial u}\right)_v,$$

assim como

$$\left(\frac{\partial x}{\partial y}\right)_u \left(\frac{\partial y}{\partial x}\right)_u = 1.$$

14. Na *termodinâmica* aparecem as variáveis p (pressão), T (temperatura), U (energia interna), e V (volume). Para cada substância, essas variáveis estão relacionadas por duas equações, de modo que duas quaisquer das quatro variáveis podem ser tomadas como independentes, sendo as duas restantes consideradas dependentes. Além disso, a Segunda Lei da Termodinâmica produz a relação

(a) $\dfrac{\partial U}{\partial V} - T\dfrac{\partial p}{\partial T} + p = 0,$

quando V e T são independentes. Mostrar que essa relação pode ser reescrita sob as seguintes formas:

(b) $\dfrac{\partial T}{\partial V} + T\dfrac{\partial p}{\partial U} - p\dfrac{\partial T}{\partial U} = 0$ $\qquad$ (U, V independentes),

(c) $T - p\dfrac{\partial T}{\partial p} + \dfrac{\partial(T, U)}{\partial(V, p)} = 0$ $\qquad$ (V, p independentes),

(d) $\dfrac{\partial U}{\partial p} + T\dfrac{\partial V}{\partial T} + p\dfrac{\partial V}{\partial p} = 0$ $\qquad$ (p, T independentes),

(e) $\dfrac{\partial T}{\partial p} - T\dfrac{\partial V}{\partial U} + p\dfrac{\partial(V, T)}{\partial(U, p)} = 0$ $\qquad$ (U, p independentes),

(f) $T\dfrac{\partial(p, V)}{\partial(T, U)} - p\dfrac{\partial V}{\partial U} - 1 = 0$ $\qquad$ (T, U independentes).

[*Sugestão:* a relação (a) acarreta que, se

$$dU = a\,dV + b\,dT, \qquad dp = c\,dV + e\,dT$$

são as expressões de dU e dp em termos de dV e dT, então $a - Te + p = 0$. Para demonstrar (b), por exemplo, coloca-se as relações

$$dT = \alpha dV + \beta dU, \qquad dp = \gamma dV + \delta dU.$$

Resolvendo essas relações para dU e dp em termos de dV e dT, obtêm-se expressões de a e e em termos de α, β, γ, δ. Substituindo essas expressões na equação $a - Te + p = 0$, obtém-se uma equação em α, β, γ, δ. Como $\alpha = \partial T/\partial V$, etc., fica estabelecida a relação (b). As demais são demonstradas do mesmo modo.]

RESPOSTAS

1. $\left(\dfrac{\partial x}{\partial y}\right)_z = -\dfrac{5}{4}$, $\left(\dfrac{\partial y}{\partial x}\right)_u = -\dfrac{5}{7}$, $\left(\dfrac{\partial z}{\partial u}\right)_x = -\dfrac{5}{7}$, $\left(\dfrac{\partial y}{\partial z}\right)_x = \dfrac{1}{5}$.

2. (a) $du = \frac{1}{9}(dx + 3\,dy + 2\,dz)$, $\quad dv = -\frac{1}{3}(dx + 2\,dz)$;

(b) $\left(\dfrac{\partial u}{\partial x}\right)_{y,z} = \frac{1}{9}$, $\quad \left(\dfrac{\partial v}{\partial y}\right)_{x,z} = 0$; $\quad$ (c) $u = 3{,}033$; $v = 2{,}1$.

4. $\left(\dfrac{\partial x}{\partial u}\right)_v = 0$, $\quad \left(\dfrac{\partial x}{\partial v}\right)_u = \dfrac{\pi}{12}$. $\quad$ 5. $\left(\dfrac{\partial u}{\partial x}\right)_y = \dfrac{3x}{u}$.

6. (a) $u = \frac{1}{5}(x + 2y)$, $\quad v = \frac{1}{5}(y - 2x)$; $\quad$ (b) $J = 5$, $\quad J$ da inversa $= \frac{1}{5}$.

7. (a) $J = 4(u^2 + v^2)$, $\quad$ (b) $\left(\dfrac{\partial u}{\partial x}\right)_y = \dfrac{u}{2(u^2 + v^2)}$, $\quad \left(\dfrac{\partial v}{\partial x}\right)_y = -\dfrac{v}{2(u^2 + v^2)}$.

10. (a) $J = \rho^2 \operatorname{sen} \phi$; $\quad$ (b) $\dfrac{\partial \rho}{\partial y} = \operatorname{sen}\phi \operatorname{sen}\theta$, $\quad \dfrac{\partial \phi}{\partial z} = -\dfrac{\operatorname{sen}\phi}{\rho}$, $\quad \dfrac{\partial \theta}{\partial x} = -\dfrac{\operatorname{sen}\theta}{\rho \operatorname{sen}\phi}$.

2-9. APLICAÇÕES GEOMÉTRICAS. Sejam três funções $f(t)$, $g(t)$, $h(t)$ definidas para $\alpha \leqq t \leqq \beta$ e possuindo derivadas contínuas. Nessas condições, lembramos, da geometria analítica, que as equações

$$x = f(t), \qquad y = g(t), \qquad z = h(t) \tag{2-66}$$

são equações paramétricas de uma curva no espaço. Uma reta tangente a tal curva é definida como sendo a posição-limite de uma secante passando pelos pontos (x_1, y_1, z_1) e $(x_1 + \Delta x, y_1 + \Delta y, z_1 + \Delta z)$ da curva, correspondentes a valores paramétricos t_1 e $t_1 + \Delta t$, quando Δt tende a 0. A Fig. 2-5 ilustra esse fato. Os três quocientes

$$\frac{\Delta x}{\Delta t}, \quad \frac{\Delta y}{\Delta t}, \quad \frac{\Delta z}{\Delta t},$$

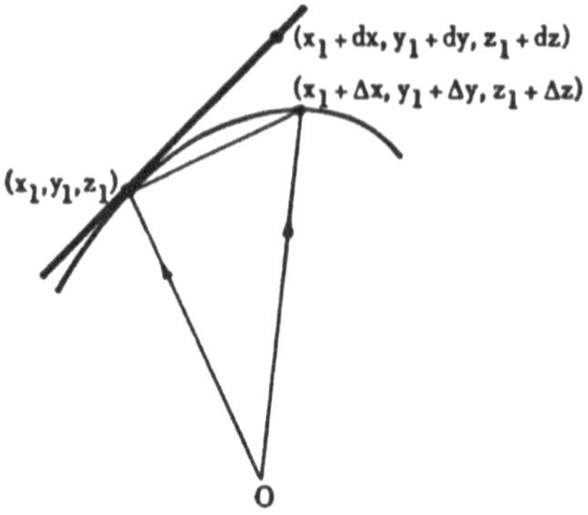

Figura 2-5. A tangente a uma curva

formam um conjunto de componentes diretoras da secante; quanto Δt tende a 0, esses quocientes têm por limites as derivadas

$$f'(t_1), \quad g'(t_1), \quad h'(t_1);$$

assim, essas derivadas podem ser vistas como componentes diretoras da reta tangente. Tal raciocínio falhará se todas as três derivadas forem nulas para

$t = t_1$; mas, nesse caso, pode haver meios de se obter a reta tangente mediante derivação repetida (ver o Prob. 11 da Sec. 1-17.)

Aqui, vamos supor que as três derivadas não são simultaneamente nulas. Então as equações paramétricas da reta tangente são (Sec. 0-5):

$$x - x_1 = f'(t_1)(t - t_1), \quad y - y_1 = g'(t_1)(t - t_1), \quad z - z_1 = h'(t_1)(t - t_1). \quad (2\text{-}67)$$

Se derivamos (2-66), obtemos as equações

$$dx = f'(t)\,dt, \quad dy = g'(t)\,dt, \quad dz = h'(t)\,dt. \quad (2\text{-}68)$$

Essas equações serão as mesmas que as de (2-67), se tomarmos $t = t_1$ e identificarmos as diferenciais dx, dy, dz, dt com os acréscimos em x, y, z, t ao longo da reta tangente; ou seja, escrevemos

$$dx = x - x_1, \quad dy = y - y_1, \quad dz = z - z_1, \quad dt = t - t_1, \quad (2\text{-}69)$$

onde (x, y, z) é um ponto da reta tangente em (x_1, y_1, z_1). Isso ilustra o seguinte princípio básico: *tomar diferenciais corresponde a tomar tangentes.*

Esses resultados podem ser colocados sob a forma vetorial. Introduzimos o vetor-posição

$$\boldsymbol{r} = x\boldsymbol{i} + y\boldsymbol{j} + z\boldsymbol{k} = f(t)\boldsymbol{i} + g(t)\boldsymbol{j} + h(t)\boldsymbol{k}$$

de um ponto variável (x, y, z) da curva. Então, conforme vimos na Sec. 1-16, o "vetor-velocidade"

$$\frac{d\boldsymbol{r}}{dt} = f'(t)\boldsymbol{i} + g'(t)\boldsymbol{j} + h'(t)\boldsymbol{k} \quad (2\text{-}70)$$

é um vetor tangente à curva. Multiplicando essa equação por dt, obtemos a equação

$$d\boldsymbol{r} = f'(t)\,dt\boldsymbol{i} + g'(t)\,dt\boldsymbol{j} + h'(t)\,dt\boldsymbol{k}, \quad (2\text{-}71)$$

que é a forma vetorial de (2-68). O vetor $d\boldsymbol{r}$ é o "vetor-diferencial de deslocamento":

$$d\boldsymbol{r} = dx\boldsymbol{i} + dy\boldsymbol{j} + dz\boldsymbol{k} = (x - x_1)\boldsymbol{i} + (y - y_1)\boldsymbol{j} + (z - z_1)\boldsymbol{k}, \quad (2\text{-}72)$$

onde (x, y, z) é um ponto da reta tangente. O comprimento de $d\boldsymbol{r}$ é o escalar

$$|d\boldsymbol{r}| = \sqrt{dx^2 + dy^2 + dz^2} = ds, \quad (2\text{-}73)$$

onde s é o comprimento de arco na curva, como na Sec. 1-16. O comprimento do vetor $d\boldsymbol{r}/dt$ será a "velocidade" escalar,

$$\left|\frac{d\boldsymbol{r}}{dt}\right| = \frac{|d\boldsymbol{r}|}{dt} = \frac{ds}{dt},$$

se supusermos que s aumenta com t crescente. O vetor

$$\boldsymbol{T} = \frac{d\boldsymbol{r}}{ds} = \frac{d\boldsymbol{r}}{dt}\bigg/\frac{ds}{dt}$$

é um vetor unitário tangente à curva. Usando o comprimento de arco s como parâmetro para a curva, o vetor (2-70) é precisamente o vetor unitário tangente $\boldsymbol{T}$:

$$\boldsymbol{T} = \frac{d\boldsymbol{r}}{ds} = \frac{dx}{ds}\boldsymbol{i} + \frac{dy}{ds}\boldsymbol{j} + \frac{dz}{ds}\boldsymbol{k}. \tag{2-74}$$

Consideremos agora uma equação do tipo

$$F(x, y, z) = 0. \tag{2-75}$$

Em geral, ela representa uma superfície no espaço. Seja (x_1, y_1, z_1) um ponto nessa superfície, e seja

$$x = f(t), \quad y = g(t), \quad z = h(t) \tag{2-76}$$

uma *curva na superfície*, passando por (x_1, y_1, z_1) quando $t = t_1$. Temos

$$F[f(t), g(t), h(t)] \equiv 0. \tag{2-77}$$

Tomando diferenciais, concluímos que

$$\frac{\partial F}{\partial x}dx + \frac{\partial F}{\partial y}dy + \frac{\partial F}{\partial z}dz = 0, \tag{2-78}$$

onde $\partial F/\partial x$, $\partial F/\partial y$, $\partial F/\partial z$ devem ser calculadas em (x_1, y_1, z_1) e $dx = f'(t_1)\,dt$, $dy = g'(t_1)\,dt$, $dz = h'(t_1)\,dt$; em virtude de (2-69), essas diferenciais podem ser substituídas por $x - x_1$, $y - y_1$, $z - z_1$, onde (x, y, z) é um ponto da tangente em (x_1, y_1, z_1) à curva dada. Com isso, a equação (2-78) pode ser reescrita sob a forma:

$$\left.\frac{\partial F}{\partial x}\right|_{(x_1, y_1, z_1)}(x - x_1) + \left.\frac{\partial F}{\partial y}\right|_{(x_1, y_1, z_1)}(y - y_1) + \left.\frac{\partial F}{\partial z}\right|_{(x_1, y_1, z_1)}(z - z_1) = 0. \tag{2-79}$$

Essa equação é a de um plano contendo a reta tangente à curva escolhida. Contudo (2-79) não depende mais dessa curva particular escolhida; todas as retas tangentes às curvas da superfície que passam por (x_1, y_1, z_1) pertencem a esse determinado plano (2-79), que é chamado *plano tangente à superfície em* (x_1, y_1, z_1). [Se todas as três derivadas parciais de F forem 0 no ponto escolhido, a equação (2-79) deixará de determinar um plano e a definição não mais será válida.]

É de se observar que (2-78) equivale a (2-79), ou seja, que, novamente, *a operação de tomar diferenciais nos fornece um elemento tangente*. Como ilustração adicional, consideremos uma curva determinada pela interseção de duas superfícies:

$$F(x, y, z) = 0, \quad G(x, y, z) = 0. \tag{2-80}$$

As relações diferenciais correspondentes:

$$\frac{\partial F}{\partial x}dx + \frac{\partial F}{\partial y}dy + \frac{\partial F}{\partial z}dz = 0, \quad \frac{\partial G}{\partial x}dx + \frac{\partial G}{\partial y}dy + \frac{\partial G}{\partial z}dz = 0 \qquad (2\text{-}81)$$

representam dois *planos tangentes* no ponto (x_1, y_1, z_1) em questão; esses dois planos se cortam e sua interseção é a *reta tangente* à curva (2-80). Para se obterem as equações sob a forma usual, as derivadas parciais devem ser calculadas no ponto (x_1, y_1, z_1) e as diferenciais dx, dy, dz devem ser substituídas por $x - x_1$, $y - y_1$, $z - z_1$.

Esses resultados podem também ser colocados sob a forma vetorial. Em primeiro lugar, (2-79) mostra que o vetor $(\partial F/\partial x)\boldsymbol{i} + (\partial F/\partial y)\boldsymbol{j} + (\partial F/\partial z)\boldsymbol{k}$ é *normal* ao plano tangente em (x_1, y_1, z_1). Esse vetor é conhecido como o *vetor-gradiente* da função $F(x, y, z)$ (ver a Fig. 2-6). Escrevemos:

$$\text{grad } F = \frac{\partial F}{\partial x}\boldsymbol{i} + \frac{\partial F}{\partial y}\boldsymbol{j} + \frac{\partial F}{\partial z}\boldsymbol{k}. \qquad (2\text{-}82)$$

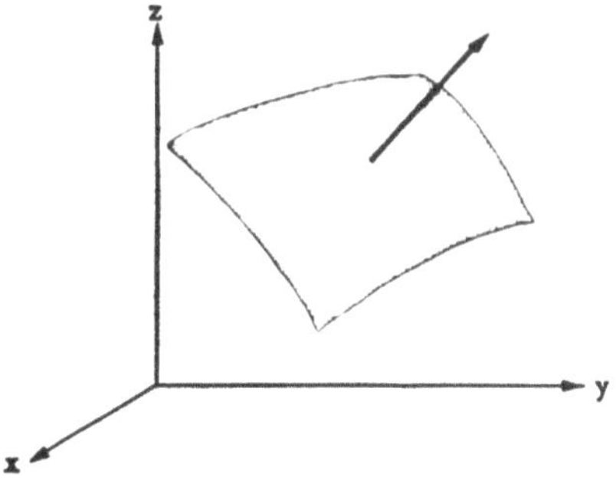

Figura 2-6. O vetor gradiente de F e a superfície $F(x, y, z) = \text{const.}$

Também será usada a notação ∇F (leia-se "del F") para grad F; esse assunto será discutido na seção que segue. Existe um vetor gradiente de F em cada ponto do domínio de definição onde existem derivadas parciais; em particular, existe um gradiente em cada ponto da superfície $F(x, y, z) = 0$ considerada. Assim, o vetor-gradiente tem um "ponto de aplicação" e deve ser visto como um *vetor ligado* (Sec. 1-2).

Agora, a equação (2-78) do plano tangente pode ser escrita sob forma vetorial:

$$\text{grad } F \cdot d\boldsymbol{r} = 0 \qquad (\boldsymbol{r} = x\boldsymbol{i} + y\boldsymbol{j} + z\boldsymbol{k}), \qquad (2\text{-}83)$$

e as duas equações (2-81) da reta tangente assumem a forma

$$\text{grad } F \cdot d\boldsymbol{r} = 0, \qquad \text{grad } G \cdot d\boldsymbol{r} = 0. \qquad (2\text{-}84)$$

Dado que (2-84) expressa o fato de que $d\boldsymbol{r} = dx\boldsymbol{i} + dy\boldsymbol{j} + dz\boldsymbol{k}$ é perpendicular a grad F e a grad G, conclui-se que

$$d\boldsymbol{r} \times (\text{grad } F \times \text{grad } G) = \boldsymbol{0}; \qquad (2\text{-}85)$$

essa equação também representa a reta tangente. As componentes do vetor grad $F \times$ grad G são

$$\begin{vmatrix} \dfrac{\partial F}{\partial y} & \dfrac{\partial F}{\partial z} \\ \dfrac{\partial G}{\partial y} & \dfrac{\partial G}{\partial z} \end{vmatrix}, \quad \begin{vmatrix} \dfrac{\partial F}{\partial z} & \dfrac{\partial F}{\partial x} \\ \dfrac{\partial G}{\partial z} & \dfrac{\partial G}{\partial x} \end{vmatrix}, \quad \begin{vmatrix} \dfrac{\partial F}{\partial x} & \dfrac{\partial F}{\partial y} \\ \dfrac{\partial G}{\partial x} & \dfrac{\partial G}{\partial y} \end{vmatrix}.$$

Portanto a reta tangente pode ser equacionada sob a forma simétrica

$$\frac{x - x_1}{\begin{vmatrix} \dfrac{\partial F}{\partial y} & \dfrac{\partial F}{\partial z} \\ \dfrac{\partial G}{\partial y} & \dfrac{\partial G}{\partial z} \end{vmatrix}} = \frac{y - y_1}{\begin{vmatrix} \dfrac{\partial F}{\partial z} & \dfrac{\partial F}{\partial x} \\ \dfrac{\partial G}{\partial z} & \dfrac{\partial G}{\partial x} \end{vmatrix}} = \frac{z - z_1}{\begin{vmatrix} \dfrac{\partial F}{\partial x} & \dfrac{\partial F}{\partial y} \\ \dfrac{\partial G}{\partial x} & \dfrac{\partial G}{\partial y} \end{vmatrix}}, \tag{2-86}$$

ou, ainda, usando jacobianos, sob a forma:

$$\frac{x - x_1}{\dfrac{\partial(F, G)}{\partial(y, z)}} = \frac{y - y_1}{\dfrac{\partial(F, G)}{\partial(z, x)}} = \frac{z - z_1}{\dfrac{\partial(F, G)}{\partial(x, y)}}. \tag{2-87}$$

Esta discussão e a da seção precedente mostram o significado da diferencial. Tomar diferenciais numa equação ou num sistema de equações corresponde, por um lado, a substituir as equações por equações *lineares* nas variáveis dx, $dy, \ldots$, e, por outro lado, a substituir curvas e superfícies por retas *tangentes* e planos *tangentes*. Quando entram mais de quatro variáveis, a interpretação geométrica parece a princípio perder seu sentido; isso entretanto, não ocorre, necessariamente, pois pode-se de maneira muito fácil definir os conceitos de reta, plano, e "hiperplano" num espaço de dimensão superior.

PROBLEMAS

1. Dadas as equações $x = \operatorname{sen} t$, $y = \operatorname{sen} t$, $z = \cos 2t$ de uma curva no espaço, pede-se:

   (a) esboçar a curva;
   (b) achar as equações da reta tangente no ponto P onde $t = \pi/4$;
   (c) achar a equação de um plano que corta a curva em P num ângulo reto.

2. (a) Mostrar que a curva do Prob. 1 pertence à superfície $x^2 + y^2 + z = 1$.
   (b) Achar a equação do plano tangente à superfície no ponto P do Prob. 1 (b).
   (c) Mostrar que a reta tangente à curva em P pertence ao plano tangente à superfície.

3. Para cada uma das superfícies seguintes, achar o plano tangente e a reta normal no ponto indicado, depois de verificar que o ponto está na superfície:

(a) $x^2 + y^2 + z^2 = 9$ em $(2, 2, 1)$; (b) $e^{x^2+y^2} - z^2 = 0$ em $(0, 0, 1)$;
(c) $x^3 - xy^2 + yz^2 - z^3 = 0$ em $(1, 1, 1)$; (d) $x^2 + y^2 - z^2 = 0$ em $(0, 0, 0)$.

Por que motivo o procedimento falha em (d)? Por meio de um gráfico, mostre que não há solução.

4. Mostrar que o plano tangente em (x_1, y_1, z_1) à superfície descrita pela equação

$$z = f(x, y)$$

é dado por:

$$z - z_1 = \frac{\partial f}{\partial x}(x - x_1) + \frac{\partial f}{\partial y}(y - y_1).$$

Determinar as equações da reta normal.

5. Achar o plano tangente e a reta normal às seguintes superfícies nos pontos indicados:

(a) $z = x^2 + y^2$ em $(1, 1, 2)$;

(b) $z = \sqrt{1 - x^2 - y^2}$ em $(\frac{2}{3}, \frac{2}{3}, \frac{1}{3})$. (Ver o Prob. 4.)

6. Para cada uma das curvas seguintes (dadas por superfícies que se cortam), achar as equações da reta tangente no ponto indicado, depois de verificar que o ponto está na curva:

(a) $x^2 + y^2 + z^2 = 9$, $x^2 + y^2 - 8z^2 = 0$ em $(2, 2, 1)$;
(b) $x^2 + y^2 = 1$, $x + y + z = 0$ em $(1, 0, -1)$;
(c) $x^2 + y^2 + z^2 = 9$, $x^2 + 2y^2 + 3z^2 = 9$ em $(3, 0, 0)$.

Por que motivo o procedimento falha em (c)? Mostrar que não há solução.

7. Mostrar que a curva

$$x^2 - y^2 + z^2 = 1, \quad xy + xz = 2$$

é tangente à superfície

$$xyz - x^2 - 6y = -6$$

no ponto $(1, 1, 1)$.

8. Mostrar que a equação do plano normal à curva

$$F(x, y, z) = 0, \quad G(x, y, z) = 0$$

no ponto (x_1, y_1, z_1) pode ser escrita sob a forma vetorial

$$d\boldsymbol{r} \cdot \text{grad } F \times \text{grad } G = 0.$$

Pede-se ainda escrever a equação usando coordenadas retangulares. Empregando os resultados, achar os planos normais às curvas do Prob. 6(a) e (b) nos pontos dados.

9. Determinar um plano normal à curva: $x = t^2$, $y = t$, $z = 2t$ e que passa pelo ponto $(1, 0, 0)$.

10. Calcular os vetores-gradiente das seguintes funções:

(a) $F = x^2 + y^2 + z^2$, (b) $F = 2x^2 + y^2$.

Esboçar uma superfície de nível para cada função e verificar que o vetor-gradiente é sempre normal à superfície de nível.

11. Três equações da forma

$$x = f(u, v), \quad y = g(u, v), \quad z = h(u, v)$$

podem ser vistas como equações paramétricas de uma superfície, pois a eliminação de u e v conduz, em geral, a uma equação única do tipo

$$F(x, y, z) = 0.$$

(a) Mostrar que o vetor

$$\left(\frac{\partial f}{\partial u}\boldsymbol{i} + \frac{\partial g}{\partial u}\boldsymbol{j} + \frac{\partial h}{\partial u}\boldsymbol{k}\right) \times \left(\frac{\partial f}{\partial v}\boldsymbol{i} + \frac{\partial g}{\partial v}\boldsymbol{j} + \frac{\partial h}{\partial v}\boldsymbol{k}\right) \equiv \frac{\partial(g,h)}{\partial(u,v)}\boldsymbol{i} + \frac{\partial(h,f)}{\partial(u,v)}\boldsymbol{j} + \frac{\partial(f,g)}{\partial(u,v)}\boldsymbol{k}$$

é normal à superfície no ponto (x_1, y_1, z_1), onde $x_1 = f(u_1, v_1)$, $y_1 = g(u_1, v_1)$, $z_1 = h(u_1, v_1)$, sendo as derivadas calculadas nesse ponto.

(b) Dar a equação do plano tangente.

(c) Aplicar os resultados para achar o plano tangente à superfície

$$x = \cos u \cos v, \quad y = \cos u \operatorname{sen} v, \quad z = \operatorname{sen} u$$

no ponto $u = \pi/4$, $v = \pi/4$.

(d) Mostrar que a superfície (c) é uma esfera.

12. Determinar as equações de uma reta tangente a uma curva dada pelas equações

$$z = f(x, y), \quad z = g(x, y).$$

13. As três equações

$$F(x, y, z, t) = 0, \quad G(x, y, z, t) = 0, \quad H(x, y, z, t) = 0$$

podem ser vistas como equações paramétricas implícitas de uma curva, sendo t o parâmetro. Dar as equações da reta tangente.

RESPOSTAS

1. (b) $\dfrac{x - \dfrac{\sqrt{2}}{2}}{\sqrt{2}} = \dfrac{y - \dfrac{\sqrt{2}}{2}}{\sqrt{2}} = \dfrac{z}{-4}$, (c) $\sqrt{2}x + \sqrt{2}y - 4z = 2$.

2. (b) $\sqrt{2}x + \sqrt{2}y + z = 2$.

3. (a) $2x + 2y + z = 9, \quad \dfrac{x-2}{2} = \dfrac{y-2}{2} = \dfrac{z-1}{1}$; (b) $z = 1, \quad x = 0, \quad y = 0$; (c) $2x - y - z = 0, \quad \dfrac{x-1}{2} = \dfrac{y-1}{-1} = \dfrac{z-1}{-1}$.

5. (a) $z - 2 = 2(x-1) + 2(y-1), \quad \dfrac{x-1}{2} = \dfrac{y-1}{2} = \dfrac{z-2}{-1}$;

(b) $z - \frac{1}{3} = -2(x - \frac{2}{3}) - 2(y - \frac{2}{3}), \quad \dfrac{x-\frac{2}{3}}{2} = \dfrac{y-\frac{2}{3}}{2} = \dfrac{z-\frac{1}{3}}{1}$.

6. (a) $x + y = 4, \quad z = 1$; (b) $x = 1, \quad y + z + 1 = 0$.

8. $\begin{vmatrix} x - x_1 & y - y_1 & z - z_1 \\ \dfrac{\partial F}{\partial x} & \dfrac{\partial F}{\partial y} & \dfrac{\partial F}{\partial z} \\ \dfrac{\partial G}{\partial x} & \dfrac{\partial G}{\partial y} & \dfrac{\partial G}{\partial z} \end{vmatrix} = 0, \quad \begin{vmatrix} x-2 & y-2 & z-1 \\ 4 & 4 & 2 \\ 4 & 4 & -16 \end{vmatrix} = 0,$

$$\begin{vmatrix} x-1 & y & z+1 \\ 2 & 0 & 0 \\ 1 & 1 & 1 \end{vmatrix} = 0.$$

9. $y + 2z = 0$.

10. (a) $2x\boldsymbol{i} + 2y\boldsymbol{j} + 2z\boldsymbol{k}$, (b) $4x\boldsymbol{i} + 2y\boldsymbol{j}$.

11. $x + y + \sqrt{2}z = 2$.

12. $\dfrac{x - x_1}{\dfrac{\partial g}{\partial y} - \dfrac{\partial f}{\partial y}} = \dfrac{y - y_1}{\dfrac{\partial f}{\partial x} - \dfrac{\partial g}{\partial x}} = \dfrac{z - z_1}{\dfrac{\partial(f, g)}{\partial(x, y)}}$.

13. $\dfrac{x - x_1}{\dfrac{\partial(F, G, H)}{\partial(t, y, z)}} = \dfrac{y - y_1}{\dfrac{\partial(F, G, H)}{\partial(x, t, z)}} = \dfrac{z - z_1}{\dfrac{\partial(F, G, H)}{\partial(x, y, t)}}$.

2-10. A DERIVADA DIRECIONAL. Seja $F(x, y, z)$ uma função dada num aberto conexo D do espaço. Para calcular a derivada parcial $\partial F/\partial x$ num ponto (x, y, z) do domínio, considera-se o quociente da variação ΔF da função F de (x, y, z) a $(x + \Delta x, y, z)$ pela variação Δx em x. Com isso, são considerados apenas os valores de F ao longo de uma reta paralela ao eixo x. Analogamente, $\partial F/\partial y$ e $\partial F/\partial z$ envolvem uma consideração de como varia F ao longo de paralelas ao eixo y e paralelas ao eixo z, respectivamente. Não parece natural restringir nossa atenção a essas três direções. Em conseqüência, define-se a *derivada direcional* de F numa dada direção como sendo o limite do quociente

$$\frac{\Delta F}{\Delta s}$$

da variação ΔF pela distância Δs percorrida na direção dada, quando Δs tende a 0.

Suponhamos que a direção em questão seja dada por um vetor não-nulo $\boldsymbol{v}$. A derivada direcional de F na direção de $\boldsymbol{v}$, no ponto (x, y, z), é indicada por

$\nabla_v F(x, y, z)$ ou, mais concisamente, por $\nabla_v F$. Um deslocamento a partir de (x, y, z) na direção $\boldsymbol{v}$ corresponde a variações Δx, Δy, Δz proporcionais às componentes v_x, v_y, v_z; mais precisamente, temos

$$\Delta x = hv_x, \qquad \Delta y = hv_y, \qquad \Delta z = hv_z,$$

onde h é um escalar positivo. O deslocamento é portanto, simplesmente, o vetor $h\boldsymbol{v}$, e seu comprimento Δs é $h|\boldsymbol{v}|$. A derivada direcional é portanto, por definição, o limite:

$$\nabla_v F = \lim_{h \to 0} \frac{F(x + hv_x, y + hv_y, z + hv_z) - F(x, y, z)}{h|\boldsymbol{v}|}. \qquad (2\text{-}88)$$

Se F possuir uma diferencial total em (x, y, z), então, conforme a Sec. 2-6,

$$\begin{aligned}\Delta F &= F(x + hv_x, y + hv_y, z + hv_z) - F(x, y, z) \\ &= \frac{\partial F}{\partial x} hv_x + \frac{\partial F}{\partial y} hv_y + \frac{\partial F}{\partial z} hv_z + \varepsilon_1 hv_x + \varepsilon_2 hv_y + \varepsilon_3 hv_z.\end{aligned}$$

Logo

$$\frac{\Delta F}{h|\boldsymbol{v}|} = \frac{\partial F}{\partial x} \frac{v_x}{|\boldsymbol{v}|} + \frac{\partial F}{\partial y} \frac{v_y}{|\boldsymbol{v}|} + \frac{\partial F}{\partial z} \frac{v_z}{|\boldsymbol{v}|} + \varepsilon_1 \frac{v_x}{|\boldsymbol{v}|} + \varepsilon_2 \frac{v_y}{|\boldsymbol{v}|} + \varepsilon_3 \frac{v_z}{|\boldsymbol{v}|}.$$

Para h tendendo a zero, os três últimos termos tendem a 0, enquanto o membro à esquerda se aproxima de $\nabla_v F$. Assim, temos a equação

$$\nabla_v F = \frac{\partial F}{\partial x} \frac{v_x}{|\boldsymbol{v}|} + \frac{\partial F}{\partial y} \frac{v_y}{|\boldsymbol{v}|} + \frac{\partial F}{\partial z} \frac{v_z}{|\boldsymbol{v}|}. \qquad (2\text{-}89)$$

Ora, $v_x/|\boldsymbol{v}|$, $v_y/|\boldsymbol{v}|$, $v_z/|\boldsymbol{v}|$ são simplesmente as componentes de um vetor unitário $\boldsymbol{u}$ na direção de $\boldsymbol{v}$ e esses números são, portanto (em vista da Sec. 1-9), os cossenos diretores de $\boldsymbol{v}$:

$$\boldsymbol{u} = \frac{1}{|\boldsymbol{v}|}(v_x\boldsymbol{i} + v_y\boldsymbol{j} + v_z\boldsymbol{k}) = \cos\alpha\boldsymbol{i} + \cos\beta\boldsymbol{j} + \cos\gamma\boldsymbol{k}.$$

Conseqüentemente, (2-89) pode ser escrita da seguinte forma:

$$\nabla_v F = \frac{\partial F}{\partial x}\cos\alpha + \frac{\partial F}{\partial y}\cos\beta + \frac{\partial F}{\partial z}\cos\gamma. \qquad (2\text{-}90)$$

Assim sendo, vale a seguinte regra fundamental:

A derivada direcional de uma função $F(x, y, z)$ é dada por

$$\frac{\partial F}{\partial x}\cos\alpha + \frac{\partial F}{\partial y}\cos\beta + \frac{\partial F}{\partial z}\cos\gamma,$$

onde α, β, γ são os ângulos diretores da direção escolhida.

O membro esquerdo de (2-90) pode ser interpretado como o produto escalar do vetor grad $F = \nabla F = (\partial F/\partial x)\boldsymbol{i} + (\partial F/\partial y)\boldsymbol{j} + (\partial F/\partial z)\boldsymbol{k}$ pelo vetor unitário $\boldsymbol{u}$. Assim, em virtude da Sec. 1-9, a *a derivada direcional é igual à componente de grad F na direção de* $\boldsymbol{v}$:

$$\nabla_v F = \nabla F \cdot \frac{\boldsymbol{v}}{|\boldsymbol{v}|} = \text{comp}_v \nabla F. \tag{2-91}$$

É por esse motivo que se usa a notação $\nabla_v F$ para a derivada direcional. No caso especial onde $\boldsymbol{v} = \boldsymbol{i}$, de modo que está-se calculando a derivada direcional na direção x, escreve-se

$$\nabla_v F = \nabla_x F = \text{comp}_x \nabla F = \frac{\partial F}{\partial x}; \tag{2-92}$$

analogamente, as derivadas direcionais nas direções y e z são:

$$\nabla_y F = \frac{\partial F}{\partial y}, \qquad \nabla_z F = \frac{\partial F}{\partial z}.$$

Há outras situações nas quais se emprega a notação de derivadas parciais em lugar da derivada direcional. Um caso bastante comum é aquele em que que está-se calculando a derivada direcional num ponto (x, y, z) de uma superfície S, ao longo de uma dada direção normal a S. Se $\boldsymbol{n}$ é um vetor unitário normal na direção escolhida, escreve-se

$$\nabla_n F = \nabla F \cdot \boldsymbol{n} = \frac{\partial F}{\partial n}. \tag{2-93}$$

A equação (2-91) fornece ainda mais uma informação a respeito de $\nabla F =$ $=$ grad F. De (2-91) conclui-se, pois, que a derivada direcional num dado ponto é máxima quando ela está na direção de ∇F; esse valor máximo é simplesmente

$$|\nabla F| = \sqrt{\left(\frac{\partial F}{\partial x}\right)^2 + \left(\frac{\partial F}{\partial y}\right)^2 + \left(\frac{\partial F}{\partial z}\right)^2}. \tag{2-94}$$

Portanto *o vetor-gradiente aponta na direção de máximo crescimento e seu comprimento é a taxa de crescimento nessa direção*. Se $\boldsymbol{v}$ forma um ângulo θ com ∇F, então a derivada direcional na direção de $\boldsymbol{v}$ é

$$\nabla_v F = |\nabla F| \cos\theta. \tag{2-95}$$

Assim, se $\boldsymbol{v}$ for tangente em (x, y, z) à superfície de nível;

$$F(x, y, z) = \text{constante},$$

então $\nabla_v F = 0$, pois ∇F é normal a uma tal superfície de nível.

Às vezes se fala da "derivada direcional ao longo de uma curva". Trata-se da derivada direcional ao longo de uma direção tangente à curva. Suponhamos que a curva dada seja parametrizada pelo comprimento de arco:

$$x = f(s), \qquad y = g(s), \qquad z = h(s),$$

e suponhamos que o sentido positivo seja dado pelo s crescente. Nessas condições, o vetor

$$\boldsymbol{u} = \frac{dx}{ds}\boldsymbol{i} + \frac{dy}{ds}\boldsymbol{j} + \frac{dz}{ds}\boldsymbol{k}$$

é tangente à curva e tem comprimento 1 (ver a Sec. 2-9). Segue-se que a derivada direcional ao longo da curva é

$$\nabla_u F = \frac{\partial F}{\partial x}\frac{dx}{ds} + \frac{\partial F}{\partial y}\frac{dy}{ds} + \frac{\partial F}{\partial z}\frac{dz}{ds} = \frac{dF}{ds}; \tag{2-96}$$

isso quer dizer que $\nabla_u F$ é a taxa de variação de F com respeito ao comprimento de arco sobre a curva.

A experiência seguinte nos ajudará a entender melhor o significado da derivada direcional. Um viajante, num balão, leva consigo um termômetro, registrando a temperatura por intervalos. Se sua leitura na posição A for 42° e na posição B for 44°, ele concluirá que a derivada direcional da temperatura na direção $\overrightarrow{AB}$ é positiva e vale aproximadamente $2°/d$, onde d é a distância $|\overrightarrow{AB}|$; se $|\overrightarrow{AB}| = 5\,000$ m, o resultado seria 0,0004° por metro. Se prosseguir a viagem para além de B, na mesma direção, ele poderá esperar que a temperatura aumente aproximadamente no mesmo ritmo. Se o balão deslocar-se seguindo um caminho curvilíneo com velocidade constante conhecida, o viajante poderá calcular a derivada direcional *ao longo do caminho* sem olhar para fora do balão.

A discussão anterior foi desenvolvida para três dimensões, mas pode ser reduzida para duas dimensões, sem dificuldade. Nesse caso, considera-se uma função $F(x, y)$ e olha-se para sua taxa de variação ao longo de uma dada direção $\boldsymbol{v}$ do plano xy. Seja α o ângulo de $\boldsymbol{v}$ com o eixo x positivo; pode-se escrever

$$\nabla_v F = \nabla_\alpha F = \frac{\partial F}{\partial x}\cos\alpha + \frac{\partial F}{\partial y}\operatorname{sen}\alpha; \tag{2-97}$$

isso porque os cossenos diretores de $\boldsymbol{v}$ são $\cos\alpha$ e $\cos\beta = \cos(\frac{1}{2}\pi - \alpha) = \operatorname{sen}\alpha$. Novamente, a derivada direcional é a componente de grad $F = (\partial F/\partial x)\boldsymbol{i} + (\partial F/\partial y)\boldsymbol{j}$ na direção dada. A derivada direcional num dado ponto assume seu valor máximo na direção de grad F, sendo que esse valor é

$$|\nabla F| = \sqrt{\left(\frac{\partial F}{\partial x}\right)^2 + \left(\frac{\partial F}{\partial y}\right)^2}. \tag{2-98}$$

A derivada direcional é nula ao longo de uma curva de nível de F, como sugere a Fig. 2-7.

Se interpretarmos as curvas de nível como sendo linhas de contorno de uma paisagem, isto é, de uma superfície $z = F(x, y)$, então a derivada direcional representaria simplesmente a inclinação de subida na direção dada. A inclinação de subida na direção da encosta mais íngreme seria o "gradiente", que é precisamente o termo comumente usado. Um ciclista subindo uma colina em ziguezague está aproveitando a regra das componentes para reduzir a derivada direcional.

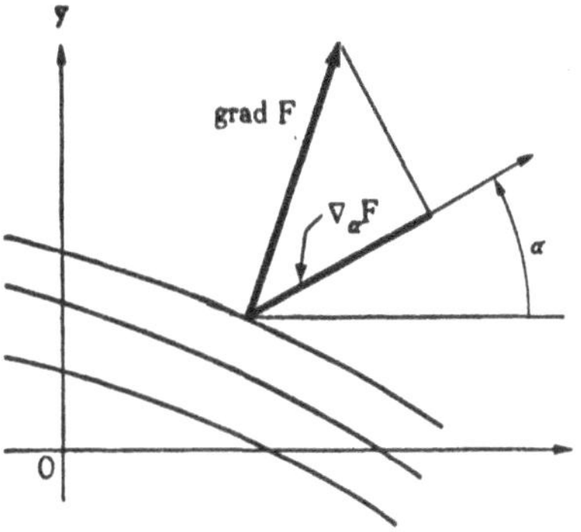

Figura 2-7. Gradiente de $F(x, y)$ e algumas curvas $F(x, y)$ = constante

PROBLEMAS

1. Calcular as derivadas direcionais das seguintes funções nos pontos e direções indicados:

   (a) $F(x, y, z) = 2x^2 - y^2 + z^2$ em (1, 2, 3) na direção da reta que passa por (1, 2, 3) e (3, 5, 0);
   (b) $F(x, y, z) = x^2 + y^2$ em (0, 0, 0) na direção do vetor $\boldsymbol{u} = a\boldsymbol{i} + b\boldsymbol{j} + c\boldsymbol{k}$; discutir o significado do resultado;
   (c) $F(x, y) = e^x \cos y$ em (0, 0) na direção que forma um ângulo de 60° com o eixo x;
   (d) $F(x, y) = 2x - 3y$ em (1, 1) ao longo da curva $y = x^2$ no sentido de x crescente;
   (e) $F(x, y, z) = 3x - 5y + 2z$ em (2, 2, 1) na direção da normal exterior à superfície $x^2 + y^2 + z^2 = 9$;
   (*f*) $F(x, y, z) = x^2 + y^2 - z^2$ em (3, 4, 5) ao longo da curva $x^2 + y^2 - z^2 = 0$, $2x^2 + 2y^2 - z^2 = 25$ no sentido de x crescente; explicar o resultado.

2. Calcular $\partial F/\partial n$, sendo $\boldsymbol{n}$ o vetor normal exterior à superfície dada, num ponto genérico (x, y, z) da superfície indicada:

   (a) $F = x^2 - y^2$; superfície: $x^2 + y^2 + z^2 = 4$;
   (b) $F = xyz$; superfície: $x^2 + 2y^2 + 4z^2 = 8$.

3. Provar que, se $u = f(x, y)$ e $v = g(x, y)$ são funções tais que

$$\frac{\partial u}{\partial x} = \frac{\partial v}{\partial y}, \quad \frac{\partial u}{\partial y} = -\frac{\partial v}{\partial x},$$

então:

$$\nabla_\alpha u = \nabla_{\alpha+(1/2)\pi} v$$

para todo ângulo α.

4. Mostrar que, se $u = f(x, y)$, então as derivadas direcionais de u ao longo da reta $\theta = \text{const.}$, e ao longo dos círculos $r = \text{const.}$ (coordenadas polares) são respectivamente dadas por:

$$\nabla_\theta u = \frac{\partial u}{\partial r}, \quad \nabla_{\theta+(1/2)\pi} u = \frac{1}{r}\frac{\partial u}{\partial \theta}.$$

5. Mostrar que, nas condições do Prob. 3, tem-se

$$\frac{\partial u}{\partial r} = \frac{1}{r}\frac{\partial v}{\partial \theta}, \quad \frac{1}{r}\frac{\partial u}{\partial \theta} = -\frac{\partial v}{\partial r}.$$

[*Sugestão:* usar o Prob. 4.]

6. Seja s o comprimento de arco no círculo $x^2 + y^2 = 4$, medido a partir do ponto (2, 0) no sentido de y crescente. Se $u = x^2 - y^2$, calcular du/ds nesse círculo. Verificar o resultado usando a derivada direcional e a expressão explícita de u em função de s. Em que ponto do círculo u atinge seu valor mínimo?
7. Nas condições do Prob. 3, mostrar que $\partial u/\partial s = \partial v/\partial n$ ao longo de cada curva C do domínio de u e v, para um sentido apropriado do normal $\boldsymbol{n}$.
8. Determinar os pontos (x, y) e as direções para as quais a derivada direcional de $u = 3x^2 + y^2$ terá valor máximo, se restringirmos (x, y) ao círculo $x^2 + y^2 = 1$.
9. Sabe-se que uma função $F(x, y, z)$ tem os seguintes valores: $F(1, 1, 1) = 1$, $F(2, 1, 1) = 4$, $F(2, 2, 1) = 8$, $F(2, 2, 2) = 16$. Calcular aproximadamente as derivadas direcionais:

$$\nabla_i F, \quad \nabla_{i+j} F, \quad \nabla_{i+j+k} F$$

no ponto (1, 1, 1).

RESPOSTAS

1. (a) $-\sqrt{22}$, (b) 0, (c) $\frac{1}{2}$, (d) $-\dfrac{4}{\sqrt{5}}$, (e) $-\frac{2}{3}$, (f) 0,

2. (a) $x^2 - y^2$, (b) $\dfrac{7xyz}{\sqrt{x^2 + 4y^2 + 16z^2}}$.

6. $du/ds = -2xy$. O mínimo é -4 em $(0, \pm 2)$.
8. O máximo é 6 na direção $\boldsymbol{i}$ no ponto (1, 0), e na direção $-\boldsymbol{i}$ no ponto $(-1, 0)$.
9. 3, $\dfrac{7}{\sqrt{2}}$, $\dfrac{15}{\sqrt{3}}$.

2-11. DERIVADAS PARCIAIS DE ORDEM SUPERIOR. Consideremos uma função $z = F(x, y)$; suas duas derivadas parciais $\partial z/\partial x$ e $\partial z/\partial y$ são também funções de x e y:

$$\frac{\partial z}{\partial x} = F_x(x, y), \quad \frac{\partial z}{\partial y} = F_y(x, y).$$

Logo, podemos derivar cada uma com respeito a x e a y; obtemos as quatro *derivadas parciais segundas:*

$$\frac{\partial^2 z}{\partial x^2} = F_{xx}(x, y), \quad \frac{\partial^2 z}{\partial y\, \partial x} = F_{xy}(x, y), \quad \frac{\partial^2 z}{\partial x\, \partial y} = F_{yx}(x, y), \quad \frac{\partial^2 z}{\partial y^2} = F_{yy}(x, y). \tag{2-99}$$

Assim, $\partial^2 z/\partial x^2$ é obtida derivando $\partial z/\partial x$ com respeito a x, enquanto que $\partial^2 z/\partial y \partial x$ é obtida derivando $\partial z/\partial x$ com respeito a y. Aqui, será possível introduzir uma simplificação, se tôdas as derivadas em questão forem contínuas no domínio considerado, pois demonstra-se que

$$\frac{\partial^2 z}{\partial y\, \partial x} = \frac{\partial^2 z}{\partial x\, \partial y}, \tag{2-100}$$

ou seja, a ordem de derivação não influi no resultado.

As derivadas parciais de terceira ordem e de ordem superior são definidas de modo análogo e, novamente, sob certas condições de continuidade, a ordem de derivação não influi. Com isso, obtemos quatro derivadas parciais de terceira ordem:

$$\frac{\partial^3 z}{\partial x^3}, \quad \frac{\partial^3 z}{\partial x^2\, \partial y} = \frac{\partial^3 z}{\partial x\, \partial y\, \partial x} = \frac{\partial^3 z}{\partial y\, \partial x^2}, \quad \frac{\partial^3 z}{\partial x\, \partial y^2} = \frac{\partial^3 z}{\partial y\, \partial x\, \partial y} = \frac{\partial^3 z}{\partial y^2\, \partial x}, \quad \frac{\partial^3 z}{\partial y^3}.$$

Como indicação de por que a ordem de derivação não é importante, consideremos as derivadas parciais mistas de $z = x^n y^m$. No caso, temos

$$\frac{\partial z}{\partial x} = nx^{n-1}y^m, \quad \frac{\partial^2 z}{\partial y\, \partial x} = nmx^{n-1}y^{m-1},$$

$$\frac{\partial z}{\partial y} = mx^n y^{m-1}, \quad \frac{\partial^2 z}{\partial x\, \partial y} = nmx^{n-1}y^{m-1}.$$

Por isso, nesse caso, a ordem não importa. Um raciocínio análogo aplica-se a uma soma de termos semelhantes multiplicados por fatores constantes, isto é, a um polinômio em x e y:

$$z = a_0 + a_1 x + a_2 y + a_3 x^2 + a_4 xy + a_5 y^2 + \cdots + a_s x^p y^q.$$

A regra é válida essencialmente porque uma função "arbitrária" pode ser aproximada por um polinômio do tipo acima numa vizinhança de um dado ponto. [Para uma demonstração, veja *Differential and Integral Calculus*, por R. Courant, (New York: Interscience, 1947), Vol. 2, pp. 55-58.]

Os exemplos que seguem ilustram outras notações para derivadas superiores:

$$\frac{\partial^2 z}{\partial x^2} = z_{xx} = f_{11}(x, y), \qquad \frac{\partial^2 z}{\partial x\, \partial y} = z_{yx} = f_{21}(x, y),$$

$$\frac{\partial^3 w}{\partial x\, \partial y\, \partial z} = w_{zyx} = f_{321}(x, y, z), \qquad \frac{\partial^4 w}{\partial x^2\, \partial z^2} = w_{zzxx} = f_{3311}(x, y, z).$$

Se $z = f(x, y)$, o *laplaciano* de z, indicado por Δz ou $\nabla^2 z$, é a expressão

$$\Delta z = \nabla^2 z = \frac{\partial^2 z}{\partial x^2} + \frac{\partial^2 z}{\partial y^2}. \tag{2-101}$$

O símbolo Δ que aqui aparece não deve ser confundido com o símbolo para acréscimos; por isso é preferível usar a notação $\nabla^2 z$. Analogamente, define-se o laplaciano de $w = f(x, y, z)$ por

$$\Delta w = \nabla^2 w = \frac{\partial^2 w}{\partial x^2} + \frac{\partial^2 w}{\partial y^2} + \frac{\partial^2 w}{\partial z^2}.$$

O símbolo ∇^2 provém da interpretação de ∇ como um "operador vetorial de derivação":

$$\nabla = \frac{\partial}{\partial x}\boldsymbol{i} + \frac{\partial}{\partial y}\boldsymbol{j} + \frac{\partial}{\partial z}\boldsymbol{k}.$$

Então, tem-se simbolicamente:

$$\nabla^2 = \nabla \cdot \nabla = \frac{\partial^2}{\partial x^2} + \frac{\partial^2}{\partial y^2} + \frac{\partial^2}{\partial z^2}.$$

Esse ponto de vista será discutido mais detalhadamente no Cap. 3.

Se $z = f(x, y)$ possuir derivadas segundas contínuas num domínio D e se

$$\nabla^2 z = 0 \tag{2-102}$$

em D, então z é chamada *harmônica* em D. O mesmo termo é usado para uma função de três variáveis que possui derivadas segundas contínuas num domínio D no espaço e cujo laplaciano é 0 em D. As duas equações que caracterizam as funções harmônicas:

$$\frac{\partial^2 z}{\partial x^2} + \frac{\partial^2 z}{\partial y^2} = 0, \qquad \frac{\partial^2 w}{\partial x^2} + \frac{\partial^2 w}{\partial y^2} + \frac{\partial^2 w}{\partial z^2} = 0, \tag{2-103}$$

são chamadas as *equações de Laplace* em duas e três dimensões, respectivamente.

Uma outra combinação importante de derivadas ocorre na *equação bi-harmônica*:

$$\frac{\partial^4 z}{\partial x^4} + 2\frac{\partial^4 z}{\partial x^2\, \partial y^2} + \frac{\partial^4 z}{\partial y^4} = 0, \tag{2-104}$$

que aparece na teoria de elasticidade. Essa última combinação pode ser expressa em termos do laplaciano, pois

$$\nabla^2(\nabla^2 z) = \frac{\partial^4 z}{\partial x^4} + 2\frac{\partial^4 z}{\partial x^2 \partial y^2} + \frac{\partial^4 z}{\partial y^4}.$$

Se colocarmos: $\nabla^4 z = \nabla^2(\nabla^2 z)$, então a equação bi-harmônica pode ser escrita:

$$\nabla^4 z = 0. \tag{2-105}$$

Suas soluções são denominadas funções *bi-harmônicas*. Novamente, essa idéia pode ser estendida a funções de três variáveis, estando a definição sugerida por (2-105).

As funções harmônicas surgem na teoria dos campos eletromagnéticos, na dinâmica dos fluidos, na teoria da condução do calor, e em muitas outras partes da física; algumas aplicações serão discutidas nos Caps. 5, 9 e 10. As funções bi-harmônicas são usadas sobretudo em elasticidade; elas serão discutidas nos Caps. 9 e 10.

2-12. DERIVADAS SUPERIORES DE FUNÇÕES COMPOSTAS. Consideremos três funções $z = f(x, y)$ e $x = g(t)$, $y = h(t)$, de modo que z pode ser expressa em termos de t apenas. Assim sendo, a derivada dz/dt pode ser calculada por meio da regra de cadeia (2-26) da Sec. 2-7:

$$\frac{dz}{dt} = \frac{\partial z}{\partial x}\frac{dx}{dt} + \frac{\partial z}{\partial y}\frac{dy}{dt}. \tag{2-106}$$

Aplicando a regra do produto, obtemos a seguinte expressão para a derivada segunda:

$$\frac{d^2 z}{dt^2} = \frac{d}{dt}\left(\frac{dz}{dt}\right) = \frac{\partial z}{\partial x}\frac{d^2 x}{dt^2} + \frac{dx}{dt}\frac{d}{dt}\left(\frac{\partial z}{\partial x}\right) + \frac{\partial z}{\partial y}\frac{d^2 y}{dt^2} + \frac{dy}{dt}\frac{d}{dt}\left(\frac{\partial z}{\partial y}\right).$$

Para calcular as expressões $(d/dt)(\partial z/\partial x)$ e $(d/dt)(\partial z/\partial y)$, empregamos novamente (2-106), dessa vez aplicada a $\partial z/\partial x$ e $\partial z/\partial y$ e não a z:

$$\frac{d}{dt}\left(\frac{\partial z}{\partial x}\right) = \frac{\partial^2 z}{\partial x^2}\frac{dx}{dt} + \frac{\partial^2 z}{\partial y\,\partial x}\frac{dy}{dt},$$

$$\frac{d}{dt}\left(\frac{\partial z}{\partial y}\right) = \frac{\partial^2 z}{\partial x\,\partial y}\frac{dx}{dt} + \frac{\partial^2 z}{\partial y^2}\frac{dy}{dt}.$$

Com isso, estabelecemos a regra

$$\frac{d^2 z}{dt^2} = \frac{\partial z}{\partial x}\frac{d^2 x}{dt^2} + \frac{\partial^2 z}{\partial x^2}\left(\frac{dx}{dt}\right)^2 + 2\frac{\partial^2 z}{\partial x\,\partial y}\frac{dx}{dt}\frac{dy}{dt} + \frac{\partial^2 z}{\partial y^2}\left(\frac{dy}{dt}\right)^2 + \frac{\partial z}{\partial y}\frac{d^2 y}{dt^2}, \tag{2-107}$$

que é uma nova regra de cadeia.

Analogamente, se $z = f(x, y)$, $x = g(u, v)$, $y = h(u, v)$, de sorte que vale (2-27), temos:

$$\frac{\partial z}{\partial u} = \frac{\partial z}{\partial x}\frac{\partial x}{\partial u} + \frac{\partial z}{\partial y}\frac{\partial y}{\partial u}, \quad \frac{\partial^2 z}{\partial u^2} = \frac{\partial z}{\partial x}\frac{\partial^2 x}{\partial u^2} + \frac{\partial}{\partial u}\left(\frac{\partial z}{\partial x}\right)\frac{\partial x}{\partial u} + \frac{\partial z}{\partial y}\frac{\partial^2 y}{\partial u^2} + \frac{\partial}{\partial u}\left(\frac{\partial z}{\partial y}\right)\frac{\partial y}{\partial u}. \tag{2-108}$$

Aplicando mais uma vez (2-108), achamos

$$\frac{\partial}{\partial u}\left(\frac{\partial z}{\partial x}\right) = \frac{\partial^2 z}{\partial x^2}\frac{\partial x}{\partial u} + \frac{\partial^2 z}{\partial y\,\partial x}\frac{\partial y}{\partial u}, \quad \frac{\partial}{\partial u}\left(\frac{\partial z}{\partial y}\right) = \frac{\partial^2 z}{\partial x\,\partial y}\frac{\partial x}{\partial u} + \frac{\partial^2 z}{\partial y^2}\frac{\partial y}{\partial u},$$

de modo que

$$\frac{\partial^2 z}{\partial u^2} = \frac{\partial z}{\partial x}\frac{\partial^2 x}{\partial u^2} + \left(\frac{\partial^2 z}{\partial x^2}\right)\left(\frac{\partial x}{\partial u}\right)^2 + 2\frac{\partial^2 z}{\partial x\,\partial y}\frac{\partial x}{\partial u}\frac{\partial y}{\partial u} + \frac{\partial^2 z}{\partial y^2}\left(\frac{\partial y}{\partial u}\right)^2 + \frac{\partial z}{\partial y}\frac{\partial^2 y}{\partial u^2}. \tag{2-109}$$

Observa-se que (2-109) é um caso especial de (2-107), já que v é tratado como uma constante o tempo todo.

Podem-se formar as regras para $\partial^2 z/\partial u \partial v$, $\partial^2 z/\partial v^2$ e para derivadas superiores, que serão análogas a (2-107) e (2-109). Essas regras são importantes; na prática, porém, geralmente é melhor usar apenas as regras de cadeia (2-26), (2-27), (2-28), mesmo que aplicadas várias vezes. Um motivo para isso é que simplificações poderão ser feitas se as derivadas que aparecem forem expressas em termos de variáveis convenientes, e uma descrição completa de todos os casos possíveis seria intrincada demais para ser útil.

As variações possíveis podem ser ilustradas pelo exemplo que segue, que lida apenas com funções de uma variável.

Sejam $y = f(x)$ e $x = e^t$. Então

$$\frac{dy}{dt} = \frac{dy}{dx}\frac{dx}{dt} = \frac{dy}{dx}e^t.$$

Donde

$$\begin{aligned}\frac{d^2 y}{dt^2} &= \frac{d}{dt}\left(\frac{dy}{dx}\right)e^t + \frac{dy}{dx}e^t \\ &= \frac{d^2 y}{dx^2}\frac{dx}{dt}e^t + \frac{dy}{dx}e^t \\ &= \frac{d^2 y}{dx^2}e^{2t} + \frac{dy}{dx}e^t.\end{aligned}$$

Também poderíamos escrever

$$\frac{dy}{dt} = \frac{dy}{dx}e^t = x\frac{dy}{dx}$$

donde vem que

$$\frac{d^2y}{dt^2} = \frac{d}{dt}\left(x\frac{dy}{dx}\right) = \frac{d}{dx}\left(x\frac{dy}{dx}\right)\frac{dx}{dt} = x\frac{d}{dx}\left(x\frac{dy}{dx}\right)$$

$$= \frac{d^2y}{dx^2}x^2 + \frac{dy}{dx}x.$$

O segundo método é nitidamente mais simples do que o primeiro; as respostas obtidas são equivalentes por causa da equação $x = e^t$.

2-13. O LAPLACIANO EM COORDENADAS POLARES, CILÍNDRICAS E ESFÉRICAS. Uma aplicação importante do método da seção precedente é a transformação do laplaciano nas suas expressões em outros sistemas de coordenadas.

Consideremos inicialmente o laplaciano em duas dimensões

$$\nabla^2 w = \frac{\partial^2 w}{\partial x^2} + \frac{\partial^2 w}{\partial y^2}$$

e a sua formulação em coordenadas polares r, θ. Portanto são dadas $w = f(x, y)$ e $x = r\cos\theta$, $y = r\,\text{sen}\,\theta$, e queremos expressar $\nabla^2 w$ em termos de r, θ, e em termos de derivadas de w com respeito a r e θ. Como solução temos, em virtude da regra de cadeia,

$$\frac{\partial w}{\partial x} = \frac{\partial w}{\partial r}\frac{\partial r}{\partial x} + \frac{\partial w}{\partial \theta}\frac{\partial \theta}{\partial x}, \qquad \frac{\partial w}{\partial y} = \frac{\partial w}{\partial r}\frac{\partial r}{\partial y} + \frac{\partial w}{\partial \theta}\frac{\partial \theta}{\partial y}. \tag{2-110}$$

Para calcular $\partial r/\partial x$, $\partial\theta/\partial x$, $\partial r/\partial y$, $\partial\theta/\partial y$, empregamos as equações

$$dx = \cos\theta\, dr - r\,\text{sen}\,\theta\, d\theta, \qquad dy = \text{sen}\,\theta\, dr + r\cos\theta\, d\theta.$$

Trata-se de um sistema que resolvemos para dr e $d\theta$, por determinantes ou por eliminação, obtendo

$$dr = \cos\theta\, dx + \text{sen}\,\theta\, dy, \qquad d\theta = -\frac{\text{sen}\,\theta}{r}dx + \frac{\cos\theta}{r}dy.$$

Logo,

$$\frac{\partial r}{\partial x} = \cos\theta, \qquad \frac{\partial r}{\partial y} = \text{sen}\,\theta, \qquad \frac{\partial \theta}{\partial x} = -\frac{\text{sen}\,\theta}{r}, \qquad \frac{\partial \theta}{\partial y} = \frac{\cos\theta}{r}.$$

Substituindo em (2-110), resulta que

$$\frac{\partial w}{\partial x} = \cos\theta\frac{\partial w}{\partial r} - \frac{\text{sen}\,\theta}{r}\frac{\partial w}{\partial \theta}, \qquad \frac{\partial w}{\partial y} = \text{sen}\,\theta\frac{\partial w}{\partial r} + \frac{\cos\theta}{r}\frac{\partial w}{\partial \theta}. \tag{2-111}$$

Essas equações dão-nos regras gerais para expressar derivadas com respeito a x ou y em termos de derivadas com respeito a r e θ. Aplicando a primeira equação à função $\partial w/\partial x$, obtemos

$$\frac{\partial^2 w}{\partial x^2} = \frac{\partial}{\partial x}\left(\frac{\partial w}{\partial x}\right) = \cos\theta\,\frac{\partial}{\partial r}\left(\frac{\partial w}{\partial x}\right) - \frac{\operatorname{sen}\theta}{r}\,\frac{\partial}{\partial \theta}\left(\frac{\partial w}{\partial x}\right);$$

usando (2-111), isso pode ser escrito como

$$\frac{\partial^2 w}{\partial x^2} = \cos\theta\,\frac{\partial}{\partial r}\left(\cos\theta\,\frac{\partial w}{\partial r} - \frac{\operatorname{sen}\theta}{r}\,\frac{\partial w}{\partial \theta}\right) - \frac{\operatorname{sen}\theta}{r}\,\frac{\partial}{\partial \theta}\left(\cos\theta\,\frac{\partial w}{\partial r} - \frac{\operatorname{sen}\theta}{r}\,\frac{\partial w}{\partial \theta}\right).$$

Usando a regra de derivação de produto, resulta finalmente que

$$\frac{\partial^2 w}{\partial x^2} = \cos^2\theta\,\frac{\partial^2 w}{\partial r^2} - \frac{2\operatorname{sen}\theta\cos\theta}{r}\,\frac{\partial^2 w}{\partial r\,\partial \theta} + \frac{\operatorname{sen}^2\theta}{r^2}\,\frac{\partial^2 w}{\partial \theta^2} + \frac{\operatorname{sen}^2\theta}{r}\,\frac{\partial w}{\partial r} + \frac{2\operatorname{sen}\theta\cos\theta}{r^2}\,\frac{\partial w}{\partial \theta}. \tag{2-112}$$

Com os mesmos cálculos, acha-se

$$\begin{aligned}\frac{\partial^2 w}{\partial y^2} = \frac{\partial}{\partial y}\left(\frac{\partial w}{\partial y}\right) &= \operatorname{sen}\theta\,\frac{\partial}{\partial r}\left(\operatorname{sen}\theta\,\frac{\partial w}{\partial r} + \frac{\cos\theta}{r}\,\frac{\partial w}{\partial \theta}\right) \\ &\quad + \frac{\cos\theta}{r}\,\frac{\partial}{\partial \theta}\left(\operatorname{sen}\theta\,\frac{\partial w}{\partial r} + \frac{\cos\theta}{r}\,\frac{\partial w}{\partial \theta}\right) \\ &= \operatorname{sen}^2\theta\,\frac{\partial^2 w}{\partial r^2} + \frac{2\operatorname{sen}\theta\cos\theta}{r}\,\frac{\partial^2 w}{\partial r\,\partial \theta} + \frac{\cos^2\theta}{r^2}\,\frac{\partial^2 w}{\partial \theta^2} \\ &\quad + \frac{\cos^2\theta}{r}\,\frac{\partial w}{\partial r} - \frac{2\operatorname{sen}\theta\cos\theta}{r^2}\,\frac{\partial w}{\partial \theta}.\end{aligned} \tag{2-113}$$

Somando (2-112) a (2-113), concluímos que:

$$\nabla^2 w = \frac{\partial^2 w}{\partial x^2} + \frac{\partial^2 w}{\partial y^2} = \frac{\partial^2 w}{\partial r^2} + \frac{1}{r^2}\,\frac{\partial^2 w}{\partial \theta^2} + \frac{1}{r}\,\frac{\partial w}{\partial r}; \tag{2-114}$$

Esse é o resultado procurado.

A equação (2-114) permite-nos, de imediato, expressar em coordenadas cilíndricas o laplaciano a três dimensões, pois a transformação de coordenadas

$$x = r\cos\theta, \qquad y = r\operatorname{sen}\theta, \qquad z = z$$

envolve somente x e y e do mesmo modo que acima. O resultado é:

$$\nabla^2 w = \frac{\partial^2 w}{\partial x^2} + \frac{\partial^2 w}{\partial y^2} + \frac{\partial^2 w}{\partial z^2} = \frac{\partial^2 w}{\partial r^2} + \frac{1}{r^2}\,\frac{\partial^2 w}{\partial \theta^2} + \frac{1}{r}\,\frac{\partial w}{\partial r} + \frac{\partial^2 w}{\partial z^2}. \tag{2-115}$$

Por um procedimento semelhante, calcula-se o laplaciano em coordenadas esféricas (Sec. 0-5):

$$\nabla^2 w = \frac{\partial^2 w}{\partial x^2} + \frac{\partial^2 w}{\partial y^2} + \frac{\partial^2 w}{\partial z^2} = \frac{\partial^2 w}{\partial \rho^2} + \frac{1}{\rho^2}\,\frac{\partial^2 w}{\partial \phi^2} + \frac{1}{\rho^2\operatorname{sen}^2\phi}\,\frac{\partial^2 w}{\partial \theta^2} + \frac{2}{\rho}\,\frac{\partial w}{\partial \rho} + \frac{\operatorname{cotg}\phi}{\rho^2}\,\frac{\partial w}{\partial \phi}. \tag{2-116}$$

(Ver o Prob. 8.)

2-14. DERIVADAS SUPERIORES DE FUNÇÕES IMPLÍCITAS. Na Sec. 2-8, foram vistos métodos para obter diferenciais ou derivadas parciais primeiras de funções implicitamente definidas por equações simultâneas. Dado que, para as derivadas parciais primeiras, os resultados aparecem sob a forma de expressões *explícitas* [ver (2-50), (2-51), (2-52), etc.], essas derivadas podem ser derivadas explicitamente. Um exemplo ilustrará a situação. Sejam x e y definidas como funções de u e v pelas equações implícitas:

$$x^2 + y^2 + u^2 + v^2 = 1, \qquad x^2 + 2y^2 - u^2 + v^2 = 1.$$

Então, das relações (2-55),

$$\frac{\partial x}{\partial u} = -\frac{\begin{vmatrix} 2u & 2y \\ -2u & 4y \end{vmatrix}}{\begin{vmatrix} 2x & 2y \\ 2x & 4y \end{vmatrix}} = -\frac{3u}{x},$$

$$\frac{\partial y}{\partial u} = -\frac{\begin{vmatrix} 2x & 2u \\ 2x & -2u \end{vmatrix}}{\begin{vmatrix} 2x & 2y \\ 2x & 4y \end{vmatrix}} = \frac{2u}{y}.$$

Donde

$$\frac{\partial^2 x}{\partial u^2} = \frac{3u}{x^2}\frac{\partial x}{\partial u} - \frac{3}{x} = \frac{3u}{x^2}\left(\frac{-3u}{x}\right) - \frac{3}{x} = -\frac{9u^2}{x^3} - \frac{3}{x},$$

$$\frac{\partial^2 y}{\partial u^2} = -\frac{2u}{y^2}\frac{\partial y}{\partial u} + \frac{2}{y} = -\frac{2u}{y^2}\left(\frac{2u}{y}\right) + \frac{2}{y} = -\frac{4u^2}{y^3} + \frac{2}{y}.$$

PROBLEMAS

1. Achar as derivadas parciais indicadas:

(a) $\dfrac{\partial^2 w}{\partial x^2}$ e $\dfrac{\partial^2 w}{\partial y^2}$ se $w = \dfrac{1}{\sqrt{x^2 + y^2}}$,

(b) $\dfrac{\partial^2 w}{\partial x^2}$ e $\dfrac{\partial^2 w}{\partial y^2}$ se $w = \operatorname{arc\,tg} \dfrac{y}{x}$,

(c) $\dfrac{\partial^3 w}{\partial x\,\partial y^2}$ e $\dfrac{\partial^3 w}{\partial x^2\,\partial y}$ se $w = e^{x^2 - y^2}$.

A fórmula (2-114) pode ser usada para verificar (a) e (b).

2. Verificar que as derivadas mistas são idênticas nos seguintes casos:

(a) $\dfrac{\partial^2 z}{\partial x\,\partial y}$ e $\dfrac{\partial^2 z}{\partial y\,\partial x}$ para $z = \dfrac{x}{x^2 + y^2}$,

(b) $\dfrac{\partial^3 w}{\partial x\,\partial y\,\partial z}$, $\dfrac{\partial^3 w}{\partial z\,\partial y\,\partial x}$ e $\dfrac{\partial^3 w}{\partial y\,\partial z\,\partial x}$ para $w = \sqrt{x^2 + y^2 + z^2}$.

3. Mostrar que as seguintes funções são harmônicas em x e y:

   (a) $e^x \cos y$, (b) $x^3 - 3xy^2$, (c) $\log\sqrt{x^2 + y^2}$.

4. (a) Mostrar que toda função harmônica é bi-harmônica.
   (b) Mostrar que as seguintes funções são bi-harmônicas em x e y:

$$xe^x \cos y, \quad x^4 - 3x^2y^2.$$

5. (a) Demonstrar a identidade:

$$\nabla^2(uv) = u\nabla^2 v + v\nabla^2 u + 2\nabla u \cdot \nabla v$$

   para funções u e v de x e y.
   (b) Demonstrar a identidade (a) para funções de x, y e z.
   (c) Provar que se u e v são harmônicas em 2 ou 3 dimensões, então a função

$$w = xu + v$$

   é bi-harmônica. [*Sugestão:* usar os resultados de (a) e (b).]
   (d) Provar que se u e v são harmônicas em 2 ou 3 dimensões, então a função

$$w = r^2 u + v$$

   é bi-harmônica, sendo $r^2 = x^2 + y^2$ para duas dimensões e $r^2 = x^2 + y^2 + z^2$ para três dimensões.
6. Estabelecer uma regra de cadeia análoga a (2-109) para $\partial^2 z/\partial u \partial v$.
7. Usar a regra (2-109), aplicada a $\partial^2 w/\partial x^2$ e $\partial^2 w/\partial y^2$, para demonstrar (2-114).
8. Provar a relação (2-116). [*Sugestão:* usar (2-115) para expressar $\nabla^2 w$ em coordenadas cilíndricas; observar agora que as equações que transformam (z, r) em (ρ, ϕ) são as mesmas que aquelas que permitem a passagem de (x, y) a (r, θ).]
9. Provar que a equação bi-harmônica em x e y transforma-se em

$$w_{rrrr} + \frac{2}{r^2} w_{rr\theta\theta} + \frac{1}{r^4} w_{\theta\theta\theta\theta} + \frac{2}{r} w_{rrr} - \frac{2}{r^3} w_{r\theta\theta} - \frac{1}{r^2} w_{rr} + \frac{4}{r^4} w_{\theta\theta} + \frac{1}{r^3} w_r = 0$$

   quando expressa em coordenadas polares (r, θ). [*Sugestão:* empregar (2-114).]
10. Se u e v são funções de x e y definidas pelas equações

$$xy + uv = 1, \quad xu + yv = 1,$$

   calcular $\partial^2 u/\partial x^2$.
11. Se u e v são funções inversas do sistema

$$x = u^2 - v^2, \quad y = 2uv,$$

   num domínio, mostrar que u é harmônica.
12. Uma *equação diferencial* é uma equação que relaciona uma ou mais variáveis com suas derivadas; a equação de Laplace e a equação bi-harmônica

são exemplos de tais equações (ver os Caps. 8 e 10). Um método fundamental de solução de equações diferenciais – isto é, da determinação de funções que satisfaçam às equações – consiste em introduzir novas variáveis por meio de fórmulas apropriadas de substituição. Um exemplo é a introdução de coordenadas polares na equação de Laplace na Sec. 2-13. As substituições podem envolver variáveis independentes ou dependentes, ou ambas; em cada caso, é preciso indicar quais das novas variáveis devem ser tratadas como independentes e quais outras são dependentes. Nas equações diferenciais que seguem, fazer as substituições indicadas:

(a) $\dfrac{dy}{dx} = \dfrac{2x}{y + x^2}$; variáveis novas: y (dep.) e $u = x^2$ (indep.);

(b) $\dfrac{dy}{dx} = \dfrac{2x - y + 1}{x + y - 4}$; variáveis novas: $v = y - 3$ (dep.) e $u = x - 1$ (indep.);

(c) $x^2 \dfrac{d^3y}{dx^3} + 3x \dfrac{d^2y}{dx^2} + \dfrac{dy}{dx} = 0$; variáveis novas: y (dep.) e $t = \log x$ (indep.);

(d) $\dfrac{d^2y}{dx^2} + \left(\dfrac{dy}{dx}\right)^3 = 0$; variáveis novas: x (dep.) e y (indep.);

(e) $\dfrac{d^2y}{dx^2} - 4x\dfrac{dy}{dx} + y(3x^2 - 2) = 0$; variáveis novas: $v = e^{-x^2}y$ (dep.) e x (indep.);

(f) $a\dfrac{\partial u}{\partial x} + b\dfrac{\partial u}{\partial y} = 0$ (a, b constantes); variáveis novas: u (dep.), $z = bx - ay$ (indep.), e $w = ax + by$ (indep.);

(g) $\dfrac{\partial^2 u}{\partial x^2} - \dfrac{\partial^2 u}{\partial y^2} = 0$; variáveis novas: u (dep.), $z = x + y$ (indep.), e $w = x - y$ (indep.).

RESPOSTAS

1\. (a) $\dfrac{2x^2 - y^2}{(x^2 + y^2)^{5/2}}$, $\dfrac{2y^2 - x^2}{(x^2 + y^2)^{5/2}}$; (b) $\dfrac{2xy}{(x^2 + y^2)^2}$, $\dfrac{-2xy}{(x^2 + y^2)^2}$;

(c) $4xe^{x^2 - y^2}(2y^2 - 1)$, $-4ye^{x^2 - y^2}(2x^2 + 1)$.

6\. $\dfrac{\partial z}{\partial x}\dfrac{\partial^2 x}{\partial u\,\partial v} + \dfrac{\partial z}{\partial y}\dfrac{\partial^2 y}{\partial u\,\partial v} + \dfrac{\partial^2 z}{\partial x^2}\dfrac{\partial x}{\partial u}\dfrac{\partial x}{\partial v} + \dfrac{\partial^2 z}{\partial x\,\partial y}\left(\dfrac{\partial x}{\partial u}\dfrac{\partial y}{\partial v} + \dfrac{\partial x}{\partial v}\dfrac{\partial y}{\partial u}\right) + \dfrac{\partial^2 z}{\partial y^2}\dfrac{\partial y}{\partial u}\dfrac{\partial y}{\partial v}$.

10\. $\dfrac{2(u^2 - y^2)}{(1 - 2ux)^3}(2u - 3u^2x - xy^2)$.

12\. (a) $\dfrac{dy}{du} = \dfrac{1}{y + u}$, (b) $\dfrac{dv}{du} = \dfrac{2u - v}{u + v}$, (c) $\dfrac{d^3y}{dt^3} = 0$, (d) $\dfrac{d^2x}{dy^2} - 1 = 0$,

(e) $\dfrac{d^2v}{dx^2} - x^2v = 0$, (f) $\dfrac{\partial u}{\partial w} = 0$, (g) $\dfrac{\partial^2 u}{\partial z\,\partial w} = 0$.

2-15. MÁXIMOS E MÍNIMOS DE FUNÇÕES DE VÁRIAS VARIÁVEIS. Inicialmente, vamos recordar os fatos básicos a respeito de máximos e mínimos de funções de uma variável. Seja $y = f(x)$ uma função definida e derivável num intervalo fechado: $a \leqq x \leqq b$, e seja x_0 um número compreendido entre a e b: $a < x_0 < b$. Diz-se que a função $f(x)$ possui um *máximo relativo* em x_0 se $f(x) \leqq f(x_0)$ para x suficientemente perto de x_0. Segue da própria definição da derivada que, se $f'(x_0) > 0$, então $f(x) > f(x_0)$ para todo $x > x_0$ e suficientemente perto de x_0; analogamente, se $f'(x_0) < 0$, então $f(x) > f(x_0)$ para todo $x < x_0$ e suficientemente próximo a x_0. Logo, *num ponto de máximo relativo, tem-se, necessariamente,* $f'(x_0) = 0$. Um *mínimo relativo* de $f(x)$ é definido pela condição: $f(x) \geqq f(x_0)$ para todo x suficientemente próximo a x_0. Um raciocínio análogo ao acima permite-nos concluir que, *num ponto de mínimo relativo de* $f(x)$, *tem-se necessariamente* $f'(x_0) = 0$.

Os pontos x_0 onde $f'(x_0) = 0$ são ditos *pontos críticos* de $f(x)$. Enquanto todo máximo relativo e mínimo relativo é realizado num ponto crítico, um ponto crítico não dá, necessariamente, origem nem a um máximo nem a um mínimo. Exemplo: a função $f(x) = x^3$ em $x = 0$. Essa função tem um ponto crítico em $x = 0$, mas o ponto não é nem máximo nem mínimo, mas é um exemplo de *ponto de inflexão horizontal*. A ilustração está na Fig. 2-8.

Seja x_0 um ponto crítico, de sorte que $f'(x_0) = 0$, e suponhamos que $f''(x_0) > 0$. Então $f(x)$ tem um *mínimo relativo* em x_0, pois pelo teorema da média, quando $x > x_0$, vale $f(x) - f(x_0) = f'(x_1)(x - x_0)$, com $x_0 < x_1 < x$. Como $f''(x_0) > 0$, temos $f'(x_1) > 0$ para $x_1 > x_0$ e x_1 suficientemente perto de x_0. Logo, $f(x) - f(x_0) > 0$ para $x > x_0$ e x suficientemente perto de x_0. Analogamente, $f(x) - f(x_0) > 0$ para $x < x_0$ e x suficientemente perto de x_0. Portanto $f(x)$ possui um mínimo relativo em x_0. Vale um raciocínio análogo quando $f''(x_0) < 0$. Assim sendo, podemos enunciar estas regras:

Se $f'(x_0) = 0$ *e* $f''(x_0) > 0$, *então* $f(x)$ *tem um mínimo relativo em* x_0; *se* $f'(x_0) = 0$ *e* $f''(x_0) < 0$, *então* $f(x)$ *tem um máximo relativo em* x_0.

Essas duas regras cobrem a maioria dos casos de interesse. Evidentemente, pode acontecer que $f''(x_0) = 0$ num ponto crítico, no qual caso é preciso examinar as derivadas superiores. O raciocínio acima, aplicado repetidas vezes, conduz à seguinte regra geral:

Suponhamos que $f'(x_0) = 0, f''(x_0) = 0, \ldots, f^{(n)}(x_0) = 0$, *mas* $f^{(n+1)}(x_0) \neq 0$; *então* $f(x)$ *terá um máximo relativo em* x_0 *se n for ímpar e* $f^{(n+1)}(x_0) < 0$; $f(x)$ *terá um mínimo relativo em* x_0 *se n for ímpar e* $f^{(n+1)}(x_0) > 0$; *se n for par,* $f(x)$

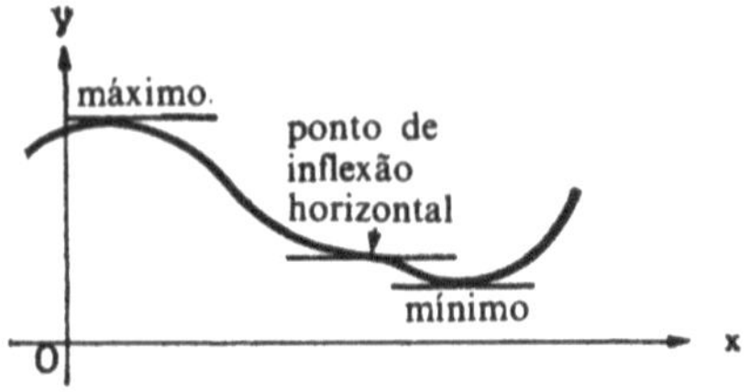

Figura 2-8

não terá nem máximo relativo nem mínimo relativo em x_0, *mas possuirá um ponto de inflexão horizontal em* x_0.

Na discussão acima, os pontos x_0 foram tomados *dentro* do intervalo de definição de $f(x)$, e consideraram-se máximos e mínimos *relativos*. A noção de máximos e mínimos relativos pode ser facilmente estendida aos pontos extremos a e b, e é possível formular regras em termos de derivadas. Contudo, o interesse que podem levantar esses pontos é, em geral, ligado ao máximo e mínimo *absolutos* de $f(x)$ sobre o intervalo $a \leqq x \leqq b$. Diz-se que uma função $f(x)$ possui um *máximo absoluto* M para um certo campo de valores de x se $f(x_0) = M$ para algum x_0 do campo dado e $f(x) \leqq M$ para todo x do campo; define-se o mínimo absoluto de modo análogo, sendo a condição $f(x) \leqq M$ substituída pela condição $f(x) \geqq M$. Posto isso, o teorema seguinte é fundamental.

Teorema. *Se* $f(x)$ *for contínua no intervalo fechado* $a \leqq x \leqq b$, *então* $f(x)$ *terá um mínimo absoluto* M_1 *e um máximo absoluto* M_2 *nesse intervalo.*

A demonstração desse teorema pede uma análise mais profunda do sistema dos números reais; o leitor pode consultar o Vol. 1, p. 63, de *Differential and Integral Calculus*, de R. Courant (New York: Interscience, 1947).

Deve-se observar que a inclusão dos valores extremos é essencial para a validade do teorema, como ilustra este exemplo simples: $y = x$ para $0 < x < 1$; aqui, a função não admite nem máximo nem mínimo *no intervalo dado*. Para o intervalo $0 \leqq x \leqq 1$, o mínimo absoluto é 0, para $x = 0$, e o máximo absoluto é 1, para $x = 1$. Um outro exemplo é: $y = \operatorname{tg} x$ para $-\pi/2 < x < \pi/2$, que é uma função sem máximo absoluto nem mínimo absoluto; nesse caso, acrescentar valores nos extremos $\pm\pi/2$ não altera a conclusão.

Diz-se que uma função $f(x)$ é *limitada* para um dado campo de variação de x se existe uma constante K tal que $|f(x)| \leqq K$ para todo x desse campo. O teorema acima implica que, *se* $f(x)$ *for contínua no intervalo fechado:* $a \leqq x \leqq b$, *então* $f(x)$ *é limitada nesse intervalo;* pois K pode ser tomada como sendo o maior dos valores $|M_1|$, $|M_2|$. Por exemplo, consideremos $y = \operatorname{sen} x$ para $0 \leqq x \leqq \pi$. Essa função tem o mínimo absoluto $M_1 = 0$, o máximo absoluto $M_2 = 1$, e é limitada, com $K = 1$. Outro exemplo: $y = x$ para $0 < x < 1$ é um caso de função limitada ($K = 1$), que não possui nem máximo absoluto nem mínimo absoluto. A função $y = \operatorname{tg} x$ para $-\frac{1}{2}\pi < x < \frac{1}{2}\pi$ é um exemplo de função não-limitada.

Para achar o máximo absoluto M de uma função $y = f(x)$, derivável para $a \leqq x \leqq b$, podemos raciocinar do modo seguinte: se $f(x_0) = M$ e $a < x_0 < b$, então $f(x)$ tem necessariamente um máximo relativo em x_0; portanto o máximo absoluto é realizado ou num ponto crítico dentro do intervalo, ou em $x = a$ ou $x = b$. Por isso, determinam-se inicialmente todos os pontos críticos dentro do intervalo e comparam-se os valores de y nesses pontos com os valores em $x = a$ e $x = b$; o maior valor de y é o máximo procurado. Assim, não é preciso usar o teste acima descrito da derivada segunda. O mínimo absoluto pode ser encontrado da mesma maneira.

A determinação de pontos críticos e sua classificação em máximos, mínimos, ou nenhum dos dois, são etapas importantes que servem também para estabelecer o gráfico da função; pois um conhecimento dos pontos críticos e dos valores correspondentes de y permite obter uma excelente primeira aproximação para o gráfico de $y = f(x)$.

Feitas essas considerações preliminares, podemos considerar as mesmas questões *para funções de duas ou mais variáveis*. Seja $z = f(x, y)$ uma função definida e contínua num domínio D. Diz-se que essa função tem um *máximo relativo* em (x_0, y_0) se $f(x, y) \leqq f(x_0, y_0)$para (x, y) suficientemente próximo a (x_0, y_0); diz-se que ela tem um *mínimo relativo* em (x_0, y_0) se $f(x, y) \geqq f(x_0, y_0)$ para (x, y) suficientemente próximo a (x_0, y_0). Suponhamos que $f(x, y)$ tenha um máximo relativo em (x_0, y_0); então a função $f(x, y_0)$, que depende unicamente de x, tem um máximo relativo em x_0, conforme mostra a Fig. 2-9. Logo, se existir $f_x(x_0, y_0)$, então $f_x(x_0, y_0) = 0$; analogamente, se existir $f_y(x_0, y_0)$, então $f_y(x_0, y_0) = 0$. Os pontos (x, y) onde ambas derivadas parciais anulam-se são denominados *pontos críticos* de f. Como antes, conclui-se que todo máximo relativo e mínimo relativo ocorre num ponto crítico de f.

Seria de se esperar que a natureza de um ponto crítico possa ser determinada pelo estudo das funções $f(x, y_0)$ e $f(x_0, y)$, usando derivadas segundas, como anteriormente. Antes de tudo, deve-se observar que uma dessas funções pode ter um máximo em (x_0, y_0), enquanto que a outra tem um mínimo. Exemplo: $z = 1 + x^2 - y^2$ em $(0, 0)$; para $y = 0$, essa função tem um mínimo em relação a x em $x = 0$, e para $x = 0$ tem um máximo em relação a y em $y = 0$ (Fig. 2-10). Esse ponto crítico é um exemplo do chamado *ponto de sela;* êste assunto será discutido mais a fundo posteriormente. A Fig. 2-10 mostra as curvas de nível de z; a configuração exibida é típica de um ponto de sela.

Uma outra complicação é a seguinte: pode acontecer que $z = f(x, y_0)$ tenha um máximo relativo para $x = x_0$ e que $z = f(x_0, y)$ também tenha um máximo relativo para $y = y_0$, *sem* que $z = f(x, y)$ tenha um máximo relativo em (x_0, y_0). Um exemplo disso é a função $z = 1 - x^2 + 4xy - y^2$ em $(0, 0)$. Para $y = 0$, $z = 1 - x^2$, com máximo para $x = 0$; para $x = 0$, $z = 1 - y^2$, com máximo para $y = 0$. Por outro lado, para $y = x$, $z = 1 + 2x^2$, de modo que a seção da superfície pelo plano $y = x$ tem um *mínimo* em $x = 0$ (ver a Fig. 2-11). As curvas de nível, que aparecem na mesma figura, revelam mais uma vez a presença de um ponto de sela.

Introduzindo coordenadas cilíndricas (r, θ), poderemos entender melhor este exemplo e ter uma idéia que conduz ao procedimento geral. Assim, temos $z = 1 - r^2(1 - 2 \operatorname{sen} 2\theta)$. Se colocarmos $\theta = \text{const.} = \alpha$, obteremos z como uma função de r. Para $\alpha = 0$, obteremos o traço em xz: $z = 1 - r^2$. Para $\alpha = \pi/2$, obteremos o traço em yz: $z = 1 - r^2$. Para $\alpha = \pi/4$, obteremos o traço no plano $y = x$: $z = 1 + r^2$. Para um α genérico, obteremos o traço: $z = 1 - r^2(1 - 2 \operatorname{sen} 2\alpha)$; aqui, r pode tomar valores tanto positivos como negativos. Em cada

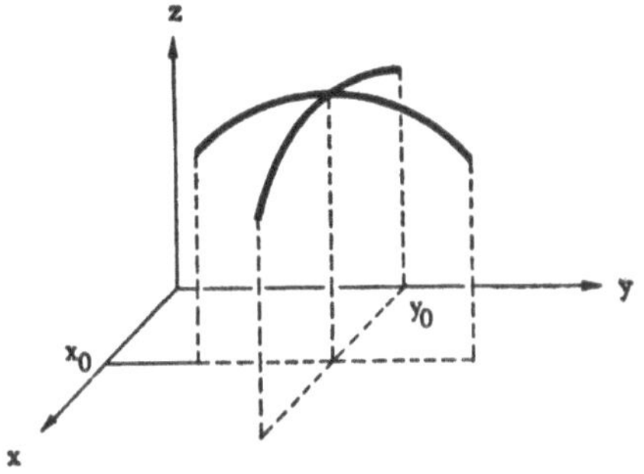

Figura 2-9. Máximo de $z = f(x, y)$

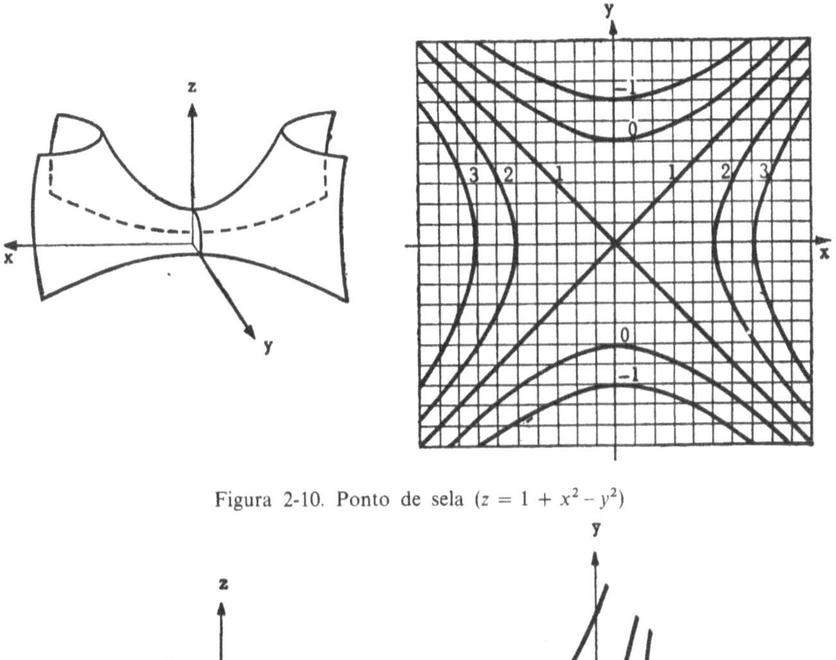

Figura 2-10. Ponto de sela ($z = 1 + x^2 - y^2$)

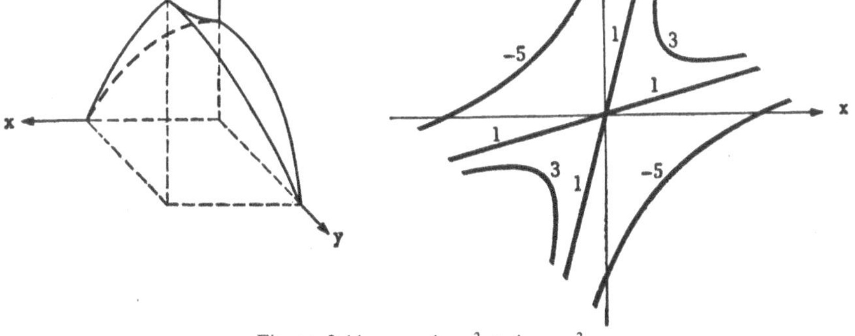

Figura 2-11. $z = 1 - x^2 + 4xy - y^2$

traço, temos $\partial z/\partial r = -2r(1 - 2 \operatorname{sen} 2\alpha)$; portanto, z, como função de r, tem um ponto crítico para $r = 0$. Todavia, $\partial^2 z/\partial r^2 = -2(1 - 2 \operatorname{sen} 2\alpha)$. Essa derivada segunda toma valores tanto positivos como negativos, como o mostra graficamente a Fig. 2-12. O teste da derivada segunda para funções de uma variável mostra de imediato que os máximos relativos e mínimos relativos ocorrem nas direções α correspondentes.

No intuito de generalizar esta análise para uma função arbitrária $z = f(x, y)$, faremos uso da derivada direcional na direção α, definida na Sec. 2-10 acima. Novamente, vamos indicar essa derivada por $\nabla_\alpha z$, e lembrar a fórmula

$$\nabla_\alpha z = \frac{\partial z}{\partial x} \cos \alpha + \frac{\partial z}{\partial y} \operatorname{sen} \alpha.$$

Num ponto crítico (x_0, y_0), tem-se necessariamente $\nabla_\alpha z = 0$. Significa isso que, em cada plano $(x - x_0) \cos \alpha + (y - y_0) \operatorname{sen} \alpha = 0$, z tem um ponto crítico em (x_0, y_0), quando z é vista como uma função da "distância orientada" s em relação a (x_0, y_0) no plano xy (veja a Fig. 2-13). Como no exemplo precedente, o tipo de ponto crítico pode variar com a direção escolhida. A fim de analisar o tipo, introduzimos a derivada segunda de z com respeito a s, ou seja, *a derivada direcional segunda na direção* α. Isso é simplesmente a quantidade $\nabla_\alpha \nabla_\alpha z$, e temos:

$$\nabla_\alpha \nabla_\alpha z = \nabla_\alpha \left(\frac{\partial z}{\partial x} \cos \alpha + \frac{\partial z}{\partial y} \operatorname{sen} \alpha \right)$$
$$= \frac{\partial^2 z}{\partial x^2} \cos^2 \alpha + 2 \frac{\partial^2 z}{\partial x \, \partial y} \operatorname{sen} \alpha \cos \alpha + \frac{\partial^2 z}{\partial y^2} \operatorname{sen}^2 \alpha. \qquad (2\text{-}117)$$

Essa é, precisamente, a quantidade $\partial^2 z/\partial r^2$ do exemplo acima. A fim de garantir um máximo relativo para z em (x_0, y_0), pode-se exigir que essa derivada segunda seja negativa para todo α, com $0 \leqq \alpha \leqq 2\pi$, pois isso garante que z,

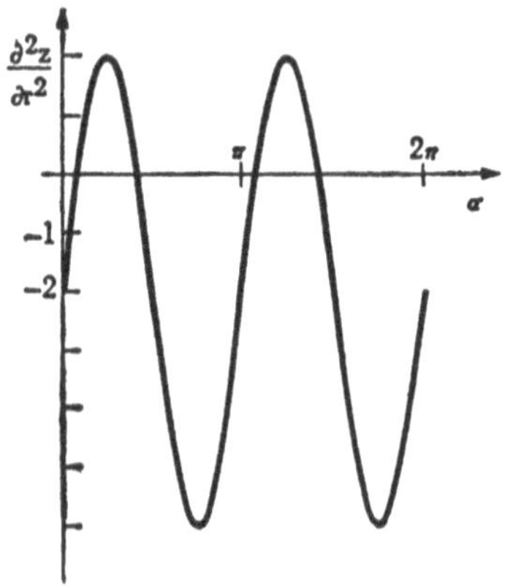

Figura 2-12

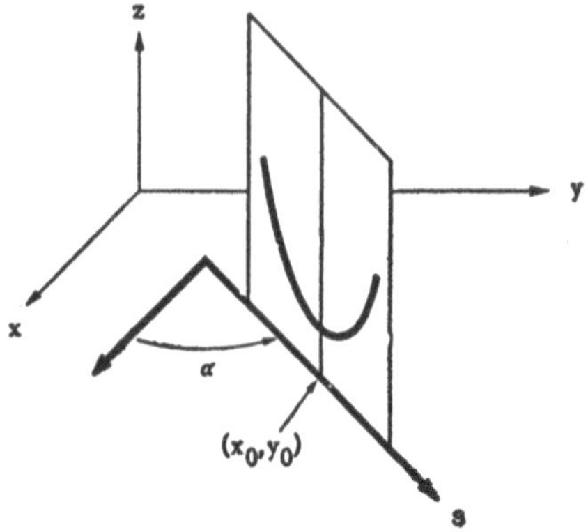

Figura 2-13

como função de s em cada plano na direção α, tenha um máximo relativo no ponto, e que, portanto (supondo-se contínuas todas as derivadas segundas), z tenha um máximo relativo no ponto; ver o Prob. 10. Vale um raciocínio semelhante para mínimos relativos. Em conseqüência, tem-se a regra seguinte:

Se $\partial z/\partial x = 0$ *e* $\partial z/\partial y = 0$ *em* (x_0, y_0) *e*

$$\frac{\partial^2 z}{\partial x^2}\cos^2\alpha + 2\frac{\partial^2 z}{\partial x\,\partial y}\operatorname{sen}\alpha\cos\alpha + \frac{\partial^2 z}{\partial y^2}\operatorname{sen}^2\alpha < 0 \tag{2-118}$$

para $x = x_0$, $y = y_0$ *e todo* α *tal que* $0 \leqq \alpha \leqq 2\pi$, *então* $z = f(x, y)$ *tem um máximo relativo em* (x_0, y_0). *Se* $\partial z/\partial x = 0$ *e* $\partial z/\partial y = 0$ *e*

$$\frac{\partial^2 z}{\partial x^2}\cos^2\alpha + 2\frac{\partial^2 z}{\partial x\,\partial y}\operatorname{sen}\alpha\cos\alpha + \frac{\partial^2 z}{\partial y^2}\operatorname{sen}^2\alpha > 0 \tag{2-119}$$

para $x = x_0$, $y = y_0$ *e todo* α *tal que* $0 \leqq \alpha \leqq 2\pi$, *então* $z = f(x, y)$ *tem um mínimo relativo em* (x_0, y_0).

Desse modo, vê-se que o estudo dos pontos críticos reduz-se à análise da expressão

$$A\cos^2\alpha + 2B\operatorname{sen}\alpha\cos\alpha + C\operatorname{sen}^2\alpha, \tag{2-120}$$

onde são usadas as seguintes abreviações:

$$A = \frac{\partial^2 z}{\partial x^2}(x_0, y_0), \quad B = \frac{\partial^2 z}{\partial x\,\partial y}(x_0, y_0), \quad C = \frac{\partial^2 z}{\partial y^2}(x_0, y_0) \tag{2-121}$$

Nesse caso, uma análise algébrica reduz a questão a algo mais simples, pois há um teorema que diz:

Se $B^2 - AC < 0$ *e* $A + C < 0$, *então a expressão* (2-120) *é negativa para todo* α. *Se* $B^2 - AC < 0$ *e* $A + C > 0$, *então a expressão* (2-120) *é positiva para todo* α.

Demonstração. Indiquemos a expressão (2-120) por $P(\alpha)$. Suponhamos que $B^2 - C < 0$ e $A + C < 0$. Então $P(\pm\pi/2) = C < 0$, pois, se $C \geqq 0$, então $A + C < 0$ implica que $A < 0$, de sorte que $AC \leqq 0$; isso contradiz a hipótese de que $B^2 - AC < 0$. Analogamente, prova-se que: $P(0) = A < 0$. Para $\alpha \neq \neq \pm\pi/2$, tem-se

$$P(\alpha) = \cos^2\alpha(A + 2B\operatorname{tg}\alpha + C\operatorname{tg}^2\alpha).$$

Segue-se que $P(\alpha)$ é positiva, negativa, ou 0, dependendo do polinômio

$$Q(u) = Cu^2 + 2Bu + A \qquad (u = \operatorname{tg}\alpha)$$

ser positivo, negativo, ou 0. Como $B^2 - AC < 0$, $Q(u)$ não possui nenhuma raiz real (Sec. 0-3); logo, $Q(u)$ é sempre positivo ou negativo. Se $u = 0$, então $Q = A < 0$. Logo, $Q(u)$ é sempre negativo e $P(\alpha)$ também. Com isso está provada a primeira afirmação. A segunda é demonstrada de modo análogo.

Se $B^2 - AC > 0$, a demonstração acima mostra que $P(\alpha)$ será positiva para alguns valores de α e negativa para outros, como aconteceu no exemplo da Fig. 2-11 acima. Nesse caso, o ponto crítico é chamado *ponto de sela*. Se $B^2 - AC = 0$, haverá algumas direções nas quais $P(\alpha) = 0$, e será preciso introduzir derivadas superiores para decidir da natureza do ponto crítico.

Recapitulemos os resultados obtidos:

Teorema. *Seja $z = f(x, y)$ uma função definida e possuindo derivadas parciais primeiras e segundas contínuas num domínio D. Seja (x_0, y_0) um ponto de D onde $\partial z/\partial x$ e $\partial z/\partial y$ são 0. Coloquemos*

$$A = \frac{\partial^2 z}{\partial x^2}(x_0, y_0), \qquad B = \frac{\partial^2 z}{\partial x\, \partial y}(x_0, y_0), \qquad C = \frac{\partial^2 z}{\partial y^2}(x_0, y_0)$$

Nessas condições, temos os seguintes casos:

$B^2 - AC < 0$ *e* $A + C < 0$, *máximo relativo em* (x_0, y_0); (2-122)

$B^2 - AC < 0$ *e* $A + C > 0$, *mínimo relativo em* (x_0, y_0); (2-123)

$B^2 - AC > 0$, *ponto de sela em* (x_0, y_0); (2-124)

$B^2 - AC = 0$, *ponto crítico de natureza indeterminada.* (2-125)

Se A, B, e C são todas nulas, de modo que $P(\alpha) \equiv 0$, pode-se estudar o ponto crítico por meio da derivada terceira $\nabla_\alpha \nabla_\alpha \nabla_\alpha z$. Essa idéia é ilustrada pela função: $z = x^3 - 3xy^2$, cujas curvas de nível aparecem na Fig. 2-14. Se as derivadas terceiras são todas 0, pode-se passar para derivadas superiores, como no caso de funções de uma variável. Em última análise, o problema todo se reduz a um problema de funções de uma variável, e a derivada direcional é a ferramenta principal dessa redução.

Na Fig. 2-14, são dados exemplos de vários tipos de pontos críticos; em cada caso, são traçadas as curvas de nível da função.

A discussão que vimos acima lidou apenas com máximos e mínimos relativos. Da mesma forma que para funções de uma variável, podemos definir os conceitos de máximo absoluto e mínimo absoluto. Novamente, a investigação desses pontos pede um estudo da função nos "limites" do domínio D de definição, ou seja, na sua fronteira. A fim de assegurar a existência de um máximo absoluto e de um mínimo absoluto, é necessário exigir que o próprio domínio D seja *limitado* (ver a Sec. 2-2). Vale então, como no caso de funções de uma variável, o teorema que segue.

Teorema. *Seja D um domínio limitado do plano xy. Seja $f(x, y)$ uma função definida e contínua na região fechada E formada por D e sua fronteira. Nessas condições, $f(x, y)$ tem um máximo absoluto e um mínimo absoluto em E.*

A demonstração é semelhante àquela para funções de uma variável; ver *Differential and Integral Calculus* (New York: Interscience, 1947), de R. Courant, Vol. 2, p. 97 e Vol. 1, p. 63. Na verdade, não é essencial que D seja um aberto conexo para que valha esse teorema: basta que E seja um conjunto limitado fechado qualquer (Sec. 2-2).

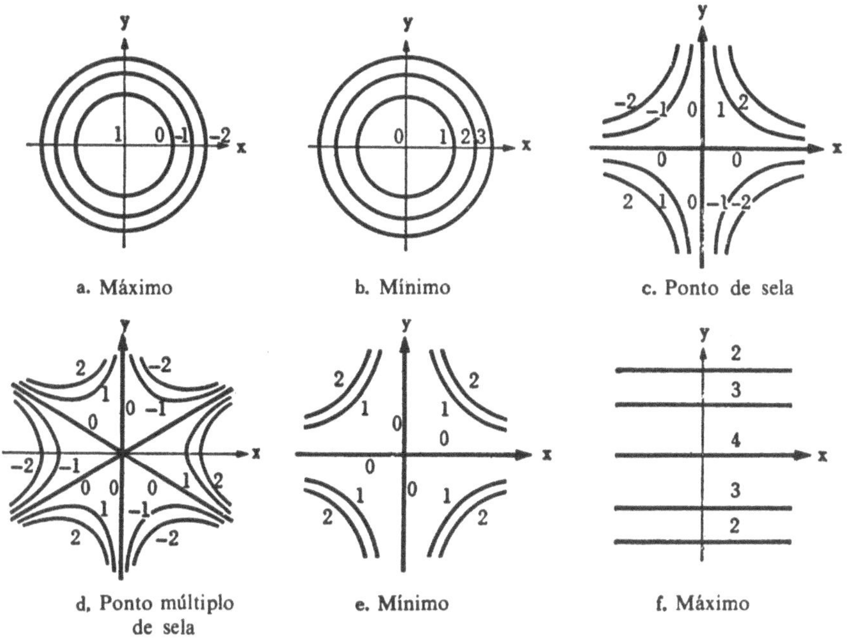

Figura 2-14. Exemplos de pontos críticos de $f(x, y)$ em $(0, 0)$. As funções correspondentes são as seguintes: (a) $z = 1 - x^2 - y^2$, (b) $z = x^2 + y^2$, (c) $z = xy$, (d) $z = x^3 - 3xy^2$, (e) $z = x^2y^2$, (f) $z = 4 - y^2$.

De novo, segue um corolário: uma função $f(x, y)$ contínua numa região (ou conjunto) fechada limitada E é, necessariamente, limitada em E, ou seja, $|f(x, y)| \leqq M$ para todo (x, y) em E e para uma escolha conveniente de M.

Para determinar o máximo absoluto e o mínimo absoluto de uma função $f(x, y)$ definida numa região limitada e fechada E, procede-se do mesmo modo que para funções de uma variável. Determinam-se os pontos críticos de f no interior de E e os valores de f nos pontos críticos; em seguida, determinam-se o máximo e o mínimo de f na fronteira. Dentre esses valores, encontram-se o máximo e o mínimo procurados.

Exemplo. Determinar o máximo e o mínimo de $z = x^2 + 2y^2 - x$ sobre o conjunto $x^2 + y^2 \leqq 1$.

Temos

$$\frac{\partial z}{\partial x} = 2x - 1, \qquad \frac{\partial z}{\partial y} = 4y.$$

Portanto o ponto crítico é $(1/2, 0)$, onde $z = -1/4$. Na fronteira de E, temos $x^2 + y^2 = 1$, de modo que $z = 2 - x - x^2$, $1 \leqq x \leqq 1$. Para essa função, o máximo absoluto encontrado é $2\frac{1}{4}$, realizado no ponto crítico $x = -\frac{1}{2}$; o mínimo absoluto é 0, na extremidade $x = 1$. Portanto o máximo absoluto é $2\frac{1}{4}$, realizado em $(-\frac{1}{2}, \pm\sqrt{\frac{3}{2}})$, e o mínimo absoluto é $-\frac{1}{4}$, realizado em $(\frac{1}{2}, 0)$. Como o mínimo ocorre *dentro* de E, ele também é um mínimo relativo; isso pode ser verificado por meio de (2-122), ..., (2-125). Nesse caso, temos

$$A = \frac{\partial^2 z}{\partial x^2} = 2, \quad B = \frac{\partial^2 z}{\partial x\, \partial y} = 0, \quad C = \frac{\partial^2 z}{\partial y^2} = 4,$$

de modo que (2-123) está satisfeita.

O máximo e o mínimo na fronteira podem ser analisados pelo método dos multiplicadores de Lagrange, que explicaremos na seção seguinte.

Toda a exposição precedente pode ser estendida a funções de três ou mais variáveis, sem modificação profunda. Assim, num ponto crítico (x_0, y_0, z_0) de $w = f(x, y, z)$, todas as três derivadas $\partial w/\partial x$, $\partial w/\partial y$, $\partial w/\partial z$ são nulas, de sorte que é nula no ponto (x_0, y_0, z_0) a derivada direcional

$$\nabla_u w = \frac{\partial w}{\partial x} \cos\alpha + \frac{\partial w}{\partial y} \cos\beta + \frac{\partial w}{\partial z} \cos\gamma$$

na direção de um vetor unitário arbitrário $\boldsymbol{u} = \cos\alpha \boldsymbol{i} + \cos\beta \boldsymbol{j} + \cos\gamma \boldsymbol{k}$. Essa derivada direcional é a derivada dw/ds de uma função de uma variável s que serve de coordenada numa reta passando por (x_0, y_0, z_0) na direção de $\boldsymbol{u}$. Para analisar o ponto crítico, emprega-se a derivada segunda $d^2w/ds^2 = \nabla_u \nabla_u w$:

$$\begin{aligned}\nabla_u \nabla_u w &= \frac{\partial}{\partial x}(\nabla_u w) \cos\alpha + \frac{\partial}{\partial y}(\nabla_u w) \cos\beta + \frac{\partial}{\partial z}(\nabla_u w) \cos\gamma \\ &= \frac{\partial^2 w}{\partial x^2} \cos^2\alpha + 2\frac{\partial^2 w}{\partial x\, \partial y} \cos\alpha \cos\beta + 2\frac{\partial^2 w}{\partial x\, \partial z} \cos\alpha \cos\gamma \qquad (2\text{-}126) \\ &\quad + \frac{\partial^2 w}{\partial y^2} \cos^2\beta + 2\frac{\partial^2 w}{\partial y\, \partial z} \cos\beta \cos\gamma + \frac{\partial^2 w}{\partial z^2} \cos^2\gamma.\end{aligned}$$

Se essa expressão for positiva para todo $\boldsymbol{u}$, então w tem um mínimo relativo em (x_0, y_0, z_0). É possível obter critérios algébricos para decidir se essa "forma quadrática" é positiva; ver: *A Survey of Modern Algebra* (New York: Macmillan, 1941), de G. Birkhoff e S. MacLane, pp. 243 e segs.

2-16. MÁXIMOS E MÍNIMOS DE FUNÇÕES COM CONDIÇÕES SUPLEMENTARES. MULTIPLICADORES DE LAGRANGE. Um problema de considerável importância prática consiste em achar o máximo ou mínimo de uma função de várias variáveis, onde as variáveis estão relacionadas por uma ou mais equações, chamadas "condições suplementares". Por exemplo, o problema de determinar o raio da maior esfera inscritível no elipsóide $x^2 + 2y^2 + 3z^2 = 6$ é equivalente a achar o mínimo da função $w = x^2 + y^2 + z^2$, com a condição suplementar: $x^2 + 2y^2 + 3z^2 = 6$.

Para resolver tais problemas, podemos, quando possível, tentar eliminar algumas das variáveis usando as condições suplementares e, de um modo ou outro, reduzir o problema a um problema comum de máximos e mínimos do tipo tratado na seção precedente. Nem sempre tal procedimento é praticável e, freqüentemente, o método dado a seguir é mais conveniente; outrossim esse método trata as variáveis de uma maneira mais simétrica, de sorte que várias simplificações podem ser feitas, eventualmente.

Para ilustrar o método, consideremos o problema de achar o máximo de $w = f(x, y, z)$, onde são dadas as equações $g(x, y, z) = 0$ e $h(x, y, z) = 0$. As equações $g = 0$ e $h = 0$ descrevem duas superfícies no espaço e, portanto, o problema consiste em determinar o máximo de $f(x, y, z)$ quando (x, y, z) percorre a curva de interseção dessas superfícies. Num ponto de máximo, a derivada de f ao longo da curva, ou seja, a derivada direcional ao longo da tangente à curva, tem de ser nula. Essa derivada direcional é a componente do vetor ∇f ao longo da tangente. Segue-se que ∇f deve pertencer a um plano normal à curva no ponto. Esse plano contém também os vetores ∇g e ∇h (Sec. 2-9); ou seja, os vetores ∇f, ∇g, e ∇h são coplanares no ponto. Logo (Sec. 1-5), devem existir escalares λ_1 e λ_2 tais que

$$\nabla f + \lambda_1 \nabla g + \lambda_2 \nabla h = 0 \tag{2-127}$$

no ponto crítico. Essa equação equivale a três equações escalares:

$$\frac{\partial f}{\partial x} + \lambda_1 \frac{\partial g}{\partial x} + \lambda_2 \frac{\partial h}{\partial x} = 0, \quad \frac{\partial f}{\partial y} + \lambda_1 \frac{\partial g}{\partial y} + \lambda_2 \frac{\partial h}{\partial y} = 0,$$
$$\frac{\partial f}{\partial z} + \lambda_1 \frac{\partial g}{\partial z} + \lambda_2 \frac{\partial h}{\partial z} = 0. \tag{2-128}$$

Essas três equações, junto com as equações $g(x, y, z) = 0$, $h(x, y, z) = 0$, formam um sistema de cinco equações nas cinco incógnitas $x, y, z, \lambda_1, \lambda_2$. Resolvendo para x, y, z, ficam determinados os pontos críticos na curva. Podem-se verificar ainda êsses pontos críticos por meio da "derivada direcional segunda", como na seção precedente.

Aqui, admitimos sem discussão que as superfícies $g = 0$, $h = 0$ se interceptam dando uma curva e que ∇g e ∇h são linearmente independentes. Os casos onde falham essas condições são degenerados e exigem uma investigação mais profunda (ver a Sec. 2-17).

Em geral, o método descrito pode ser aplicado. Para localizar os pontos críticos de $w = f(x, y, z, u, \ldots)$, onde as variáveis $x, y, z, \ldots$, estão sujeitas às equações: $g(x, y, z, u, \ldots) = 0$, $h(x, y, z, u, \ldots) = 0, \ldots$, resolve-se o sistema de equações

$$\frac{\partial f}{\partial x} + \lambda_1 \frac{\partial g}{\partial x} + \lambda_2 \frac{\partial h}{\partial x} + \cdots = 0, \quad \frac{\partial f}{\partial y} + \lambda_1 \frac{\partial g}{\partial y} + \lambda_2 \frac{\partial h}{\partial y} + \cdots = 0, \ldots, \tag{2-129}$$
$$g(x, y, z, u, \ldots) = 0, \quad h(x, y, z, u, \ldots) = 0, \ldots$$

para as incógnitas $x, y, z, u, \ldots, \lambda_1, \lambda_2, \ldots$. Os parâmetros $\lambda_1, \lambda_2, \ldots$ são conhecidos como *multiplicadores de Lagrange*.

Exemplo. Para achar os pontos críticos de $w = xyz$, sujeitos à condição $x^2 + y^2 + z^2 = 1$, forma-se a função

$$f + \lambda g = xyz + \lambda(x^2 + y^2 + z^2 - 1)$$

e obtêm-se quatro equações:

$$yz + 2\lambda x = 0, \quad xz + 2\lambda y = 0, \quad xy + 2\lambda z = 0, \quad x^2 + y^2 + z^2 = 1.$$

Multiplicando as três primeiras por x, y, z, respectivamente, somando e usando a quarta equação, acha-se $\lambda = -\frac{1}{2}(3xyz)$. Com essa relação, chega-se facilmente à conclusão de que há 14 pontos críticos: $(0, 0, \pm 1)$, $(0, \pm 1, 0)$, $(\pm 1, 0, 0)$ $(\pm \sqrt{3}/3, \pm \sqrt{3}/3, \pm \sqrt{3}/3)$. Os seis primeiros são pontos de sela, enquanto que, dos oito restantes, quatro são mínimos e quatro são máximos, como mostra uma simples análise dos sinais.

PROBLEMAS

1. Localizar os pontos críticos das funções que seguem, classificá-los, e esboçar um gráfico das funções:

   (a) $y = x^3 - 3x$, (b) $y = 2 \operatorname{sen} x + \operatorname{sen} 2x$, (c) $y = e^{-x} - e^{-2x}$

2. Dar a natureza do ponto crítico de $y = x^n (n = 2, 3, \ldots)$ em $x = 0$.
3. Determinar o máximo absoluto e o mínimo absoluto, quando existem, das seguintes funções:

   (a) $y = \cos x, \quad -\frac{\pi}{2} \leqq x \leqq \frac{\pi}{2}$

   (b) $y = \log x, \quad 0 < x \leqq 1$

   (c) $y = \operatorname{tgh} x, \quad x$ qualquer

   (d) $y = \dfrac{x}{1 + x^2}, \quad x$ qualquer.

4. Achar os pontos críticos das funções seguintes e testá-los para máximos e mínimos:

   (a) $z = \sqrt{1 - x^2 - y^2}$

   (b) $z = 1 + x^2 + y^2$

   (c) $z = 2x^2 - xy - 3y^2 - 3x + 7y$

   (d) $z = x^2 - 5xy - y^2$

   (e) $z = x^2 - 2xy + y^2$

   (f) $z = x^3 - 3xy^2 + y^3$.

5. Achar os pontos críticos das seguintes funções, classificá-los, e esboçar as curvas de nível das funções:

   (a) $z = e^{-x^2 - y^2}$

   (b) $z = x^4 - y^4$

   (c) $z = \operatorname{sen} x \cosh y$

   (d) $z = \dfrac{x}{x^2 + y^2}$.

6. Localizar os pontos críticos das seguintes funções sujeitas às condições suplementares dadas e testá-los para máximos e mínimos:

   (a) $z = x^2 + 24xy + 8y^2$, onde $x^2 + y^2 = 25$;

   (b) $w = x + y$, onde $x^2 + y^2 + z^2 = 1$;

   (c) $w = xyz$, onde $x^2 + y^2 = 1$ e $x - z = 0$.

7. Determinar o ponto da curva

$$x^2 - xy + y^2 - z^2 = 1, \qquad x^2 + y^2 = 1$$

mais próximo à origem (0, 0, 0).

8. Achar o máximo absoluto e o mínimo absoluto, se existirem, das seguintes funções:

(a) $z = \dfrac{1}{1 + x^2 + y^2}$, (x, y) qualquer,

(b) $z = xy, \quad x^2 + y^2 \leqq 1$,

(c) $w = x + y + z, \quad x^2 + y^2 + z^2 \leqq 1$.

9. Determinar o máximo absoluto e o mínimo absoluto de $z = Ax^2 + 2Bxy + Cy^2$ no círculo: $x^2 + y^2 = 1$. Sob que condições o mínimo absoluto é positivo? Sob que condições o máximo absoluto é negativo? Observar que, se tomarmos $x = \cos\alpha$, $y = \operatorname{sen}\alpha$, os resultados obtidos fornecerão os critérios (2-122) e (2-123). [*Sugestão:* usar o multiplicador de Lagrange, indicando-o por $-\lambda$. Mostrar que λ verifica a equação do segundo grau:

$$(A - \lambda)(C - \lambda) - B^2 = 0, \text{ e que, nos pontos críticos, tem-se } x = \frac{B}{\lambda - A}y.$$

Mostrar que, nos pontos críticos, tem-se $z = \lambda$. Em seguida, determinar as condições em que a maior raiz λ é negativa e as condições em que a menor raiz é positiva.]

10. Demonstrar que, nas condições enunciadas, vale o critério (2-119) para o mínimo. [*Sugestão:* a função $\nabla_\alpha\nabla_\alpha f(x_0, y_0)$ é contínua em α para $0 \leqq \alpha \leqq 2\pi$ e tem um mínimo M_1, nesse intervalo; conforme (2-119), $M_1 > 0$. Em virtude do Lema Fundamental da Sec. 2-6, $\partial z/\partial x$ e $\partial z/\partial y$ têm diferenciais em (x_0, y_0). Mostrar que isso implica em que

$$\nabla_\alpha f(x, y) = \nabla_\alpha f(x_0, y_0) + s\nabla_\alpha\nabla_\alpha f(x_0, y_0) + \varepsilon s = s\nabla_\alpha\nabla_\alpha f(x_0, y_0) + \varepsilon s,$$

onde $x = x_0 + s\cos\alpha$, $y = y_0 + s\operatorname{sen}\alpha\ (s > 0)$ e $|\varepsilon|$ pode se tornar arbitrariamente pequeno, bastando que s seja suficientemente pequeno. Tomar δ de modo que $|\varepsilon| < \frac{1}{2}M_1$ se $0 < s < \delta$, e mostrar que

$$\nabla_\alpha f(x, y) = s[\nabla_\alpha\nabla_\alpha f(x_0, y_0) + \varepsilon] > 0 \quad \text{para} \quad 0 < s < \delta.$$

Em conseqüência, f aumenta constantemente quando (x, y) afasta-se de (x_0, y_0) numa vizinhança de (x_0, y_0) de raio δ.]

11. *O método dos mínimos quadrados.* Consideremos 5 números: e_1, e_2, e_3, e_4, e_5. Em geral, não é possível achar uma expressão de segundo grau $f(x) = ax^2 + bx + c$ tal que $f(-2) = e_1$, $f(-1) = e_2$, $f(0) = e_3$, $f(1) = e_4$, $f(2) = e_5$. Todavia pode-se tentar tornar o "erro quadrado total"

$$E = (f(-2) - e_1)^2 + (f(-1) - e_2)^2 + (f(0) - e_3)^2 + (f(1) - e_4)^2 + (f(2) - e_5)^2$$

tão pequeno quanto possível. Determinar os valores de a, b, e c tais que E seja mínimo. Esse é o método dos *mínimos quadrados*, fundamental na teoria de estatística e no ajustamento de curvas (ver o Cap. 7).

RESPOSTAS

1. (a) máx. em -1, mín. em 1, (b) máx. em $\pi/3 + 2n\pi$, mín. em $-\pi/3 + 2n\pi$, infl. horiz. em $\pi + 2n\pi$ ($n = 0, \pm 1, \pm 2, \ldots$), (c) máx. em $\log 2$.
2. mín. para $n = 2, 4, 6, \ldots$, infl. horiz. para $n = 3, 5, 7, \ldots$.
3. (a) máx. $= 1$, mín. $= 0$, (b) máx. $= 0$, (c) não há nem máx. nem mín., (d) máx. $= \frac{1}{2}$, mín. $= -\frac{1}{2}$.
4. (a) máx. em $(0, 0)$, (b) mín. em $(0, 0)$, (c) ponto de sela em $(1, 1)$, (d) ponto de sela em $(0, 0)$, (e) pontos críticos em toda a reta $y = x$, sendo cada ponto um mínimo relativo, (f) ponto de sela triplo em $(0, 0)$.
5. (a) máx. em $(0, 0)$, (b) ponto de sela em $(0, 0)$, (c) pontos de sela em $\pi/2 + 2n\pi$ ($n = 0, \pm 1, \pm 2, \ldots$), (d) nenhum ponto crítico [descontinuidade em $(0, 0)$].
6. (a) máx. em $(\pm 3, \pm 4)$, mín. em $(\pm 4, \mp 3)$, (b) máx. em $\left(\frac{1}{\sqrt{2}}, 0, \frac{1}{\sqrt{2}}\right)$, mín. em $\left(-\frac{1}{\sqrt{2}}, 0, -\frac{1}{\sqrt{2}}\right)$, (c) máx. em $\left(\pm\sqrt{\frac{2}{3}}, \sqrt{\frac{1}{3}}, \pm\sqrt{\frac{2}{3}}\right)$ e $(0, -1, 0)$, mín. em $\left(\pm\sqrt{\frac{2}{3}}, -\sqrt{\frac{1}{3}}, \pm\sqrt{\frac{2}{3}}\right)$ e $(0, 1, 0)$.
7. $(0, \pm 1, 0)$ e $(\pm 1, 0, 0)$.
8. (a) máx. $= 1$, (b) máx. $= \frac{1}{2}$, mín. $= -\frac{1}{2}$, (c) máx. $= \sqrt{3}$, mín. $= -\sqrt{3}$.
9. $B^2 - AC < 0$, $A + C > 0$; $B^2 - AC < 0$, $A + C < 0$.
11. $a = \frac{1}{14}(2e_1 - e_2 - 2e_3 - e_4 + 2e_5)$, $b = \frac{1}{10}(-2e_1 - e_2 + e_4 + 2e_5)$, $c = \frac{1}{35}(-3e_1 + 12e_2 + 17e_3 + 12e_4 - 3e_5)$.

*2-17. DEPENDÊNCIA FUNCIONAL. No que vimos até aqui do presente capítulo, a condição de uma derivada ou um jacobiano ser nulo desempenhou um papel de destaque. Assim, na Sec. 2-8, foi necessária a condição do jacobiano *não* ser nulo para obter as derivadas de funções implícitas; na Sec. 2-15, impusemos que todas as derivadas parciais fôssem nulas a fim de localizar pontos críticos. Na presente seção, consideramos essas questões sob um ângulo mais geral, dando ênfase a certos casos extremos que são importantes.

Seja $w = f(x, y)$ uma função definida num domínio D. Se $\nabla w = (\partial f/\partial x)\mathbf{i} + (\partial f/\partial y)\mathbf{j}$ não for $\mathbf{0}$ em D, então as curvas de nível $f(x, y) =$ const. de w são curvas bem definidas, passando uma por cada ponto de D. É conclusão que vem do teorema das funções implícitas, mencionado depois das igualdades (2-48); em cada ponto (x_1, y_1), temos ou $\partial f/\partial x \neq 0$ ou $\partial f/\partial y \neq 0$, de sorte que (2-51) nos dá uma derivada bem determinada para a função implícita. Desse modo, a família de curvas de nível não tem nenhuma singularidade, conforme mostra a Fig. 2-15.

Singularidades aparecerão se $\nabla w = \mathbf{0}$ em certos pontos de D. Esses pontos são justamente os pontos críticos considerados na Sec. 2-15. A Fig. 2-14 mostrou algumas das complicações possíveis.

O caso extremo é aquele em que $\nabla w \equiv \mathbf{0}$ em D, isto é, quando todo ponto de D é crítico. Nesse caso, $\partial f/\partial x \equiv 0$ e $\partial f/\partial y \equiv 0$ em D e conclui-se que f é constante em D:

Teorema. *Seja $f(x, y)$ uma função definida num domínio D e suponhamos que*

$$\frac{\partial f}{\partial x} \equiv 0, \quad \frac{\partial f}{\partial y} \equiv 0 \tag{2-130}$$

em D. Então existe uma constante c tal que

$$f \equiv c \tag{2-131}$$

em D.

Demonstração. Sejam $P_1(x_1, y_1)$ e $P_2(x_2, y_2)$ dois pontos de D tais que o segmento de reta $P_1 P_2$ pertença a D. Seja $P(x, y)$ um ponto variável desse segmento e seja s a distância $P_1 P$. Nessas condições, a derivada direcional de f em P na direção $\overrightarrow{P_1 P_2}$ é igual a df/ds; como $\partial f/\partial x \equiv 0$ e $\partial f/\partial y \equiv 0$, tem-se $df/ds \equiv 0$. Logo, em virtude de um conhecido teorema para funções de uma variável (Sec. 0-8), a função f, como função de s, é constante em $P_1 P_2$. Portanto $f(x_1, y_1) = f(x_2, y_2) = c$, para algum c. Mas todo ponto de D pode ser ligado a P_1 por uma linha poligonal (ver a Sec. 2-2 e a Fig. 2-1); logo, repetindo o argumento que acabamos de ver, conclui-se que $f(x, y) = f(x_1, y_1) = c$ para todo ponto (x, y) de D. Com isso fica demonstrado o teorema.

Consideremos agora duas funções $u = f(x, y)$ e $v = g(x, y)$ definidas em D. Suponhamos que $\nabla f \neq \mathbf{0}$ em D e $\nabla g \neq \mathbf{0}$ em D, de sorte que ambas funções possuem curvas de nível bem definidas, como na Fig. 2-15. "Em geral", as duas famílias de curvas de nível determinam coordenadas curvilíneas em D assim como uma transformação de D num *domínio* do plano uv; será esse o caso se o jacobiano $\partial(f, g)/\partial(x, y)$ for diferente de 0 em D, como mostra um estudo do teorema da função implícita. Deve-se notar que a condição: $\partial(f, g)/\partial(x, y) = 0$ é equivalente à condição: $\nabla f \times \nabla g = \mathbf{0}$, isto é, que ∇f e ∇g sejam dois vetores colineares, pois

$$\nabla f \times \nabla g = \begin{vmatrix} \mathbf{i} & \mathbf{j} & \mathbf{k} \\ \dfrac{\partial f}{\partial x} & \dfrac{\partial f}{\partial y} & 0 \\ \dfrac{\partial g}{\partial x} & \dfrac{\partial g}{\partial y} & 0 \end{vmatrix} = \mathbf{k}\,\frac{\partial(f, g)}{\partial(x, y)}.$$

Quando esses vetores são colineares, as curvas de nível $f = $ const. e $g = $ const. são tangentes, as coordenadas curvilíneas estão perturbadas, e a transformação que leva no plano uv pode ser degenerada.

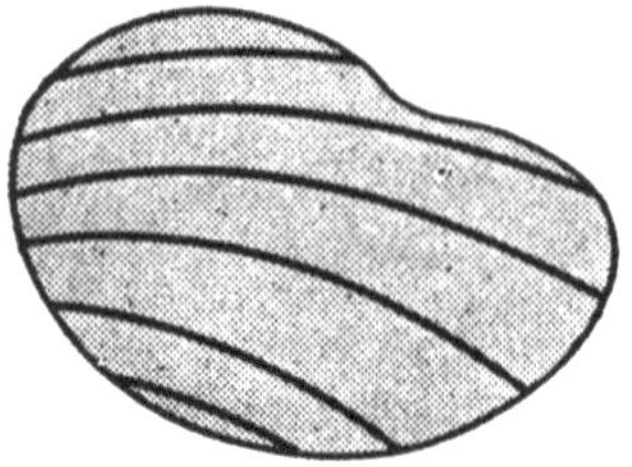

Figura 2-15

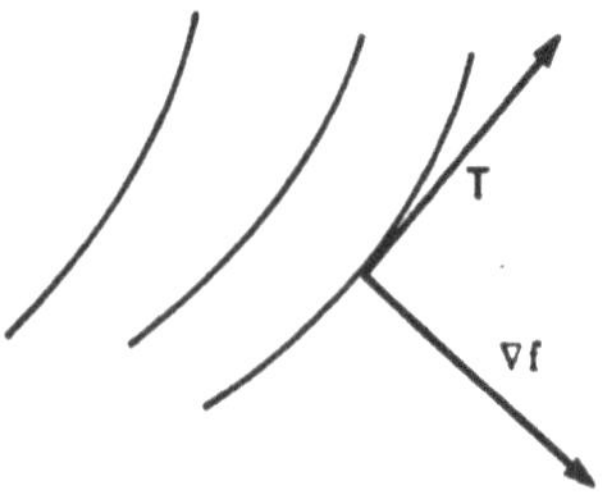

Figura 2-16

No caso extremo que ora examinamos, supôs-se que $\nabla f \times \nabla g \equiv \mathbf{0}$ em D, ou, de modo equivalente, que $\partial(f, g)/\partial(x, y) \equiv 0$ em D. Nesse caso, afirmamos que *toda curva de nível de f é uma curva de nível de g*, e reciprocamente, pois todo vetor tangente a uma curva de nível $f =$ const. é um vetor perpendicular ao vetor normal $(\partial f/\partial x)\boldsymbol{i} + (\partial f/\partial y)\boldsymbol{j}$. Como $\boldsymbol{T} = -(\partial f/\partial y)\boldsymbol{i} + (\partial f/\partial x)\boldsymbol{j}$ é perpendicular ao vetor normal, $\boldsymbol{T}$ é um tal vetor tangente (Fig. 2-16). A componente de ∇g na direção dessa tangente é 0, dado que

$$\nabla g \cdot \boldsymbol{T} = \frac{\partial g}{\partial x}\left(-\frac{\partial f}{\partial y}\right) + \frac{\partial g}{\partial y}\frac{\partial f}{\partial x} = \frac{\partial(f, g)}{\partial(x, y)} \tag{2-132}$$

e o jacobiano é nulo, por hipótese. Portanto a derivada direcional de g ao longo da curva é 0 e g é, necessariamente, constante. Assim, *se $\partial(f, g)/\partial(x, y) \equiv 0$ em D, então as curvas de nível de f e g coincidem. Reciprocamente, se f e g tiverem as mesmas curvas de nível, então $\partial(f, g)/\partial(x, y) \equiv 0$ em D*, pois o argumento acima usado pode ser invertido.

Exemplo. Consideremos as duas funções $f(x, y) = e^x \operatorname{sen} y$ e $g(x, y) = x + \log \operatorname{sen} y$, definidas para $0 < x < 1$ e $0 < y < \pi$. Então

$$\frac{\partial(f, g)}{\partial(x, y)} = \begin{vmatrix} e^x \operatorname{sen} y & e^x \cos y \\ 1 & \operatorname{cotg} y \end{vmatrix} = e^x \cos y - e^x \cos y \equiv 0.$$

Neste exemplo, as funções f e g estão relacionadas pela identidade:

$$\log f(x, y) - g(x, y) \equiv 0$$

no domínio considerado; ou seja, g é simplesmente a função $\log f$, uma "função da função". Desse fato decorre que, numa curva de nível $f =$ const. $= c$, verifica-se também que $g =$ const. $= \log c$. De modo geral, duas funções f e g relacionadas por uma identidade

$$F[f(x, y), g(x, y)] \equiv 0, \tag{2-133}$$

num dado domínio D, são ditas *funcionalmente dependentes* em D. Nessa relação, $F[u, v]$ é uma função das variáveis u, v tal que $F[f(x, y), g(x, y)]$ está definida em D e, a fim de eliminar casos degenerados, supomos que $\nabla F \neq \mathbf{0}$ para o domínio de u, v em questão.

Teorema. *Se $f(x, y)$ e $g(x, y)$ são deriváveis num domínio conexo D e funcionalmente dependentes em D, então*

$$\frac{\partial(f, g)}{\partial(x, y)} \equiv 0, \tag{2-134}$$

de sorte que as curvas de nível de f e de g coincidem. Reciprocamente, se vale (2-134) *e se* $\nabla f \neq \mathbf{0}$, $\nabla g \neq \mathbf{0}$, *então, em alguma vizinhança de cada ponto D, f e g são funcionalmente dependentes.*

Demonstração. Suponhamos que f e g sejam funcionalmente dependentes em D, de modo que se verifique (2-133) para uma $F[u, v]$ conveniente. Derivando (2-133) com respeito a x e y e usando as regras de cadeia, obtêm-se as identidades:

$$\frac{\partial F}{\partial u}\frac{\partial f}{\partial x} + \frac{\partial F}{\partial v}\frac{\partial g}{\partial x} \equiv 0, \qquad \frac{\partial F}{\partial u}\frac{\partial f}{\partial y} + \frac{\partial F}{\partial v}\frac{\partial g}{\partial y} \equiv 0. \tag{2-135}$$

Como $\partial F/\partial u$ e $\partial F/\partial v$ não são simultaneamente nulas, essas equações somente serão consistentes se o "determinante dos coeficientes" for zero (Sec. 0-3), isto é, unicamente se

$$\begin{vmatrix} \dfrac{\partial f}{\partial x} & \dfrac{\partial g}{\partial x} \\ \dfrac{\partial f}{\partial y} & \dfrac{\partial g}{\partial y} \end{vmatrix} \equiv 0. \tag{2-136}$$

Logo, vale a relação (2-134).

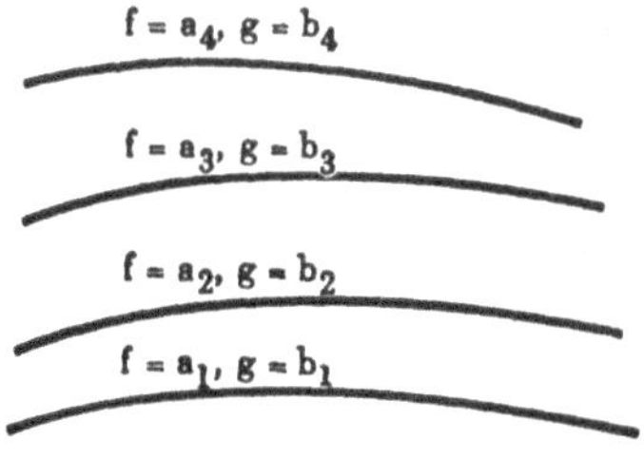

Figura 2-17. Curvas de nível de funções funcionalmente dependentes

Reciprocamente, suponhamos que vale (2-134), de sorte que f e g têm as mesmas curvas de nível. Nessas condições, as equações

$$u = f(x, y), \qquad v = g(x, y) \tag{2-137}$$

definem uma transformação do plano xy no plano uv. Essa transformação é degenerada, pois, ao longo de cada curva de nível de f e de g, os valores de u e v são constantes; então toda a curva de nível é transformada num *único ponto* do plano uv. Consideremos um ponto particular (x_1, y_1) de D; partindo desse ponto e prosseguindo numa direção normal à curva de nível, a função f tem de aumentar ou diminuir, já que $\nabla f \neq 0$; analogamente, g deve aumentar ou diminuir. Assim, uma vizinhança suficientemente pequena do plano xy é transformada pelas equações (2-137) numa curva do plano uv exprimível por $u = \phi(v)$ ou $v = \phi(u)$. Logo, tem-se $f(x, y) - \phi[g(x, y)] \equiv 0$ nessa vizinhança, e f e g são funcionalmente dependentes.

A demonstração que acabamos de ver destaca o efeito da condição $\partial(f, g)/\partial(x, y) \equiv 0$ sobre a transformação (2-137): essa aplicação transforma D não num domínio mas numa *curva* ou em várias curvas. Para as funções $f = e^x$ sen y, $g = x + \log \operatorname{sen} y$, a curva correspondente é dada por uma parte do gráfico de $\log u - v = 0$.

Os resultados obtidos podem ser generalizados para o caso de 3 funções com 3 variáveis ou, em geral, de n funções a n variáveis. Por exemplo, para 3 funções de 3 variáveis, a dependência funcional:

$$F[f(x, y, z), g(x, y, z), h(x, y, z)] \equiv 0 \tag{2-138}$$

é equivalente, como acima, à condição

$$\frac{\partial(f, g, h)}{\partial(x, y, z)} \equiv 0. \tag{2-139}$$

Essa última condição, por sua vez, é equivalente a afirmar que os três vetores ∇f, ∇g, ∇h são coplanares em cada ponto, de modo que as três famílias de superfícies de nível têm uma direção tangente em comum em cada ponto.

Pode-se ainda considerar o caso de m funções de n variáveis:

$$f_1(x_1, \ldots, x_n), \ldots, f_m(x_1, \ldots, x_n).$$

Se $m \leqq n$, a dependência funcional

$$F[f_1(x_1, \ldots, x_n), \ldots, f_m(x_1, \ldots, x_n)] \equiv 0 \tag{2-140}$$

equivale à condição:

$$\frac{\partial(f_1, \ldots, f_m)}{\partial(x_{i_1}, x_{i_2}, \ldots, x_{i_m})} \equiv 0 \tag{2-141}$$

para todas as escolhas de m índices distintos $i_1, \ldots, i_m$ dentre os n números $1, \ldots, n$. Por exemplo, para duas funções $f(x, y, z)$, $g(x, y, z)$ de três variáveis, a condição consiste em:

$$\frac{\partial(f, g)}{\partial(x, y)} \equiv 0, \quad \frac{\partial(f, g)}{\partial(y, z)} \equiv 0, \quad \frac{\partial(f, g)}{\partial(x, z)} \equiv 0. \tag{2-142}$$

Se $m = 1$, a condição reduz-se simplesmente a:

$$\frac{\partial f}{\partial x} = 0, \quad \frac{\partial f}{\partial y} = 0, \ldots \tag{2-143}$$

e portanto, como no primeiro teorema da presente seção, à identidade:

$$f(x, y, \ldots) \equiv \text{const.}, \tag{2-144}$$

que pode ser corretamente interpretada como um tipo de "dependência funcional".

Se m for maior que n, a questão perderá muito do seu interesse, pois, nesse caso, haverá sempre meio de se obter alguma forma de dependência funcional. Por exemplo, dadas três funções de duas variáveis,

$$u = f(x, y), \quad v = g(x, y), \quad w = h(x, y),$$

pode-se "em geral" eliminar x e y, e obter uma única equação:

$$F(u, v, w) = 0.$$

Isso equivale a dizer que os três vetores ∇f, ∇g, ∇h do plano xy são necessariamente coplanares.

*2-18. DERIVADAS E DIFERENÇAS. O cálculo diferencial baseia-se na determinação de limites de expressões da forma $\Delta y/\Delta x$ quando o acréscimo Δx tende a zero. Em alguns problemas práticos, pode acontecer que não se consiga determinar o limite; é o que ocorre, em particular, quando a função que se quer derivar é dada por uma tabela de valores da função correspondentes a valores especiais das variáveis independentes. Em tal situação, é importante saber calcular derivadas aproximadamente. Na presente seção, vamos considerar sucintamente alguns casos particulares desse problema; uma discussão mais detalhada será desenvolvida no Cap. 10.

Seja $y = f(x)$ uma função cujos valores são conhecidos para $x = x_1$, $x = x_2$, $x = x_3, \ldots$, conforme se vê na Fig. 2-18. Para calcular a derivada em x_1, podemos usar a definição de derivada do seguinte modo:

$$f'(x_1) \sim \frac{f(x_2) - f(x_1)}{x_2 - x_1}. \tag{2-145}$$

Figura 2-18

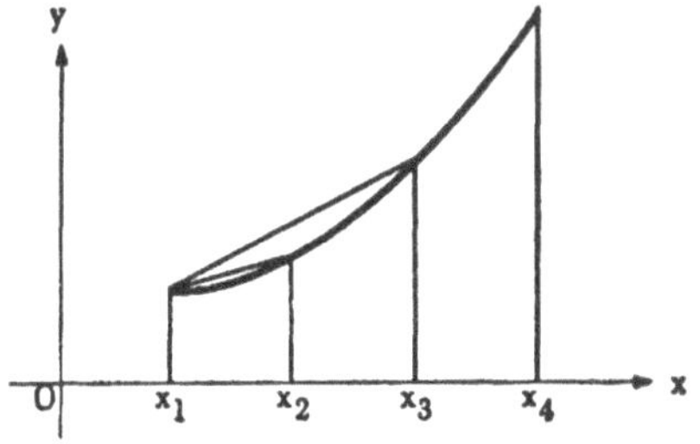

O símbolo $\sim$ será usado sempre que houver uma fórmula de aproximação. Isso equivale a tomar por derivada a inclinação do segmento que une os pontos $[x_1, f(x_1)]$, $[x_2, f(x_2)]$. No ponto x_2, podemos usar uma fórmula semelhante; há, todavia, uma outra possibilidade: considerar a inclinação do segmento que une os pontos à esquerda e à direita de $[x_2, f(x_2)]$. Assim, podemos colocar:

$$f'(x_2) \sim \frac{f(x_3) - f(x_1)}{x_3 - x_1}. \tag{2-146}$$

A regularidade na distribuição dos pontos $x_1, x_2, x_3, \ldots$, dirá se essa fórmula é mais precisa do que a fórmula (2-145). No caso de um espaçamento uniforme, com intervalos $h = x_2 - x_1 = x_3 - x_2 = \cdots$, a fórmula (2-146) é escrita

$$f'(x_2) \sim \frac{f(x_2 + h) - f(x_2 - h)}{2h}. \tag{2-147}$$

Demonstra-se, sob hipóteses apropriadas, que essa fórmula é "em geral" consideravelmente melhor que (2-145). Se a curva for convexa, como a da Fig. 2-18, uma análise gráfica confirmará isso claramente.

Para calcular a derivada segunda de $f(x)$, podemos, antes de mais nada, usar os valores calculados de $f'(x)$, sem nos preocuparmos com o método empregado. No caso de intervalos regulares, podemos raciocinar como segue. Os quocientes

$$\frac{f(x_2 + h) - f(x_2)}{h}, \quad \frac{f(x_2) - f(x_2 - h)}{h}$$

são boas aproximações para $f'(x)$ nos pontos médios respectivos $x_2 + \frac{1}{2}h$, $x_2 - \frac{1}{2}h$. Empregando novamente o princípio de (2-147), podemos calcular $f''(x_2)$ por meio da fórmula

$$f''(x_2) \sim \frac{\dfrac{f(x_2 + h) - f(x_2)}{h} - \dfrac{f(x_2) - f(x_2 - h)}{h}}{h},$$

que se reduz a

$$f''(x_2) \sim \frac{f(x_2 + h) - 2f(x_2) + f(x_2 - h)}{h^2}. \tag{2-148}$$

Observar que o numerador dessa fração é simplesmente a "segunda diferença" de f em x_2, isto é, a diferença das "primeiras diferenças";

$$f(x_2 + h) - f(x_2), \quad f(x_2) - f(x_2 - h).$$

Derivadas de ordem superior podem ser obtidas de maneira semelhante. As fórmulas acima dadas também podem ser usadas para derivadas parciais que envolvem apenas uma variável independente. Por exemplo, se os valores $f(x, y)$ forem conhecidos, dados por intervalos h de x, então

$$\frac{\partial^2 f}{\partial x^2} \sim \frac{f(x + h, y) - 2f(x, y) + f(x - h, y)}{h^2}, \tag{2-149}$$

e, se o mesmo ocorrer em y, poderemos aproximar o laplaciano de f pela expressão

$$\nabla^2 f = \frac{\partial^2 f}{\partial x^2} + \frac{\partial^2 f}{\partial y^2} \sim$$

$$\sim \frac{f(x + h, y) + f(x, y + h) + f(x - h, y) + f(x, y - h) - 4f(x, y)}{h^2}. \tag{2-150}$$

Assim, a equação de Laplace, sob a forma de diferenças, é:

$$f(x, y) = \tfrac{1}{4}[f(x+h, y) + f(x, y+h) + f(x-h, y) + f(x, y-h)]. \quad (2\text{-}151)$$

Essa equação é o ponto de partida da maior parte dos métodos numéricos de resolução da equação de Laplace; ver também o Cap. 10. Deve-se notar que a Eq. (2-151) diz que o valor de f em (x, y) é igual à média de seus valores nos vértices de um quadrado de centro (x, y); demonstra-se que, nesse caso, a orientação do quadrado não altera o resultado.

Para calcular uma derivada mista como $\partial^2 f/\partial x \partial y$, podemos seguir pela definição, isto é, calcular inicialmente $\partial f/\partial y$ e em seguida calcular $\partial/\partial x(\partial f/\partial y)$. Para $\partial f/\partial y$ em Q e P da Fig. 2-19, obtemos as expressões

$$\frac{f(x+h, y+h) - f(x+h, y-h)}{2h}, \qquad \frac{f(x-h, y+h) - f(x-h, y-h)}{2h}.$$

Disso vem a fórmula

$$\frac{\partial^2 f}{\partial x\, dy} \sim \frac{f(x+h, y+h) - f(x+h, y-h) - f(x-h, y+h) + f(x-h, y-h)}{4h^2}. \quad (2\text{-}152)$$

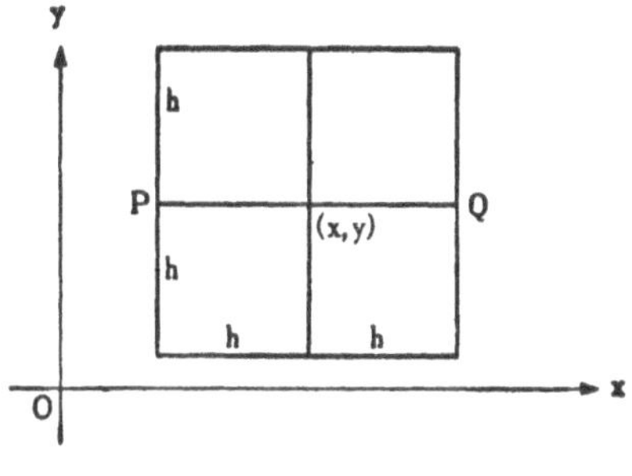

Figura 2-19

PROBLEMAS

1. Sabe-se que uma função $f(x, y)$, definida para todo (x, y), satisfaz às condições

$$f(x, 0) = \text{sen}\, x, \qquad \frac{\partial f}{\partial y} \equiv 0.$$

Calcular $f(\pi/2, 2)$, $f(\pi, 3)$, $f(x, 1)$.

2. Duas funções $f(x, y)$ e $g(x, y)$ são tais que

$$\nabla f \equiv \nabla g$$

num domínio D. Mostrar que

$$f \equiv g + c$$

para alguma constante c.

3. Determinar todas as funções $f(x, y)$ cujas derivadas parciais segundas são identicamente 0.
4. Uma função $f(x, y)$, definida para todo (x, y), é tal que $\partial f/\partial y \equiv 0$. Mostrar que existe uma função $g(x)$ tal que

$$f(x, y) \equiv g(x).$$

5. Determinar todas as funções $f(x, y)$ tais que $\partial^2 f/\partial x\, \partial y \equiv 0$ para todo (x, y). [*Sugestão:* ver o Prob. 4.]
6. Mostrar que os seguintes grupos de funções são funcionalmente dependentes:

(a) $f = \dfrac{y}{x}, \quad g = \dfrac{x - y}{x + y}$;
(b) $f = x^2 + 2xy + y^2 + 2x + 2y, \quad g = e^x e^y$;
(c) $f = x^2 y - xy^2 + xyz, \; g = xy + x - y + z, \; h = x^2 + y^2 + z^2 - 2yz + 2xz$;
(d) $f = u + v - x, \quad g = x - y + u, \quad h = u - 2v + 5x - 3y$.

7. Achar uma identidade que relaciona cada um dos grupos de funções do Prob. 6.
8. Esboçar as curvas de nível das funções f e g do Prob. 6 (a) e (b).
9. Sejam $f(x, y)$ e $g(x, y, u)$ duas funções tais que

$$\frac{\partial f}{\partial x}\frac{\partial g}{\partial y} - \frac{\partial f}{\partial y}\frac{\partial g}{\partial x} = 0$$

se $u = f(x, y)$. Nessas condições, mostrar que

$$f(x, y) \quad \text{e} \quad g[x, y, f(x, y)]$$

são funcionalmente dependentes.
10. Sejam $u(x, y)$ e $v(x, y)$ duas funções harmônicas em um domínio D e que têm nenhum ponto crítico em D. Mostrar que, se u e v forem funcionalmente dependentes, então elas serão "linearmente" dependentes: existem constantes convenientes a e b tais que $u = av + b$. [*Sugestão:* adotar uma relação da forma $u = f(v)$ e tomar o laplaciano de ambos lados.]
11. Estabelecer uma tabela para $f(x) = e^x - x$, quando $x = 0$, 1/10, 2/10, 3/10, 4/10, 5/10. Calcular $f'(x)$ a partir dos valores da tabela para $x = 0$, 1/10, 2/10, 3/10, 4/10, 5/10. Calcular $f''(x)$ a partir dos valores da tabela para $x = 1/10$, 2/10, 3/10, 4/10. Comparar com os valores exatos: $f'(x) = e^x - 1$, $f''(x) = e^x$.
12. Comparar a exatidão das fórmulas (2-145) e (2-147) para $f(x) = ax^2 + bx + c$ e para $f(x) = ax^3 + bx^2 + cx + d$.
13. Esboçar o gráfico da função $f(x)$ sabendo que: $f(1) = 1$, $f(11/10) = 12/10$, $f(12/10) = 11/10$, $f(13/10) = 14/10$, $f(14/10) = 14/10$, $f(15/10) = 16/10$. Observar que o gráfico é aproximadamente o mesmo que o de $y = x$. Calcular $f'(x)$ a partir dos valores da tabela. A irregularidade que resulta mostra a

dificuldade que há em derivar uma função empírica. Em geral, é preferível ajustar convenientemente os dados antes de derivar.

14. Estabelecer uma tabela para a função $f(x, y) = x^3y - y^3$, tomando $x = 0$, 1, 2, 3, 4, e $y = 0$, 1, 2, 3, 4. Calcular as derivadas $f_x(2, 2)$, $f_y(2, 2)$, $f_{xx}(2, 2)$, $f_{xy}(2, 2)$, $f_{xxx}(2, 2)$ a partir da tabela. Comparar com os valores exatos.
15. Mostrar que a função harmônica $u = x^2 - y^2$ satisfaz à "equação de Laplace sob a forma de diferenças" (2-151).
16. Dar uma equação sob a forma de diferenças que expresse a equação (2-104) bi-harmônica em (x, y); o resultado deve ser análogo à fórmula (2-151) para a equação de Laplace.

RESPOSTAS

1. 1, 0, sen x.
3. $ax + by + c$, a, b, c constantes arbitrárias.
5. $f(x, y) = g(x) + h(y)$, sendo $g(x)$ e $h(y)$ duas "funções arbitrárias".
16. $f(x, y) = \frac{1}{20}\{-2[f(x+h, y+h) + f(x-h, y+h) + f(x-h, y-h) + f(x+h, y-h)] + 8[f(x+h, y) + f(x, y+h) + f(x-h, y) + f(x, y-h)] - [f(x+2h, y) + f(x, y+2h) + f(x-2h, y) + f(x, y-2h)]\}$.

REFERÊNCIAS

Courant, Richard, J., *Differential and Integral Calculus*. Traduzido para o inglês por E. J. McShane, 2 vols. New York: Interscience, 1947.

Franklin, Philip, *A Treatise in Advanced Calculus*. New York: John Wiley and Sons, Inc., 1940.

Goursat, Édouard, *A Course in Mathematical Analysis*, Vol. I. Traduzido para o inglês por E. R. Hedrick. New York: Ginn and Co., 1904.

Hardy, G. H., *A Course of Pure Mathematics*, 9.ª edição. New York: MacMillan, 1947.

capítulo 3

CÁLCULO DIFERENCIAL VETORIAL

3-1. INTRODUÇÃO. Nas Secs. 1-15 a 1-17 do Cap. 1, a trajetória de um ponto móvel foi descrita dando-se seu vetor-posição $\mathbf{r} = \overrightarrow{OP}$ como uma função do tempo t. Vimos, então, como podemos derivar essa função vetorial para obter o vetor-velocidade do ponto móvel e como uma segunda derivação produzia o vetor-aceleração. Essas operações fazem na verdade parte daquilo que convimos chamar de "cálculo diferencial vetorial".

No presente capítulo, aparece novamente um modelo físico natural – um fluido em movimento. Em cada ponto do fluido, há um vetor-velocidade $\mathbf{v}$, a velocidade da "partícula de fluido" que se acha naquele ponto. Tais vetores são definidos para todos os pontos do fluido e, juntos, eles formam o que se chama de *campo vetorial*. A ilustração está na Fig. 3-1. O campo pode mudar com o tempo ou permanecer inalterado (fluxo *estacionário*).

Pode-se novamente seguir as trajetórias das partículas individuais, as "linhas de corrente", e determinar o vetor-aceleração $\mathbf{a} = d\mathbf{v}/dt$ de cada partícula. Todavia também é possível considerar que o campo das velocidades num dado instante descreve uma função vetorial $\mathbf{v}$ das variáveis x, y, e z, isto é, da posição no espaço. Com isso, a função vetorial $\mathbf{v}(x, y, z)$ pode ser derivada em relação a x, y, e z; ou seja, quando $\mathbf{v}$ varia de um ponto para um outro no espaço, podem-se considerar sua taxa de variação e seu modo de variar.

Verifica-se que o estudo da variação de $\mathbf{v}$ requer não somente derivadas parciais, mas também combinações especiais destas: a *divergência* e o *rotacional*. Em cada ponto do campo, serão definidos dois objetos: um escalar, a divergência de $\mathbf{v}$, indicada por div $\mathbf{v}$, e um vetor, o rotacional de $\mathbf{v}$. A divergência mede a taxa segundo a qual a matéria está sendo retirada da vizinhança de cada ponto, e a condição

$$\text{div}\, \mathbf{v} \equiv 0$$

descreve o escoamento *incompressível* de um líquido. O rotacional é essencialmente uma medida da *velocidade angular* do movimento; no caso em que o fluido está girando como um corpo sólido em torno do eixo z com uma velocidade angular ω (Sec. 1-18), o rotacional de $\mathbf{v}$ é em todo ponto igual a $2\boldsymbol{\omega} = 2\omega\mathbf{k}$.

Há outros exemplos físicos importantes de campos vetoriais, tais como os campos de força causados pela atração gravitacional ou por fontes eletromagnéticas. Uma ilustração desse último exemplo é a conhecida experiência que mostra o efeito de um ímã sobre um punhado de limalha de ferro.

Em muitos casos, os vetores do campo são paralelos a um plano fixo e têm a mesma configuração em cada plano paralelo a esse plano. Nesse caso, o estudo do campo pode ser reduzido a um problema de duas dimensões. Assim, passam a ser estudados os *campos vetoriais* no plano, conforme mostra a Fig. 3-2.

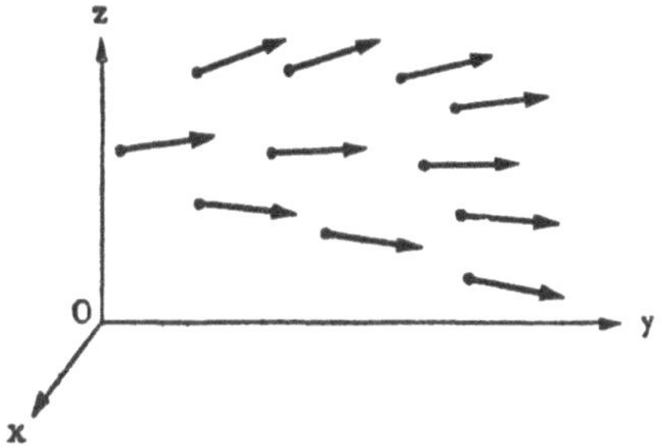

Figura 3-1. Campo vetorial no espaço

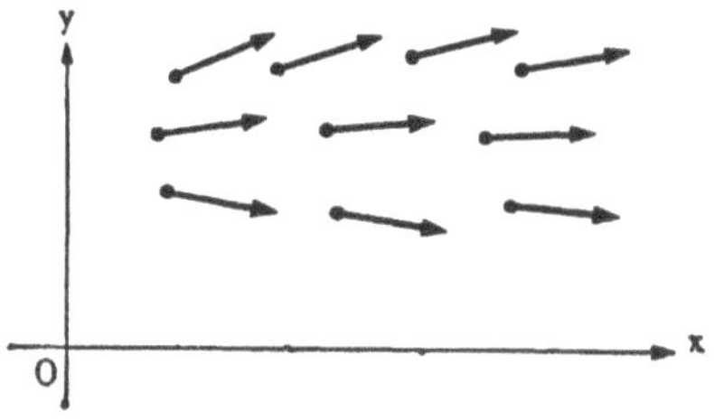

Figura 3-2. Campo vetorial no plano

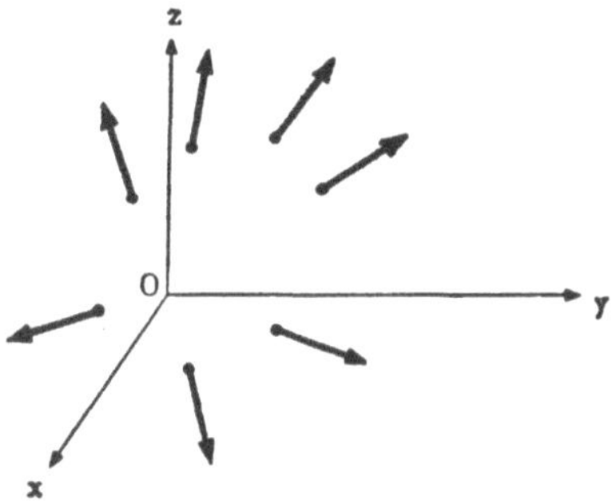

Figura 3-3

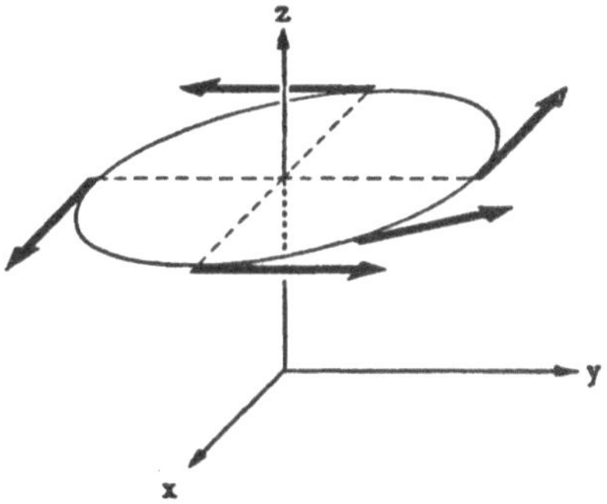

Figura 3-4

3-2. CAMPOS VETORIAIS E CAMPOS ESCALARES. Se a cada ponto (x, y, z) de um domínio D do espaço associamos um vetor $\boldsymbol{v} = \boldsymbol{v}(x, y, z)$, então dizemos que está definido um *campo vetorial* em D. Cada vetor $\boldsymbol{v}$ desse campo será visto como um *vetor ligado* (Sec. 1-2) preso ao ponto (x, y, z) correspondente. Se $\boldsymbol{v}$ for expresso em termos de componentes $\boldsymbol{v} = v_x\boldsymbol{i} + v_y\boldsymbol{j} + v_z\boldsymbol{k}$, então essas componentes também variarão de ponto a ponto, de modo que teremos

$$\boldsymbol{v} = v_x(x, y, z)\boldsymbol{i} + v_y(x, y, z)\boldsymbol{j} + v_z(x, y, z)\boldsymbol{k}, \tag{3-1}$$

isto é, cada campo vetorial equivale a uma tripla de funções escalares nas três variáveis x, y, z.

Exemplo 1. Seja $\boldsymbol{v} = x\boldsymbol{i} + y\boldsymbol{j} + z\boldsymbol{k}$. Nesse caso, $\boldsymbol{v} = \boldsymbol{0}$ na origem; nos demais pontos, $\boldsymbol{v}$ é um vetor que se afasta da origem, como mostra a Fig. 3-3.

Exemplo 2. Seja $\boldsymbol{v} = -y\boldsymbol{i} + x\boldsymbol{j}$. Nesse caso, os vetores podem ser vistos como vetores-velocidade de uma rotação rígida em torno do eixo z. A Fig. 3-4 ilustra esse fato.

Exemplo 3. Indiquemos por $\boldsymbol{F}$ a força gravitacional exercida por uma massa M concentrada na origem, sobre uma partícula de massa m situada em $P(x, y, z)$

A lei da gravidade de Newton afirma que

$$\boldsymbol{F} = -k\frac{Mm}{r^2}\,\frac{\boldsymbol{r}}{r}, \tag{3-2}$$

onde $\boldsymbol{r} = \vec{OP}$ e k é uma constante universal. Aqui, $\boldsymbol{r}/r$ é um vetor unitário, de modo que a intensidade de $\boldsymbol{F}$ é

$$F = \frac{kMm}{r^2},$$

e a força é inversamente proporcional ao quadrado da distância.

O conceito de campo vetorial pode ser restrito ao caso de duas dimensões. Nesse caso, um campo vetorial $\boldsymbol{v}$ num domínio D do plano xy é dado por

$$\boldsymbol{v} = v_x(x, y)\boldsymbol{i} + v_y(x, y)\boldsymbol{j}, \tag{3-3}$$

onde $v_x(x, y)$ e $v_y(x, y)$ são duas funções escalares nas variáveis x e y, definidas em D. As aplicações dos campos de duas dimensões são ligadas principalmente a *problemas no plano*, isto é, problemas que tratam de algum campo vetorial $\boldsymbol{v}$ do espaço tal que $\boldsymbol{v}$ é sempre paralelo ao plano xy e $\boldsymbol{v}$ não depende de z; em outras palavras, $v_z = 0$ e v_x, v_y dependem tão-somente de x e y, como na fórmula (3-3). Usando (3-3), podemos construir os vetores $\boldsymbol{v}$ inicialmente no plano xy e, em seguida, empregando os mesmos vetores, reproduzi-los em qualquer plano paralelo ao plano xy.

Exemplo 4. Seja $\boldsymbol{F}$ um campo definido por

$$\boldsymbol{F} = \frac{1}{[(x+1)^2 + y^2][(x-1)^2 + y^2]}[2(x^2 - y^2 - 1)\boldsymbol{i} + 4xy\boldsymbol{j}]. \tag{3-4}$$

Vemos a ilustração na Fig. 3-5. Esse campo pode ser interpretado como o campo de força elétrica proveniente de dois fios retilíneos e infinitos, perpendiculares ao plano xy em $(1, 0)$ e $(-1, 0)$, eletrificados uniformemente por cargas elétricas opostas.

Se, a cada ponto de um domínio D do espaço, associarmos um escalar, ao invés de um vetor, obteremos um *campo escalar* em D. Por exemplo, a temperatura em cada ponto de uma sala determina um campo escalar. Com a introdução de coordenadas x, y, z o campo escalar dá origem a uma função $f(x, y, z)$ em D. Podemos também considerar campos escalares no plano; todo campo escalar no plano é descrito por uma função $f(x, y)$.

Veremos que os campos escalares dão origem a campos vetoriais (por exemplo, o campo do vetor grad f) e que os campos vetoriais dão origem a campos escalares (por exemplo, o campo do escalar $|\boldsymbol{v}|$).

3-3. O CAMPO GRADIENTE. Seja f um campo escalar dado no espaço e fixemos um sistema de coordenadas, de sorte que $f = f(x, y, z)$ e f está definida num certo domínio do espaço. Se existem as derivadas parciais primeiras de f

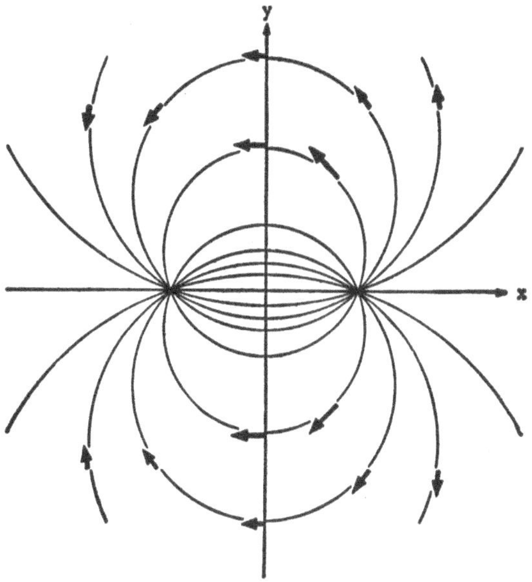

Figura 3-5

nesse domínio, então elas formam as componentes do vetor grad f, o *gradiente* do escalar f. Assim sendo, temos

$$\text{grad}\, f = \frac{\partial f}{\partial x}\boldsymbol{i} + \frac{\partial f}{\partial y}\boldsymbol{j} + \frac{\partial f}{\partial z}\boldsymbol{k}. \tag{3-5}$$

Por exemplo, se $f = x^2y - z^2$, então

$$\text{grad}\, f = 2xy\boldsymbol{i} + x^2\boldsymbol{j} - 2z\boldsymbol{k}.$$

A fórmula (3-5) pode ser escrita sob a seguinte forma simbólica:

$$\text{grad}\, f = \left(\frac{\partial}{\partial x}\boldsymbol{i} + \frac{\partial}{\partial y}\boldsymbol{j} + \frac{\partial}{\partial z}\boldsymbol{k}\right)f, \tag{3-6}$$

onde a multiplicação sugerida é na verdade uma derivação. A expressão entre parênteses é indicada pelo símbolo ∇, que se lê "del" ou "nabla". Assim,

$$\nabla \equiv \frac{\partial}{\partial x}\boldsymbol{i} + \frac{\partial}{\partial y}\boldsymbol{j} + \frac{\partial}{\partial z}\boldsymbol{k}; \tag{3-7}$$

∇ é um "operador diferencial vetorial". Sozinho, o ∇ não tem nenhum significado numérico; o significado surge quando ele é aplicado a uma função, isto é, quando se forma

$$\nabla f \equiv \text{grad}\, f \equiv \frac{\partial f}{\partial x}\boldsymbol{i} + \frac{\partial f}{\partial y}\boldsymbol{j} + \frac{\partial f}{\partial z}\boldsymbol{k}. \tag{3-8}$$

Veremos que o operador ∇ é extremamente útil.

Na Sec. 2-10 vimos que a derivada direcional do escalar f na direção do vetor unitário $\boldsymbol{u} = \cos\alpha\boldsymbol{i} + \cos\beta\boldsymbol{j} + \cos\gamma\boldsymbol{k}$ é dada por

$$\nabla_u f = \nabla f \cdot \boldsymbol{u} = \frac{\partial f}{\partial x}\cos\alpha + \frac{\partial f}{\partial y}\cos\beta + \frac{\partial f}{\partial z}\cos\gamma. \tag{3-9}$$

Isso mostra que grad f tem um significado que não depende do sistema de coordenadas fixado: *a sua componente numa dada direção representa a taxa de variação de f nessa direção.* Em particular, grad f tem a direção de maior variação de f.

O gradiente obedece às seguintes leis:

$$\operatorname{grad}(f + g) = \operatorname{grad} f + \operatorname{grad} g, \tag{3-10}$$
$$\operatorname{grad}(fg) = f \operatorname{grad} g + g \operatorname{grad} f; \tag{3-11}$$

ou seja, usando o símbolo ∇,

$$\nabla(f + g) = \nabla f + \nabla g, \quad \nabla(fg) = f\nabla g + g\nabla f. \tag{3-12}$$

Essas leis são válidas na medida que grad f e grad g existem no domínio considerado. As demonstrações fazem parte dos problemas.

Se f for uma constante c, a regra (3-11) terá uma forma mais simples:

$$\operatorname{grad}(cg) = c \operatorname{grad} g \quad (c = \text{constante}). \tag{3-13}$$

Se abandonarmos os termos em z, a discussão acima ficará imediatamente reduzida a duas dimensões. Assim, para $f = f(x, y)$ teremos:

$$\begin{aligned} \operatorname{grad} f \equiv \nabla f &\equiv \frac{\partial f}{\partial x}\boldsymbol{i} + \frac{\partial f}{\partial y}\boldsymbol{j}, \\ \nabla &\equiv \frac{\partial}{\partial x}\boldsymbol{i} + \frac{\partial}{\partial y}\boldsymbol{j}. \end{aligned} \tag{3-14}$$

PROBLEMAS

1. Esboçar os seguintes campos vetoriais:

   (a) $\boldsymbol{v} = (x^2 - y^2)\boldsymbol{i} + 2xy\boldsymbol{j}$;
   (b) $\boldsymbol{u} = (x - y)\boldsymbol{i} + (x + y)\boldsymbol{j}$;
   (c) $\boldsymbol{v} = -y\boldsymbol{i} + x\boldsymbol{j} + \boldsymbol{k}$.

2. Esboçar as curvas ou superfícies de nível dos seguintes campos escalares:

   (a) $f = xy$, (b) $f = x^2 + y^2 - z^2$.

3. Determinar grad f para os campos escalares do Prob. 2 e traçar alguns dos vetores correspondentes.
4. Mostrar que o campo gravitacional (3-2) é o gradiente do escalar

$$f = \frac{kMm}{r}.$$

5. Mostrar que o campo de forças (3-4) é o gradiente do escalar

$$f = \log \frac{\sqrt{(x-1)^2 + y^2}}{\sqrt{(x+1)^2 + y^2}}.$$

6. Demonstrar as leis (3-10) e (3-11).

3-4. A DIVERGÊNCIA DE UM CAMPO VETORIAL. Dado um campo vetorial $\boldsymbol{v}$ num domínio D do espaço, temos (para um dado sistema de coordenadas) três funções escalares v_x, v_y, v_z. Se essas três funções possuírem derivadas parciais primeiras em D, poderemos formar todas as nove derivadas parciais, que dispomos num arranjo quadrado:

$$\begin{array}{ccc} \dfrac{\partial v_x}{\partial x} & \dfrac{\partial v_x}{\partial y} & \dfrac{\partial v_x}{\partial z} \\[2ex] \dfrac{\partial v_y}{\partial x} & \dfrac{\partial v_y}{\partial y} & \dfrac{\partial v_y}{\partial z} \\[2ex] \dfrac{\partial v_z}{\partial x} & \dfrac{\partial v_z}{\partial y} & \dfrac{\partial v_z}{\partial z} \end{array}$$

A partir dessas derivadas, constrói-se o escalar div $\boldsymbol{v}$, a divergência de $\boldsymbol{v}$, por meio da fórmula:

$$\operatorname{div} \boldsymbol{v} = \frac{\partial v_x}{\partial x} + \frac{\partial v_y}{\partial y} + \frac{\partial v_z}{\partial z}. \tag{3-15}$$

Notar que as derivadas empregadas formam uma diagonal (a diagonal *principal*) do arranjo quadrado.

Por exemplo, se $\boldsymbol{v} = x^2\boldsymbol{i} - xy\boldsymbol{j} + xyz\boldsymbol{k}$, então

$$\operatorname{div} \boldsymbol{v} = 2x - x + xy = x + xy.$$

A fórmula (3-15) pode ser colocada sob a forma simbólica:

$$\operatorname{div} \boldsymbol{v} = \nabla \cdot \boldsymbol{v}, \tag{3-16}$$

pois, tratando ∇ como um vetor, temos

$$\begin{aligned} \nabla \cdot \boldsymbol{v} &= \left(\frac{\partial}{\partial x}\boldsymbol{i} + \frac{\partial}{\partial y}\boldsymbol{j} + \frac{\partial}{\partial z}\boldsymbol{k}\right) \cdot (v_x\boldsymbol{i} + v_y\boldsymbol{j} + v_z\boldsymbol{k}) \\ &= \frac{\partial v_x}{\partial x} + \frac{\partial v_y}{\partial y} + \frac{\partial v_z}{\partial z} = \operatorname{div} \boldsymbol{v}. \end{aligned}$$

À primeira vista, a definição da divergência parece ser bastante arbitrária e depender da escolha dos eixos no espaço. Veremos, na Sec. 3-8, que isso não é verdade. A divergência tem de fato um significado físico bem determinado.

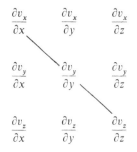

Na dinâmica dos fluidos, ela surge como uma medida da taxa de diminuição da densidade num ponto. Mais precisamente, seja $\boldsymbol{u} = \boldsymbol{u}(x, y, z, t)$ o vetor-velocidade do movimento de um fluido e indiquemos por $\rho = \rho(x, y, z, t)$ a densidade. Então $\boldsymbol{v} = \rho\boldsymbol{u}$ é um vetor cuja divergência satisfaz à equação

$$\operatorname{div} \boldsymbol{v} = -\frac{\partial \rho}{\partial t}. \tag{3-17}$$

Essa é, na verdade, a "equação de continuidade" da mecânica dos fluidos. Se o fluido for incompressível, a equação se reduzirá a uma expressão mais simples:

$$\operatorname{div} \boldsymbol{u} = 0. \tag{3-18}$$

A lei (3-17) será estabelecida no Cap. 5. No Prob. 2 da Sec. 3-6, veremos como se deduz a equação (3-18) a partir de (3-17).

A divergência tem também uma presença importante na teoria dos campos eletromagnéticos. Aqui, a divergência do vetor $\boldsymbol{E}$ de força elétrica satisfaz à equação

$$\operatorname{div} \boldsymbol{E} = 4\pi\rho, \tag{3-19}$$

onde ρ é a densidade de carga. Assim, na ausência de carga, tem-se

$$\operatorname{div} \boldsymbol{E} = 0. \tag{3-20}$$

A divergência goza das propriedades básicas:

$$\operatorname{div}(\boldsymbol{u} + \boldsymbol{v}) = \operatorname{div} \boldsymbol{u} + \operatorname{div} \boldsymbol{v}, \tag{3-21}$$

$$\operatorname{div}(f\boldsymbol{u}) = f \operatorname{div} \boldsymbol{u} + \operatorname{grad} f \cdot \boldsymbol{u}; \tag{3-22}$$

ou seja, na notação do símbolo nabla,

$$\nabla \cdot (\boldsymbol{u} + \boldsymbol{v}) = \nabla \cdot \boldsymbol{u} + \nabla \cdot \boldsymbol{v}, \qquad \nabla \cdot (f\boldsymbol{u}) = f(\nabla \cdot \boldsymbol{u}) + (\nabla f \cdot \boldsymbol{u}).$$

As demonstrações fazem parte dos problemas.

3-5. O ROTACIONAL DE UM CAMPO VETORIAL. A partir das seis derivadas parciais restantes no arranjo da seção precedente, constrói-se um novo campo vetorial, o rotacional de $\boldsymbol{v}$, indicado por rot $\boldsymbol{v}$, por meio da definição:

$$\operatorname{rot} \boldsymbol{v} = \left(\frac{\partial v_z}{\partial y} - \frac{\partial v_y}{\partial z}\right)\boldsymbol{i} + \left(\frac{\partial v_x}{\partial z} - \frac{\partial v_z}{\partial x}\right)\boldsymbol{j} + \left(\frac{\partial v_y}{\partial x} - \frac{\partial v_x}{\partial y}\right)\boldsymbol{k}. \tag{3-23}$$

Observemos que cada componente é formada por elementos colocados simetricamente em relação à diagonal principal. O rotacional pode ser expresso em termos de ∇, pois temos

$$\operatorname{rot} \boldsymbol{v} = \nabla \times \boldsymbol{v} = \begin{vmatrix} \boldsymbol{i} & \boldsymbol{j} & \boldsymbol{k} \\ \dfrac{\partial}{\partial x} & \dfrac{\partial}{\partial y} & \dfrac{\partial}{\partial z} \\ v_x & v_y & v_z \end{vmatrix}. \tag{3-24}$$

O determinante deve ser expandido pelos determinantes menores relativos à primeira linha, para produzir o vetor (3-23).

Na Sec. 3-8, veremos também por que esse campo vetorial tem um significado que não depende da escolha dos eixos. O rotacional é importante na análise de campos de velocidades na mecânica dos fluidos e na análise de campos de forças eletromagnéticas. Podemos interpretar o rotacional como uma medida do movimento angular de um fluido (ver Prob. 16), e a condição

$$\text{rot}\, \boldsymbol{v} = \mathbf{0} \tag{3-25}$$

para um campo de velocidades $\boldsymbol{v}$ caracteriza os chamados *fluxos irrotacionais*. A equação correspondente

$$\text{rot}\, \boldsymbol{E} = \mathbf{0} \tag{3-26}$$

para o vetor $\boldsymbol{E}$ de força elétrica é válida quando somente forças eletrostáticas estão presentes.

O rotacional goza das seguintes propriedades básicas:

$$\text{rot}\,(\boldsymbol{u} + \boldsymbol{v}) = \text{rot}\, \boldsymbol{u} + \text{rot}\, \boldsymbol{v} \tag{3-27}$$

$$\text{rot}\,(f\boldsymbol{u}) = f\, \text{rot}\, \boldsymbol{u} + \text{grad}\, f \times \boldsymbol{u}. \tag{3-28}$$

As demonstrações fazem parte dos problemas.

3-6. COMBINAÇÕES DE OPERAÇÕES. Em conseqüência das novas definições, temos agora à nossa disposição as operações que figuram na Tab. 3-1 abaixo.

Tabela 3-1

	Operação	Símbolos	Aparece na seção (N.°)
Operações algébricas	(a) soma de escalares	$f + g$	0-1
	(b) produtos de escalares	fg	0-1
	(c) soma de vetores	$\boldsymbol{u} + \boldsymbol{v}$	1-3
	(d) produto de um vetor por um escalar	$f\boldsymbol{u}$	1-5
	(e) produto escalar	$\boldsymbol{u} \cdot \boldsymbol{v}$	1-7
	(f) produto vetorial	$\boldsymbol{u} \times \boldsymbol{v}$	1-11
Operações diferenciais	(g) derivada de um escalar	$\frac{df}{dt}, \frac{\partial f}{\partial x}$	0-8, 2-5
	(h) derivada de um vetor	$\frac{d\boldsymbol{v}}{dt}$	1-16
	(i) gradiente de um escalar	$\nabla f \equiv \text{grad}\, f$	3-3
	(j) divergência de um vetor	$\nabla \cdot \boldsymbol{v} \equiv \text{div}\, \boldsymbol{v}$	3-4
	(k) rotacional de um vetor	$\nabla \times \boldsymbol{v} \equiv \text{rot}\, \boldsymbol{v}$	3-5

A teoria da álgebra vetorial, discutida no Cap. 1, diz respeito a propriedades das operações algébricas e suas combinações. A teoria do cálculo diferencial vetorial diz respeito à teoria das operações diferenciais (g) a (k), e suas combinações tanto entre si como com as operações algébricas (a) a (f).

As combinações de (g) e (h) com as operações algébricas foram discutidas na Sec. 1-17.

As combinações de (i), (j) e (k) com (a) e (c) foram discutidas nas Secs. 3-3, 3-4 e 3-5. Os resultados podem ser resumidos numa só regra:

operador sobre uma soma = soma dos operadores sobre os termos. (3-29)

As combinações de (i), (j) e (k) com (b) e (d) também foram discutidas nas Secs. 3-3 a 3-5. Os resultados incluem o caso importante do produto de um escalar ou um vetor por um escalar constante. Aqui, temos a regra geral:

operador sobre um fator escalar constante = fator escalar vezes o operador; (3-30)

ou seja, podemos pôr o escalar constante em evidência. Assim sendo, $\nabla(cf) = c\nabla f$, $\nabla \cdot (c\boldsymbol{u}) = c\nabla \cdot \boldsymbol{u}$, etc. As regras (3-29) e (3-30) caracterizam os chamados *operadores lineares*; portanto o gradiente, a divergência, e o rotacional são operadores lineares.

Quando se examinam as outras combinações possíveis, chega-se a uma longa lista de identidades, algumas das quais vamos considerar aqui. Os problemas cuidam das demonstrações. Todas as derivadas que aparecem são supostas contínuas.

Rotacional de um gradiente. Aqui vale a regra:

$$\operatorname{rot} \operatorname{grad} f = \mathbf{0}. \tag{3-31}$$

O que sugere essa relação é o fato de que $\operatorname{rot} \operatorname{grad} f = \nabla \times (\nabla f)$, isto é, de que $\operatorname{rot} \operatorname{grad} f$ tem o aspecto de um produto de vetores colineares. Há uma recíproca importante:

$$\text{se } \operatorname{rot} \boldsymbol{v} = \mathbf{0}, \text{ então } \boldsymbol{v} = \operatorname{grad} f \text{ para alguma } f; \tag{3-32}$$

outras hipóteses são necessárias aqui e a regra (3-32) deve ser empregada com cautela. Veremos no Cap. 5 uma demonstração e uma discussão completa. Às vezes, um campo vetorial $\boldsymbol{v}$, tal que $\operatorname{rot} \boldsymbol{v} = \mathbf{0}$, é chamado *irrotacional.*

Divergência de um rotacional. Aqui, conclui-se que

$$\operatorname{div} \operatorname{rot} \boldsymbol{v} = 0. \tag{3-33}$$

Novamente, essa relação é sugerida por uma identidade vetorial: $\operatorname{div} \operatorname{rot} \boldsymbol{v} = \nabla \cdot (\nabla \times \boldsymbol{v})$, que se assemelha a um produto triplo escalar de vetores coplanares (Sec. 1-12). Como antes, há uma recíproca:

$$\text{se } \operatorname{div} \boldsymbol{u} = 0, \text{ então } \boldsymbol{u} = \operatorname{rot} \boldsymbol{v} \text{ para algum } \boldsymbol{v}; \tag{3-34}$$

como em (3-32), há restrições no uso de (3-34) e, novamente, veja-se o Cap. 5. Freqüentemente, um campo vetorial $\boldsymbol{u}$ tal que $\operatorname{div} \boldsymbol{u} = 0$ é chamado *solenoidal.*

Divergência de um produto vetorial. Aqui, vale:

$$\text{div}\,(\boldsymbol{u} \times \boldsymbol{v}) = \boldsymbol{v} \cdot \text{rot}\,\boldsymbol{u} - \boldsymbol{u} \cdot \text{rot}\,\boldsymbol{v}. \tag{3-35}$$

Divergência de um gradiente. Expandindo em termos de componentes, obtemos:

$$\text{div grad}\, f = \frac{\partial^2 f}{\partial x^2} + \frac{\partial^2 f}{\partial y^2} + \frac{\partial^2 f}{\partial z^2}\cdot \tag{3-36}$$

A expressão à direita é conhecida como o laplaciano de f, e indicada também por Δf ou $\nabla^2 f$, dado que div grad $f = \nabla \cdot (\nabla f)$. Uma função f (que tem derivadas segundas contínuas) tal que div grad $f = 0$ num domínio é chamada *harmônica* nesse domínio. A equação

$$\frac{\partial^2 f}{\partial x^2} + \frac{\partial^2 f}{\partial y^2} + \frac{\partial^2 f}{\partial z^2} = 0 \tag{3-37}$$

satisfeita por f chama-se *equação de Laplace* (ver Secs. 2-11 e 2-13).

Rotacional de um rotacional. Aqui, uma expansão em componentes produz a relação:

$$\text{rot rot}\,\boldsymbol{u} = \text{grad div}\,\boldsymbol{u} - (\nabla^2 u_x \boldsymbol{i} + \nabla^2 u_y \boldsymbol{j} + \nabla^2 u_z \boldsymbol{k}). \tag{3-38}$$

Se definimos o laplaciano de um vetor $\boldsymbol{u}$ como sendo o vetor

$$\nabla^2 \boldsymbol{u} = \nabla^2 u_x \boldsymbol{i} + \nabla^2 u_y \boldsymbol{j} + \nabla^2 u_z \boldsymbol{k}, \tag{3-39}$$

então (3-38) se escreve

$$\text{rot rot}\,\boldsymbol{u} = \text{grad div}\,\boldsymbol{u} - \nabla^2 \boldsymbol{u}. \tag{3-40}$$

Dessa identidade podemos tirar uma expressão para o *gradiente de uma divergência:*

$$\text{grad div}\,\boldsymbol{u} = \text{rot rot}\,\boldsymbol{u} + \nabla^2 \boldsymbol{u}. \tag{3-41}$$

Com a exceção do *gradiente de um produto escalar* e do *rotacional de um produto vetorial* (que serão considerados nos Probs. 13 e 14 abaixo), todas as identidades de algum interesse já foram examinadas, quer na lista acima quer em alguma parte anterior.

PROBLEMAS

1. Demonstrar as propriedades (3-21) e (3-22).
2. Demonstrar que a equação de continuidade (3-17) pode ser escrita sob a forma:

$$\frac{\partial \rho}{\partial t} + \text{grad}\,\rho \cdot \boldsymbol{u} + \rho\, \text{div}\,\boldsymbol{u} = 0$$

ou, em termos da derivada de Stokes (Prob. 10 após a Sec. 2-7):

$$\frac{D\rho}{Dt} + \rho \operatorname{div} \boldsymbol{u} = 0.$$

Provar que (3-17) se reduz a (3-18) quando $\rho \equiv$ constante. Demonstra-se no Cap. 5 que a mesma simplificação pode ser feita quando ρ é variável, contanto que o fluido seja incompressível. Isso decorre do fato de que $D\rho/Dt$ mede a variação de densidade num ponto que se desloca com o fluido; quando o fluido é incompressível, essa densidade local não pode variar.

3. Demonstrar as propriedades (3-27) e (3-28).
4. Demonstrar a regra (3-31). Verificá-la aplicando à função

$$f = \frac{1}{\sqrt{x^2 + y^2 + z^2}}.$$

5. Dado o campo vetorial $\boldsymbol{v} = 2xyz\boldsymbol{i} + x^2z\boldsymbol{j} + x^2y\boldsymbol{k}$, verificar que rot $\boldsymbol{v} = \boldsymbol{0}$. Achar todas as funções f tais que grad $f = \boldsymbol{v}$.
6. Demonstrar a relação (3-33). Verificá-la aplicando a $\boldsymbol{v} = x^2yz\boldsymbol{i} - x^3y^3\boldsymbol{j} - xyz^3\boldsymbol{k}$.
7. Dado o campo vetorial $\boldsymbol{v} = 2x\boldsymbol{i} + y\boldsymbol{j} - 3z\boldsymbol{k}$, verificar que div $\boldsymbol{v} = 0$. Achar todos os vetores $\boldsymbol{u}$ tais que rot $\boldsymbol{u} = \boldsymbol{v}$. [*Sugestão:* observar inicialmente que, em virtude de (3-22), todas as soluções da equação rot $\boldsymbol{u} = \boldsymbol{v}$ são dadas por $\boldsymbol{u} = \boldsymbol{u}_0 + \operatorname{grad} f$, onde f é um escalar arbitrário e $\boldsymbol{u}_0$ é um vetor qualquer cujo rotacional é $\boldsymbol{v}$. Para achar $\boldsymbol{u}_0$, supor que $\boldsymbol{u}_0 \cdot \boldsymbol{k} = 0$.]
8. Demonstrar a identidade (3-36). Verificar que a função f do Prob. 4 é harmônica no espaço (salvo na origem). [Essa função, que representa o potencial eletrostático de uma carga +1 na origem, é, num certo sentido, a função harmônica fundamental no espaço, pois toda função harmônica no espaço pode ser representada por uma soma, ou pelo limite de uma soma, de tais funções.]
9. Demonstrar a identidade (3-35).
10. Demonstrar a relação (3-38).
11. Demonstrar as identidades seguintes:

(a) div $[\boldsymbol{u} \times (\boldsymbol{v} \times \boldsymbol{w})] = (\boldsymbol{u} \cdot \boldsymbol{w})$ div $\boldsymbol{v} - (\boldsymbol{u} \cdot \boldsymbol{v})$ div $\boldsymbol{w}$ + grad $(\boldsymbol{u} \cdot \boldsymbol{w}) \cdot \boldsymbol{v}$ − grad $(\boldsymbol{u} \cdot \boldsymbol{v}) \cdot \boldsymbol{w}$,

(b) div (grad $f \times f$ grad $g) = 0$,

(c) rot (rot $\boldsymbol{v}$ + grad f) = rot rot $\boldsymbol{v}$,

(d) $\nabla^2 f$ = div (rot $\boldsymbol{v}$ + grad f).

Essas identidades devem ser estabelecidas a partir de identidades já vistas neste capítulo, e não por meio de expansão em componentes.

12. Define-se o produto escalar $\boldsymbol{u} \cdot \nabla$, com $\boldsymbol{u}$ *à esquerda* do operador ∇, como sendo o operador

$$\boldsymbol{u} \cdot \nabla = u_x \frac{\partial}{\partial x} + u_y \frac{\partial}{\partial y} + u_z \frac{\partial}{\partial z}.$$

Assim sendo, esse operador é bastante diferente de $\nabla \cdot \boldsymbol{u} = \operatorname{div} \boldsymbol{u}$. O operador $\boldsymbol{u} \cdot \nabla$ pode ser aplicado a um escalar f:

$$(\boldsymbol{u} \cdot \nabla)f = u_x \frac{\partial f}{\partial x} + u_y \frac{\partial f}{\partial y} + u_z \frac{\partial f}{\partial z} = \boldsymbol{u} \cdot (\nabla f);$$

portanto vale uma lei associativa. O operador $\boldsymbol{u} \cdot \nabla$ também pode ser aplicado a um vetor $\boldsymbol{v}$:

$$(\boldsymbol{u} \cdot \nabla)\boldsymbol{v} = u_x \frac{\partial \boldsymbol{v}}{\partial x} + u_y \frac{\partial \boldsymbol{v}}{\partial y} + u_z \frac{\partial \boldsymbol{v}}{\partial z},$$

onde as derivadas parciais $\partial \boldsymbol{v}/\partial x, \ldots$ são definidas do mesmo modo que $d\boldsymbol{v}/dt$ na Sec. 1-16; por exemplo, tem-se

$$\frac{\partial \boldsymbol{v}}{\partial x} = \frac{\partial v_x}{\partial x}\boldsymbol{i} + \frac{\partial v_y}{\partial x}\boldsymbol{j} + \frac{\partial v_z}{\partial x}\boldsymbol{k}.$$

(a) Mostrar que, se $\boldsymbol{u}$ é um vetor unitário, então

$$(\boldsymbol{u} \cdot \nabla)f = \nabla_u f.$$

(b) Calcular $[(\boldsymbol{i} - \boldsymbol{j}) \cdot \nabla]f$.

(c) Calcular $[(x\boldsymbol{i} - y\boldsymbol{j}) \cdot \nabla](x^2\boldsymbol{i} - y^2\boldsymbol{j} + z^2\boldsymbol{k})$.

13. Demonstrar a identidade (ver Prob. 12):

$$\operatorname{grad}(\boldsymbol{u} \cdot \boldsymbol{v}) = (\boldsymbol{u} \cdot \nabla)\boldsymbol{v} + (\boldsymbol{v} \cdot \nabla)\boldsymbol{u} + (\boldsymbol{u} \times \operatorname{rot} \boldsymbol{v}) + (\boldsymbol{v} \times \operatorname{rot} \boldsymbol{u}).$$

14. Demonstrar a identidade (ver Prob. 12):

$$\operatorname{rot}(\boldsymbol{u} \times \boldsymbol{v}) = \boldsymbol{u} \operatorname{div} \boldsymbol{v} - \boldsymbol{v} \operatorname{div} \boldsymbol{u} + (\boldsymbol{v} \cdot \nabla)\boldsymbol{u} - (\boldsymbol{u} \cdot \nabla)\boldsymbol{v}.$$

15. Seja $\boldsymbol{n}$ o vetor unitário normal exterior à esfera $x^2 + y^2 + z^2 = 9$, e seja $\boldsymbol{u}$ o vetor $(x^2 - z^2)(\boldsymbol{i} - \boldsymbol{j} + 3\boldsymbol{k})$. Calcular $\partial/\partial n$ (div $\boldsymbol{u}$) em (2, 2, 1).
16. Um corpo rígido gira em torno de um eixo pela origem O com vetor de velocidade angular $\boldsymbol{\omega}$ constante. Seja $\boldsymbol{v}$ o vetor-velocidade num ponto P do corpo. Calcular div $\boldsymbol{v}$ e rot $\boldsymbol{v}$. [*Sugestão:* no ponto P, temos $\boldsymbol{v} = \boldsymbol{\omega} \times \boldsymbol{r}$, onde $\boldsymbol{r} = \overrightarrow{OP} = x\boldsymbol{i} + y\boldsymbol{j} + z\boldsymbol{k}$, em virtude de (1-154) do Cap. 1.]
17. Um fluido escoa em movimento uniforme com velocidade $\boldsymbol{u} = y\boldsymbol{i}$. Mostrar que todos os pontos móveis se deslocam em linha reta e que o fluxo é incompressível. Determinar o volume ocupado no instante $t = 1$ pelos pontos que, no instante $t = 0$, ocupam o cubo limitado pelos planos de coordenadas e pelos planos $x = 1$, $y = 1$, $z = 1$.
18. Um fluido escoa em movimento uniforme com velocidade $\boldsymbol{u} = x\boldsymbol{i}$. Mostrar que todos os pontos ou não se deslocam ou se deslocam em linha reta. Determinar o volume ocupado no instante $t = 1$ pelos pontos que, no instante $t = 0$, ocupam o cubo do Prob. 17. [*Sugestão:* mostrar que as trajetórias dos pontos individuais são dadas por $x = c_1 e^t$, $y = c_2$, $z = c_3$, sendo c_1, c_2, c_3 constantes.] O fluxo é incompressível?

RESPOSTAS

5. $x^2yz + \text{const.}$ 7. $yz\mathbf{i} - 2xz\mathbf{j} + \text{grad } f$, f arbitrária.

12. (b) $\dfrac{\partial f}{\partial x} - \dfrac{\partial f}{\partial y}$, (c) $2x^2\mathbf{i} + 2y^2\mathbf{j}$. 15. $-\dfrac{2}{3}$.

16. $\text{div } \mathbf{v} = 0$, $\text{rot } \mathbf{v} = 2\boldsymbol{\omega}$. 17. Vol. = 1. 18. Vol. = e.

*3-7. COORDENADAS CURVILÍNEAS NO ESPAÇO. COORDENADAS ORTOGONAIS. Nossas discussões nas secções anteriores foram feitas num sistema fixo de coordenadas retangulares no espaço. Vamos agora estender a teoria para coordenadas curvilíneas, tais como coordenadas cilíndricas ou esféricas.

Novas coordenadas u, v, w podem ser introduzidas no espaço pelas equações

$$x = f(u, v, w), \qquad y = g(u, v, w), \qquad z = h(u, v, w). \tag{3-42}$$

Vamos supor que f, g, e h sejam definidas e tenham derivadas parciais primeiras contínuas num domínio D_1 do espaço uvw, e que as equações (3-42) tenham uma solução única para u, v, e w:

$$u = F(x, y, z), \qquad v = G(x, y, z), \qquad w = H(x, y, z). \tag{3-43}$$

As funções inversas serão definidas num domínio D do espaço xyz, e a u, v, w chamamos *coordenadas curvilíneas* em D. Nós supomos que o jacobiano

$$J = \frac{\partial(x, y, z)}{\partial(u, v, w)} \tag{3-44}$$

seja positivo em D_1.

Se a v e w atribuirmos valores constantes v_0 e w_0, e deixarmos u variar, as equações (3-42) definem uma curva em D, da qual u é o parâmetro. Permitindo agora que v_0 e w_0 variem, obtemos uma família de curvas em D, que corresponderiam às paralelas a um dos eixos no sistema de coordenadas retangulares. Por exemplo, em coordenadas esféricas ρ, ϕ, θ, as curvas $\phi = \phi_0$, $\theta = \theta_0$ (ρ variável) são raios que passam pela origem.

Escrevendo $\mathbf{r} = x\mathbf{i} + y\mathbf{j} + z\mathbf{k}$ para o vetor-posição de um ponto (x, y, z), as equações (3-42) podem ser tomadas como definição de uma função vetorial $\mathbf{r} = \mathbf{r}(u, v, w)$. Para $v = v_0$, $w = w_0$, temos a representação vetorial $\mathbf{r} = \mathbf{r}(u, v_0, w_0)$ da curva do parágrafo precedente. O vetor tangente a essa curva é definido, como nas Secs. 1-16 e 2-19, como sendo a derivada de $\mathbf{r}$ em relação ao parâmetro u. Aqui, temos de escrever $\partial\mathbf{r}/\partial u$ para a derivada, para indicar que v e w são mantidas constantes. Analogamente, $\partial\mathbf{r}/\partial v$ é tangente a uma curva $u = \text{const.}$, $w = \text{const.}$, e $\partial\mathbf{r}/\partial w$ é tangente a uma curva $u = \text{const.}$, $v = \text{const.}$ Ver a Fig. 3-6.

Escrevemos:

$$\alpha = \left|\frac{\partial\mathbf{r}}{\partial u}\right|, \qquad \beta = \left|\frac{\partial\mathbf{r}}{\partial v}\right|, \qquad \gamma = \left|\frac{\partial\mathbf{r}}{\partial w}\right|. \tag{3-45}$$

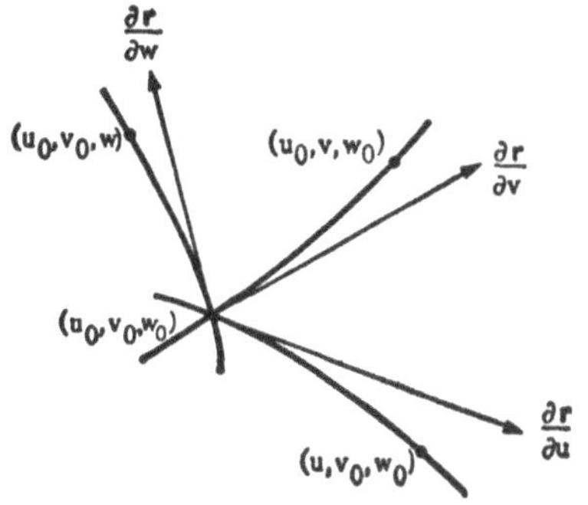

Figura 3-6. Coordenadas curvilíneas no espaço

A quantidade

$$\alpha = \sqrt{\left(\frac{\partial x}{\partial u}\right)^2 + \left(\frac{\partial y}{\partial u}\right)^2 + \left(\frac{\partial z}{\partial u}\right)^2}$$

nos dá a "velocidade", em termos do tempo u, com a qual uma curva $v = v_0$, $w = w_0$ é percorrida, e $ds = \alpha\, du$ é o elemento de distância.

Os vetores tangentes $\partial \mathbf{r}/\partial u$, $\partial \mathbf{r}/\partial v$, $\partial \mathbf{r}/\partial w$ e o jacobiano J podem ser expressos em termos de x, y, e z pelas equações

$$\frac{\partial \mathbf{r}}{\partial u} = J(\nabla G \times \nabla H), \quad \frac{\partial \mathbf{r}}{\partial v} = J(\nabla H \times \nabla F), \quad \frac{\partial \mathbf{r}}{\partial w} = J(\nabla F \times \nabla G), \tag{3-46}$$

$$J = \frac{1}{\dfrac{\partial(u, v, w)}{\partial(x, y, z)}} = \frac{1}{\nabla F \cdot \nabla G \times \nabla H}. \tag{3-47}$$

Os gradientes ∇F, ∇G, ∇H podem ser expressos em termos de u, v, w pelas equações

$$\nabla F = \frac{\dfrac{\partial \mathbf{r}}{\partial v} \times \dfrac{\partial \mathbf{r}}{\partial w}}{J}, \quad \nabla G = \frac{\dfrac{\partial \mathbf{r}}{\partial w} \times \dfrac{\partial \mathbf{r}}{\partial u}}{J}, \quad \nabla H = \frac{\dfrac{\partial \mathbf{r}}{\partial u} \times \dfrac{\partial \mathbf{r}}{\partial v}}{J}. \tag{3-48}$$

As demonstrações fazem parte dos Probs. 1 a 3 abaixo. Esse é um caso de dois *sistemas recíprocos de vetores* (Prob. 8 após a Sec. 1-14). Devido à hipótese: $J > 0$, os vetores $\partial \mathbf{r}/\partial u$, $\partial \mathbf{r}/\partial v$, $\partial \mathbf{r}/\partial w$ formam uma tripla positiva; devido a (3-47), ∇F, ∇G, ∇H também formam uma tripla positiva.

Salientamos duas outras famílias de identidades:

$$\frac{1}{J}\frac{\partial \mathbf{r}}{\partial u} = \operatorname{rot}(G\nabla H), \quad \frac{1}{J}\frac{\partial \mathbf{r}}{\partial v} = \operatorname{rot}(H\nabla F), \quad \frac{1}{J}\frac{\partial \mathbf{r}}{\partial w} = \operatorname{rot}(F\nabla G); \tag{3-49}$$

$$\operatorname{div}\left(\frac{1}{J}\frac{\partial \mathbf{r}}{\partial u}\right) = 0, \quad \operatorname{div}\left(\frac{1}{J}\frac{\partial \mathbf{r}}{\partial v}\right) = 0, \quad \operatorname{div}\left(\frac{1}{J}\frac{\partial \mathbf{r}}{\partial w}\right) = 0. \tag{3-50}$$

A primeira se reduz a (3-46) por aplicação da identidade (3-28). A segunda é então obtida de (3-33).

O sistema de coordenadas curvilíneas definido por (3-42) e (3-43) se diz *ortogonal* se os vetores tangentes $\partial \mathbf{r}/\partial u$, $\partial \mathbf{r}/\partial v$, $\partial \mathbf{r}/\partial w$ formarem em cada ponto de D uma tripla de vetores perpendiculares dois a dois. Veremos que, nesse caso, podemos simplificar as fórmulas consideravelmente. As coordenadas curvilíneas mais usadas são as ortogonais e, por esse motivo, vamos restringir nossa atenção a tal caso. *Nesta seção e na seguinte, será suposto que as coordenadas são ortogonais.*

Notamos que, como primeira conseqüência da ortogonalidade, os vetores $(1/\alpha)\partial \mathbf{r}/\partial u$, $(1/\beta)\partial \mathbf{r}/\partial v$, $(1/\gamma)\partial \mathbf{r}/\partial w$ constituem uma tripla positiva de vetores unitários perpendiculares dois a dois. Logo,

$$\left(\frac{1}{\alpha}\frac{\partial \mathbf{r}}{\partial u}\right)\cdot\left(\frac{1}{\beta}\frac{\partial \mathbf{r}}{\partial v}\right)\times\left(\frac{1}{\gamma}\frac{\partial \mathbf{r}}{\partial w}\right) = 1.$$

Em conseqüência, por virtude de (3-44),

$$J = \frac{\partial \mathbf{r}}{\partial u}\cdot\frac{\partial \mathbf{r}}{\partial v}\times\frac{\partial \mathbf{r}}{\partial w} = \alpha\beta\gamma. \tag{3-51}$$

De (3-48) vem que

$$\alpha\nabla F = \frac{\alpha}{J}\left(\frac{\partial \mathbf{r}}{\partial v}\times\frac{\partial \mathbf{r}}{\partial w}\right) = \left(\frac{1}{\beta}\frac{\partial \mathbf{r}}{\partial v}\right)\times\left(\frac{1}{\gamma}\frac{\partial \mathbf{r}}{\partial w}\right) = \frac{1}{\alpha}\frac{\partial \mathbf{r}}{\partial u}\cdot$$

Vale um raciocínio análogo para ∇G e ∇H; concluímos que $\alpha\nabla F$, $\beta\nabla G$, $\gamma\nabla H$ são vetores unitários perpendiculares dois a dois, sendo que

$$\alpha\nabla F = \frac{1}{\alpha}\frac{\partial \mathbf{r}}{\partial u}, \qquad \beta\nabla G = \frac{1}{\beta}\frac{\partial \mathbf{r}}{\partial v}, \qquad \gamma\nabla H = \frac{1}{\gamma}\frac{\partial \mathbf{r}}{\partial w}\cdot \tag{3-52}$$

Então, as superfícies $F = \text{const.}$, $G = \text{const.}$, $H = \text{const.}$ devem se interceptar em ângulos retos; elas formam o que chamamos de família *triplamente ortogonal* de superfícies. Reciprocamente, se os vetores ∇F, ∇G, ∇H forem perpendiculares dois a dois para todo ponto de D, as coordenadas são necessariamente ortogonais (Prob. 4 abaixo).

Uma curva em D pode ser descrita por três equações $x = x(t)$, $y = y(t)$, $z = z(t)$, ou, em virtude de (3-43), em termos de coordenadas curvilíneas por equações do tipo: $u = u(t)$, $v = v(t)$, $w = w(t)$. Um elemento de arco ds sobre tal curva é definido pela equação:

$$ds^2 = dx^2 + dy^2 + dz^2. \tag{3-53}$$

Donde

$$\begin{aligned} ds^2 &= \left(\frac{\partial x}{\partial u}du + \frac{\partial x}{\partial v}dv + \frac{\partial x}{\partial w}dw\right)^2 + \left(\frac{\partial y}{\partial u}du + \cdots\right)^2 + \left(\frac{\partial z}{\partial u}du + \cdots\right)^2 \\ &= \left|\frac{\partial \mathbf{r}}{\partial u}\right|^2 du^2 + \left|\frac{\partial \mathbf{r}}{\partial v}\right|^2 dv^2 + \left|\frac{\partial \mathbf{r}}{\partial w}\right|^2 dw^2 \\ &\quad + 2\left(\frac{\partial \mathbf{r}}{\partial u}\cdot\frac{\partial \mathbf{r}}{\partial v}\right)du\,dv + 2\left(\frac{\partial \mathbf{r}}{\partial v}\cdot\frac{\partial \mathbf{r}}{\partial w}\right)dv\,dw + 2\left(\frac{\partial \mathbf{r}}{\partial w}\cdot\frac{\partial \mathbf{r}}{\partial u}\right)dw\,du. \end{aligned}$$

Como as coordenadas são ortogonais, concluímos que:

$$ds^2 = \alpha^2 du^2 + \beta^2 dv^2 + \gamma^2 dw^2. \tag{3-54}$$

Ora, αdu, βdv, γdw são elementos de arcos sobre as curvas u, as curvas v, e as curvas w, respectivamente. A expressão (3-54) é uma soma formada pelos quadrados dos elementos nas três direções de coordenadas, exatamente como em (3-53). Essa é uma propriedade fundamental de coordenadas ortogonais. A discussão acima mostra que a expressão (3-54) é válida somente quando $\partial \boldsymbol{r}/\partial u$, $\partial \boldsymbol{r}/\partial v$, $\partial \boldsymbol{r}/\partial w$ são perpendiculares dois a dois, de sorte que a própria expressão (3-54) pode ser usada para definir o que se entende por coordenadas ortogonais.

Notemos ainda que $\alpha\beta\gamma\, du\, dv\, dw$ pode ser visto como o volume dV de um "paralelepípedo retangular elementar". Portanto, em virtude de (3-44) e (3-51), temos

$$dV = \alpha\beta\gamma\, du\, dv\, dw = J\, du\, dv\, dw = \frac{\partial(x, y, z)}{\partial(u, v, w)} du\, dv\, dw.$$

Essa fórmula será discutida no Cap. 4.

A partir das equações (3-52) e da identidade (3-31), deduzimos uma regra importante:

$$\operatorname{rot}\left(\frac{1}{\alpha^2}\frac{\partial \boldsymbol{r}}{\partial u}\right) = \boldsymbol{0}, \quad \operatorname{rot}\left(\frac{1}{\beta^2}\frac{\partial \boldsymbol{r}}{\partial v}\right) = \boldsymbol{0}, \quad \operatorname{rot}\left(\frac{1}{\gamma^2}\frac{\partial \boldsymbol{r}}{\partial w}\right) = \boldsymbol{0}. \tag{3-55}$$

*3-8. OPERAÇÕES VETORIAIS EM COORDENADAS CURVILÍNEAS ORTOGONAIS. Consideremos agora um campo vetorial $\boldsymbol{p}$ dado em D. O vetor $\boldsymbol{p}$ pode ser descrito por suas componentes p_x, p_y, p_z em termos do sistema retangular dado. Porém, em cada ponto de D, os vetores $(1/\alpha)\partial \boldsymbol{r}/\partial u$, $(1/\beta)\partial \boldsymbol{r}/\partial v$, $(1/\gamma)\partial \boldsymbol{r}/\partial w$ formam uma tripla de vetores unitários perpendiculares dois a dois. Portanto podemos expressar $\boldsymbol{p}$ em termos das componentes p_u, p_v, p_w nas direções dos três vetores unitários:

$$\boldsymbol{p} = p_u \frac{1}{\alpha}\frac{\partial \boldsymbol{r}}{\partial u} + p_v \frac{1}{\beta}\frac{\partial \boldsymbol{r}}{\partial v} + p_w \frac{1}{\gamma}\frac{\partial \boldsymbol{r}}{\partial w} \tag{3-56}$$

Deve-se notar que, em geral, a tripla de vetores unitários *varia de ponto para ponto* em D. Lembrando (3-52), podemos escrever também

$$\boldsymbol{p} = p_u \alpha \nabla F + p_v \beta \nabla G + p_w \gamma \nabla H. \tag{3-56'}$$

As componentes p_u, p_v, p_w podem ser calculadas a partir das componentes p_x, p_y, p_z no sistema retangular. Por exemplo,

$$p_u = \boldsymbol{p} \cdot \frac{1}{\alpha}\frac{\partial \boldsymbol{r}}{\partial u} = \frac{1}{\alpha}\left(p_x \frac{\partial x}{\partial u} + p_y \frac{\partial y}{\partial u} + p_z \frac{\partial z}{\partial u}\right). \tag{3-57}$$

Analogamente, as componentes p_x, p_y, p_z podem ser calculadas a partir de

p_u, p_v, p_w:

$$p_x = \boldsymbol{p}\cdot\boldsymbol{i} = p_u \frac{1}{\alpha}\frac{\partial \boldsymbol{r}}{\partial u}\cdot\boldsymbol{i} + p_v \frac{1}{\beta}\frac{\partial \boldsymbol{r}}{\partial v}\cdot\boldsymbol{i} + p_w \frac{1}{\gamma}\frac{\partial \boldsymbol{r}}{\partial w}\cdot\boldsymbol{i},$$

$$p_x = \frac{1}{\alpha} p_u \frac{\partial x}{\partial u} + \frac{1}{\beta} p_v \frac{\partial x}{\partial v} + \frac{1}{\gamma} p_w \frac{\partial x}{\partial w}. \tag{3-58}$$

Usando a representação (3-56'), achamos

$$p_u = \alpha\left(p_x \frac{\partial u}{\partial x} + p_y \frac{\partial u}{\partial y} + p_z \frac{\partial u}{\partial z}\right), \tag{3-57'}$$

$$p_x = \alpha p_u \frac{\partial u}{\partial x} + \beta p_v \frac{\partial v}{\partial x} + \gamma p_w \frac{\partial w}{\partial x}. \tag{3-58'}$$

Como os vetores $(1/\alpha)\partial\boldsymbol{r}/\partial u$, $(1/\beta)\partial\boldsymbol{r}/\partial v$, $(1/\gamma)\partial\boldsymbol{r}/\partial w$ formam uma tripla positiva de vetores unitários perpendiculares dois a dois, as operações de multiplicação de um vetor por um escalar, soma de vetores, produto escalar, e produto vetorial podem ser efetuadas em termos das componentes nas direções desses vetores unitários, do mesmo modo que em termos de componentes em x, y, e z. Em particular, temos:

$$\begin{aligned} [\boldsymbol{p} + \boldsymbol{q}]_u &= p_u + q_u, \quad [\boldsymbol{p} + \boldsymbol{q}]_v = p_v + q_v, \ldots, \\ [\phi\boldsymbol{p}]_u &= \phi p_u, \quad [\phi\boldsymbol{p}]_v = \phi p_v, \ldots, \\ \boldsymbol{p}\cdot\boldsymbol{q} &= p_u q_u + p_v q_v + p_w q_w, \\ [\boldsymbol{p}\times\boldsymbol{q}]_u &= p_v q_w - p_w q_v, \quad [\boldsymbol{p}\times\boldsymbol{q}]_v = p_w q_u - p_u q_w, \ldots \end{aligned} \tag{3-59}$$

Por outro lado, visto que os vetores de base variam de ponto para ponto, as operações diferenciais são mais complicadas:

$$[\text{grad}\,\phi]_u = \frac{1}{\alpha}\frac{\partial\phi}{\partial u}, \quad [\text{grad}\,\phi]_v = \frac{1}{\beta}\frac{\partial\phi}{\partial v}, \quad [\text{grad}\,\phi]_w = \frac{1}{\gamma}\frac{\partial\phi}{\partial w}, \tag{3-60}$$

$$\text{div}\,\boldsymbol{p} = \frac{1}{\alpha\beta\gamma}\left[\frac{\partial}{\partial u}(\beta\gamma p_u) + \frac{\partial}{\partial v}(\gamma\alpha p_v) + \frac{\partial}{\partial w}(\alpha\beta p_w)\right], \tag{3-61}$$

$$\begin{aligned} [\text{rot}\,\boldsymbol{p}]_u &= \frac{1}{\beta\gamma}\left[\frac{\partial}{\partial v}(\gamma p_w) - \frac{\partial}{\partial w}(\beta p_v)\right], \\ [\text{rot}\,\boldsymbol{p}]_v &= \frac{1}{\gamma\alpha}\left[\frac{\partial}{\partial w}(\alpha p_u) - \frac{\partial}{\partial u}(\gamma p_w)\right], \\ [\text{rot}\,\boldsymbol{p}]_w &= \frac{1}{\alpha\beta}\left[\frac{\partial}{\partial u}(\beta p_v) - \frac{\partial}{\partial v}(\alpha p_u)\right]. \end{aligned} \tag{3-62}$$

Para demonstrar (3-60), usamos (3-57):

$$[\text{grad}\,\phi]_u = \frac{1}{\alpha}\left(\frac{\partial\phi}{\partial x}\frac{\partial x}{\partial u} + \frac{\partial\phi}{\partial y}\frac{\partial y}{\partial u} + \frac{\partial\phi}{\partial z}\frac{\partial z}{\partial u}\right) = \frac{1}{\alpha}\frac{\partial\phi}{\partial u}.$$

As demais componentes são determinadas do mesmo modo. Notamos que $[\text{grad}\,\phi]_u$ é a derivada direcional de ϕ ao longo de uma curva u, ou seja, é $d\phi/ds$

em termos do comprimento de arco s sobre a curva. Como $ds = \alpha du$, segue de imediato o resultado (3-60).

Para demonstrar (3-61), usamos (3-51) e (3-56) e escrevemos:

$$\boldsymbol{p} = (\beta\gamma p_u)\left(\frac{1}{J}\frac{\partial \boldsymbol{r}}{\partial u}\right) + (\gamma\alpha p_v)\left(\frac{1}{J}\frac{\partial \boldsymbol{r}}{\partial v}\right) + (\alpha\beta p_w)\left(\frac{1}{J}\frac{\partial \boldsymbol{r}}{\partial w}\right).$$

A divergência de $\boldsymbol{p}$ é a soma das divergências dos termos no segundo membro. Segundo (3-22) e (3-50), a divergência do primeiro termo é

$$\operatorname{grad}(\beta\gamma p_u)\cdot\left(\frac{1}{J}\frac{\partial \boldsymbol{r}}{\partial u}\right) + \beta\gamma p_u \operatorname{div}\left(\frac{1}{J}\frac{\partial \boldsymbol{r}}{\partial u}\right) = (\operatorname{grad}\beta\gamma p_u)\cdot\left(\frac{1}{J}\frac{\partial \boldsymbol{r}}{\partial u}\right).$$

Em virtude de (3-60), isso pode ser escrito como

$$\alpha J\,(\operatorname{grad}\beta\gamma p_u)\cdot\frac{1}{\alpha}\frac{\partial \boldsymbol{r}}{\partial u} = \frac{\alpha}{J}[\operatorname{grad}\beta\gamma p_u]_u = \frac{1}{J}\frac{\partial}{\partial u}(\beta\gamma p_u) = \frac{1}{\alpha\beta\gamma}\frac{\partial}{\partial u}(\beta\gamma p_u).$$

Com isso obtemos o primeiro termo do segundo membro de (3-61); os demais termos são calculados de modo análogo.

Deixamos a demonstração de (3-62) para o Prob. 5 abaixo.

De (3-60) e (3-61) obtemos uma expressão para o laplaciano em coordenadas curvilíneas ortogonais:

$$\nabla^2\phi = \operatorname{div}\operatorname{grad}\phi = \frac{1}{\alpha\beta\gamma}\left[\frac{\partial}{\partial u}\left(\frac{\beta\gamma}{\alpha}\frac{\partial\phi}{\partial u}\right) + \frac{\partial}{\partial v}\left(\frac{\gamma\alpha}{\beta}\frac{\partial\phi}{\partial v}\right) + \frac{\partial}{\partial w}\left(\frac{\alpha\beta}{\gamma}\frac{\partial\phi}{\partial w}\right)\right]. \quad (3\text{-}63)$$

Observação. Se as coordenadas curvilíneas não forem ortogonais, o próprio conceito de componentes vetoriais tem de ser generalizado. Isso conduz à *análise tensorial*. Para maiores detalhes, aconselhamos as obras de Brand e Rainich que estão na lista do final deste capítulo.

As fórmulas (3-60), (3-61), (3-62) podem ser aplicadas ao caso particular no qual as novas coordenadas são obtidas por uma simples escolha de novas coordenadas retangulares u, v, w no espaço. Isso pode ser feito escolhendo-se uma tripla positiva de vetores unitários $\boldsymbol{i}_1$, $\boldsymbol{j}_1$, $\boldsymbol{k}_1$ e, em seguida, fixando-se eixos u, v, w que passam por uma origem $O_1 : (x_1, y_1, z_1)$ e que têm os sentidos e as direções de $\boldsymbol{i}_1, \boldsymbol{j}_1, \boldsymbol{k}_1$, respectivamente (ver Fig. 1-18, Sec. 1-10). As novas coordenadas (u, v, w) de um ponto $P: (x, y, z)$ são definidas pela equação

$$\overrightarrow{O_1P} = u\boldsymbol{i}_1 + v\boldsymbol{j}_1 + w\boldsymbol{k}_1 .$$

Tem-se então:

$$\begin{aligned} u = \overrightarrow{O_1P}\cdot\boldsymbol{i}_1 &= [(x-x_1)\boldsymbol{i} + (y-y_1)\boldsymbol{j} + (z-z_1)\boldsymbol{k}]\cdot\boldsymbol{i}_1 \\ &= (x-x_1)(\boldsymbol{i}\cdot\boldsymbol{i}_1) + (y-y_1)(\boldsymbol{j}\cdot\boldsymbol{i}_1) + (z-z_1)(\boldsymbol{k}\cdot\boldsymbol{i}_1). \end{aligned}$$

Valem expressões análogas para v e w. Tem-se também

$$x = \overrightarrow{OP}\cdot\boldsymbol{i} = (\overrightarrow{OO_1} + \overrightarrow{O_1P})\cdot\boldsymbol{i} = x_1 + u(\boldsymbol{i}_1\cdot\boldsymbol{i}) + v(\boldsymbol{j}_1\cdot\boldsymbol{i}) + w(\boldsymbol{k}_1\cdot\boldsymbol{i}),$$

e valem expressões análogas para y e z. Esses dois grupos de equações correspondem a (3-43) e (3-42). Notamos que, em todos os casos, as funções envolvidas são *lineares*.

As quantidades α, β, γ podem ser determinadas para esse caso sem nenhum cálculo, pois, como as novas coordenadas são retangulares e *não foi feita nenhuma mudança de escala*, tem-se, necessariamente,

$$ds^2 = du^2 + dv^2 + dw^2 \tag{3-64}$$

para um elemento de arco sobre uma curva qualquer. Logo,

$$\alpha = \beta = \gamma = 1. \tag{3-65}$$

Substituindo esses valores em (3-60), (3-61), (3-62), verificamos que reaparecem as fórmulas básicas (3-5), (3-15), (3-23), estando x trocado por u, y por v, z por w. Por exemplo,

$$\operatorname{div} \boldsymbol{p} = \frac{\partial p_u}{\partial u} + \frac{\partial p_v}{\partial v} + \frac{\partial p_w}{\partial w}.$$

Isso mostra que *as definições básicas* (3-5), (3-15), (3-23) *de grad, div, e rot não dependem do sistema particular de coordenadas escolhido.*

Se houver uma mudança de escala, as fórmulas serão alteradas. Fisicamente, isso corresponde a uma mudança da unidade de comprimento (por exemplo, de centímetros para metros) e não se pode esperar que um gradiente de temperatura, por exemplo, tenha o mesmo valor em graus por centímetro que em graus por metro. É por esse motivo que, na prática, sempre devemos especificar as unidades empregadas.

Até aqui temos suposto que o jacobiano J seja positivo; isso acarreta que, em particular, no caso considerado acima, os vetores $\boldsymbol{i}_1$, $\boldsymbol{j}_1$, $\boldsymbol{k}_1$ formam uma tripla positiva. Se J é negativo, verifica-se que a única alteração em (3-60), (3-61), (3-62) é uma troca de sinal nas componentes do rotacional. Em particular, se forem escolhidas novas coordenadas retangulares, baseadas numa tripla negativa $\boldsymbol{i}_1$, $\boldsymbol{j}_1$, $\boldsymbol{k}_1$, o rotacional, tal como definido por (3-23) em relação a esses eixos, será o oposto do rotacional relativo aos eixos x, y, e z iniciais. *Se a orientação dos eixos for trocada, o rotacional mudará de sinal.* Isso não chega a surpreender se imaginamos o rotacional como um vetor de velocidade angular. Por outro lado, o vetor-gradiente e a divergência não dependem da orientação. As componentes do produto vetorial descrito em (3-59) também mudarão de sinal se trocarmos a orientação. Esse fato poderia ser previsto a partir da própria definição de produto vetorial na Sec. 1-11.

Para uma discussão mais detalhada da mudança de coordenadas no espaço, ver o Cap. 4 de *Classical Mechanics*, de H. Goldstein (Cambridge: Addison-Wesley Press, 1950).

Se o jacobiano J for nulo num ponto P, será, em geral impossível empregar coordenadas curvilíneas em P; em particular, os vetores $\partial \boldsymbol{r}/\partial u$, $\partial \boldsymbol{r}/\partial v$, $\partial \boldsymbol{r}/\partial w$ são coplanares, de modo que não se pode expressar um vetor $\boldsymbol{p}$ qualquer em termos das componentes p_u, p_v, p_w. Além disso, ao ponto P serão, em geral, associados vários valores das coordenadas (u, v, w); ou seja, as funções inversas (3-43) tornam-se ambíguas em P.

Contudo, suponhamos que as funções (3-42) permaneçam contínuas e deriváveis no domínio D_1 das coordenadas (u, v, w), tomando valores num domínio D; nessas condições, as regras de cadeia (2-28) afirmam que toda função $U(x, y, z)$ derivável em D expressa-se como uma função

$$U[f(u, v, w),\ g(u, v, w),\ h(u, v, w)]$$

definida e derivável em D_1. Assim, mesmo que a transformação inversa (3-43) não exista, funções *escalares* de (x, y, z) podem ser transformadas sem dificuldade em funções de (u, v, w).

É essa, precisamente, a situação que surge quando trabalhamos com coordenadas cilíndricas e esféricas. Por exemplo, as equações (3-42) em coordenadas cilíndricas são as seguintes:

$$x = r\cos\theta, \qquad y = r\,\mathrm{sen}\,\theta, \qquad z = z.$$

Tais funções são definidas e deriváveis até qualquer ordem para todos os valores reais de r, θ, z; quando (r, θ, z) percorre todas as combinações possíveis, (x, y, z) percorre todo o espaço. Restringindo θ convenientemente, é possível definir uma transformação inversa:

$$r = \sqrt{x^2 + y^2}, \qquad \theta = \mathrm{arc\,tg}\,\frac{y}{x}, \qquad z = z;$$

mas, de nenhum modo, essa transformação pode ser definida como uma tripla de funções contínuas quando (x, y, z) percorre um domínio D incluindo pontos do eixo z. É justamente quando $r = 0$ que o jacobiano $J = r$ (Prob. 6 abaixo) é nulo.

Veremos, no Prob. 6, que o laplaciano em coordenadas cilíndricas é expresso por:

$$\nabla^2 U = \frac{1}{r^2}\left[r\frac{\partial}{\partial r}\left(r\frac{\partial U}{\partial r}\right) + \frac{\partial^2 U}{\partial \theta^2} + r^2\frac{\partial^2 U}{\partial z^2}\right]. \tag{3-66}$$

Essa expressão não tem sentido quando $r = 0$. No entanto, se acontecer de sabermos que U, quando expressa em coordenadas retangulares, tem derivadas primeiras e segundas contínuas no eixo z, então $\nabla^2 U$ será necessariamente também uma função contínua de (r, θ, z) para $r = 0$. Sob essas hipóteses, $\nabla^2 U$ pode ser obtido a partir de (3-66) para $r = 0$ por um processo de limites. Por exemplo, se

$$U = x^2 + x^2 y = r^2\cos^2\theta + r^3\cos^2\theta\,\mathrm{sen}\,\theta,$$

então

$$\nabla^2 U = 2 + 2y = 2 + 2r\,\mathrm{sen}\,\theta;$$

a fórmula (3-66) nos dá a expressão indeterminada

$$\nabla^2 U = \frac{1}{r^2}[2r^2 + 2r^3 \operatorname{sen} \theta].$$

Essa função, embora indeterminada para $r = 0$, tem um limite definido para $r \longrightarrow 0$; esse limite é 2 e não depende de θ. Cancelando r^2 do numerador e do determinador, automaticamente removemos a indeterminação e obtemos o valor correto do limite para $r = 0$;

$$\nabla^2 U = 2 + 2r \operatorname{sen} \theta.$$

Vale uma discussão semelhante para coordenadas esféricas ρ, ϕ, θ. No Prob. 7 abaixo, veremos que $J = \rho^2 \operatorname{sen} \phi$, de sorte que $J = 0$ no eixo z. Pelos cálculos, o laplaciano é

$$\nabla^2 U = \frac{1}{\rho^2 \operatorname{sen}^2 \phi}\left[\operatorname{sen}^2 \phi \frac{\partial}{\partial \rho}\left(\rho^2 \frac{\partial U}{\partial \rho}\right) + \operatorname{sen} \phi \frac{\partial}{\partial \phi}\left(\operatorname{sen} \phi \frac{\partial U}{\partial \phi}\right) + \frac{\partial^2 U}{\partial \theta^2}\right]. \tag{3-67}$$

Ele é indeterminado no eixo z ($\rho = 0$ ou $\operatorname{sen} \phi = 0$); se $\nabla^2 U$ é contínua no eixo z, os valores de $\nabla^2 U$ nessa reta podem ser determinados a partir de (3-67) por um processo de limites.

É também possível obter os valores do laplaciano nos pontos problemáticos diretamente em termos de derivadas. Por exemplo, $\nabla^2 U$ pode ser calculado na origem ($\rho = 0$) pela fórmula:

$$\nabla^2 U\Big|_{\rho=0} = \frac{\partial^2 U}{\partial \rho^2}(0, \tfrac{1}{2}\pi, 0) + \frac{\partial^2 U}{\partial \rho^2}(0, \tfrac{1}{2}\pi, \tfrac{1}{2}\pi) + \frac{\partial^2 U}{\partial \rho^2}(0, 0, 0). \tag{3-68}$$

Os três termos no segundo membro são simplesmente os três termos do laplaciano

$$\frac{\partial^2 U}{\partial x^2} + \frac{\partial^2 U}{\partial y^2} + \frac{\partial^2 U}{\partial z^2}$$

na origem.

PROBLEMAS

1. Demonstrar as expressões (3-48). [*Sugestão:* empregar os resultados do Prob. 9 que segue a Sec. 2-8.]
2. Demonstrar a expressão (3-47). [*Sugestão:* empregar (3-48) e a identidade do Prob. 4 que segue a Sec. 1-14.]
3. Demonstrar as expressões (3-46). [*Sugestão:* empregar (3-48) e a identidade do Prob. 4 que segue a Sec. 1-14.]
4. Demonstrar que, se os vetores ∇F, ∇G, ∇H forem perpendiculares dois a dois em D, as coordenadas serão ortogonais.
5. Demonstrar as fórmulas (3-62). [*Sugestão:* empregar (3-56) para escrever:

$$\mathbf{p} = (\alpha p_u)\left(\frac{1}{\alpha^2}\frac{\partial \mathbf{r}}{\partial u}\right) + \beta p_v\left(\frac{1}{\beta^2}\frac{\partial \mathbf{r}}{\partial v}\right) + (\gamma p_w)\left(\frac{1}{\gamma^2}\frac{\partial \mathbf{r}}{\partial w}\right).$$

Usando (3-28) e (3-55), mostrar que

$$\text{rot}\,\boldsymbol{p} = \text{grad}\,(\alpha p_u) \times \left(\frac{1}{\alpha^2}\frac{\partial \boldsymbol{r}}{\partial u}\right) + \text{grad}\,(\beta p_v) \times \frac{1}{\beta^2}\left(\frac{\partial \boldsymbol{r}}{\partial v}\right) + \cdots$$

Para calcular $[\text{rot}\ \boldsymbol{p}]_u$ faça o produto escalar de ambos os membros por $\frac{1}{\alpha}\frac{\partial \boldsymbol{r}}{\partial u}$, e use (3-59) e (3-60) para calcular os produtos triplos escalares.]

6. Verificar as seguintes relações para coordenadas cilíndricas $u = r$, $v = \theta$, $w = z$:

(a) as superfícies $r = \text{const.}$, $\theta = \text{const.}$, $z = \text{const.}$ formam uma família triplamente ortogonal, e

$$J = \frac{\partial(x, y, z)}{\partial(r, \theta, z)} = r;$$

(b) o comprimento de arco é dado por

$$ds^2 = dr^2 + r^2\,d\theta^2 + dz^2;$$

(c) as componentes de um vetor $\boldsymbol{p}$ são dadas por

$$p_r = p_x \cos\theta + p_y \operatorname{sen}\theta, \qquad p_\theta = -p_x \operatorname{sen}\theta + p_y \cos\theta, \qquad p_z = p_z;$$

(d) as componentes de grad U são:

$$\frac{\partial U}{\partial r}, \qquad \frac{1}{r}\frac{\partial U}{\partial \theta}, \qquad \frac{\partial U}{\partial z};$$

(e) $\text{div}\,\boldsymbol{p} = \frac{1}{r}\left[\frac{\partial}{\partial r}(rp_r) + \frac{\partial p_\theta}{\partial \theta} + r\frac{\partial p_z}{\partial z}\right];$

(f) as componentes de rot $\boldsymbol{p}$ são

$$\frac{1}{r}\left[\frac{\partial p_z}{\partial \theta} - r\frac{\partial p_\theta}{\partial z}\right], \qquad \left[\frac{\partial p_r}{\partial z} - \frac{\partial p_z}{\partial r}\right], \qquad \frac{1}{r}\left[\frac{\partial}{\partial r}(rp_\theta) - \frac{\partial p_r}{\partial \theta}\right];$$

(g) $\nabla^2 U$ é dado por (3-66).

7. Verificar as seguintes relações para coordenadas esféricas $u = \rho$, $v = \phi$, $w = \theta$:

(a) as superfícies $\rho = \text{const.}$, $\phi = \text{const.}$, $\theta = \text{const.}$ formam uma família triplamente ortogonal, e

$$J = \frac{\partial(x, y, z)}{\partial(\rho, \phi, \theta)} = \rho^2 \operatorname{sen}\phi;$$

(b) o comprimento de arco é dado por

$$ds^2 = d\rho^2 + \rho^2\,d\phi^2 + \rho^2 \operatorname{sen}^2\phi\,d\theta^2;$$

(c) as componentes de um vetor $\boldsymbol{p}$ são dadas por

$$p = p_x \operatorname{sen}\phi\cos\theta = p_y \operatorname{sen}\phi \operatorname{sen}\theta + p_z\cos\phi,$$
$$p_\phi = p_x\cos\phi\cos\theta + p_y\cos\phi\operatorname{sen}\theta - p_z\operatorname{sen}\phi,$$
$$p_\theta = -p_x\operatorname{sen}\theta + p_y\cos\theta;$$

(d) as componentes de grad U são:

$$\frac{\partial U}{\partial \rho}, \quad \frac{1}{\rho}\frac{\partial U}{\partial \phi}, \quad \frac{1}{\rho\operatorname{sen}\phi}\frac{\partial U}{\partial\theta};$$

(e) $$\operatorname{div}\boldsymbol{p} = \frac{1}{\rho^2\operatorname{sen}\phi}\left[\operatorname{sen}\phi\frac{\partial}{\partial\rho}(\rho^2 p_\rho) + \rho\frac{\partial}{\partial\phi}(p_\phi\operatorname{sen}\phi) + \rho\frac{\partial p_\theta}{\partial\theta}\right];$$

(f) as componentes de rot $\boldsymbol{p}$ são:

$$\frac{1}{\rho\operatorname{sen}\phi}\left[\frac{\partial}{\partial\phi}(p_\theta\operatorname{sen}\phi) - \frac{\partial p_\phi}{\partial\theta}\right], \quad \frac{1}{\rho\operatorname{sen}\phi}\left[\frac{\partial p_\rho}{\partial\theta} - \operatorname{sen}\phi\frac{\partial}{\partial\rho}(\rho p_\theta)\right],$$
$$\frac{1}{\rho}\left[\frac{\partial}{\partial\rho}(\rho p_\phi) - \frac{\partial p_\rho}{\partial\phi}\right];$$

(g) $\nabla^2 U$ é dado por (3-67).

8. *Coordenadas curvilíneas numa superfície.* As equações

$$x = f(u, v), \qquad y = g(u, v), \qquad z = h(u, v)$$

podem ser interpretadas como equações paramétricas de uma superfície S no espaço. Elas podem ser consideradas como um caso especial de (3-42), no qual mantemos w constante, enquanto (u, v) varia num domínio D_0 do plano uv; a superfície S corresponde então a uma superfície $w =$ const. para (3-42). Consideramos u, v como sendo *coordenadas curvilíneas* em S. Os dois conjuntos de curvas em S: $u =$ const., $v =$ const. formam famílias que lembram as paralelas aos eixos do plano xy. Esboçar a superfície e as curvas $u =$ const., $v =$ const. nos seguintes casos:

(a) esfera: $x = \operatorname{sen} u\cos v$, $y = \operatorname{sen} u \operatorname{sen} v$, $z = \cos u$;
(b) cilindro: $x = \cos u$, $y = \operatorname{sen} u$, $z = v$;
(c) cone: $x = \operatorname{senh} u \operatorname{sen} v$, $y = \operatorname{senh} u\cos v$, $z = \operatorname{senh} u$.

9. Consideremos uma superfície S, como no Prob. 8, e seja $\boldsymbol{r} = x\boldsymbol{i} + y\boldsymbol{j} + z\boldsymbol{k}$.

(a) Mostrar que $\partial\boldsymbol{r}/\partial u$ e $\partial\boldsymbol{r}/\partial v$ são vetores tangentes à curvas $v =$ const., $u =$ const. na superfície.
(b) Mostrar que as curvas $v =$ const., $u =$ const. se cortam em ângulos retos, de modo que as coordenadas são *ortogonais*, se, e somente se,

$$\frac{\partial x}{\partial u}\frac{\partial x}{\partial v} + \frac{\partial y}{\partial u}\frac{\partial y}{\partial v} + \frac{\partial z}{\partial u}\frac{\partial z}{\partial v} = 0.$$

(c) Mostrar que o elemento de arco sobre uma curva $u = u(t)$, $v = v(t)$ em S é dado por

$$ds^2 = E\,du^2 + 2F\,du\,dv + G\,dv^2,$$

$$E = \left|\frac{\partial \mathbf{r}}{\partial u}\right|^2 = \left(\frac{\partial x}{\partial u}\right)^2 + \left(\frac{\partial y}{\partial u}\right)^2 + \left(\frac{\partial z}{\partial u}\right)^2,$$

$$G = \left|\frac{\partial \mathbf{r}}{\partial v}\right|^2 = \left(\frac{\partial x}{\partial v}\right)^2 + \left(\frac{\partial y}{\partial v}\right)^2 + \left(\frac{\partial z}{\partial v}\right)^2,$$

$$F = \frac{\partial \mathbf{r}}{\partial u}\cdot\frac{\partial \mathbf{r}}{\partial v} = \frac{\partial x}{\partial u}\frac{\partial x}{\partial v} + \frac{\partial y}{\partial u}\frac{\partial y}{\partial v} + \frac{\partial z}{\partial u}\frac{\partial z}{\partial v}.$$

(d) Mostrar que as coordenadas são *ortogonais* precisamente quando

$$ds^2 = E\,du^2 + G\,dv^2.$$

Para uma teoria das superfícies mais completa, ver o livro de Struik que está na lista de referências no final do presente capítulo.

*3-9. GEOMETRIA ANALÍTICA E VETORES NUM ESPAÇO A MAIS DE 3 DIMENSÕES. As operações formais sobre vetores e coordenadas sugerem que não é necessária a restrição a um espaço a três dimensões e, portanto, a três coordenadas ou componentes.

Definimos o espaço *euclidiano n-dimensional* como sendo um espaço que tem n coordenadas $x_1, \ldots, x_n$. O número n será fixo em toda a discussão que segue. Um *ponto P* do espaço é, por definição, uma *n-upla* $(x_1, \ldots, x_n)$; quando $x_1, \ldots, x_n$ percorrem o conjunto dos números reais, obtêm-se todos os pontos do espaço. Define-se a *distância* entre dois pontos $A: (a_1, \ldots, a_n)$ e $B: (b_1, \ldots, b_n)$ como sendo o número

$$\sqrt{(a_1 - b_1)^2 + \cdots + (a_n - b_n)^2}. \tag{3-69}$$

Uma *reta* é o lugar geométrico definido parametricamente por

$$x_1 = a_1 t + c_1, \ldots, x_n = a_n t + c_n, \tag{3-70}$$

em termos do parâmetro t, sendo os números $a_1, \ldots, a_n$ constantes e não todos nulos, e constantes os números $c_1, \ldots, c_n$.

Um *vetor* $\mathbf{v}$ num espaço n-dimensional é uma n-upla $[v_1, \ldots, v_n]$ de números reais; $v_1, \ldots, v_n$ são as *componentes* de v (com respeito às coordenadas dadas). Em particular, definimos o *vetor zero*:

$$\mathbf{0} = [0, \ldots, 0]. \tag{3-71}$$

Ao par de pontos A, B, nesta ordem, corresponde o vetor

$$\overrightarrow{AB} = [b_1 - a_1, \ldots, b_n - a_n]. \tag{3-72}$$

A *soma* de dois vetores, o *produto* de um vetor por um *escalar*, e o *produto escalar* (ou *produto interno*) de dois vetores são definidos pelas equações:

$$\mathbf{u} + \mathbf{v} = [u_1 + v_1, \ldots, u_n + v_n], \tag{3-73}$$
$$h\mathbf{u} = [hu_1, \ldots, hu_n], \tag{3-74}$$
$$\mathbf{u} \cdot \mathbf{v} = u_1 v_1 + \cdots + u_n v_n. \tag{3-75}$$

Define-se o *valor absoluto* (ou *norma*) de $\mathbf{u}$ como sendo o escalar

$$|\mathbf{u}| = \sqrt{\mathbf{u} \cdot \mathbf{u}} = \sqrt{u_1^2 + \cdots + u_n^2}. \tag{3-76}$$

O produto vetorial pode ser generalizado para n dimensões somente com o auxílio de *tensores*.

Postas as definições acima, podem-se verificar as seguintes propriedades (Prob. 1 abaixo):

$$\begin{gathered} \text{I. } \mathbf{u} + \mathbf{v} = \mathbf{v} + \mathbf{u}; \quad \text{II. } (\mathbf{u} + \mathbf{v}) + \mathbf{w} = \mathbf{u} + (\mathbf{v} + \mathbf{w}); \\ \text{III. } h(\mathbf{u} + \mathbf{v}) = h\mathbf{u} + h\mathbf{v}; \quad \text{IV. } (a + b)\mathbf{u} = a\mathbf{u} + b\mathbf{u}; \\ \text{V. } (ab)\mathbf{u} = a(b\mathbf{u}); \quad \text{VI. } 1\mathbf{u} = \mathbf{u}; \\ \text{VII. } 0\mathbf{u} = \mathbf{0}; \quad \text{VIII. } \mathbf{u} \cdot \mathbf{v} = \mathbf{v} \cdot \mathbf{u}; \\ \text{IX. } (\mathbf{u} + \mathbf{v}) \cdot \mathbf{w} = \mathbf{u} \cdot \mathbf{w} + \mathbf{v} \cdot \mathbf{w}; \quad \text{X. } (a\mathbf{u}) \cdot \mathbf{v} = a(\mathbf{u} \cdot \mathbf{v}); \\ \text{XI. } \mathbf{u} \cdot \mathbf{u} \geqq 0; \quad \text{XII. } \mathbf{u} \cdot \mathbf{u} = 0 \text{ se, e somente se, } \mathbf{u} = \mathbf{0}. \end{gathered} \tag{3-77}$$

Diz-se que uma família de k vetores $\mathbf{v}_1, \ldots, \mathbf{v}_k$ é *linearmente independente* se a equação

$$c_1 \mathbf{v}_1 + \cdots + c_k \mathbf{v}_k = \mathbf{0} \tag{3-78}$$

é satisfeita somente para $c_1 = \cdots = c_k = 0$. Se for verificada a relação (3-78) com pelo menos um dos c diferente de 0, os vetores são ditos *linearmente dependentes.*

Teorema 1. *Existem n vetores linearmente independentes num espaço n-dimensional. Não existem n + 1 vetores linearmente independentes.*

Demonstração. Os n vetores (vetores de base)

$$\mathbf{e}_1 = [1, 0, \ldots, 0], \quad \mathbf{e}_2 = [0, 1, 0, \ldots, 0], \ldots, \mathbf{e}_n = [0, \ldots, 1] \tag{3-79}$$

são linearmente independentes, pois

$$c_1 \mathbf{e}_1 + \cdots + c_n \mathbf{e}_n = [c_1, c_2, \ldots, c_n]. \tag{3-80}$$

Se a soma for $\mathbf{0}$, então $c_1 = 0, \ldots, c_n = 0$, pela definição (3-71).

Suponhamos agora que seja possível encontrar $n + 1$ vetores $\mathbf{v}_1, \ldots, \mathbf{v}_{n+1}$ linearmente independentes. Então os vetores $\mathbf{v}_1, \ldots, \mathbf{v}_n$ também devem ser linearmente independentes, pois uma relação da forma de (3-78) com $k = n$ é um caso particular ($c_{n+1} = 0$) de uma relação (3-78) com $k = n + 1$. Consideremos os vetores

$$\mathbf{v}_1 = [v_{11}, v_{12}, \ldots, v_{1n}], \quad \mathbf{v}_2 = [v_{21}, v_{22}, \ldots, v_{2n}], \ldots$$

A não-dependência linear de $\mathbf{v}_1, \ldots, \mathbf{v}_n$ significa que as equações simultâneas

$$c_1 v_{11} + \cdots + c_n v_{n1} = 0, \ldots, c_1 v_{1n} + \cdots + c_n v_{nn} = 0$$

admitem apenas a solução trivial: $c_1 = \cdots = c_n = 0$. Logo, o determinante dos coeficientes

$$D = \begin{vmatrix} v_{11} & \cdots & v_{n1} \\ \vdots & & \vdots \\ v_{1n} & \cdots & v_{nn} \end{vmatrix}$$

é diferente de 0 (Sec. 0-3). Em conseqüência, as equações

$$c_1 v_{11} + \cdots + c_n v_{n1} = v_{n+1,1}, \ldots, c_1 v_{1n} + \cdots + c_n v_{nn} = v_{n+1,n}$$

admitem uma única solução para $c_1, \ldots, c_n$; isso quer dizer que temos

$$\mathbf{v}_{n+1} = c_1 \mathbf{v}_1 + \cdots + c_n \mathbf{v}_n$$

para uma escolha conveniente de $c_1, \ldots, c_n$. Logo, $\mathbf{v}_1, \ldots, \mathbf{v}_{n+1}$ são linearmente dependentes, o que contradiz a hipótese. Portanto é impossível encontrar $n + 1$ vetores linearmente independentes.

Observação. Um vetor $\mathbf{v}$ arbitrário pode ser expresso como uma combinação linear dos vetores de base $\mathbf{e}_1, \ldots, \mathbf{e}_n$; da mesma forma que em (3-80), temos

$$\mathbf{v} = [v_1, \ldots, v_n] = v_1 \mathbf{e}_1 + \cdots + v_n \mathbf{e}_n. \qquad (3\text{-}81)$$

Os vetores $\mathbf{e}_1, \ldots, \mathbf{e}_n$ correspondem a $\mathbf{i}, \mathbf{j}, \mathbf{k}$ quando $n = 3$, e a representação (3-81) pode ser usada para reduzir operações sobre $\mathbf{v}$ para operações sobre componentes (Sec. 1-8).

Teorema 2. (*Desigualdade de Cauchy-Schwarz*). *Se $\mathbf{u}$ e $\mathbf{v}$ são dois vetores quaisquer, vale*

$$|\mathbf{u} \cdot \mathbf{v}| \leqq |\mathbf{u}|\,|\mathbf{v}|; \qquad (3\text{-}82)$$

a igualdade é verificada se, e somente se, $\mathbf{u}$ e $\mathbf{v}$ são linearmente dependentes. Além disso,

$$|\mathbf{u} + \mathbf{v}| \leqq |\mathbf{u}| + |\mathbf{v}| \quad (\textit{desigualdade triangular}); \qquad (3\text{-}83)$$

a igualdade é verificada se, e somente se, $\mathbf{v} = h\mathbf{u}$ ou $\mathbf{u} = h\mathbf{v}$ para $h \geqq 0$.

Demonstração. Provamos primeiro (3-82) e, em seguida, mostremos que (3-83) segue de (3-82).

Seja α um ângulo variável e consideremos o polinômio

$$\begin{aligned} P(\alpha) &= |\mathbf{u}\cos\alpha + \mathbf{v}\,\mathrm{sen}\,\alpha|^2 = (\mathbf{u}\cos\alpha + \mathbf{v}\,\mathrm{sen}\,\alpha)\cdot(\mathbf{u}\cos\alpha + \mathbf{v}\,\mathrm{sen}\,\alpha) \\ &= A\cos^2\alpha + 2B\,\mathrm{sen}\,\alpha\cos\alpha + C\,\mathrm{sen}^2\,\alpha, \end{aligned}$$

onde $A = |\boldsymbol{u}|^2$, $B = \boldsymbol{u} \cdot \boldsymbol{v}$, $C = |\boldsymbol{v}|^2$. Por sua própria definição, $P(\alpha) \geqq 0$. Logo [ver o teorema que segue (2-21) na Sec. 2-15], o discriminante

$$B^2 - AC = (\boldsymbol{u} \cdot \boldsymbol{v})^2 - |\boldsymbol{u}|^2 \, |\boldsymbol{v}|^2$$

tem que ser negativo ou nulo. Isso significa que

$$(\boldsymbol{u} \cdot \boldsymbol{v})^2 \leqq |\boldsymbol{u}|^2 \, |\boldsymbol{v}|^2,$$

donde segue (3-82). Se valer a igualdade, então $B^2 - AC = 0$ e $P(\alpha)$ terá uma raiz α; para este α, teremos

$$|\boldsymbol{u} \cos \alpha + \boldsymbol{v} \operatorname{sen} \alpha| = 0.$$

Em virtude de (3-76) e da última parte de (3-77), isso implica em

$$\boldsymbol{u} \cos \alpha + \boldsymbol{v} \operatorname{sen} \alpha = \mathbf{0}, \tag{3-84}$$

de modo que $\boldsymbol{u}$ e $\boldsymbol{v}$ são linearmente dependentes; reciprocamente, se $\boldsymbol{u}$ e $\boldsymbol{v}$ forem dependentes, deverá valer uma relação da forma (3-84) para algum α, de modo que $B^2 - AC = 0$ e segue a igualdade.

Para demonstrar (3-83), escrevemos:

$$\begin{aligned} |\boldsymbol{u} + \boldsymbol{v}|^2 &= (\boldsymbol{u} + \boldsymbol{v}) \cdot (\boldsymbol{u} + \boldsymbol{v}) = |\boldsymbol{u}|^2 + |\boldsymbol{v}|^2 + 2\boldsymbol{u} \cdot \boldsymbol{v} \\ &= (|\boldsymbol{u}| + |\boldsymbol{v}|)^2 + 2\boldsymbol{u} \cdot \boldsymbol{v} - 2|\boldsymbol{u}| \, |\boldsymbol{v}| \leqq (|\boldsymbol{u}| + |\boldsymbol{v}|)^2; \end{aligned} \tag{3-85}$$

a última desigualdade decorre de (3-82). Extraindo as raízes quadradas, obtemos (3-83). O caso da igualdade será investigado no Prob. 3 abaixo.

Em vista do Teorema 2, podemos definir o ângulo θ entre dois vetores não-nulos pela equação

$$\cos \theta = \frac{\boldsymbol{u} \cdot \boldsymbol{v}}{|\boldsymbol{u}| \, |\boldsymbol{v}|}, \qquad 0 \leqq \theta \leqq \pi, \tag{3-86}$$

pois a quantidade no membro direito está sempre compreendida entre -1 e 1. Estando o conceito de distância definido pela relação (3-69), é agora possível desenvolver uma geometria como nos casos de 2 e 3 dimensões.

Dizemos, por definição, que dois vetores $\boldsymbol{u}$ e $\boldsymbol{v}$ são *ortogonais* ou *perpendiculares* se $\boldsymbol{u} \cdot \boldsymbol{v} = 0$; ou seja, em virtude de (3-86), se eles formarem um ângulo de 90° (ou se um dos vetores for $\mathbf{0}$). Definimos um *sistema ortogonal* de vetores como sendo um sistema de k vetores não-nulos $\boldsymbol{v}_1, \ldots, \boldsymbol{v}_k$ tais que eles sejam ortogonais dois a dois. Esses vetores são necessariamente independentes (Prob. 4 abaixo), de sorte que $k \leqq n$. Existe um sistema ortogonal de n vetores, a saber, os n vetores descritos em (3-79).

Dados k vetores linearmente independentes $\boldsymbol{v}_1, \ldots, \boldsymbol{v}_k$, é sempre possível construir um sistema ortogonal de k vetores $\boldsymbol{u}_1, \ldots, \boldsymbol{u}_k$ tal que cada um deles seja uma combinação linear de $\boldsymbol{v}_1, \ldots, \boldsymbol{v}_k$ (processo de ortogonalização de Gram-Schmidt). Damos um exemplo para $k = 3$; a construção pode ser facilmente visualizada no espaço tridimensional:

$$\begin{aligned} \boldsymbol{u}_1 &= \boldsymbol{v}_1, \\ \boldsymbol{u}_2 &= \boldsymbol{v}_2 - (\boldsymbol{v}_2 \cdot \boldsymbol{u}_1)\frac{\boldsymbol{u}_1}{|\boldsymbol{u}_1|^2}, \\ \boldsymbol{u}_3 &= \boldsymbol{v}_3 - (\boldsymbol{v}_3 \cdot \boldsymbol{u}_1)\frac{\boldsymbol{u}_1}{|\boldsymbol{u}_1|^2} - (\boldsymbol{v}_3 \cdot \boldsymbol{u}_2)\frac{\boldsymbol{u}_2}{|\boldsymbol{u}_2|^2}. \end{aligned} \tag{3-87}$$

Para obter $\boldsymbol{u}_2$, subtraímos de $\boldsymbol{v}_2$ o vetor obtido pela "projeção" de $\boldsymbol{v}_2$ sobre $\boldsymbol{v}_1$; para obter $\boldsymbol{u}_3$, subtraímos de $\boldsymbol{v}_3$ sua projeção sobre $\boldsymbol{u}_1$ e $\boldsymbol{u}_2$. A demonstração da ortogonalidade do sistema faz parte do Prob. 5 abaixo. Evidentemente, o processo pode ser estendido por indução a qualquer número finito de vetores linearmente independentes.

É de considerável interesse o fato das propriedades definidas em (3-77) e no Teorema 1 poderem ser vistas como um conjunto de axiomas, dos quais é possível deduzir todas as demais propriedades de vetores do espaço n-dimensional, sem nenhuma referência ao sistema de coordenadas dado. Por exemplo, definimos $-\boldsymbol{v}$ como sendo o vetor $(-1)\boldsymbol{v}$; então, a equação $\boldsymbol{v} + \boldsymbol{u} = \boldsymbol{w}$ tem uma solução em $\boldsymbol{u}$, a saber, o vetor $\boldsymbol{w} - \boldsymbol{v} = \boldsymbol{w} + (-\boldsymbol{v})$, pois, utilizando sucessivamente as partes I, II, IV, VII, VII, IV, VI de (3-77), temos:

$$\begin{aligned} \boldsymbol{v} + (\boldsymbol{w} - \boldsymbol{v}) &= \boldsymbol{v} + (-\boldsymbol{v} + \boldsymbol{w}) = (\boldsymbol{v} - \boldsymbol{v}) + \boldsymbol{w} = (1 + (-1))\boldsymbol{v} + \boldsymbol{w} \\ &= 0\boldsymbol{v} + \boldsymbol{w} = \boldsymbol{0} + \boldsymbol{w} = 0\boldsymbol{w} + \boldsymbol{w} = (0 + 1)\boldsymbol{w} = 1\boldsymbol{w} = \boldsymbol{w}. \end{aligned}$$

A solução é única, pois $\boldsymbol{v} + \boldsymbol{u} = \boldsymbol{w}$ implica: $-\boldsymbol{v} + (\boldsymbol{v} + \boldsymbol{u}) = -\boldsymbol{v} + \boldsymbol{w}$; um raciocínio do tipo acima prova então que $\boldsymbol{u} = \boldsymbol{w} - \boldsymbol{v}$. Outras propriedades algébricas podem ser deduzidas do mesmo modo. A norma $|\boldsymbol{u}|$ é definida em termos do produto escalar pela equação (3-76); suas propriedades decorrem das propriedades do produto escalar. Em particular, vale o importante Teorema 2, sem uso de componentes, como acima.

Podemos introduzir coordenadas ou componentes baseando-nos nos próprios axiomas, pois o Teorema 1 garante a existência de n vetores linearmente independentes $\boldsymbol{v}_1, \ldots, \boldsymbol{v}_n$. O processo de Gram-Schmidt pode ser agora usado para construir um sistema ortogonal $\boldsymbol{u}_1, \ldots, \boldsymbol{u}_n$. "Normalizamos" esses vetores dividindo-os por suas normas respectivas, e obtemos os vetores unitários:

$$\boldsymbol{e}_1^* = \frac{\boldsymbol{u}_1}{|\boldsymbol{u}_1|}, \ldots, \boldsymbol{e}_n^* = \frac{\boldsymbol{u}_n}{|\boldsymbol{u}_n|}. \tag{3-88}$$

Esses vetores são linearmente independentes, de modo que um vetor arbitrário $\boldsymbol{v}$ pode ser expresso como uma de suas combinações lineares:

$$\boldsymbol{v} = v_1^* \boldsymbol{e}_1^* + \cdots + v_n^* \boldsymbol{e}_n^*. \tag{3-89}$$

Assim, $\{\boldsymbol{e}_1^*, \ldots, \boldsymbol{e}_n^*\}$ pode ser tomado como um conjunto de vetores de base. A $v_1^*, \ldots, v_n^*$ chamamos *as componentes de* $\boldsymbol{v}$ *com respeito a esses vetores de* *base*. Notamos que, devido à ortogonalidade,

$$\mathbf{v} \cdot \mathbf{e}_1^* = v_1(\mathbf{e}_1^* \cdot \mathbf{e}_1^*) + \cdots + v_n(\mathbf{e}_n^* \cdot \mathbf{e}_1^*) = v_1^*.$$

Mais geralmente,

$$v_1^* = \mathbf{v} \cdot \mathbf{e}_1^*, \ldots, v_n^* = \mathbf{v} \cdot \mathbf{e}_n^*. \tag{3-90}$$

Com base em (3-77), verificamos agora que (Prob. 6 abaixo):

$$\begin{aligned} \mathbf{u} + \mathbf{v} &= (u_1^* + v_1^*)\mathbf{e}_1^* + \cdots + (u_n^* + v_n^*)\mathbf{e}_n^*, \\ \mathbf{u} \cdot \mathbf{v} &= u_1^* v_1^* + \cdots + u_n^* v_n^*, \\ h\mathbf{v} &= (hv_1^*)\mathbf{e}_1^* + \cdots + (hv_n^*)\mathbf{e}_n^*. \end{aligned} \tag{3-91}$$

Isso significa simplesmente que as operações vetoriais podem ser definidas em termos de componentes exatamente como em (3-73), (3-74), e (3-75). Conseqüentemente, mesmo que os vetores da nova base sejam diferentes dos vetores originais (o que não passaria de uma escolha de novos eixos), todas as propriedades que podem ser deduzidas por meio de componentes podem ser igualmente obtidas por meio dos vetores da nova base. Isso significa que *todas as propriedades* dos vetores podem ser determinadas tão-somente a partir de (3-77) e do Teorema 1. Em vista disso, damos a seguinte definição:

Definição. Um espaço vetorial euclidiano n-dimensional é uma coleção de objetos $\mathbf{u}$, $\mathbf{v}, \ldots$, chamados vetores, para os quais são definidas as operações de adição, multiplicação por escalares, e produto escalar, e essas operações satisfazem às regras (3-77) e ao Teorema 1.

O *cálculo diferencial vetorial* também pode ser estendido a n dimensões. O conceito de função vetorial $\mathbf{v}(t)$ é definido do mesmo modo que para 3 dimensões. Em termos de componentes, essa função transforma-se numa n-upla $[v_1(t), \ldots, v_n(t)]$ de funções. A *derivada* $d\mathbf{v}/dt$ é definida como sendo um limite e, como no caso de três dimensões, temos

$$\frac{d\mathbf{v}}{dt} = \left[\frac{dv_1}{dt}, \ldots, \frac{dv_n}{dt}\right]. \tag{3-92}$$

Define-se um *campo vetorial* como sendo uma função vetorial de n variáveis: $\mathbf{v} = \mathbf{v}(x_1, \ldots, x_n)$; em componentes, isso dá origem a uma n-upla de funções de n variáveis. Um campo vetorial pode ser visto como o campo de velocidades de um movimento de fluido num espaço n-dimensional. A divergência div $\mathbf{v}$ pode ser definida em termos de componentes pela equação:

$$\operatorname{div} \mathbf{v} = \frac{\partial v_1}{\partial x_1} + \cdots + \frac{\partial v_n}{\partial x_n}. \tag{3-93}$$

Demonstra-se que o resultado é independente da escolha do conjunto de vetores de base. A condição div $\mathbf{v} = 0$ pode ser vista como descrevendo um movimento de fluido incompressível num espaço n-dimensional.

A generalização do *rotacional* para um espaço n-dimensional requer o uso de tensores.

Para maiores informações a respeito de espaços vetoriais n-dimensionais, ver o Cap. 7 do livro de Birkhoff e MacLane, citado na lista de referências, bem como o livro de Weyl.

Pode-se perguntar se há algum proveito em generalizar os vetores a um espaço de n dimensões, já que vivemos num mundo de três dimensões. A resposta é que tal generalização tem se mostrado extremamente útil. As equações de um sistema mecânico tendo "N graus de liberdade" são mais fáceis de ser descritas e compreendidas quando se usa a linguagem dos vetores. Na mecânica estatística, é fundamental à teoria o uso de um espaço n-dimensional (o "espaço de fase"), e um teorema crucial (o Teorema de Liouville) faz uso da noção de divergência de um campo vetorial no espaço n-dimensional. A relatividade requer um espaço com quatro dimensões. Na mecânica quântica, estamos forçados a considerar o caso-limite de $n = \infty$; de modo bastante surpreendente, verifica-se que essa teoria dos espaços vetoriais de dimensão infinita tem relação estreita com a teoria de séries de Fourier (Cap. 7).

PROBLEMAS

1. Provar as relações (3-77) a partir das relações (3-71) a (3-75).
2. Demonstrar a desigualdade de Cauchy:

$$\left(\sum_{i=1}^{n} u_i v_i\right)^2 \leqq \sum_{i=1}^{n} u_i^2 \sum_{i=1}^{n} v_i^2.$$

[*Sugestão:* empregar o Teorema 2.]

3. Demonstrar a regra de igualdade em (3-83) conforme o enunciado do Teorema 2. [*Sugestão:* usar (3-85) para reduzir o problema ao caso de $\boldsymbol{u} \cdot \boldsymbol{v} = |\boldsymbol{u}| \cdot |\boldsymbol{v}|$. Usando a primeira parte do Teorema 2 e tendo em mente o significado de dependência linear, deduzir o resultado desejado.]
4. Provar que os vetores de um sistema ortogonal são linearmente independentes.
5. (a) Demonstrar que os vetores (3-87) são não-nulos e formam um sistema ortogonal, contanto que $\boldsymbol{v}_1$, $\boldsymbol{v}_2$, $\boldsymbol{v}_3$ sejam linearmente independentes.
   (b) Fazer a construção indicada, com $\boldsymbol{v}_1 = \boldsymbol{i}$, $\boldsymbol{v}_2 = \boldsymbol{i} + \boldsymbol{j} + \boldsymbol{k}$, $\boldsymbol{v}_3 = 2\boldsymbol{j} + \boldsymbol{k}$. Gráfico.
6. Provar que, se $u_1^*, \ldots, u_n^*$ e $v_1^*, \ldots, v_n^*$ são as componentes de $\boldsymbol{u}$ e $\boldsymbol{v}$ em relação aos vetores de base $\boldsymbol{e}_1^*, \ldots, \boldsymbol{e}_n^*$, então valem as igualdades (3-91).
7. Seja $\boldsymbol{v}$ um campo vetorial num espaço de dimensão $2n$ e seja H uma função das $2n$ coordenadas $x_1, \ldots, x_{2n}$ tal que

$$v_i = \frac{\partial H}{\partial x_{i+n}} (i = 1, \ldots, n), \qquad v_i = -\frac{\partial H}{\partial x_{i-n}} (i = n+1, \ldots, 2n).$$

Mostrar que, nessas condições, div $\boldsymbol{v} = 0$. Essa relação é importante na mecânica estatística.

REFERÊNCIAS

Birkhoff, Garrett e MacLane, Saunders, *A Survey of Modern Algebra*. New York: MacMillan, 1941.

Brand, Louis, *Vector and Tensor Analysis*. New York: John Wiley and Sons, Inc., 1947.

Gibbs, J. Willard, *Vector Analysis*. New Haven: Yale University Press, 1913.

Phillips, H. B., *Vector Analysis*. New York: John Wiley and Sons, Inc., 1933.

Rainich, G. Y., *Mathematics of Relativity*. New York: John Wiley and Sons, Inc., 1950. Particularmente os Caps. 1, 2, e 4.

Struik, Dirk J., *Lectures on Classical Differential Geometry*. Cambridge: Addison-Wesley Press, Inc., 1950.

Weyl, Hermann, *Space, Time, Matter*. Traduzido para o inglês por H. L. Brose. London Methuen, 1922.

capítulo 4

CÁLCULO INTEGRAL DE FUNÇÕES DE VÁRIAS VARIÁVEIS

4-1. INTRODUÇÃO. O objetivo deste capítulo é estudar processos de integração que envolvem funções de duas ou mais variáveis. Em particular, investigaremos integrais múltiplas:

$$\iint_R f(x, y)\,dx\,dy, \qquad \iiint_R f(x, y, z)\,dx\,dy\,dz, \ldots,$$

assim como integrais simples e múltiplas que dependem de um parâmetro:

$$\int_a^b f(x, t)\,dx, \qquad \int_a^{t^2} f(x)\,dx, \qquad \iint_R f(x, y, t)\,dx\,dy, \ldots,$$

Nessas questões, são essenciais o conceito de *integral definida* de uma função de uma variável:

$$\int_a^b f(x)\,dx = \lim_{\substack{n \to \infty \\ \max \Delta_i x \to 0}} \sum_{i=1}^{n} f(x_i^*)\,\Delta_i x, \tag{4-1}$$

e o conceito de *integral indefinida* de uma função de uma variável:

$$\int f(x)\,dx = F(x) + C. \tag{4-2}$$

O leitor pode consultar a Sec. 0-9 para o enunciado das definições de integral definida e integral indefinida, bem como suas propriedades fundamentais.

A fim de assegurar que foram plenamente compreendidas a integral definida e a integral indefinida, e as relações entre elas, as duas seções iniciais serão consagradas a uma consideração do *cálculo numérico* de integrais definidas e de integrais indefinidas. As técnicas descritas serão úteis por si para aplicações, mas espera-se que elas sirvam também para esclarecer os conceitos envolvidos.

4-2. CÁLCULO NUMÉRICO DE INTEGRAIS DEFINIDAS. Se é dada uma integral definida do tipo

$$\int_0^{1/2\,\pi} x \operatorname{sen} x\,dx$$

seu valor pode ser calculado pela fórmula

$$\int_a^b f(x)\,dx = F(b) - F(a), \quad \text{onde} \quad F'(x) = f(x), \tag{4-3}$$

contanto que seja possível determinar a integral indefinida $F(x)$ de $f(x)$ no intervalo dado. Assim, no exemplo, temos

$$\int_0^{\frac{1}{2}\pi} x \operatorname{sen} x \, dx = (-x \cos x + \operatorname{sen} x)\Big|_0^{\frac{1}{2}\pi} = 1,$$

onde a integral indefinida foi determinada por integração por partes [Eqs. (0-118)].

Embora os métodos de determinação de integrais indefinidas sejam muitos e existam tabelas para tal fim [conforme as referências que seguem as Eqs. (0-118)], os métodos estão longe de ser completos. Por exemplo, verifica-se que as integrais

$$\int e^{-x^2} dx, \qquad \int \frac{\operatorname{sen} x}{x} dx, \qquad \int \frac{dx}{\sqrt{2 - \cos^2 x}}$$

não podem ser atacadas por meio de qualquer método familiar; na verdade, demonstra-se que essas integrais não podem ser expressas em termos de funções elementares.

Conseqüentemente, integrais indefinidas do tipo

$$\int_0^1 e^{-x^2} dx$$

não podem ser calculadas numericamente por meio de (4-3) em termos de funções elementares. Para determinar essa integral, existem dois métodos básicos: o emprego de séries de potências e o emprego de fórmulas numéricas tais como a regra do trapézio e a regra de Simpson. Em vista da relação entre integrais e áreas, a integral também pode ser calculada esboçando o gráfico da função $y = f(x) = e^{-x^2}$ e medindo-se a área limitada pelo eixo x, a curva traçada e as retas $x = 0$, $x = 1$. Essa área pode ser medida contando-se os quadrados sobre um papel para gráficos ou usando-se o *planímetro*, que é um instrumento mecânico projetado para tal fim. Pode-se até cortar a área a ser medida e pesar o pedaço de papel cortado; se for conhecida a densidade (g/cm^2) do papel, o peso do pedaço de papel dividido pela densidade dará a área procurada. Inúmeras integrais definidas especiais ainda podem ser determinadas pelo método dos *resíduos*, descrito no Cap. 9.

Aqui, vamos limitar-nos a fórmulas numéricas mais elementares, usando todavia a idéia de área para facilitar o entendimento dessas fórmulas. Assim sendo, vamos pensar em termos da área sombreada da Fig. 4-1. Nessa ilustração, $f(x)$ é contínua para $a \leqq x \leqq b$ e a integral

$$\int_a^b f(x)\, dx$$

é precisamente igual à área. Quando $f(x)$ é negativa, as áreas entram com um sinal (−).

Fórmula do retângulo

$$\int_a^b f(x)\,dx \sim f(x_1^*)\,\Delta_1 x + \cdots + f(x_n^*)\,\Delta_n x. \tag{4-4}$$

Aqui, considerou-se uma subdivisão $a = x_0 < x_1 < x_2 < \cdots < x_n = b$ do intervalo $a \leqq x \leqq b$, e $\Delta_1 x, \ldots, \Delta_n x$ são os comprimentos dos subintervalos sucessivos: $\Delta_i x = x_i - x_{i-1}$. Os números $x_1^*, \ldots, x_n^*$ são arbitrariamente escolhidos dentro dos subintervalos respectivos, conforme se vê na Fig. 4-1. O símbolo $\sim$ em (4-4) indica que se tem em mente apenas uma aproximação. Todavia a continuidade de $f(x)$ acarreta a existência da integral como valor limite do segundo membro quando o número n de subdivisões torna-se infinito, enquanto que o maior $\Delta_i x$ aproxima-se de 0; em outras palavras, para uma subdivisão suficientemente fina, o segundo membro difere do primeiro por uma quantidade menor que um número pré-fixado ε, qualquer que seja a escolha dos $x_1^*, \ldots, x_n^*$. Na verdade, devido ao teorema da média (0-112), para cada subdivisão, $x_1^*, \ldots, x_n^*$ podem ser escolhidos de forma tal que $f(x_1^*)\,\Delta_1 x$ seja igual à integral de a a x_1, $f(x_2^*)\,\Delta_2 x$ seja igual à integral de x_1 a x_2, etc.; com essas escolhas, o segundo membro de (4-4) é *igual* ao primeiro membro. Contudo, em geral, não sabemos como escolher $x_1^*, \ldots, x_n^*$ para que valha a igualdade, a menos que saibamos o valor da integral sobre cada subintervalo.

Conforme mostra a Fig. 4-1, o segundo membro representa a soma das áreas dos retângulos indicados tendo as bases $\Delta_1 x, \ldots, \Delta_n x$; disso vem a expressão "fórmula do retângulo".

Na prática, os pontos x_i^* serão escolhidos ou à esquerda, ou à direita, ou no centro do subintervalo. Costuma-se também escolher os $\Delta_i x$ todos iguais, com valor comum

$$\Delta x = \frac{b-a}{n}. \tag{4-5}$$

Se todos os x_i^* forem tomados à direita, então a fórmula (4-4) reduz-se a

$$\int_a^b f(x)\,dx \sim \frac{b-a}{n}\left[f(x_1) + f(x_2) + \cdots + f(x_n)\right]. \tag{4-6}$$

Essa fórmula mostra de modo particularmente claro que integração é basicamente um processo de soma. Ilustramos isso na Tab. 4-1, onde calculamos a integral $\int_0^{10} x^2\,dx$, com $n = 10$, de modo que $\Delta x = 1$.

Tabela 4-1

x	$y = x^2$
1	1
2	4
3	9
4	16
5	25
6	36
7	49
8	64
9	81
10	100
	385

$$\int_0^{10} x^2 dx \sim 385.$$

Dividindo ambos os membros de (4-6) por $(b-a)$, obtemos uma outra interpretação da integral:

$$\frac{1}{b-a}\int_a^b f(x)\,dx \sim \frac{f(x_1) + f(x_2) + \cdots + f(x_n)}{n}. \tag{4-7}$$

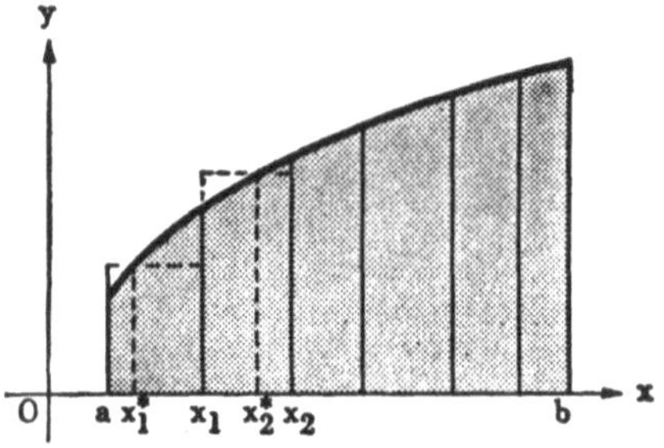

Figura 4-1. Regra do retângulo para $\int_a^b f(x)\,dx$

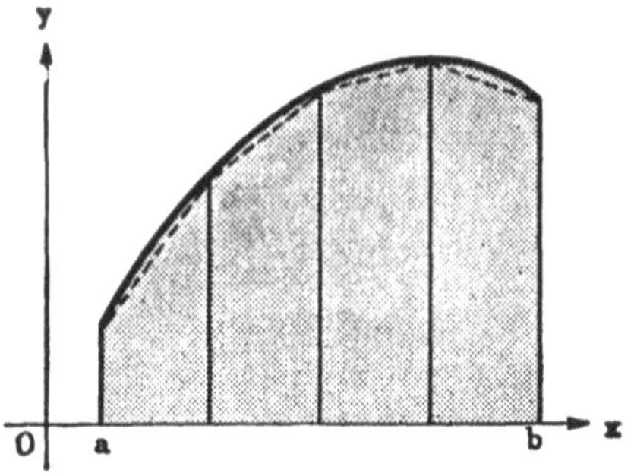

Figura 4-2. Regra do trapezóide para $\int_a^b f(x)\,dx$

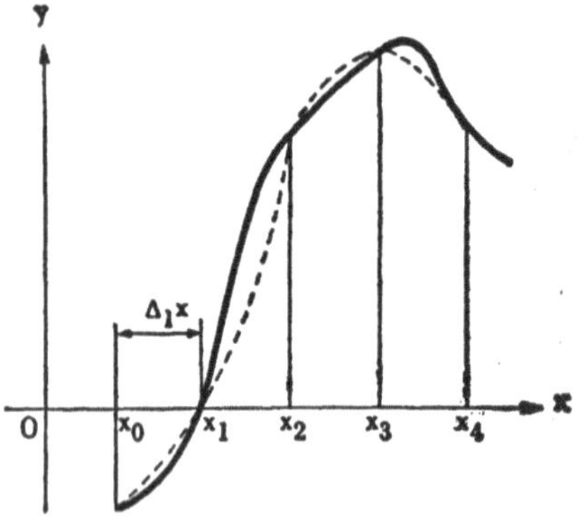

Figura 4-3. Regra de Simpson para $\int_a^b f(x)\,dx$

O segundo membro é simplesmente a *média aritmética* dos valores $f(x_1), \ldots, f(x_n)$. Como o segundo membro aproxima-se do primeiro membro à medida que $n \longrightarrow \infty$, o primeiro membro pode ser visto como a *média aritmética* da função $f(x)$ no intervalo $a \leqq x \leqq b$:

$$\frac{1}{b-a}\int_a^b y\,dx = \bar{y} = [\text{média aritmética de } y = f(x)]. \tag{4-8}$$

Regra do trapézio

$$\int_a^b f(x)\,dx \sim \Delta_1 x\,\frac{f(a)+f(x_1)}{2} + \cdots + \Delta_n x\,\frac{f(x_{n-1})+f(b)}{2}. \tag{4-9}$$

Aqui, substituímos os retângulos pelos trapézios indicados na Fig. 4-2. A continuidade de $f(x)$ implica que

$$f(x_1^*) = \frac{f(a) + f(x_1)}{2}$$

para alguma escolha de x_1^* entre a e x_1, de sorte que

$$\Delta_1 x \frac{f(a) + f(x_1)}{2} = f(x_1^*)\Delta_1 x.$$

Em outras palavras, a regra do trapézio é simplesmente um modo especial de se escolher os pontos $x_1^*, x_2^*, \ldots, x_n^*$ de (4-4). Quando se tem uma curva simples, como a da figura, é evidente que (4-9) fornece um resultado mais preciso que, por exemplo, a relação (4-6).

Se escolhermos todos os subintervalos iguais a Δx, de sorte que valha (4-5), a regra do trapézio assumirá a forma

$$\int_a^b f(x)\,dx \sim \frac{b-a}{2n}[f(a) + 2f(x_1) + 2f(x_2) + \cdots + 2f(x_{n-1}) + f(b)]. \quad (4\text{-}10)$$

Aplicando esse último resultado a $\int_0^{10} x^2\,dx$, com $\Delta x = 1$ como anteriormente, achamos

$$\int_0^{10} x^2\,dx \sim \tfrac{10}{20}[0 + 2 + 8 + \cdots + 162 + 100] = 335,$$

que é um valor mais próximo do valor real $333\frac{1}{3}$.

Regra de Simpson

$$\int_a^b f(x)\,dx \sim \Delta_1 x \frac{f(a) + 4f(x_1) + f(x_2)}{3} + \Delta_3 x \frac{f(x_2) + 4f(x_3) + f(x_4)}{3}$$
$$+ \cdots + \Delta_{2n-1} x \frac{f(x_{2n-2}) + 4f(x_{2n-1}) + f(b)}{3}. \quad (4\text{-}11)$$

Aqui, o intervalo de a a b está subdividido num número *par* ($2n$) de subintervalos pelos pontos $a = x_0, x_1, \ldots, x_{2n} = b$ e, além disso,

$$\Delta_1 x = x_1 - x_0 = x_2 - x_1, \ \Delta_3 x = x_3 - x_2 = x_4 - x_3, \ldots; \quad (4\text{-}12)$$

ou seja: os dois primeiros subintervalos são iguais, os dois subintervalos seguintes são iguais, e assim por diante. A Fig. 4-3 ilustra esse fato.

A regra de Simpson é baseada na idéia de se substituir a curva $y = f(x)$ entre x_0 e x_2 pela parábola

$$y = Ax^2 + Bx + C,$$

que coincida com $y = f(x)$ em $x = x_0$, $x = x_1$, $x = x_2$. Demonstra-se (Prob. 8 abaixo) que a área sob a parábola depende unicamente dos valores de $f(x)$ nesses três pontos e que ela é igual a

$$\Delta_1 x \frac{f(x_0) + 4f(x_1) + f(x_2)}{3}, \tag{4-13}$$

que é o primeiro termo de (4-11). Os demais termos são obtidos do mesmo modo. A Fig. 4-3 mostra os arcos de parábola; evidentemente, se a função $f(x)$ for "lisa", a área sob a parábola será uma boa aproximação para a área da curva dada.

Se todas as subdivisões forem iguais, de sorte que $\Delta_1 x = \Delta_3 x = \cdots = (b-a)/2n$, a fórmula (4-11) pode ser simplificada:

$$\int_a^b f(x)\,dx \sim \frac{b-a}{6n}[f(a) + 4f(x_1) + 2f(x_2) + 4f(x_3) + \cdots + 2f(x_{2n-2}) + \\ + 4f(x_{2n-1}) + f(b)]. \tag{4-14}$$

A regra de Simpson também pode ser interpretada como um caso particular da regra do retângulo. A expressão (4-13) pode ser escrita como:

$$2\Delta_1 x \frac{f(x_0) + 4f(x_1) + f(x_2)}{6},$$

isto é, como o produto do comprimento Δx do intervalo x_0 a x_2 por uma média ponderada dos valores de $f(x)$ nas extremidades e no centro desse intervalo. Demonstra-se facilmente que a continuidade de $f(x)$ acarreta a existência de um valor x^* entre x_0 e x_2 tal que essa média ponderada seja precisamente $f(x^*)$. Conseqüentemente, (4-13) pode ser tomada como igual a $\Delta x \cdot f(x^*)$, isto é, à área de um retângulo de base Δx. Repetindo esse trabalho com os demais termos de (4-11), esta fórmula terá a forma da fórmula (4-4), do retângulo. Conseqüentemente, temos certeza de que, à medida que aumenta o número de subdivisões, com o maior $\Delta_i x$ se aproximando de 0, a expressão do segundo membro de (4-11) aproxima-se da integral no limite.

Naturalmente, se a própria $f(x)$ for um polinômio do segundo grau em x, a regra de Simpson deverá fornecer o valor exato da integral. É interessante observar que isso ainda será verdade se $f(x)$ for um polinômio do *terceiro grau*: $Ax^3 + Bx^2 + Cx + D$ (ver o Prob. 9 abaixo).

Observemos que os métodos descritos podem ser perfeitamente aplicados a funções $f(x)$ dadas apenas por tabelas. Com efeito, ao calcular as integrais pelas fórmulas acima, estamos interpolando por meio de uma reta ou uma parábola entre os valores tabelados.

Estimativa de erro. O teorema seguinte é fundamental nos cálculos de erro em integrais:

Se $|f(x)| \leqq M$ *em* $a \leqq x \leqq b$, *então tem-se* $\left|\int_a^b f(x)\,dx\right| \leqq M(b-a)$. (4-15)

Nesse caso, não é necessário que a função $f(x)$ seja contínua; basta que exista sua integral. Por exemplo, $f(x)$ pode ser "descontínua por partes", com descontinuidades por saltos, como sugere a Fig. 4-4 (ver Sec. 4-4).

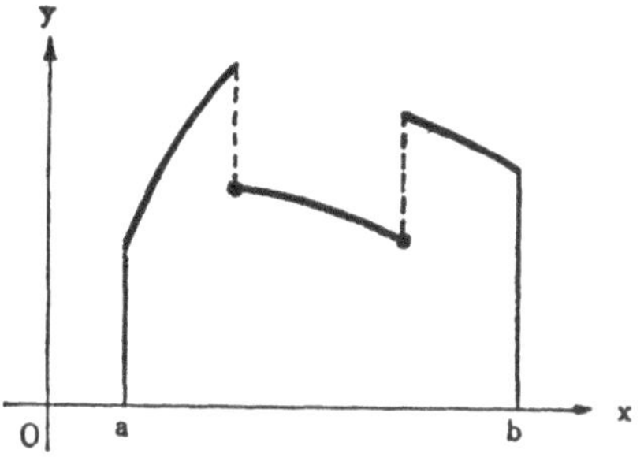

Figura 4-4. Função contínua por partes

A desigualdade (4-15) pode ser demonstrada a partir da dupla desigualdade (0-113) da Introdução, ou então do seguinte modo: Aplicando a desigualdade $|a + b| \leqq |a| + |b|$ [ver (0-4)] repetidas vezes, conclui-se que

$$\left|\sum_{i=1}^{n} f(x_i^*)\,\Delta_i x\right| \leqq \sum_{i=1}^{n} |f(x_i^*)|\,\Delta_i x.$$

Como $|f(x)| \leqq M$, a soma à direita é no máximo igual a

$$\sum_{i=1}^{n} M\,\Delta_i x = M \sum_{i=1}^{n} \Delta_i x = M(b-a).$$

Portanto

$$\left|\sum_{i=1}^{n} f(x_i^*)\,\Delta_i x\right| \leqq M(b-a),$$

e segue-se que a integral, que é o limite do membro à esquerda, deve satisfazer à desigualdade

$$\left|\int_a^b f(x)\,dx\right| \leqq M(b-a).$$

Apliquemos agora a desigualdade (4-15) para avaliar o erro cometido no uso da regra do retângulo, do trapézio ou de Simpson. Em cada caso, substituímos a função $f(x)$ por uma outra função $g(x)$, cuja integral é em seguida calculada. No caso da regra do retângulo, $g(x)$ é uma "função em escada"; no caso da regra do trapézio, $g(x)$ é linear por partes. O erro cometido na substituição de f por g é

$$E = \int_a^b g(x)\,dx - \int_a^b f(x)\,dx = \int_a^b [g(x) - f(x)]\,dx.$$

Suponhamos agora que houve meios de se saber que $|g(x) - f(x)| \leqq M$ para $a \leqq x \leqq b$, ou seja, que a diferença entre f e g é no máximo igual a M. Então, em virtude de (4-15), o valor absoluto do erro satisfaz à desigualdade:

$$|E| = \left| \int_a^b [g(x) - f(x)]\, dx \right| \leq M(b-a). \tag{4-16}$$

Assim, numa determinada aplicação de uma fórmula de aproximação para integração, basta calcular o máximo da diferença entre a função f e a função de aproximação; se for sabido que essa diferença é, no máximo, igual a M, o valor absoluto do erro será, no máximo, igual ao produto de M pelo comprimento do intervalo de integração. Na prática, o erro será, geralmente, bem inferior a esse resultado, em parte porque foi usada a pior diferença entre f e g na estimativa, em parte porque podem acontecer erros positivos e erros negativos que se compensam.

Observação. Se, por exemplo, $f(x)$ é contínua em $a \leq x \leq b$, então pode-se demonstrar que $|f(x)|$ também é contínua e a discussão acima mostra que

$$\left| \int_a^b f(x)\, dx \right| \leq \int_a^b |f(x)|\, dx. \tag{4-17}$$

Essa desigualdade é mais informativa que (4-15), mas o uso de (4-15) é mais comum. Pode-se usar a desigualdade (0-113),

$$M_1(b-a) \leq \int_a^b f(x)\, dx \leq M_2(b-a), \tag{4-18}$$

onde $M_1 \leq f(x) \leq M_2$, para obter uma estimativa superior e uma estimativa inferior da integral.

Para informações adicionais a respeito de métodos aproximados de integração, ver *Practical Analysis*, por F. A. Willers (New York: Dover, 1948).

PROBLEMAS

1. Calcular a integral $\int_0^{10} (x^3 - 10x^2)\, dx$:
   (a) fazendo um esboço num papel quadriculado e contando as casas;
   (b) por meio da regra do retângulo, tomando pontos extremos à esquerda e 10 subintervalos iguais;
   (c) por meio da regra do retângulo, tomando pontos extremos à direita e 10 subintervalos iguais;
   (d) usando a regra do trapézio, com 10 subintervalos iguais;
   (e) usando a regra de Simpson, com $n = 5$;
   (f) usando uma integral indefinida.
2. Esboçar o gráfico de $y = \operatorname{sen} x$, $0 \leq x \leq \pi/2$, com escalas iguais nos dois eixos. Em seguida, calcular a integral $\int_0^{\pi/2} \operatorname{sen} x\, dx$ usando a regra do re-

tângulo (4-4), com 4 subintervalos iguais e números $x_1^*, \ldots, x_4^*$ escolhidos de modo tal que, no gráfico, os quatro retângulos pareçam ser uma boa aproximação para a área correspondente. Comparar o resultado com o valor exato da integral.

3. Sabendo que

$$\int_0^1 \frac{1}{1+x^2}\,dx = \frac{\pi}{4},$$

calcular π por meio da regra de Simpson (4-14) aplicada à integral no primeiro membro, com $n = 5$.

4. Estudar a convergência da soma de retângulos do segundo membro de (4-6) para a integral do primeiro membro, usando como exemplo $\int_0^1 x^2\,dx$, com $n = 2, 5, 10, 20$.

5. Calcular $\int_0^1 e^{-x^2}\,dx$ pela regra de Simpson (4-14), com $n = 1$ e $n = 2$.

6. Mostrar que $\int_0^{\pi/2} e^{-x^2} \operatorname{sen} x\,dx < 1$.

7. Para valores pequenos de x, a função $f(x) = \operatorname{sen}(x^2)$ pode ser aproximada com precisão pelo polinômio $g(x) = x^2 - \frac{1}{6}x^6$. Verificar graficamente que essa aproximação é mais fraca à medida que x aumenta, e avaliar o erro cometido quando se usa essa aproximação para calcular $\int_0^1 \operatorname{sen}(x^2)\,dx$.

8. Mostrar que, se $f(x) = Ax^2 + Bx + C$, onde A, B, C são constantes, então

$$\int_{x_0}^{x_0+2h} f(x)\,dx = \frac{h}{3}[f(x_0) + 4f(x_0 + h) + f(x_0 + 2h)]. \qquad \text{(a)}$$

A regra de Simpson apóia-se nessa igualdade.

9. Mostrar que a Eq. (a) continua válida quando $f(x) = Ax^3 + Bx^2 + Cx + D$.

10. Mostrar que, se $f(x)$ é contínua para $0 \leqq x \leqq 1$, então

$$\lim_{n\to\infty} \frac{1}{n}\left[f\left(\frac{1}{n}\right) + f\left(\frac{2}{n}\right) + \cdots + f\left(\frac{n-1}{n}\right) + f\left(\frac{n}{n}\right)\right] = \int_0^1 f(x)\,dx.$$

11. Com o resultado do Prob. 10, mostrar que:

(a) $\displaystyle\lim_{n\to\infty} \frac{1 + 2 + \cdots + n}{n^2} = \int_0^1 x\,dx = \frac{1}{2},$

(b) $\displaystyle\lim_{n\to\infty} \frac{1^2 + 2^2 + \cdots + n^2}{n^3} = \frac{1}{3},$

(c) $\displaystyle\lim_{n\to\infty} \frac{1^P + 2^P + \cdots + n^P}{n^{P+1}} = \frac{1}{P+1}, \quad P \geqq 0,$

(d) $\lim\limits_{n\to\infty} \dfrac{1}{n}\{(n+1)(n+2)\cdots(2n)\}^{\frac{1}{n}} = \dfrac{4}{e}\cdot$ [*Sugestão:* usar $f(x) =$
$= \log(1+x)$.]

12. Achar o valor médio da função dada no intervalo indicado:

(a) $f(x) = \operatorname{sen} x, \quad 0 \leqq x \leqq \dfrac{\pi}{2}$;

(b) $f(x) = \operatorname{sen} x, \quad -\dfrac{\pi}{2} \leqq x \leqq 0$;

(c) $f(x) = \operatorname{sen}^2 x, \quad 0 \leqq x \leqq \dfrac{\pi}{2}$;

(d) $f(x) = ax + b, \quad x_1 \leqq x \leqq x_2$.

13. Demonstrar que, se $f(x)$ é contínua em $a \leqq x \leqq b$ e

$$\int_a^b [f(x)]^2\,dx = 0,$$

então $f(x) \equiv 0$. [*Sugestão*: seja $g(x) = [f(x)]^2$. Se $g(x)$ não for identicamente 0, então $g(x_1) > 0$ para algum x_1, com $a < x_1 < b$. Logo, como no Prob. 7 que segue a Sec. 2-4, existe um δ tal que $g(x) > \frac{1}{2}g(x_1) > 0$ para $x_1 - \delta \leqq x_1 \leqq x_1 + \delta$. Usando (4-18), mostrar que a integral de $g(x)$ de $x_1 - \delta$ a $x_1 + \delta$ deve ser maior que 0 e que, portanto, a integral de a até b terá de ser maior que 0, o que contradiz a hipótese.]

RESPOSTAS

1. (b) −825, (c) −825, (d) −825, (e) $-833\frac{1}{3}$, (f) $-833\frac{1}{3}$.
4. 0,625; 0,440; 0,385; 0,35875.
5. 0,747; 0,746. 7. 0,0082 (o pior erro ocorre em $x = 1$).
12. (a) $\dfrac{2}{\pi}$, (b) $-\dfrac{2}{\pi}$, (c) $\frac{1}{2}$, (d) $b + \frac{1}{2}a(x_1 + x_2)$.

4-3. CÁLCULO NUMÉRICO DE INTEGRAIS INDEFINIDAS. INTEGRAIS ELÍPTICAS. Como observamos na seção precedente, a integral indefinida

$$\int e^{-x^2}\,dx$$

não pode ser expressa em termos de funções elementares. No entanto, é possível calcular a integral definida

$$\int_a^b e^{-x^2}\,dx$$

até qualquer grau de precisão desejado, usando os métodos da Sec. 4-2. Vamos ver agora que vale algo semelhante para integrais indefinidas.

O procedimento que desenvolveremos é uma aplicação do teorema fundamental mencionado na Sec. 0-9:

$$\frac{d}{dx}\int_a^x f(x)\,dx = f(x). \qquad (4\text{-}19)$$

Recapitulemos primeiro o significado de (4-19) e sua demonstração.

A integral

$$\int_a^x f(x)\,dx$$

é vista como a integral definida de $f(x)$ entre os limites a e x. Na verdade, o "x" na integral não tem nada a ver com o x do limite superior, e podemos insistir nisso escrevendo a integral sob a forma

$$\int_a^x f(t)\,dt.$$

O nome da variável de integração foi trocado e isso não tem nenhum efeito sobre o valor da integral, pois essa variável não é senão uma variável aparente que desaparece quando se efetua a integração.

Se $f(x)$ for positiva no campo de x considerado, a integral em questão pode ser interpretada como sendo a área A debaixo de $y = f(x)$ limitada entre a e x, conforme mostra a Fig. 4-5. Essa área A depende de x, e temos

$$A(x) = \int_a^x f(x)\,dx = \int_a^x f(t)\,dt.$$

Figura 4-5. $\dfrac{dA}{dx} = f(x)$

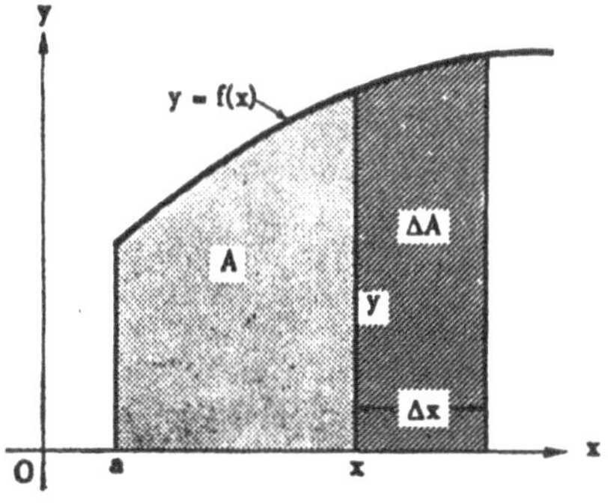

Então, o que afirma (4-19) é que

$$\frac{dA}{dx} = f(x). \qquad (4\text{-}20)$$

Compreenderemos melhor essa igualdade se escrevermos

$$\frac{dA}{dx} = \lim_{\Delta x \to 0} \frac{\Delta A}{\Delta x}$$

e se observarmos que, por ser ΔA aproximadamente igual à área do retângulo de lados Δx e y da Fig. 4-5, vale

$$\lim_{\Delta x \to 0} \frac{\Delta A}{\Delta x} = \lim_{\Delta x \to 0} \frac{y\,\Delta x}{\Delta x} = y = f(x).$$

Esse argumento não é muito preciso, mas facilita o entendimento de (4-19). Uma demonstração rigorosa de (4-19) é esta: seja $f(x)$ definida e contínua para $a \leqq x \leqq b$. Consideremos

$$F(x) = \int_a^x f(t)\,dt, \qquad a \leqq x \leqq b.$$

A função $F(x)$ é idêntica a $A(x)$, mas, se f mudar de sinal, a interpretação por áreas deixará de ser tão simples. Seja x um número fixo, $a < x < b$. Então

$$F(x + \Delta x) - F(x) = \int_a^{x+\Delta x} f(t)\,dt - \int_a^x f(t)\,dt$$
$$= \int_x^{x+\Delta x} f(t)\,dt.$$

Pelo teorema do valor médio (0-112), temos

$$\int_x^{x+\Delta x} f(t)\,dt = f(x_1)\,\Delta x,$$

onde x_1 está compreendido entre x e $x + \Delta x$. Logo,

$$\frac{F(x + \Delta x) - F(x)}{\Delta x} = f(x_1)$$

À medida que Δx se aproxima de 0, x_1 deve se aproximar de x e, como $f(x)$ é contínua, $f(x_1)$ deve se aproximar de $f(x)$. Logo,

$$F'(x) = \lim_{\Delta x \to 0} \frac{F(x + \Delta x) - F(x)}{\Delta x} = f(x).$$

Podemos dar uma demonstração semelhante quando $x = a$ ou $x = b$, se consideramos derivadas à direita ou à esquerda. Notemos que, já que $F(x)$ é derivável, ela é necessariamente contínua em $a \leqq x \leqq b$ (Sec. 0-8).

É o seguinte o significado de (4-19) para nosso problema numérico. A integral definida

$$F(x) = \int_a^x f(t)\,dt$$

define uma função $F(x)$ tal que $F'(x) = f(x)$; isto é, $F(x)$ é uma integral indefinida de $f(x)$; então, a integral indefinida completa é dada por

$$\int f(x)\,dx = F(x) + C.$$

Para cada x *fixo*, a função $F(x)$ pode ser calculada numericamente por meio das técnicas da seção precedente. Se esse cálculo for feito para uma série de valores de x escolhidos no intervalo $a \leqq x \leqq b$, então $F(x)$ será conhecida sob a forma de *tabela* e poderemos esboçar seu gráfico. É nesse sentido que estamos calculando numericamente a integral indefinida.

Exemplo. Para calcular

$$\int e^{\operatorname{sen} x} dx \tag{4-21}$$

com $0 \leqq x \leqq 1$, calculamos

$$F(x) = \int_0^x e^{\operatorname{sen} t} dt$$

para $x = 0, 1/10, 2/10, \ldots, 1$. O resultado está na Tab. 4-2. As integrais foram calculadas pela regra do trapézio. A quarta coluna, que mostra $F(x)$, é a "soma acumulada" da terceira coluna. Assim, a terceira coluna dá as diferenças ΔF e, se dividirmos essas diferenças por $\Delta x = 1/10$, deveremos obter de novo $f(x)$, aproximadamente. Por exemplo,

$$\frac{F(6/10) - F(5/10)}{1/10} = \frac{0{,}816 - 0{,}647}{0{,}1} = \frac{0{,}169}{0{,}1} = 1{,}69,$$

que seria o valor de $f(x)$ para x valendo aproximadamente 0,55.

Tabela 4-2

x	$e^{\operatorname{sen} x}$	$\int_x^{x+0,1} e^{\operatorname{sen} t} dt$	$\int_0^x e^{\operatorname{sen} t} dt = F(x)$
0	1,00	0,105	0
0,1	1,11	0,116	0,105
0,2	1,22	0,129	0,221
0,3	1,35	0,142	0,350
0,4	1,48	0,155	0,492
0,5	1,62	0,169	0,647
0,6	1,75	0,182	0,816
0,7	1,90	0,197	0,998
0,8	2,05	0,212	1,195
0,9	2,18	0,225	1,407
1	2,32		1,632

A integral indefinida (4-21) completa é dada agora por $F(x) + C$ onde $F(x)$ é dada pela Tab. 4-2, para $0 \leqq x \leqq 1$. Naturalmente, o campo de variação de x pode ser ampliado tanto quando quisermos, e a precisão pode ser melhorada segundo as exigências, de sorte que o método deve satisfazer a todas as necessidades práticas.

Integrais elípticas. Uma integral do tipo

$$\int \frac{dx}{\sqrt{1 - k^2 \operatorname{sen}^2 x}}, \quad 0 < k^2 < 1 \tag{4-22}$$

é um exemplo de integral *elíptica.* Demonstra-se que essa integral não pode ser expressa em termos de funções elementares. Conseqüentemente, faz-se necessário algum método numérico. Devido à importância das aplicações dessa integral, foram feitas tabelas elaboradas para a função

$$y = F(x) = \int_0^x \frac{dt}{\sqrt{1 - k^2 \operatorname{sen}^2 t}} \tag{4-23}$$

para vários valores da constante k. Tais tabelas aparecem em *A Short Table of Integrals*, 3.ª edição, de B. O. Peirce (Boston: Ginn, 1929) e em *Tables of Functions* por Jahnke e Emde (New York: Stechert, 1938).

A integral (4-23) chama-se integral elíptica do primeiro tipo. Exemplos de integrais do segundo e terceiro tipos são:

$$y = E(x) = \int_0^x \sqrt{1 - k^2 \operatorname{sen}^2 t}\, dt, \tag{4-24}$$

$$y = \int_0^x \frac{dt}{\sqrt{1 - k^2 \operatorname{sen}^2 t}(1 + a^2 \operatorname{sen}^2 t)}, \tag{4-25}$$

onde $0 < k^2 < 1$, $a \neq 0$, $a^2 \neq k^2$. A integral (4-24) aparece no cálculo do comprimento de arco de uma elipse (Prob. 4 abaixo) e disso surgiu a denominação integral *elíptica.*

Demonstra-se que, se $R(x, y)$ é uma função racional de x e y (Sec. 2-4) e $g(x)$ um polinômio em x de grau 3 ou 4, então a integral

$$\int R[x, \sqrt{g(x)}]\, dx$$

pode ser expressa por uma função elementar mais integrais elípticas do primeiro, segundo, ou terceiro tipos. Conseqüentemente, a determinação numérica de algumas integrais permite um cálculo preciso de uma vasta classe de integrais. Isso salienta ainda mais o fato de que toda integral indefinida determina uma função de x, pois, toda vez que estudamos e calculamos uma nova integral indefinida, ganhamos uma ampla classe de funções novas numericamente úteis e que se prestam a uma análise completa. De fato, as funções trigonométricas podiam ter sido *definidas* deste modo: a expressão

$$y = \int_0^x \frac{dt}{\sqrt{1 - t^2}}$$

define $y = \text{arc sen}\, x$ e portanto define $x = \text{sen}\, y$. Essa definição é menos manejável que a definição geométrica, mas dela podem ser deduzidas todas as propriedades da função seno (ver Prob. 3 abaixo).

Para maiores informações a respeito de integrais elípticas, aconselhamos os livros de von Kármán e Biot (Cap. 4) e Whittaker e Watson (Caps. 20-22), citados na lista de referências do fim deste capítulo. Algumas propriedades aparecem nos Probs. 5 a 7 que seguem.

PROBLEMAS

1. Calcular numericamente:

(a) $\int x\, dx$ para $0 \leqq x \leqq 10$, tomando $x = 0, 1, 2, \ldots$;

(b) $\int e^{-x^2} dx$ para $0 \leqq x \leqq 1$, tomando $x = 0, 1/10, 2/10, \ldots$

As respostas devem ser colocadas num gráfico e verificadas por derivação.

2. Seja $f(x)$ contínua para $a \leqq x \leqq b$.

(a) Demonstrar que

$$\frac{d}{dx}\int_x^b f(t)\, dt = -f(x), \qquad a \leqq x \leqq b.$$

(b) Demonstrar que

$$\frac{d}{dx}\int_a^{x^2} f(t)\, dt = 2xf(x^2), \qquad a \leqq x^2 \leqq b.$$

[*Sugestão:* seja $u = x^2$, de modo que a integral é uma função $F(u)$. Então, pela regra da função composta, $\frac{d}{dx}F(u) = F'(u)\frac{du}{dx}\cdot$]

(c) Demonstrar que

$$\frac{d}{dx}\int_{x^2}^b f(t)\, dt = -2xf(x^2), \qquad a \leqq x^2 \leqq b.$$

(d) Demonstrar que

$$\frac{d}{dx}\int_{x^2}^{x^3} f(t)\, dt = 3x^2f(x^3) - 2xf(x^2), \qquad a \leqq x^2 \leqq b, \qquad a \leqq x^3 \leqq b.$$

[*Sugestão:* sejam $u = x^2$, $v = x^3$. Então a integral é $F(u, v)$. Em virtude da regra da cadeia,

$$\frac{d}{dx}F(u, v) = \frac{\partial F}{\partial u}\frac{du}{dx} + \frac{\partial F}{\partial v}\frac{dv}{dx}\cdot\Bigg]$$

3. A função $\log x$ (de base e, subentende-se) pode ser *definida* pela equação

$$\log x = \int_1^x \frac{dt}{t}, \qquad x > 0. \tag{a}$$

(a) Usando essa equação, dar o valor aproximado de $\log 1$, $\log 2$, $\log(1/2)$.

(b) Provar, a partir da equação (a), que $\log x$ é definido e contínuo para $0 < x < \infty$, e que

$$\frac{d \log x}{dx} = \frac{1}{x}.$$

(c) Provar que $\log(ax) = \log a + \log x$, para $a > 0$ e $x > 0$. [*Sugestão:* considerar $F(x) = \log(ax) - \log x$. Usando o resultado de (b), mostrar que $F'(x) \equiv 0$, de modo que $F(x) \equiv$ const. Calcular essa constante tomando $x = 1$.]

4. Consideremos a elipse dada pelas equações paramétricas $x = a \cos \phi$, $y = b \operatorname{sen} \phi$ e $b > a > 0$. Mostrar que o comprimento do arco de $\phi = 0$ a $\phi = \alpha$ é dado por

$$s = b \int_0^\alpha \sqrt{1 - k^2 \operatorname{sen}^2 \phi}\, d\phi, \qquad k^2 = \frac{b^2 - a^2}{b^2}.$$

5. Mostrar que a função $F(x)$ definida por (4-25) goza das seguintes propriedades:

(a) $F(x)$ é definida e contínua para todo x;

(b) quando x cresce, $F(x)$ também cresce;

(c) $F(x + \pi) - F(x) = 2K$, onde K é uma constante;

(d) $\lim_{x \to \infty} F(x) = \infty$, $\quad \lim_{x \to -\infty} F(x) = -\infty$.

6. Define-se a função $x = am(y)$ como sendo a inversa da função $y = F(x)$ de (4-23). Com as propriedades do Prob. 5, mostrar que $am(y)$ é definida e contínua para todo y e goza das seguintes propriedades:

(a) quando y cresce, $am(y)$ também cresce;

(b) $am(y + 2K) = am(y) + \pi$;

(c) $\dfrac{dx}{dy} = \sqrt{1 - k^2 \operatorname{sen}^2 x}$.

7. Definem-se as funções $sn(y)$, $cn(y)$, $dn(y)$ pelas equações abaixo, em termos da função do Prob. 6:

$$sn(y) = \operatorname{sen}[am(y)], \qquad cn(y) = \cos[am(y)], \qquad dn(y) = \sqrt{1 - k^2 sn^2(y)}$$

Provar as seguintes propriedades:

(a) $sn^2(y) + cn^2(y) = 1$;

(b) $\dfrac{d}{dy} sn(y) = cn(y)\, dn(y)$;

(c) $\dfrac{d}{dy} cn(y) = -sn(y)\, dn(y)$;

(d) $sn(y + 4K) = sn(y)$;

(e) $cn(y + 4K) = cn(y)$;

(f) $dn(y + 2K) = dn(y)$.

As funções $sn(y)$, $cn(y)$, $dn(y)$ chamam-se *funções elípticas*. Ressaltamos que elas dependem de k, além de y.

8. Define-se a Função do Erro, $y = erf(x)$, pela equação:

$$y = erf(x) = \int_0^x e^{-t^2}\,dt.$$

Essa função tem grande importância em probabilidade e estatística, e suas tabelas aparecem nos livros citados após a Eq. (4-23). Estabelecer as seguintes propriedades:

(a) $erf(x)$ é definida e contínua para todo x;
(b) $erf(-x) = -erf(x)$;
(c) $-1 < erf(x) < 1$ para todo x.

4-4. INTEGRAIS IMPRÓPRIAS. Uma função $f(x)$ é chamada *limitada*, para um certo campo de variação de x, se existir uma constante M tal que $|f(x)| \leqq M$ para todos os x do campo dado. Por exemplo: $y = x$ é limitada para $-1 \leqq x \leqq 1$ ($M = 1$), $y = e^x$ é limitada para $x \leqq 0$ (com $M = 1$); $y = \log x$ é limitada para $1/10 \leqq x \leqq 2$ (com $M = \log 10$); contudo, $y = x$ não é limitada para $0 \leqq x < \infty$, $y = e^x$ não é limitada para $0 \leqq x < \infty$, $y = \log x$ não é limitada para $0 < x \leqq 1$.

Como vimos na Sec. 2-15, uma função contínua sobre um intervalo *fechado* $a \leqq x \leqq b$ tem um máximo e um mínimo e é, portanto, limitada nesse intervalo. Se uma função for contínua somente num intervalo *aberto* $a < x < b$, ela não será necessariamente limitada; exemplos desse fato são $y = 1/x$, $y = \log x$, para $0 < x < 1$.

Pode ocorrer que uma função seja bem-definida e limitada num intervalo fechado e, não obstante, possua descontinuidades nesse intervalo. Algumas descontinuidades típicas são as seguintes:

(a) *descontinuidades por saltos*; exemplo:

$$y = 1, \quad 0 \leqq x \leqq 1; \quad y = \tfrac{1}{2}, \quad 1 < x \leqq 2;$$

(b) *descontinuidades oscilatórias*; exemplo:

$$y = \operatorname{sen}\frac{1}{x}, \quad 0 < x \leqq 1; \quad y = 0, \quad x = 0.$$

As ilustrações estão na Fig. 4-6. Podem ocorrer casos mais complicados.

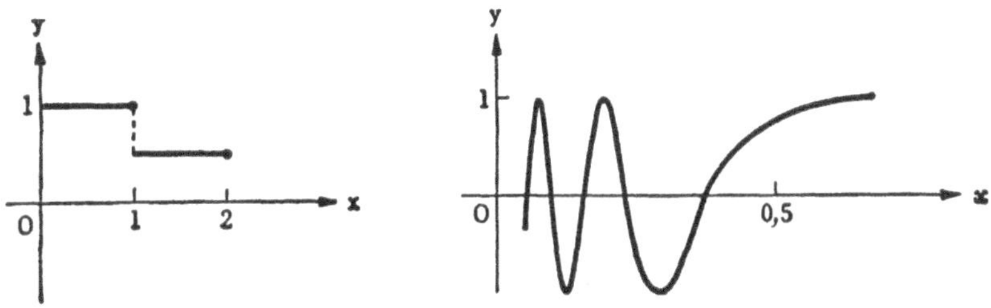

Figura 4-6. Descontinuidades por saltos e descontinuidades oscilatórias

Pode parecer artificial definirmos uma função $f(x)$ por meio de duas fórmulas diferentes, válidas para diferentes partes do intervalo de x. No entanto tais funções aparecem de modo natural tanto em problemas aplicados como em problemas de geometria. Por exemplo, a força de gravidade sobre uma partícula de massa m que se desloca num eixo x, com $x = 0$ no centro da Terra, é dada por

$$F = mg\frac{x}{R}, \quad 0 \leqq x \leqq R; \quad F = mg\frac{R^2}{x^2}, \quad x \geqq R.$$

E ainda, o ângulo subentendido pela circunferência de um círculo de raio a num ponto P a uma distância r do centro, tem um valor constante 2π quando $0 \leqq r < a$, e é igual a $2 \operatorname{arc\,sen}(a/r)$ para $r \geqq a$. Essa função tem uma descontinuidade de salto em $r = a$.

Se $f(x)$ é definida e limitada para $a \leqq x \leqq b$ e contínua exceto num número finito de pontos, então a integral definida, tal como definida em (4-1), ainda existe. Isso deriva do fato de um subintervalo contendo uma descontinuidade contribuir para a soma $\Sigma f(x)$ com uma quantidade cujo valor absoluto é no máximo $M\,\Delta x$, onde Δx é o comprimento do subintervalo. À medida que Δx se aproxima de 0, essa contribuição também se aproxima de 0. A convergência dos termos que não envolvem descontinuidades decorre da continuidade de $f(x)$ no restante do intervalo. Conseqüentemente, o limite da soma existe.

O caso mais importante de tais descontinuidades é o dos saltos. Se $f(x)$ possui saltos (Fig. 4-6) em $x_1, x_2, \ldots, x_n$, então o mais simples é tratar a integral como uma soma de integrais:

$$\int_a^b f(x)\,dx = \int_a^{x_1} f(x)\,dx + \int_{x_1}^{x_2} f(x)\,dx + \cdots + \int_{x_n}^{b} f(x)\,dx.$$

Em cada um dos termos do segundo membro, a integral é a mesma que a de uma função que coincida com $f(x)$ dentro do intervalo.

Se $f(x)$ não for limitada para $a \leqq x \leqq b$, então a integral, tal como definida em (4-1), perderá seu significado. Consideremos a contribuição $f(x)\,\Delta x$ à soma $\Sigma f(x)\,dx$ de um termo que corresponda a um intervalo onde $|f|$ assume valores arbitrariamente grandes: tal contribuição pode ser tão grande quanto se queira; haverá sempre um tal termo e, por isso, o limite não pode existir.

Todavia, se $f(x)$ possuir apenas um número finito de descontinuidades, poderá acontecer que se consiga dar um significado à integral mediante um processo por limites. Assim, seja $f(x)$ definida para $a \leqq x \leqq b$ com descontinuidades em $x = a$, $x = x_1$ e $x = b$; nem será necessário que a f sejam dados valores nesses pontos. Então, define-se a integral da maneira seguinte (ver

Sec. 0-6):

$$\int_a^b f(x)\,dx = \lim_{a_1 \to a+} \int_{a_1}^{a_2} f(x)\,dx + \lim_{a_3 \to x_1 -} \int_{a_2}^{a_3} f(x)\,dx + \lim_{a_4 \to x_1 +} \int_{a_4}^{a_5} f(x)\,dx +$$

$$+ \lim_{a_6 \to b -} \int_{a_5}^{a_6} f(x)\,dx,$$

contanto que *todos os quatro limites existam.* A Fig. 4-7 sugere como se deve escolher os números auxiliares a_2 e a_5. Naturalmente, o valor obtido não depende da escolha de a_2 e a_5. A integral de uma tal função não-limitada chama-se *integral imprópria*, e diz-se que ela *converge* ou *diverge* dependendo da integral ter um valor definido ou não após a determinação dos limites.

Figura 4-7. Integral imprópria $\int_a^b f(x)\,dx$

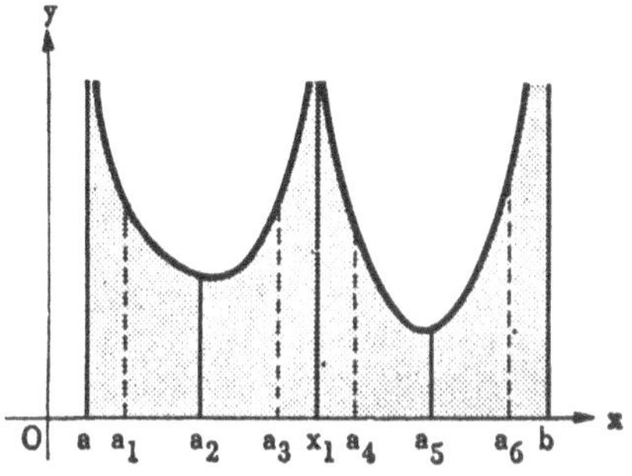

Exemplo. Na integral

$$\int_0^2 \frac{x^2 - 3x + 1}{x(x-1)^2}\,dx,$$

há descontinuidade infinita para $x = 0$ e $x = 1$. Assim sendo, colocamos

$$\int_0^2 \frac{x^2 - 3x + 1}{x(x-1)^2}\,dx = \lim_{b \to 0+} \int_b^{0,5} \cdots dx + \lim_{c \to 1-} \int_{0,5}^{c} \cdots dx + \lim_{h \to 1+} \int_h^2 \cdots dx$$

$$= \lim_{b \to 0+} \left(\log x + \frac{1}{x-1}\right)\Bigg|_b^{0,5} + \lim_{c \to 1-} \left(\log x + \frac{1}{x-1}\right)\Bigg|_{0,5}^{c}$$

$$+ \lim_{h \to 1+} \left(\log x + \frac{1}{x-1}\right)\Bigg|_h^2,$$

pois temos

$$\frac{x^2 - 3x + 1}{x(x-1)^2} = \frac{1}{x} - \frac{1}{(x-1)^2} = \frac{d}{dx}\left(\log x + \frac{1}{x-1}\right).$$

Ora, o primeiro limite é $+\infty$, o segundo é $-\infty$, e o terceiro é $-\infty$. Logo, a integral é divergente.

Outros tipos de integrais impróprias são obtidos quando se introduzem valores infinitos para um dos limites de integração ou para ambos. Assim, são impróprias as integrais.

$$\int_0^{\infty} e^{-x}\,dx, \qquad \int_{-\infty}^{0} \operatorname{sen} x\,dx, \qquad \int_{-\infty}^{\infty} \frac{1}{1+x^2}\,dx.$$

As funções usadas aqui são contínuas sobre cada intervalo finito contido no intervalo de integração e, por isso, podem-se atribuir valores às integrais mediante um processo por limites. Por exemplo,

$$\int_0^{\infty} e^{-x}\,dx = \lim_{b\to\infty} \int_0^{b} e^{-x}\,dx = \lim_{b\to\infty} (-e^{-b}+1) = 1;$$

$$\int_{-\infty}^{0} \operatorname{sen} x\,dx = \lim_{a\to-\infty} \int_a^{0} \operatorname{sen} x\,dx = \lim_{a\to-\infty} (-1+\cos a),$$

e a integral é divergente;

$$\int_{-\infty}^{\infty} \frac{1}{1+x^2}\,dx = \lim_{a\to-\infty} \int_a^{0} \frac{1}{1+x^2}\,dx + \lim_{b\to\infty} \int_0^{b} \frac{1}{1+x^2}\,dx =$$
$$= \lim_{a\to-\infty} (-\operatorname{arc\,tg} a) + \lim_{b\to\infty} (\operatorname{arc\,tg} b)$$
$$= -\left(-\frac{\pi}{2}\right) + \frac{\pi}{2} = \pi.$$

Se a função integranda possui um número finito de descontinuidades dentro do intervalo de integração, esses pontos podem ser tratados como antes. A regra básica é que cada descontinuidade (na vizinhança da qual a função não é limitada) e cada limite infinito de integração pede um cálculo de limite separado. O exemplo seguinte ilustra isso:

$$\int_0^{\infty} \frac{1}{x^{1/3}}\,dx = \lim_{a\to0+} \int_a^{1} \frac{1}{x^{1/3}}\,dx + \lim_{b\to\infty} \int_1^{b} \frac{1}{x^{1/3}}\,dx$$
$$= \lim_{a\to0+} \left(\tfrac{3}{2} - \tfrac{3}{2}a^{2/3}\right) + \lim_{b\to\infty} \left(\tfrac{3}{2}b^{2/3} - \tfrac{3}{2}\right)$$
$$= \tfrac{3}{2} + \left(\infty - \tfrac{3}{2}\right) = \infty.$$

Portanto a integral não tem sentido.

Deve-se observar que, se mudarmos o valor de $f(x)$ num número *finito* de pontos do intervalo de x, o valor da integral $\int_a^b f(x)\,dx$ não se alterará, pois, como no caso de uma função limitada, o efeito dessas mudanças nas somas retangulares (4-4) deve se aproximar de 0 quando $n \longrightarrow \infty$. Pode-se até deixar $f(x)$ completamente indefinida num número finito de pontos; nesse caso, tecnicamente, a integral é imprópria. Porém, se $f(x)$ for limitada, a integral poderá ser obtida como um limite de somas retangulares (4-4), contanto que apenas os pontos $x_1^*, \ldots, x_n^*$ sejam sempre pontos onde $f(x)$ está definida. Chega-se ao mesmo resultado quando se atribuem a $f(x)$ valores arbitrários nos pontos onde a função não está definida; o valor da integral não pode depender dos valores escolhidos.

*4-5. CRITÉRIOS DE CONVERGÊNCIA DE INTEGRAIS IMPRÓPRIAS. CÁLCULOS NUMÉRICOS. Os exemplos de integrais impróprias da seção precedente podem ser todos resolvidos explicitamente com o auxílio de integrais indefinidas. Porém esse não será o caso se tivermos integrais do tipo

$$\int_0^{\infty} \frac{\operatorname{sen} x}{1+x^2}\,dx, \qquad \int_0^1 \frac{\log x}{1+x^2}\,dx.$$

Sabendo-se que a integral converge, então o próprio processo de limites indica como se pode calcular a integral numericamente. Assim sendo,

$$\int_0^{\infty} \frac{\operatorname{sen} x}{1+x^2}\,dx = \lim_{b\to\infty} \int_0^{b} \frac{\operatorname{sen} x}{1+x^2}\,dx.$$

Se o limite do segundo membro existir, então, para um b suficientemente grande, a integral de 0 até b fornece o valor procurado, com o grau de precisão desejado. A integral de 0 a b pode ser determinada, aproximadamente, pelos métodos da Sec. 4-2.

Assim, vemos que é necessário dispor de critérios que revelem a existência de integrais impróprias. Os próprios critérios nos informam sobre o erro cometido quando paramos antes do limite de integração.

Como a teoria desses critérios segue de perto a teoria das séries infinitas, enunciamos aqui os critérios sem demonstração; para uma discussão mais completa, o leitor pode consultar o Cap. 6.

Teorema I (a) – *Critério de comparação para convergência. Sejam $f(x)$ e $g(x)$ contínuas para $a < x \leqq b$, com*

$$0 \leqq |f(x)| \leqq g(x).$$

Se

$$\int_a^b g(x)\,dx$$

convergir, então

$$\int_a^b f(x)\,dx$$

convergirá e

$$0 \leqq \left| \int_a^b f(x)\,dx \right| \leqq \int_a^b g(x)\,dx. \tag{4-26}$$

Por exemplo, como temos

$$\int_0^{\pi} \frac{1}{\sqrt{x}}\,dx = \lim_{a\to 0+} 2\sqrt{x}\,\Big|_a^{\pi} = 2\sqrt{\pi},$$

vem que a integral

$$\int_0^{\pi} \frac{\cos x}{\sqrt{x}}\,dx$$

converge, pois

$$\left|\frac{\cos x}{\sqrt{x}}\right| \leqq \frac{1}{\sqrt{x}}, \qquad \text{para } 0 < x \leqq \pi.$$

Teorema I (b) – *Critério de comparação para divergência. Sejam $f(x)$ e $g(x)$ contínuas para $a < x \leqq b$, com*

$$0 \leqq g(x) \leqq f(x).$$

Se $\int_a^b g(x)\,dx$ divergir, então $\int_a^b f(x)\,dx$ também divergirá.

Assim, como temos

$$\int_0^1 \frac{dx}{x} = \lim_{a \to 0+} \log x \Big|_a^1 = \infty$$

vem que a integral

$$\int_0^1 \frac{\sqrt{1 + x^2}}{x}\,dx$$

diverge, pois

$$\frac{\sqrt{1 + x^2}}{x} > \frac{1}{x}, \qquad \text{para } 0 < x \leqq 1.$$

Deve-se observar que, no critério de comparação para convergência, considerou-se apenas o valor absoluto de $f(x)$; por isso, a integral pode ser dita *absolutamente convergente.* Assim, é possível aplicar esse critério mesmo quando $f(x)$ troca de sinal infinitas vezes. Por exemplo, demonstra-se que a integral

$$\int_0^1 \frac{\operatorname{sen} \frac{1}{x}}{\sqrt{x}}\,dx$$

converge, mediante comparação com

$$\int_0^1 \frac{dx}{\sqrt{x}}.$$

Por outro lado, o critério para divergência se aplica somente a funções $f(x)$ positivas. Se $f(x)$ mudar de sinal apenas um número finito de vezes, poderemos limitar-nos a um intervalo $a < x \leqq c$, $c < b$, onde $f(x)$ não muda de sinal. De um modo geral, a convergência ou divergência da integral é determinada pelo comportamento de f na vizinhança do ponto a de descontinuidade. A convergência ou divergência não se alterará se multiplicarmos f por uma constante.

Os Teoremas I(a) e I(b) foram enunciados em termos de uma descontinuidade em $x = a$. Valem os mesmos critérios para descontinuidades em $x = b$, porque uma simples mudança de variável troca os limites à esquerda e à direita.

A fim de tornar esses critérios realmente eficientes, faz-se necessário conhecer funções especiais $g(x)$ para as quais as correspondentes integrais são convergentes ou divergentes. O teorema que segue nos dá essas funções.

Teorema II. *A integral imprópria*

$$\int_a^b \frac{dx}{(x-a)^p} \qquad (a < b) \tag{4-27}$$

converge se $p < 1$ *e diverge se* $p \geqq 1$;

Pois, quando $p \neq 1$,

$$\int_a^b \frac{dx}{(x-a)^p} = \lim_{c \to a+} \left. \frac{(x-a)^{1-p}}{1-p} \right|_c^b = \lim_{c \to a+} \frac{(b-a)^{1-p} - (c-a)^{1-p}}{1-p}.$$

Se $p < 1$, o limite é $(b-a)^{1-p}/(1-p)$, e se $p > 1$, o limite é infinito. Se $p = 1$, temos

$$\int_a^b \frac{dx}{x-a} = \lim_{c \to a+} \log(x-a) \Big|_c^b = \lim_{c \to a+} [\log(b-a) - \log(c-a)] = \infty.$$

Nesse caso, é claro que a condição $a < b$ não é essencial, pois a substituição $u = -x$ reduz o caso $a > b$ ao caso $a < b$. Conseqüentemente, a integral

$$\int_a^b \frac{dx}{(b-x)^p} \qquad (a < b)$$

também deve convergir para $p < 1$ e divergir para $p \geqq 1$.

Exemplo. A integral

$$\int_0^1 \frac{5x^2}{\sqrt{1-x^2}\,(x^3+1)}\, dx$$

é convergente, pois a função integranda pode ser expressa sob a forma

$$\frac{1}{\sqrt{1-x}} h(x), \qquad h(x) = \frac{5x^2}{\sqrt{1+x}\,(x^3+1)}.$$

A função $h(x)$ é contínua para $0 \leqq x \leqq 1$ e, portanto, limitada:

$$|h(x)| \leqq M.$$

Não será necessário computar o número M [o que pediria um cálculo do máximo absoluto e do mínimo absoluto de $h(x)$], pois, de qualquer modo, tem-se

$$\left|\frac{h(x)}{\sqrt{1-x}}\right| \leqq \frac{M}{\sqrt{1-x}} \quad \text{para } 0 \leqq x \leqq 1.$$

A existência da integral

$$\int_0^1 \frac{M}{\sqrt{1-x}}\,dx$$

é garantida pelo Teorema II, pois o fator M não tem efeito sobre a convergência. Logo,

$$\int_0^1 \frac{5x^2}{\sqrt{1-x^2}\,(x^3+1)}\,dx$$

é convergente.

Nos exemplos dados, foi considerada apenas a questão da convergência ou divergência. No caso de integrais convergentes, a desigualdade (4-26) fornece um meio de calcular-se o erro cometido no cálculo numérico da integral. Assim, a integral $\int_0^\pi \frac{\cos x}{\sqrt{x}}\,dx$ pode ser determinada calculando-se a integral de a até π, onde a é próximo de 0. Então, o erro cometido é

$$\int_0^a \frac{\cos x}{\sqrt{x}}\,dx \leqq \int_0^a \frac{1}{\sqrt{x}}\,dx = 2\sqrt{a}.$$

Assim, para $a = 1/100$, o erro é no máximo igual a 2/10. Se for calculada a integral de 1/100 até π, pela regra de Simpson, com um erro inferior a 2/10, a integral toda será computada com um erro que não excede 4/10.

Os critérios de comparação podem ser estendidos a integrais com limites infinitos.

Teorema III (a) – *Critério de comparação para convergência. Sejam $f(x)$ e $g(x)$ contínuas para $x \geqq a$. Se*

$$0 \leqq |f(x)| \leqq g(x)$$

e $\int_a^\infty g(x)\,dx$ *convergir, então* $\int_a^\infty f(x)\,dx$ *convergirá e*

$$\left|\int_a^\infty f(x)\,dx\right| \leqq \int_a^\infty g(x)\,dx. \tag{4-28}$$

Teorema III (b) – *Critério de comparação para divergência. Sejam* $f(x)$ *e* $g(x)$ *contínuas para* $x \geqq a$. *Se*

$$0 \leqq g(x) \leqq f(x)$$

e $\int_a^\infty g(x)\,dx$ *divergir, então* $\int_a^\infty f(x)\,dx$ *divergirá.*

O teorema seguinte é semelhante ao Teorema II e fornece funções $g(x)$ para efeito de comparação:

Teorema IV. *A integral imprópria*

$$\int_1^\infty \frac{dx}{x^p}$$

converge se $p > 1$ *e diverge se* $p \leqq 1$.

A demonstração faz parte dos exercícios (Prob. 1 abaixo). Deve-se observar que a convergência no Teorema II foi para p *menor* que 1, ao passo que, no Teorema IV, a convergência se verifica para p *maior* que 1.

As integrais de $-\infty$ até um valor finito são tratadas do mesmo modo; elas podem ser reduzidas a integrais de a até $+\infty$ mediante a substituição $u = -x$.

Novamente, a desigualdade (4-28) fornece uma estimativa do erro cometido no cálculo numérico da integral. Por exemplo, a integral

$$\int_0^\infty e^{-x^2}\,dx$$

existe já que $e^{-x^2} < \dfrac{1}{x^2}$ para $x \geqq 1$, conforme revela uma discussão simples de derivadas. Logo, a integral pode ser calculada determinando-se numericamente a integral de 0 a $x = a$. O erro é, então,

$$\int_a^\infty e^{-x^2}\,dx \leqq \int_a^\infty \frac{dx}{x^2} = \frac{1}{a}. \tag{4-29}$$

Portanto, para $a = 10$, o erro não excede 1/10 (ver Prob. 8 abaixo).

PROBLEMAS

1. Demonstrar o Teorema IV e calcular a integral para $p > 1$.
2. Mostrar, determinando os limites correspondentes, que as seguintes integrais são convergentes:

(a) $\displaystyle\int_0^1 \frac{dx}{\sqrt{1-x^2}}$ (c) $\displaystyle\int_0^1 \log x\,dx$ (e) $\displaystyle\int_0^\infty x^2 e^{-x}\,dx$

(b) $\displaystyle\int_0^\infty e^{-x}\,dx$ (d) $\displaystyle\int_1^\infty \frac{dx}{x\sqrt{1+x^2}}$ (f) $\displaystyle\int_1^\infty \frac{\log x}{x^2}\,dx.$

3. Testar para convergência ou divergência:

(a) $\int_1^2 \frac{dx}{x^2-1}$ (c) $\int_0^{\frac{\pi}{2}} \operatorname{tg} x\, dx$ (e) $\int_1^\infty \frac{\operatorname{sen} x}{x^2} dx$

(b) $\int_0^1 \frac{\operatorname{sen} x}{x^{3/2}} dx$ (d) $\int_0^\infty \frac{x^2-1}{x^4+1} dx$ (f) $\int_0^\infty \frac{x}{\sqrt{1+x^3}} dx.$

4. Calcular a integral quando existe:

(a) $\int_{-1}^1 \frac{dx}{x^{1/3}}$ (c) $\int_0^\infty \frac{dx}{1+x^2}$ (e) $\int_0^\infty \operatorname{sen} x\, dx$

(b) $\int_{-1}^1 \frac{dx}{x^3}$ (d) $\int_0^\infty \frac{x^2-x-1}{x(x^3+1)} dx$ (f) $\int_0^\infty (1-\operatorname{tgh} x)\, dx.$

5. Se $F(x)$ é dada por:

$$F(x) = 0 \quad \text{se} \quad x < 0, \qquad F(x) = 1 \quad \text{se} \quad x \geqq 0,$$

calcular as seguintes integrais:

(a) $\int_0^{\pi/2} F(x) \operatorname{sen} x\, dx$ (c) $\int_{-\infty}^\infty F(x) e^{-x} dx$

(b) $\int_{-\pi/2}^{\pi/2} F(x) \cos x\, dx$ (d) $\int_{-\pi}^{\pi} F(x) \operatorname{sen} nx\, dx \ (n > 0).$

6. Determinar

$$\int_0^{\frac{\pi}{2}} \frac{\cos x}{\sqrt{x}} dx$$

calculando a integral de $\pi/6$ até $\pi/2$ pela regra do trapézio, com $\Delta x = \pi/6$. Erro obtido?

7. Verificar numericamente, com a precisão que desejar, que:

(a) $\int_0^\infty e^{-x^2} dx = \frac{\sqrt{\pi}}{2}$ (c) $\int_0^\infty \frac{\operatorname{sen}^2 x}{x^2} dx = \frac{\pi}{2}$

(b) $\int_0^\infty \frac{dx}{(x^2+1)^3} = \frac{3\pi}{16}$ (d) $\int_0^1 \frac{\log x}{1-x} dx = -\frac{\pi^2}{6}.$

8. Mostrar que

$$e^{-x^2} \leqq e^{-2ax+a^2} \quad \text{para} \quad x \geqq a,$$

e, com isso, melhorar a estimativa (4-29) acima.

9. Seja $F(x) = x$ para $0 \leqq x \leqq 1$, $F(x) = 2x$ para $1 < x \leqq 2$. Mostrar que

existe a integral

$$\int_0^2 F'(x)\,dx.$$

É ela igual a $F(2) - F(0)$? Dizer em que condições vale

$$\int_a^b F'(x)\,dx = F(b) - F(a),$$

com $F'(x)$ definida e contínua exceto num número finito de pontos e limitada no intervalo $a \leqq x \leqq b$.

10. Mostrar que, se $f(x)$ é contínua para $a < x \leqq b$ e

$$\int_a^b f(x)\,dx$$

é convergente, então

$$\frac{d}{dx}\int_a^x f(t)\,dt = f(x), \qquad a < x \leqq b.$$

11. Justificar a demonstração da convergência de

$$\int_0^\infty \frac{dx}{1 + x^2}$$

fazendo a substituição $x = \operatorname{tg}\theta$ e, com isso, reduzindo a integral a uma outra que não é mais imprópria.

RESPOSTAS

2. (a) $\frac{\pi}{2}$, (b) 1, (c) −1, (d) $\log(1+\sqrt{2})$, (e) 2, (f) 1.
3. (a) div, (b) conv, (c) div, (d) conv, (e) conv, (f) div.
4. (a) 0, (b) div, (c) $\frac{\pi}{2}$, (d) div, (e) div, (f) log 2.
5. (a) 1, (b) 1, (c) 1, (d) $(1 - \cos n\pi)/n$.
6. A regra do trapézio dá como resultado 6/10, com um erro (positivo) máximo de 1/10. O erro cometido parando antes de 0 é no máximo 14/10 (negativo).

4-6. INTEGRAIS DUPLAS. A integral definida $\int_a^b f(x)\,dx$ é definida em termos de uma função $f(x)$ que, por sua vez, é definida sobre um intervalo $a \leqq x \leqq b$. A integral dupla

$$\iint_R f(x, y)\,dx\,dy$$

será definida em relação a uma função $f(x, y)$ definida sobre uma região fechada R do plano xy. Além disso, será necessário supor R *limitada*, isto é, que R possa ser contida num círculo de raio suficientemente grande; se não, como no caso de a ou b infinito, a integral será imprópria.

A definição da integral dupla segue de perto a da integral definida. Subdivide-se a região R por linhas paralelas aos eixos x e y, como na Fig. 4-8. Consideram-se apenas os retângulos que estão dentro de R: sejam eles numerados de 1 a n, e seja $\Delta_i A$ a área do i-ésimo retângulo. Em seguida, forma-se a soma

$$\sum_{i=1}^{n} f(x_i^*, y_i^*)\,\Delta_i A,$$

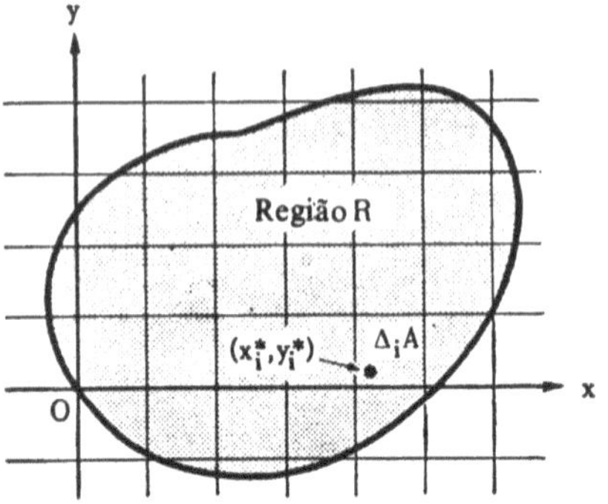

Figura 4-8. A integral dupla

onde (x_i^*, y_i^*) é um ponto arbitrário do i-ésimo retângulo. Se a soma tender a um limite único à medida que n tende ao infinito e a maior diagonal dos retângulos se aproxima de 0, então a integral dupla será definida como sendo esse limite:

$$\iint_R f(x, y)\,dx\,dy = \lim \sum_{i=1}^{n} f(x_i^*, y_i^*)\,\Delta_i A. \tag{4-30}$$

Pode-se demonstrar que a integral dupla existe quando f é contínua e R satisfaz algumas condições simples; em particular, uma dessas condições simples é quando R pode ser dividida num número finito de partes, cada uma das quais pode ser descrita por desigualdades da forma

$$y_1(x) \leqq y \leqq y_2(x), \qquad x_1 \leqq x \leqq x_2 \tag{4-31}$$

ou da forma

$$x_1(y) \leqq x \leqq x_2(y), \qquad y_1 \leqq y \leqq y_2, \tag{4-32}$$

onde $y_1(x)$, $y_2(x)$, $x_1(y)$, $x_2(y)$ são funções contínuas. A Fig. 4-9 ilustra a primeira forma.

Foi possível interpretar a integral definida de uma função $f(x)$ em termos de área; analogamente, podemos interpretar a integral dupla em termos de

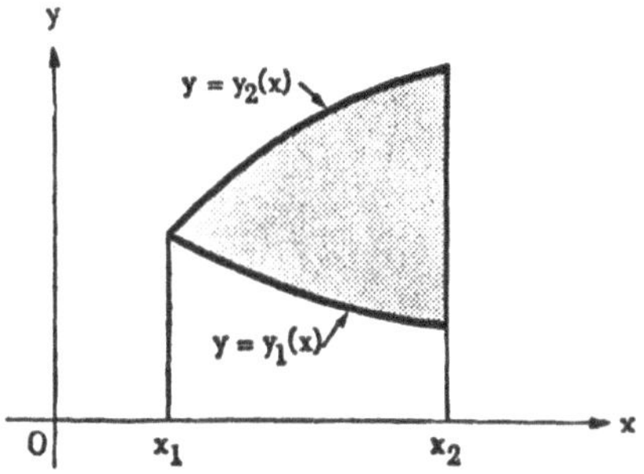

Figura 4-9. Redução da integral dupla a uma integral iterada

volume, como sugere a Fig. 4-10. No caso, supôs-se $f(x, y)$ positiva sobre a região R (que é do mesmo tipo que na Fig. 4-9); é o volume calculado debaixo da superfície $z = f(x, y)$ e acima da região R do plano xy. Conforme mostra a Fig. 4-10, cada termo $f(x_i^*, y_i^*)\,\Delta_i A$ na soma (4-30) representa o volume de um paralelepípedo retangular de base $\Delta_i A$ e altura $f(x_i^*, y_i^*)$. É claro que a soma desses volumes pode ser vista como uma aproximação para o volume abaixo da superfície, e que a integral dupla (4-30) pode ser usada como uma definição desse volume.

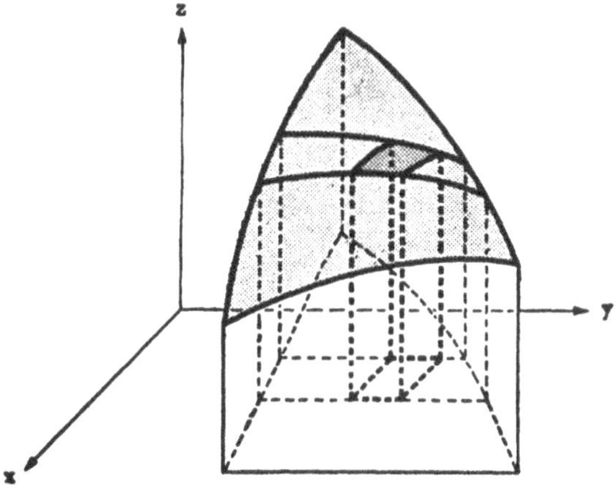

Figura 4-10. A integral dupla vista como volume

Quando se tem uma região do tipo descrito na Fig. 4-9, o cálculo de integrais duplas é facilitado por uma redução a uma *integral iterada*:

$$\int_{x_1}^{x_2}\left[\int_{y_1(x)}^{y_2(x)} f(x, y)\,dy\right]dx.$$

Para cada valor fixo de x, a integral interna

$$\int_{y_1(x)}^{y_2(x)} f(x, y)\,dy$$

é simplesmente uma integral definida com respeito a y da função contínua $f(x, y)$. Essa integral pode ser interpretada como sendo a área de uma seção transversal, perpendicular ao eixo x, do volume que está sendo calculado; a sugestão está na Fig. 4-10. Indicando por $A(x)$ a área da seção transversal, então a integral iterada nos dá

$$\int_{x_1}^{x_2} A(x)\,dx.$$

Se interpretamos essa integral como o limite de uma soma de termos $\Sigma A(x)\,\Delta x$, então é geometricamente evidente que a integral representa efetivamente o volume.

Teorema. *Se $f(x, y)$ for contínua numa região fechada R descrita pelas desigualdades* (4-31), *então, para $x_1 \leqq x \leqq x_2$,*

$$\int_{y_1(x)}^{y_2(x)} f(x, y)\,dy$$

será uma função contínua de x e valerá

$$\iint_R f(x, y)\,dx\,dy = \int_{x_1}^{x_2}\int_{y_1(x)}^{y_2(x)} f(x, y)\,dy\,dx. \qquad (4\text{-}33)$$

Analogamente, se R for descrita por (4-32), *valerá*

$$\iint_R f(x, y)\,dx\,dy = \int_{y_1}^{y_2}\int_{x_1(y)}^{x_2(y)} f(x, y)\,dx\,dy. \qquad (4\text{-}34)$$

Para uma demonstração da existência da integral dupla de uma função contínua e da redução a uma integral iterada, o leitor pode consultar *Mathematical Analysis*, de E. Goursat, Vol. 1, Cap. VI (Boston: Ginn, 1904).

Exemplo. Seja R o quarto de círculo descrito por: $0 \leqq y \leqq \sqrt{1-x^2}$, $0 \leqq x \leqq 1$, e seja $f(x, y) = x^2 + y^2$. Então, temos

$$\iint_R (x^2 + y^2)\,dx\,dy = \int_0^1\int_0^{\sqrt{1-x^2}} (x^2 + y^2)\,dy\,dx$$

$$= \int_0^1 \left(x^2\sqrt{1-x^2} + \tfrac{1}{3}(1-x^2)^{3/2}\right)dx$$

$$= \int_0^{\frac{\pi}{2}} \left(\operatorname{sen}^2\theta\cos^2\theta + \tfrac{1}{3}\cos^4\theta\right)d\theta = \frac{\pi}{8}\cdot$$

Há muitos modos de se interpretar a integral dupla e de usá-la. Eis alguns exemplos:

I. *Volume.* Se $z = f(x, y)$ é a equação de uma superfície, então

$$V = \iint_R f(x, y)\,dx\,dy \qquad (4\text{-}35)$$

dá o volume entre a superfície e o plano xy, sendo os volumes acima do plano xy contados positivamente e aqueles abaixo contados negativamente.

II. *Área*. Fazendo $f(x, y) \equiv 1$, obtém-se

$$A = \text{área de } R = \iint_R dx\, dy \tag{4-36}$$

III. *Massa*. Se interpretarmos f como densidade, isto é, como massa por unidade de área, então

$$M = \text{massa de } R = \iint_R f(x, y)\, dx\, dy. \tag{4-37}$$

IV. *Centro de massa*. Se f for a densidade, então o centro de massa $(\bar{x}, \bar{y})$ da "placa delgada" representada por R será determinado pelas equações

$$M\bar{x} = \iint_R xf(x, y)\, dx\, dy, \qquad M\bar{y} = \iint_R yf(x, y)\, dx\, dy, \tag{4-38}$$

onde M é dada por (4-37).

V. *Momento de inércia*. O momento de inércia de uma placa delgada em relação ao eixo x e o momento de inércia em relação ao eixo y são dados pelas equações

$$I_x = \iint_R y^2 f(x, y)\, dx\, dy, \qquad I_y = \iint_R x^2 f(x, y)\, dx\, dy, \tag{4-39}$$

e o momento de inércia polar em torno da origem O é

$$I_O = I_x + I_y = \iint_R (x^2 + y^2) f(x, y)\, dx\, dy. \tag{4-40}$$

As propriedades básicas da integral dupla são essencialmente as mesmas que as da integral definida (Sec. 0-9):

$$\iint_R [f(x, y) + g(x, y)]\, dx\, dy = \iint_R f(x, y)\, dx\, dy + \iint_R g(x, y)\, dx\, dy; \tag{4-41}$$

$$\iint_R cf(x, y)\, dx\, dy = c \iint_R f(x, y)\, dx\, dy \qquad (c = \text{constante}); \tag{4-42}$$

Se R é composta de dois pedaços R_1 e R_2 que têm em comum apenas pontos de fronteira e satisfazem às condições (4-31), (4-32) acima, então

$$\iint\limits_{R} f(x, y)\, dx\, dy = \iint\limits_{R_1} f(x, y)\, dx\, dy + \iint\limits_{R_2} f(x, y)\, dx\, dy. \tag{4-43}$$

Se A é a área de R, como na equação (4-36) acima, e (x_1, y_1) é um ponto de R escolhido convenientemente, então

$$\iint\limits_{R} f(x, y)\, dx\, dy = f(x_1, y_1) \cdot A. \tag{4-44}$$

Se $M_1 \leqq f(x, y) \leqq M_2$ para (x, y) em R, e A é a área de R, então

$$M_1 A \leqq \iint\limits_{R} f(x, y)\, dx\, dy \leqq M_2 A. \tag{4-45}$$

As funções $f(x, y)$ e $g(x, y)$ que aparecem acima são supostas contínuas em R. As demonstrações dessas propriedades são essencialmente as mesmas que as de funções de uma variável, e não serão repetidas aqui.

A partir da propriedade (4-45), ou usando o método da demonstração de (4-15), pode-se provar a desigualdade:

$$\left| \iint\limits_{R} f(x, y)\, dx\, dy \right| \leqq M \cdot A, \tag{4-46}$$

onde $|f(x, y)| \leqq M$ em R. Como na Sec. 4-2, essa desigualdade pode ser aplicada à estimativa de erro.

A equação (4-44) é o *teorema da média para integrais duplas*. Dividindo ambos os membros por A, conclui-se que

$$f(x_1, y_1) = \frac{1}{A} \iint\limits_{R} f(x, y)\, dx\, dy. \tag{4-47}$$

Um nome apropriado para o segundo membro seria *valor médio de f em R* [ver Eq. (4-8)]. Portanto a lei da média afirma que uma função contínua em R assume seu valor médio em algum lugar em R.

Se R é uma região circular R_r de raio r e centro (x_0, y_0), então podemos considerar o efeito produzido quando r tende a 0 na equação (4-47). A região R_r se encolhe reduzindo-se ao ponto (x_0, y_0). Como (x_1, y_1) está sempre em R_r, ele deve tender a (x_0, y_0); pela hipótese de continuidade, f deve se aproximar de $f(x_0, y_0)$. Conseqüentemente,

$$\lim_{r \to 0} \frac{1}{A_r} \iint\limits_{R_r} f(x, y)\, dx\, dy = f(x_0, y_0), \tag{4-48}$$

onde $A_r = \pi r^2$ = área de R. A operação que aparece no primeiro membro sugere aquilo que chamaríamos "derivação da integral dupla em relação à área".

Assim, nesse sentido, a derivada da integral reproduz a função a ser integrada. Portanto a relação (4-48) é semelhante ao teorema

$$\frac{d}{dx}\int_a^x f(t)\,dt = f(x)$$

para funções de uma variável. Observe-se que, para o "incremento de área" R_r em (4-48), poderíamos escolher também um retângulo, uma elipse, etc.

A Eq. (4-48) tem uma interpretação física, a saber, a determinação da densidade a partir da massa. Por exemplo, dada uma placa delgada de densidade variável f, podemos medir diretamente a massa da placa, ou qualquer porção da mesma, simplesmente pesando a porção em questão. Para determinar a densidade num ponto particular da placa, escolhemos uma pequena área em torno desse ponto, medimos sua massa e dividimo-la por sua área. Com isso, estamos realizando experimentalmente uma etapa do processo de limites (4-48) sob a forma

$$\lim \frac{\text{massa}}{\text{área}} = \text{densidade}.$$

A propriedade para integrais duplas que segue é estabelecida da mesma maneira que para integrais simples (Prob. 13 da Sec. 4-2): *Se $f(x, y)$ for contínua na região fechada limitada R e se valer*

$$\iint_R [f(x, y)]^2\,dx\,dy = 0,$$

então $f(x, y) \equiv 0$ em R.

4-7. INTEGRAIS TRIPLAS E INTEGRAIS MÚLTIPLAS EM GERAL. O conceito de integral dupla generaliza-se nas integrais de funções de três, quatro, ... variáveis:

$$\iiint_R f(x, y, z)\,dx\,dy\,dz, \qquad \iiiint_R f(x, y, z, w)\,dx\,dy\,dz\,dw, \ldots$$

Estas são chamadas integrais *triplas*, *quádruplas*, ... Em geral, elas se denominam integrais *múltiplas*, sendo a integral dupla o caso mais simples de integral múltipla.

Para integral tripla, por exemplo, considera-se uma função $f(x, y, z)$ definida numa região fechada limitada R do espaço. Subdivide-se R em paralelepípedos retangulares por planos paralelos aos planos de coordenadas, numera-se de 1 a n os paralelepípedos dentro de R, e indica-se por $\Delta_i V$ o i-ésimo volume. A integral tripla é então obtida como o limite de uma soma:

$$\iiint_R f(x, y, z)\,dx\,dy\,dz = \lim \sum_{i=1}^{n} f(x_i^*, y_i^*, z_i^*)\,\Delta_i V \qquad (4\text{-}49)$$

quando o número n tende ao infinito, enquanto a maior diagonal dos volumes $\Delta_i V$ aproxima-se de 0. O ponto (x_i^*, y_i^*, z_i^*) é escolhido de modo arbitrário no i-ésimo paralelepípedo. É possível mostrar que o limite é único quando $f(x, y, z)$ é contínua em R, com condições adequadas sobre R.

Vale a teoria mais elementar quando R pode ser descrita por desigualdades do tipo:

$$x_1 \leqq x \leqq x_2, \quad y_1(x) \leqq y \leqq y_2(x), \quad z_1(x, y) \leqq z \leqq z_2(x, y) \tag{4-50}$$

Nessa região, é possível reduzir a integral tripla a uma integral iterada por meio da equação

$$\iiint_R f(x, y, z)\, dx\, dy\, dz = \int_{x_1}^{x_2} \int_{y_1(x)}^{y_2(x)} \int_{z_1(x, y)}^{z_2(x, y)} f(x, y, z)\, dz\, dy\, dx, \tag{4-51}$$

como no teorema da Sec. 4-6.

Exemplo. Se R é descrita pelas equações

$$0 \leqq x \leqq 1, \quad 0 \leqq y \leqq x^2, \quad 0 \leqq z \leqq x + y$$

e se $f = 2x - y - z$, então

$$\iiint_R f\, dx\, dy\, dz = \int_0^1 \int_0^{x^2} \int_0^{x+y} (2x - y - z)\, dz\, dy\, dx$$

$$= \frac{3}{2} \int_0^1 \int_0^{x^2} (x^2 - y^2)\, dy\, dx$$

$$= \frac{3}{2} \int_0^1 \left(x^4 - \frac{x^6}{3}\right) dx = \frac{8}{35}.$$

Os limites de integração podem ser determinados da maneira que segue. Suponhamos que a ordem escolhida seja $dx\, dy\, dz$, como no exemplo anterior. Então, determinamos inicialmente os limites x_1 e x_2 de x aceitando o menor e o maior valor de x na figura R. Em seguida, consideramos uma seção transversal $x =$ const. da figura, feita entre x_1 e x_2. Determinamos agora os limites para y como sendo o valor mínimo e o valor máximo de y na seção transversal; como esses limites dependem do x tomado, eles são $y_1(x)$ e $y_2(x)$. Por fim, calculamos, dentro da seção transversal, o valor mínimo e o valor máximo de z para cada y fixado: serão os limites para z; como eles dependem dos valores constantes escolhidos para x e y, são escritos como $z_1(x, y)$ e $z_2(x, y)$. Embora seja possível ler os máximos e mínimos em questão diretamente num esboço da figura de R em três dimensões, geralmente é mais fácil esboçar apenas seções transversais típicas como figuras em duas dimensões.

Já que foi possível interpretar a integral definida em termos de áreas, a integral dupla em termos de volume, é de se esperar que a integral tripla possa ser vista como um "hipervolume", ou volume num espaço de quatro dimensões.

Embora tal interpretação tenha algum valor, é mais simples pensar em massa; por exemplo,

$$\iiint_R f(x, y, z)\,dx\,dy\,dz = \text{massa de um sólido de densidade } f. \tag{4-52}$$

As outras interpretações da integral dupla também podem ser generalizadas:

$$\iiint_R dx\,dy\,dz = \text{volume de } R; \tag{4-53}$$

$$M\bar{x} = \iiint_R x f(x, y, z)\,dx\,dy\,dz, \ldots, \tag{4-54}$$

onde $(\bar{x}, \bar{y}, \bar{z})$ é o centro de massa. O momento de inércia em torno de Ox é

$$I_x = \iiint_R (y^2 + z^2) f(x, y, z)\,dx\,dy\,dz. \tag{4-55}$$

Podemos ainda generalizar as propriedades básicas (4-41) a (4-45) para todas as integrais múltiplas. Assim, em particular, vale o teorema da média:

$$\iiint_R f(x, y, z)\,dx\,dy\,dz = f(x_1, y_1, z_1) \cdot V, \tag{4-56}$$

onde V é o volume de R. Essa fórmula pode ser tomada como ponto de partida da noção de "derivação de uma integral tripla em relação ao volume", como em (4-48).

PROBLEMAS

1. Calcular as seguintes integrais:

   (a) $\iint_R (x^2 + y^2)\,dx\,dy$, onde R é o triângulo com vértices em $(0, 0)$, $(1, 0)$, $(1, 1)$;

   (b) $\iiint_R u^2 v^2 w\,du\,dv\,dw$, onde R é a região: $u^2 + v^2 \leqq 1$, $0 \leqq w \leqq 1$;

   (c) $\iint_R r^3 \cos\theta\,dr\,d\theta$, onde R é a região: $1 \leqq r \leqq 2$, $\dfrac{\pi}{4} \leqq \theta \leqq \pi$.

2. Expressar as idéias seguintes em termos de integrais múltiplas e reduzi-las a integrais iteradas, sem todavia calculá-las:

(a) a massa de uma esfera cuja densidade é proporcional à distância até um determinado plano diametral;
(b) as coordenadas do centro de massa da esfera acima;
(c) o momento de inércia em torno do eixo x do sólido que ocupa a região $0 \leqq z \leqq 1 - x^2 - y^2$, $0 \leqq x \leqq 1$, $0 \leqq y \leqq 1 - x$, e cuja densidade é proporcional a xy.

3. Define-se o momento de inércia de um sólido em torno de uma reta arbitrária L como sendo

$$I_L = \iiint_R d^2 f(x, y, z)\, dx\, dy\, dz,$$

onde f é a densidade e d é a distância de um ponto genérico (x, y, z) do sólido à reta L. Demonstrar o *teorema do eixo paralelo*:

$$I_L = I_{\bar{L}} + Mh^2,$$

onde $\bar{L}$ é uma reta paralela a L passando pelo centro de massa, M é a massa, e h é a distância entre L e $\bar{L}$. (*Sugestão:* tomar $\bar{L}$ como sendo o eixo z.)

4. Seja L uma reta passando pela origem O e cujos cossenos diretores são l, m, n. Provar que

$$I_L = I_x l^2 + I_y m^2 + I_z n^2 - 2I_{xy} lm - 2I_{yz} mn - 2I_{zx} ln,$$

onde

$$I_{xy} = \iiint_R xy f(x, y, z)\, dx\, dy\, dz, \qquad I_{yz} = \iiint_R yzf \ldots$$

As novas integrais se chamam *produtos de inércia.* O lugar geométrico

$$I_x x^2 + I_y y^2 + I_z z^2 - 2(I_{xy} xy + I_{yz} yz + I_{zx} zx) = 1$$

é um elipsóide, chamado *elipsóide de inércia.*

RESPOSTAS

1. (a) $1/3$, (b) $\pi/48$, (c) $(-15\sqrt{2})/8$.

4-8. MUDANÇA DE VARIÁVEIS EM INTEGRAIS. Para funções de uma variável, a regra da função composta

$$\frac{dF}{du} = \frac{dF}{dx}\frac{dx}{du} \tag{4-57}$$

dá de imediato a regra de mudança de variável numa integral definida:

$$\int_{x_1}^{x_2} f(x)\, dx = \int_{u_1}^{u_2} f[x(u)] \frac{dx}{du}\, du. \tag{4-58}$$

Aqui, supôs-se que $f(x)$ seja contínua pelo menos para $x_1 \leqq x \leqq x_2$, que $x = x(u)$ seja definida para $u_1 \leqq u \leqq u_2$ e possua uma derivada contínua, com $x_1 = x(u_1)$, $x_2 = x(u_2)$, e que $f[x(u)]$ seja contínua para $u_1 \leqq u \leqq u_2$.

Demonstração: Se $F(x)$ é uma integral indefinida de $f(x)$, então

$$\int_{x_1}^{x_2} f(x)\,dx = F(x_2) - F(x_1).$$

Mas, então, $F[x(u)]$ é uma integral indefinida de $f[x(u)]\dfrac{dx}{du}$, pois a equação (4-57) diz que

$$\frac{dF}{du} = \frac{dF}{dx}\frac{dx}{du} = f(x)\frac{dx}{du} = f[x(u)]\frac{dx}{du},$$

quando x é expresso em termos de u. Assim sendo, a integral no segundo membro de (4-58) é

$$F[x(u_2)] - F[x(u_1)] = F(x_2) - F(x_1).$$

Como esse valor é o mesmo que o do primeiro membro de (4-58), está estabelecida a regra.

Vale a pena notar que, em (4-58), atenta-se mais à função $x(u)$ do que à sua inversa $u = u(x)$. Uma tal inversa existe somente quando x é uma função monotonamente crescente de u ou uma função monotonamente decrescente de u. Não se requer isso para a regra (4-58). Tanto é que $x(u)$ pode atingir valores fora do intervalo $x_1 \leqq x \leqq x_2$, como mostra a Fig. 4-11. Contudo, deve-se impor que $f[x(u)]$ seja contínua para $u_1 \leqq u \leqq u_2$.

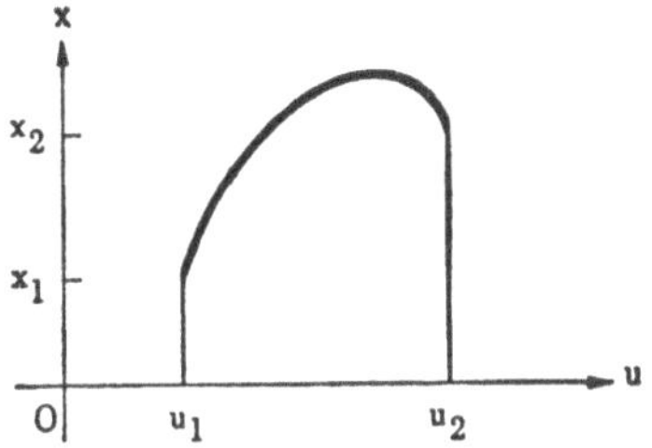

Figura 4-11. A substituição $x = x(u)$ numa integral definida

Há uma fórmula análoga a (4-58) para integrais duplas:

$$\iint\limits_{R_{xy}} f(x, y)\,dx\,dy = \iint\limits_{R_{uv}} f[x(u, v),\ y(u, v)] \left| \frac{\partial(x, y)}{\partial(u, v)} \right| du\,dv. \qquad (4\text{-}59)$$

Aqui, supõem-se as funções

$$x = x(u, v), \qquad y = y(u, v) \qquad (4\text{-}60)$$

definidas numa região R_{uv} do plano uv, tendo derivadas contínuas nessa região. Os pontos (x, y) correspondentes pertencem à região R_{xy} do plano xy, e supõem-se que as funções inversas

$$u = u(x, y), \qquad v = v(x, y) \tag{4-61}$$

sejam definidas e contínuas em R_{xy}, de sorte que a correspondência entre R_{xy} e R_{uv} é *bijetora*, conforme sugere a Fig. 4-12. Supõe-se que a função $f(x, y)$ seja contínua em R_{xy}, de modo que $f[x(u, v), y(u, v)]$ é contínua em R_{uv}. Finalmente, supõe-se que o jacobiano

$$J = \frac{\partial(x, y)}{\partial(u, v)}$$

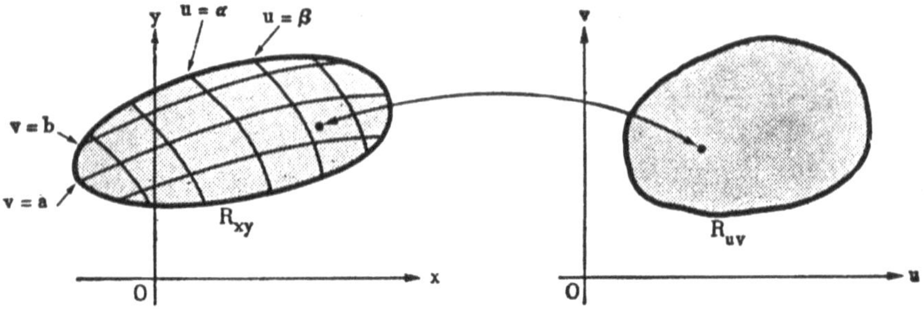

Figura 4-12. Coordenadas curvilíneas para mudança de variáveis numa integral dupla

seja ou sempre positivo em R_{uv} ou sempre negativo em R_{uv}. Nota-se que o jacobiano J entra em (4-59) com seu valor absoluto.

Veremos uma demonstração da relação (4-59) no capítulo que segue, usando integrais curvilíneas. Aqui, vamos discutir o significado de (4-59) e ver suas aplicações.

Podemos considerar que as equações (4-60) introduzem coordenadas *curvilíneas* no plano xy, como está sugerido na Fig. 4-12. As retas $u =$ const. e $v =$ const. formam em R_{xy} um sistema de curvas do mesmo tipo que aquele formado pelas paralelas aos eixos. É natural empregá-las para dividir a região R_{xy} em elementos de área ΔA que são usadas na formação da integral dupla. Com esses elementos curvilíneos, o volume "sob a superfície $z = f(x, y)$" ainda será aproximado por $f(x, y)\,\Delta A$, onde ΔA indica a área de um dos elementos curvilíneos. Se for possível expressar ΔA como um múltiplo k de $\Delta u\,\Delta v$ e se f for expressa em termos de u e v, obteremos uma soma

$$\sum f[x(u, v),\ y(u, v)]k\,\Delta u\,\Delta v,$$

que, no limite, aproxima-se de uma integral dupla

$$\iint\limits_{R_{uv}} f[x(u, v),\ y(u, v)]k\,du\,dv.$$

Portanto a questão crucial é a determinação do fator k. Como mostra a relação (4-59), devemos provar que

$$k = \left|\frac{\partial(x, y)}{\partial(u, v)}\right|$$

O número k pode ser visto também como o quociente de um elemento de área ΔA_{xy} do plano xy e um elemento $\Delta A_{uv} = \Delta u \, \Delta v$ do plano uv. Assim, devemos mostrar que

$$\left|\frac{\partial(x, y)}{\partial(u, v)}\right| = \lim \frac{\Delta A_{xy}}{\Delta A_{uv}}.$$

Exemplo 1. Consideremos as equações

$$x = r\cos\theta, \qquad y = r \operatorname{sen}\theta,$$

de modo que as coordenadas curvilíneas são coordenadas polares. O elemento de área é aproximadamente um retangulo cujos lados são $r\,\Delta\theta$ e Δr, conforme

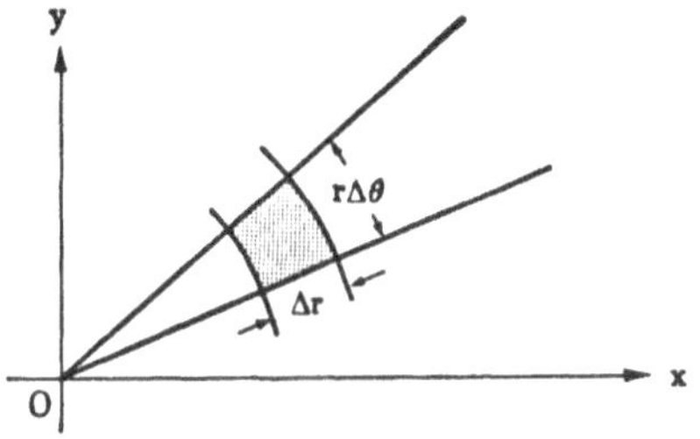

Figura 4-13. Elemento de área em coordenadas polares

se vê na Fig. 4-13. Portanto

$$\Delta A \sim r\,\Delta\theta\,\Delta r$$

e é de se esperar que valha a fórmula

$$\iint\limits_{R_{xy}} f(x, y)\, dx\, dy = \iint\limits_{R_{r\theta}} f(r\cos\theta, r\operatorname{sen}\theta) r\, d\theta\, dr. \tag{4-62}$$

Mas o jacobiano J, nesse caso, é

$$J = \left|\frac{\partial(x, y)}{\partial(r, \theta)}\right| = \begin{vmatrix} \cos\theta & -r\operatorname{sen}\theta \\ \operatorname{sen}\theta & r\cos\theta \end{vmatrix} = r,$$

e, portanto, está verificada a fórmula (4-62). Podemos desenhar a região $R_{r\theta}$ num plano $r\theta$ ou, mais simplesmente, podemos descrevê-la por desigualdades do tipo:

$$\alpha \leqq \theta \leqq \beta, \qquad r_1(\theta) \leqq r \leqq r_2(\theta), \tag{4-63}$$

que são determinadas diretamente da figura no plano xy. De (4-63) vem que

$$\iint\limits_{R_{r\theta}} f(r\cos\theta, r\operatorname{sen}\theta) r\, d\theta\, dr = \int_{\alpha}^{\beta}\int_{r_1(\theta)}^{r_2(\theta)} f(r\cos\theta, r\operatorname{sen}\theta) r\, dr\, d\theta,$$

de modo que a integral foi reduzida a uma integral iterada em r e θ. Pode acontecer que seja necessário decompor a região $R_{r\theta}$ em várias partes e obter a integral como uma soma de integrais iteradas da forma acima. Em alguns problemas, é mais simples integrar na ordem $d\theta$, dr; nesse caso, a região $R_{r\theta}$ precisa ser descrita por desigualdades do tipo:

$$\alpha \leqq r \leqq b, \quad \theta_1(r) \leqq \theta \leqq \theta_2(r), \tag{4-63'}$$

e a integral é escrita

$$\int_a^b \int_{\theta_1(r)}^{\theta_2(r)} f(r\cos\theta,\ r\operatorname{sen}\theta) r\, d\theta\, dr.$$

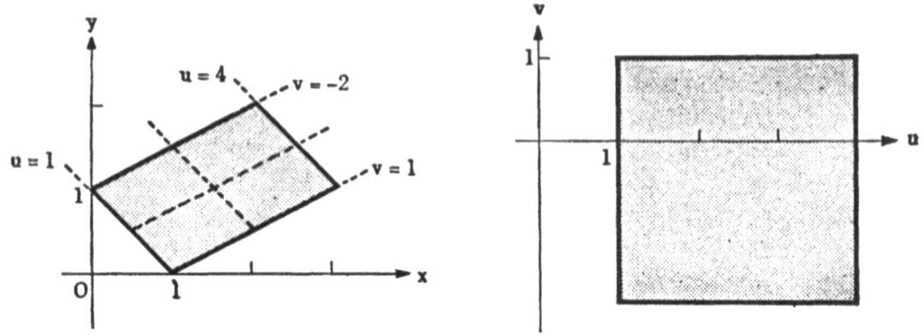

Figura 4-14. Coordenadas curvilíneas $u = x + y$, $v = x - 2y$

Exemplo. Pede-se calcular

$$\iint_{R_{xy}} (x + y)^3\, dx\, dy,$$

onde R_{xy} é o paralelogramo da Fig. 4-14. Os lados de R_{xy} são retas cujas equações são da forma

$$x + y = c_1, \quad x - 2y = c_2,$$

para escolhas convenientes de c_1 e c_2. É, portanto, natural tomar como coordenadas novas

$$u = x + y, \quad v = x - 2y.$$

Nessas condições, a região R_{xy} transforma-se num retângulo $1 \leqq u \leqq 4$, $-2 \leqq v \leqq 1$. A correspondência é claramente bijetora. O jacobiano é

$$\frac{\partial(x, y)}{\partial(u, v)} = \frac{1}{\dfrac{\partial(u, v)}{\partial(x, y)}} = \frac{1}{\begin{vmatrix} 1 & 1 \\ 1 & -2 \end{vmatrix}} = -\frac{1}{3}.$$

Logo,

$$\iint_{R_{xy}} (x + y)^3\, dx\, dy = \iint_{R_{uv}} \frac{u^3}{3}\, du\, dv = \int_{-2}^{1} \int_1^4 \frac{u^3}{3}\, du\, dv = 63\tfrac{3}{4}.$$

Observemos que os limites de integração para a integral em uv são determinados a partir da figura e não são diretamente relacionados com os limites que atribuiríamos à integral iterada correspondente no plano xy.

A fórmula fundamental (4-59) é generalizada para integrais triplas e integrais múltiplas de qualquer ordem. Por exemplo, vale

$$\iiint\limits_{R_{xyz}} f(x, y, z)\, dx\, dy\, dz = \iiint\limits_{R_{uvw}} F(u, v, w) \left| \frac{\partial(x, y, z)}{\partial(u, v, w)} \right| du\, dv\, dw, \qquad (4\text{-}64)$$

onde $F(u, v, w) = f[x(u, v, w), y(u, v, w), z(u, v, w)]$, sob hipóteses oportunas. Dois casos especiais importantes são as *coordenadas cilíndricas*:

$$\iiint\limits_{R_{xyz}} f(x, y, z)\, dx\, dy\, dz = \iiint\limits_{R_{r\theta z}} F(r, \theta, z) r\, dr\, d\theta\, dz, \qquad (4\text{-}65)$$

$$F(r, \theta, z) = f(r \cos \theta, r \operatorname{sen} \theta, z),$$

e as *coordenadas esféricas*:

$$\iiint\limits_{R_{xyz}} f(x, y, z)\, dx\, dy\, dz = \iiint\limits_{R_{\rho\phi\theta}} F(\rho, \phi, \theta) \rho^2 \operatorname{sen} \phi\, d\rho\, d\phi\, d\theta, \qquad (4\text{-}66)$$

$$F(\rho, \phi, \theta) = f(\rho \operatorname{sen} \phi \cos \theta, \rho \operatorname{sen} \phi \operatorname{sen} \theta, \rho \cos \phi).$$

Estes casos são discutidos nos Probs. 7 e 8 abaixo.

Observação. Dispomos de uma grande seleção de técnicas para determinar a região R_{uv} para (4-59) e, em particular, para verificar que a correspondência entre R_{xy} e R_{uv} é bijetora. Em (4-60) e (4-61) podemos tomar u = const. e esboçar em R_{xy} as curvas de nível de u decorrentes. O mesmo pode ser feito para v. Se essas curvas forem tais que uma curva $u = c_1$ intercepta uma curva $v = c_2$ em, no máximo, um ponto de R_{xy}, então a correspondência deve ser bijetora. A partir das curvas de nível podemos observar a variação de u e v na fronteira de R_{xy} e daí determinar a fronteira de R_{uv}. Demonstra-se que, se R_{xy} e R_{uv} forem cada uma limitadas por uma única curva fechada, como na Fig. 4-12, se a correspondência entre (x, y) e (u, v) for bijetora nessas curvas de fronteira, e se $J \neq 0$ em R_{uv}, então a correspondência será, necessariamente, bijetora entre toda R_{xy} e toda R_{uv}. Para uma discussão mais detalhada desse tópico, o leitor pode consultar as Secs. 5-14 e 9-30. Na realidade, não é vital no teorema exigir-se que a correspondência seja bijetora e que $J \neq 0$. Demonstra-se na Sec. 5-14 que (4-59) pode ser escrita sob uma outra forma que cubra casos mais gerais.

PROBLEMAS

1. Calcular as integrais, usando as substituições indicadas:

(a) $\displaystyle\int_0^1 (1 - x^2)^{3/2}\, dx, \quad x = \operatorname{sen} \theta;$ (b) $\displaystyle\int_0^1 \frac{1}{1 + \sqrt{1 + x}}\, dx, \quad x = u^2 - 1.$

2. Demonstrar a fórmula

$$\int_{u_1}^{u_2} \phi'(u)\,du = \phi(u_2) - \phi(u_1)$$

como caso especial de (4-58).

3. (a) Provar que (4-58) permanece válida para integrais impróprias, isto é, se $f(x)$ é contínua para $x_1 \leqq x < x_2$, $x(u)$ é definida e tem uma derivada contínua em $u_1 \leqq u < u_2$, com $x(u_1) = x_1$, $\lim_{u \to u_2} x(u) = x_2$, e $f[x(u)]$ é contínua para $u_1 \leqq u < u_2$. [*Sugestão:* introduzir o fato de (4-58) ser válida quando u_2 e x_2 são substituídos por u_0 e $x_0 = x(u_0)$, com $u_1 < u_0 < u_2$. Faça u_0 tender a u_2. Concluir que, se um lado qualquer da equação tiver um limite, então o outro lado também terá um limite e os limites serão iguais. Observar que tanto x_2 como u_2 podem ser ∞.]

   (b) Calcular $\displaystyle\int_1^{\infty} \frac{1}{x^2} \operatorname{senh} \frac{1}{x}\,dx$, fazendo $u = \dfrac{1}{x}\cdot$

   (c) Calcular $\displaystyle\int_0^{\infty} (1 - \operatorname{tgh} x)dx$, fazendo $u = \operatorname{tgh} x$.

4. Calcular as seguintes integrais por meio da substituição sugerida

   (a) $\displaystyle\iint_{R_{xy}} (1 - x^2 - y^2)dx\,dy$, onde R_{xy} é a região $x^2 + y^2 \leqq 1$, tomando $x = r\cos\theta$, $y = r\operatorname{sen}\theta$;

   (b) $\displaystyle\iint_{R_{xy}} (x - y)^2 \operatorname{sen}^2(x + y)\,dx\,dy$, onde R_{xy} é o paralelograma cujos vértices são sucessivamente $(\pi, 0)$, $(2\pi, \pi)$, $(\pi, 2\pi)$, $(0, \pi)$ e fazendo $u = x - y$, $v = x + y$.

5. Verificar que a transformação

$$u = 2xy, \qquad v = x^2 - y^2$$

define uma aplicação bijetora do quadrado: $0 \leqq x \leqq 1$, $0 \leqq y \leqq 1$, sobre uma região do plano uv. Expressar a integral

$$\iint_{R_{xy}} \sqrt[3]{x^4 - 6x^2y^2 + y^4}\,dx\,dy$$

sobre o quadrado como uma integral iterada em u e v.

6. Transformar as integrais dadas, fazendo as substituições indicadas:

   (a) $\displaystyle\int_0^1 \int_0^x \log(1 + x^2 + y^2)\,dy\,dx, \qquad x = u + v, \qquad y = u - v;$

   (b) $\displaystyle\int_0^1 \int_{1-x}^{1+x} \sqrt{1 + x^2y^2}\,dy\,dx, \qquad x = u, \qquad y = u + v.$

7. Verificar se (4-65) é um caso particular de (4-64). Dar o significado geométrico do elemento de volume $r\,\Delta r\,\Delta\theta\,\Delta z$.
8. Verificar se (4-66) é um caso particular de (4-64). Dar o significado geométrico do elemento de volume $\rho^2 \operatorname{sen} \phi\,\Delta\rho\,\Delta\phi\,\Delta\theta$.
9. Transformar para coordenadas cilíndricas (sem calcular as integrais):

   (a) $\displaystyle\iiint_{R_{xyz}} x^2 y\,dx\,dy\,dz$, onde R_{xyz} é a região $x^2 + y^2 \leqq 1,\ 0 \leqq z \leqq 1$;

   (b) $\displaystyle\int_0^1 \int_0^{\sqrt{1-x^2}} \int_0^{1+x+y} (x^2 - y^2)\,dz\,dy\,dx.$

10. Transformar para coordenadas esféricas (sem calcular as integrais):

   (a) $\displaystyle\iiint_{R_{xyz}} x^2 y\,dx\,dy\,dz$, onde R_{xyz} é a esfera $x^2 + y^2 + z^2 \leqq a^2$;

   (b) $\displaystyle\int_{-1}^1 \int_{-\sqrt{1-x^2}}^{\sqrt{1-x^2}} \int_{\sqrt{x^2+y^2}}^1 (x^2 + y^2 + z^2)\,dz\,dy\,dx.$

RESPOSTAS

1. (a) $\frac{3}{16}\pi$, (b) $2\sqrt{2} - 2 + 2\log(2\sqrt{2} - 2)$. 3. (b) $\cosh 1 - 1$, (c) $\log 2$.

4. (a) $\dfrac{\pi}{2}$, (b) $\dfrac{\pi^4}{3}$. 5. $\displaystyle\int_0^2 \int_{\frac{u^2}{4}-1}^{1-\frac{u^2}{4}} \frac{\sqrt[3]{v^2 - u^2}}{4\sqrt{u^2 + v^2}}\,dv\,du.$

6. (a) $\displaystyle 2\int_0^{1/2} \int_v^{1-v} \log(1 + 2u^2 + 2v^2)\,du\,dv,$

   (b) $\displaystyle\int_0^1 \int_{1-2u}^1 \sqrt{1 + u^2(u+v)^2}\,dv\,du.$

9. (a) $\displaystyle\int_0^{2\pi} \int_0^1 \int_0^1 r^4 \cos^2\theta \operatorname{sen}\theta\,dz\,dr\,d\theta,$

   (b) $\displaystyle\int_0^{\pi/2} \int_0^1 \int_0^{1 + r(\cos\theta + \operatorname{sen}\theta)} r^3 \cos 2\theta\,dz\,dr\,d\theta.$

10. (a) $\displaystyle\int_0^{2\pi} \int_0^{\pi} \int_0^a \rho^5 \operatorname{sen}^4\phi \cos^2\theta \operatorname{sen}\theta\,d\rho\,d\phi\,d\theta,$

   (b) $\displaystyle\int_0^{2\pi} \int_0^{\pi/4} \int_0^{\sec\phi} \rho^4 \operatorname{sen}\phi\,d\rho\,d\phi\,d\theta.$

4-9. COMPRIMENTO DE ARCO E ÁREA DE SUPERFÍCIE. Na análise elementar, demonstra-se que uma curva $y = f(x)$, $a \leqq x \leqq b$, tem comprimento

$$s = \int_a^b \sqrt{1 + \left(\frac{dy}{dx}\right)^2}\, dx \tag{4-67}$$

e que, se a curva for dada parametricamente pelas equações $x = x(t)$, $y = y(t)$ para $t_1 \leqq t \leqq t_2$, então seu comprimento será

$$s = \int_{t_1}^{t_2} \sqrt{\left(\frac{dx}{dt}\right)^2 + \left(\frac{dy}{dt}\right)^2}\, dt. \tag{4-68}$$

Ademais, o comprimento de uma curva no espaço $x = x(t)$, $y = y(t)$, $z = z(t)$ é

$$s = \int_{t_1}^{t_2} \sqrt{\left(\frac{dx}{dt}\right)^2 + \left(\frac{dy}{dt}\right)^2 + \left(\frac{dz}{dt}\right)^2}\, dt. \tag{4-69}$$

No caso, o comprimento é definido como o limite dos comprimentos de poligonais inscritas; aqui, supõem-se as funções possuindo derivadas contínuas nos intervalos em questão (para uma formulação mais completa, ver as Secs. 0-9 e 1-16).

A questão central desta seção é a generalização de (4-67) e (4-69) para a área de superfícies no espaço. No caso de uma superfície $z = f(x, y)$ veremos que a área é dada por

$$S = \iint\limits_{R_{xy}} \sqrt{1 + \left(\frac{\partial z}{\partial x}\right)^2 + \left(\frac{\partial z}{\partial y}\right)^2}\, dx\, dy. \tag{4-70}$$

É um resultado semelhante a (4-67). Uma superfície no espaço pode ser representada parametricamente pelas equações

$$x = x(u, v), \qquad y = y(u, v), \qquad z = z(u, v), \tag{4-71}$$

onde u e v variam numa região R_{uv} do plano uv. A área da superfície (4-71) é dada por

$$S = \iint\limits_{R_{uv}} \sqrt{EG - F^2}\, du\, dv, \tag{4-72}$$

onde

$$\begin{aligned} E &= \left(\frac{\partial x}{\partial u}\right)^2 + \left(\frac{\partial y}{\partial u}\right)^2 + \left(\frac{\partial z}{\partial u}\right)^2, \\ F &= \frac{\partial x}{\partial u}\frac{\partial x}{\partial v} + \frac{\partial y}{\partial u}\frac{\partial y}{\partial v} + \frac{\partial z}{\partial u}\frac{\partial z}{\partial v}, \\ G &= \left(\frac{\partial x}{\partial v}\right)^2 + \left(\frac{\partial y}{\partial v}\right)^2 + \left(\frac{\partial z}{\partial v}\right)^2. \end{aligned} \tag{4-73}$$

Uma justificação completa de (4-70) e (4-72) envolve uma análise muito delicada, bem mais difícil que a análise para o comprimento de arco. Em particular, não se pode definir a área S de superfície simplesmente como o limite das áreas de poliedros inscritos. Para uma discussão completa, o leitor poderá consultar *Treatise on Advanced Calculus*, de P. Franklin, pp. 371-378 (New York: Wiley, 1940). Aqui, apresentamos uma discussão intuitiva de por que as fórmulas (4-70) e (4-72) seriam válidas.

Observemos inicialmente que o comprimento de arco s pode ser definido de um modo um pouco diferente, empregando tangentes ao invés de uma poligonal inscrita (Fig. 4-15). Portanto, para uma curva $y = f(x)$, subdivide-se o intervalo $a \leqq x \leqq b$ como se se quisesse integrar $f(x)$. Num ponto x_i^* entre x_{i-1} e x_i, traça-se a reta tangente correspondente à curva:

$$y - y_i^* = f'(x_i^*)(x - x_i^*),$$

e indica-se por $\Delta_i T$ o comprimento do segmento dessa reta entre x_{i-1} e x_i. É natural esperar que

$$s = \lim \sum_{i=1}^{n} \Delta_i T$$

quando n tende ao infinito e max $\Delta_i x$ aproxima-se de 0. Agora, se α_i^* é o ângulo de inclinação de $\Delta_i T$, de sorte que $f'(x_i^*) = \operatorname{tg} \alpha_i^*$, tem-se

$$\Delta_i x = \Delta_i T \cos \alpha_i^*$$

ou

$$\Delta_i T = \Delta_i x \sec \alpha_i^*. \tag{4-74}$$

Assim, a soma $\Sigma \Delta_i T$ é

$$\sum \sec \alpha_i^* \Delta_i x = \sum \sqrt{1 + f'(x_i^*)^2}\, \Delta_i x.$$

Se $f'(x)$ for contínua para $a \leqq x \leqq b$, a soma terá por limite a expressão procurada:

$$\int_a^b \sec \alpha \, dx = \int_a^b \sqrt{1 + f'(x)^2}\, dx = s.$$

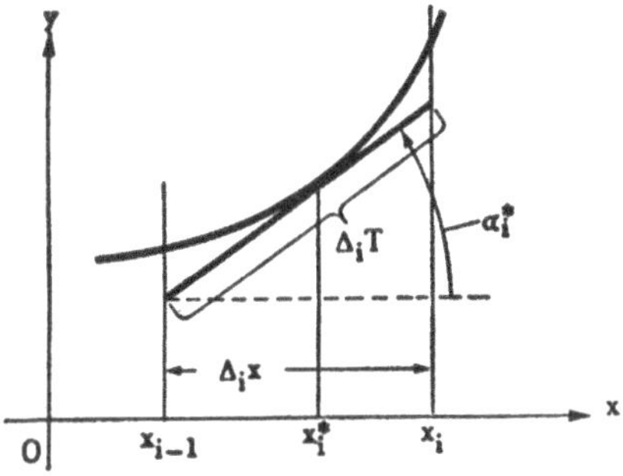

Figura 4-15. Definição de comprimento de arco

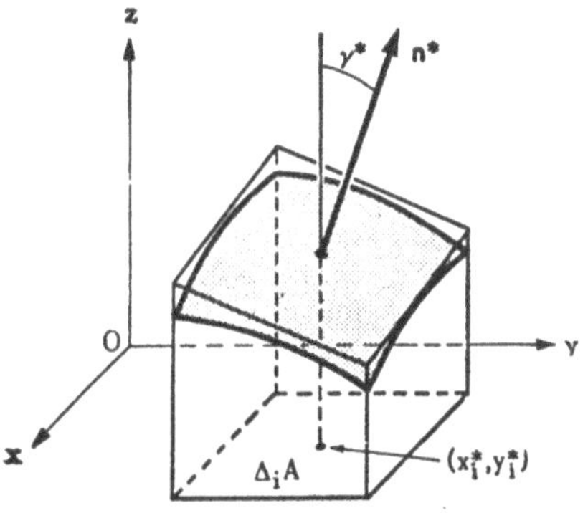

Figura 4-16. Definição de área de superfície

Seja agora uma superfície $z = f(x, y)$ dada, onde $f(x, y)$ é definida e tem derivadas parciais contínuas num domínio D. Para achar a área da parte da superfície acima de uma região limitada fechada R_{xy}, contida em D, subdividimos R_{xy} como na Fig. 4-8. Seja (x_i^*, y_i^*) um ponto do i-ésimo retângulo; construímos agora o plano tangente à superfície no ponto correspondente:

$$z - z_i^* = f_x(x_i^*, y_i^*)(x - x_i^*) + f_y(x_i^*, y_i^*)(y - y_i^*). \tag{4-75}$$

Seja $\Delta_i S^*$ a área da parte desse plano tangente acima do i-ésimo retângulo no plano xy. Então $\Delta_i S^*$ é a área de um certo paralelogramo cuja projeção sobre o plano xy é um retângulo de área $\Delta_i A$. Seja agora $\boldsymbol{n}^*$ o vetor normal à superfície no ponto de tangência:

$$\boldsymbol{n}^* = -\frac{\partial z}{\partial x}\boldsymbol{i} - \frac{\partial z}{\partial y}\boldsymbol{j} + \boldsymbol{k}. \tag{4-76}$$

Segue-se facilmente da geometria que

$$\Delta_i S^* = \sec \gamma_i^* \, \Delta_i A, \tag{4-77}$$

onde γ_i^* é o ângulo formado por $\boldsymbol{n}^*$ e $\boldsymbol{k}$. Esse resultado é análogo a (4-72) (ver Prob. 4 abaixo). Vem agora de (4-76) que

$$\cos \gamma_i^* = \frac{1}{\sqrt{1 + \left(\dfrac{\partial z}{\partial x}\right)^2 + \left(\dfrac{\partial z}{\partial y}\right)^2}} = \frac{\boldsymbol{n}^* \cdot \boldsymbol{k}}{|\boldsymbol{n}^*|},$$

de sorte que

$$\sec \gamma_i^* = \sqrt{1 + \left(\frac{\partial z}{\partial x}\right)^2 + \left(\frac{\partial z}{\partial y}\right)^2},$$

sendo todas as derivadas calculadas em (x_i^*, y_i^*). Procedendo como feito anteriormente para o comprimento de arco, é natural esperar-se que a área S da superfície seja obtida como o limite da soma

$$\sum_{i=1}^{n} \Delta_i S^* = \sum_{i=1}^{n} \sec \gamma_i^* \, \Delta_i A$$

$$= \sum_{i=1}^{n} \sqrt{1 + \left(\frac{\partial z}{\partial x}\right)^2 + \left(\frac{\partial z}{\partial y}\right)^2} \, \Delta_i A,$$

quando o número n de subdivisões aumenta infinitamente, enquanto a diagonal máxima diminui para 0. Esse limite é precisamente a integral dupla

$$S = \iint\limits_{R_{xy}} \sec \gamma \, dx \, dy = \iint\limits_{R_{xy}} \sqrt{1 + \left(\frac{\partial z}{\partial x}\right)^2 + \left(\frac{\partial z}{\partial y}\right)^2} \, dx \, dy$$

como queríamos.

Superfícies sob forma paramétrica. As equações paramétricas

$$x = x(u, v), \quad y = y(u, v), \quad z = z(u, v) \quad \text{com} \quad (u, v) \text{ em } R_{uv} \qquad (4\text{-}78)$$

podem ser vistas como uma aplicação de R_{uv} sobre uma "região curva" do espaço (Fig. 4-17). As retas $u = \text{const.}$, $v = \text{const.}$ da superfície determinam *coordenadas curvilíneas na superfície.* Quando $v = \text{const.}$, as equações (4-78) podem ser vistas como equações paramétricas de uma curva; pela Sec. 1-16, o vetor tangente a uma tal curva é o vetor

$$\boldsymbol{P}_1 = \frac{\partial x}{\partial u}\boldsymbol{i} + \frac{\partial y}{\partial u}\boldsymbol{j} + \frac{\partial z}{\partial u}\boldsymbol{k}. \qquad (4\text{-}79)$$

Analogamente, uma curva $u = \text{const.}$ tem como vetor tangente

$$\boldsymbol{P}_2 = \frac{\partial x}{\partial v}\boldsymbol{i} + \frac{\partial y}{\partial v}\boldsymbol{j} + \frac{\partial z}{\partial v}\boldsymbol{k}. \qquad (4\text{-}80)$$

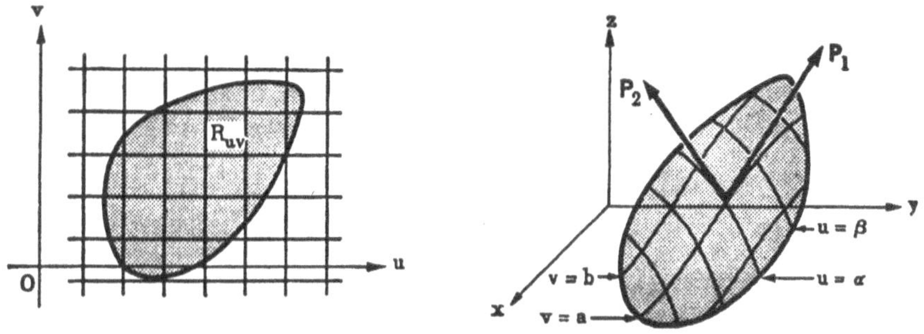

Figura 4-17. Coordenadas curvilíneas numa superfície

Podemos usar as retas $u = \text{const.}$, $v = \text{const.}$ em R_{uv} para subdividir R_{uv}, como fizemos para formar a integral dupla. Cada retângulo, de área $\Delta A = \Delta u\, \Delta v$, dessa subdivisão corresponde a um elemento de área curva da superfície. Numa primeira aproximação, esse elemento de área é um paralelogramo com lados $|\boldsymbol{P}_1|\,\Delta u$ e $|\boldsymbol{P}_2|\,\Delta v$, pois $\boldsymbol{P}_1$ pode ser interpretado como vetor-velocidade em termos do tempo u, de modo que

$$\frac{ds_1}{du} = |\boldsymbol{P}_1|,$$

onde s_1 é a distância ao longo da reta fixada $v = \text{const.}$ Para uma pequena variação Δu do tempo u, a distância percorrida é aproximadamente $ds_1 = |\boldsymbol{P}_1|\,\Delta u$. Analogamente, o outro lado do paralelogramo é aproximadamente $|\boldsymbol{P}_2|\,\Delta v$. Aqui, os vetores $\boldsymbol{P}_1$ e $\boldsymbol{P}_2$ são calculados num vértice do paralelogramo, como está sugerido na Fig. 4-17. Então, o paralelogramo tem por lados segmentos representativos dos vetores

$$\boldsymbol{P}_1\,\Delta u \quad \text{e} \quad \boldsymbol{P}_2\,\Delta v.$$

Portanto sua área é dada por

$$|(\boldsymbol{P}_1\,\Delta u) \times (\boldsymbol{P}_2\,\Delta v)| = |\boldsymbol{P}_1 \times \boldsymbol{P}_2|\,\Delta u\,\Delta v.$$

Se admitirmos que, no limite, a soma das áreas desses paralelogramos, em cima da superfície, aproxima-se da área da superfície, à medida que aumenta o número de subdivisões de R_{uv} (como na formação da integral dupla), então concluiremos que a área da superfície é dada por

$$S = \iint\limits_{R_{uv}} |\boldsymbol{P}_1 \times \boldsymbol{P}_2|\, du\, dv. \tag{4-81}$$

Em virtude da identidade vetorial

$$|\boldsymbol{P}_1 \times \boldsymbol{P}_2|^2 = |\boldsymbol{P}_1|^2 |\boldsymbol{P}_2|^2 - (\boldsymbol{P}_1 \cdot \boldsymbol{P}_2)^2 \tag{4-82}$$

(Prob. 5 da Sec. 1-14), esse resultado pode ser colocado sob a forma

$$S = \iint\limits_{R_{uv}} \sqrt{|\boldsymbol{P}_1|^2 |\boldsymbol{P}_2|^2 - (\boldsymbol{P}_1 \cdot \boldsymbol{P}_2)^2}\, du\, dv. \tag{4-83}$$

Comparando as fórmulas (4-79), (4-80), e (4-73), vemos que

$$|\boldsymbol{P}_1|^2 = E, \quad \boldsymbol{P}_1 \cdot \boldsymbol{P}_2 = F, \quad |\boldsymbol{P}_2|^2 = G. \tag{4-84}$$

Portanto (4-83) reduz-se imediatamente à fórmula desejada:

$$S = \iint\limits_{R_{uv}} \sqrt{EG - F^2}\, du\, dv. \tag{4-85}$$

Deve-se notar que, se (x, y, z) traçar uma curva genérica na superfície, a diferencial

$$d\boldsymbol{r} = dx\boldsymbol{i} + dy\boldsymbol{j} + dz\boldsymbol{k}$$

pode ser expressa do modo seguinte:

$$\begin{aligned} d\boldsymbol{r} &= \left(\frac{\partial x}{\partial u} du + \frac{\partial x}{\partial v} dv\right)\boldsymbol{i} + \left(\frac{\partial y}{\partial u} du + \frac{\partial y}{\partial v} dv\right)\boldsymbol{j} + \left(\frac{\partial z}{\partial u} du + \frac{\partial z}{\partial v} dv\right)\boldsymbol{k} \\ &= \boldsymbol{P}_1\, du + \boldsymbol{P}_2\, dv = \frac{\partial \boldsymbol{r}}{\partial u} du + \frac{\partial \boldsymbol{r}}{\partial v} dv. \end{aligned}$$

O elemento de arco numa tal curva é definida por

$$ds^2 = dx^2 + dy^2 + dz^2 = |d\boldsymbol{r}|^2 = (\boldsymbol{P}_1\, du + \boldsymbol{P}_2\, dv) \cdot (\boldsymbol{P}_1\, du + \boldsymbol{P}_2\, dv).$$

Expandindo o último produto, obtém-se

$$ds^2 = |\boldsymbol{P}_1|^2 du^2 + 2(\boldsymbol{P}_1 \cdot \boldsymbol{P}_2)\, du\, dv + |\boldsymbol{P}_2|^2 du^2. \tag{4-86}$$

Conseqüentemente, em virtude do resultado (4-84), tem-se

$$ds^2 = E\, du^2 + 2F\, du\, dv + G\, dv^2. \tag{4-87}$$

Isso revela o significado das quantidades E, F, G na geometria da superfície.

PROBLEMAS

1. Achar o comprimento da circunferência de um círculo usando:

(a) a representação paramétrica

$$x = a\cos\theta, \qquad y = a \operatorname{sen}\theta;$$

(b) a representação paramétrica

$$x = a\frac{1-t^2}{1+t^2}, \qquad y = a\frac{2t}{1+t^2}.$$

2. Achar a área da superfície de uma esfera usando:

(a) a equação $z = \pm\sqrt{a^2-x^2-y^2}$;

(b) as equações paramétricas

$$x = a\operatorname{sen}\phi\cos\theta, \qquad y = a\operatorname{sen}\phi\operatorname{sen}\theta, \qquad z = a\cos\phi.$$

3. Com as equações paramétricas do Prob. 2(b), construir uma integral dupla que dê a área de uma parte da superfície da Terra limitada por duas paralelas de latitude e dois meridianos de longitude. Aplicar o resultado para determinar a área dos Estados Unidos da América, usando a aproximação pelo "retângulo" situado entre as paralelas 30°N e 47°N, e os meridianos 75°O e 122°O. Tomar como raio da Terra 4000 milhas.

4. É dado no espaço um paralelogramo cujos lados representam os vetores $\boldsymbol{a}$ e $\boldsymbol{b}$. Seja $\boldsymbol{c}$ um vetor unitário perpendicular a um plano C. (a) Mostrar que $\boldsymbol{a}\times\boldsymbol{b}\cdot\boldsymbol{c}$ é igual a mais ou menos a área da projeção do paralelogramo sobre C. (b) Mostrar que esse resultado pode ser expresso por $S\cos\gamma$, onde S é a área do paralelogramo e γ é o ângulo entre $\boldsymbol{a}\times\boldsymbol{b}$ e $\boldsymbol{c}$. (c) Mostrar que vale

$$S = \sqrt{S_{yz}^2 + S_{zx}^2 + S_{xy}^2},$$

sendo S_{yz}, S_{zx}, S_{xy} as áreas das projeções do paralelogramo sobre o plano yz, o plano zx, e o plano xy, respectivamente.

5. Uma superfície de revolução é obtida girando-se uma curva $z = f(x)$, $y = 0$, no plano xz em torno do eixo z. (a) Mostrar que essa superfície se expressa por uma equação $z = f(r)$ em coordenadas cilíndricas. (b) Mostrar que a área da superfície é

$$S = \int_0^{2\pi}\int_a^b \sqrt{1+f'(r)^2}\, r\,dr\,d\theta = 2\pi\int_a^b \sqrt{1+f'(r)^2}\, r\,dr.$$

6. Provar a fórmula (4-72), supondo que a superfície em questão pode ser representada também por uma equação $z = f(x, y)$ e que, portanto, tem uma área dada por (4-70). As equações paramétricas (4-71) devem ser tratadas como descrevendo uma mudança de variáveis na integral dupla (4-70), como na Sec. 4-8.

7. Mostrar que (4-72) reduz-se a

$$S = \iint\limits_{R_{uv}} \left| \frac{\partial(x, y)}{\partial(u, v)} \right| du\, dv = \iint\limits_{R_{xy}} dx\, dy,$$

quando u, v são coordenadas curvilíneas numa área plana R_{xy}.

8. Provar que, se uma superfície $z = f(x, y)$ é dada sob forma implícita: $F(x, y, z) = 0$, então a área de superfície (4-70) se expressa como

$$\iint\limits_{R_{xy}} \frac{\sqrt{F_x^2 + F_y^2 + F_z^2}}{|F_z|} dx\, dy.$$

*4-10. CÁLCULO NUMÉRICO DE INTEGRAIS MÚLTIPLAS. Para calcular numericamente uma integral dupla

$$\iint\limits_{R_{xy}} f(x, y)\, dx\, dy,$$

dispomos dos métodos seguintes:

(a) *Redução a uma integral iterada*:

$$\int_a^b \int_{y_1(x)}^{y_2(x)} f(x, y)\, dy\, dx.$$

A integral interna deve ser calculada para cada x entre a e b, por qualquer método escolhido. Em particular, podemos empregar um método numérico como, por exemplo, a regra de Simpson. Isso nos dá a integral interna como uma função $F(x)$ sob forma de tabela para valores de x entre a e b. Feito isso, podemos usar um método semelhante para achar

$$\int_a^b F(x), dx.$$

(b) *Uso da soma na qual se baseia a integral dupla:*

$$\sum_{i=1}^{n} f(x_i^*, y_i^*)\, \Delta_i A.$$

Nesse processo, dividimos a região R_{xy} em retângulos, como indica a Fig. 4-8. Os pontos (x_i^*, y_i^*) podem ser escolhidos, por exemplo, nos vértices dos retângulos. Podemos também subdividir R_{xy} por curvas r = const. e θ = const. de um sistema de coordenadas polares. Os elementos de área $\Delta_i A$ são, então, retângulos curvilíneos cuja área pode ser calculada com precisão pela geometria. Em princípio, podemos usar qualquer tipo de elemento cuja área possa ser calculada; para n suficientemente grande e o maior diâmetro dos elementos suficientemente pequeno, a soma será tão próxima da integral procurada quanto se queira.

(c) *Mudança de variáveis.* Freqüentemente, uma substituição conveniente, $x = x(u, v)$, $y = y(u, v)$, transformará a integral numa outra mais cômoda de se calcular:

$$\iint_{R_{uv}} F(u, v) \left| \frac{\partial(x, y)}{\partial(u, v)} \right| du\, dv, \qquad F(u, v) = f[x(u, v),\ y(u, v)].$$

Em particular, pode acontecer que a nova integral seja facilmente redutível a uma única integral definida. Será esse o caso se, por exemplo, F depender tão-somente de u e a transformação for tal que o jacobiano $\partial(x, y)/\partial(u, v)$ dependa unicamente de u ou, melhor ainda, seja igual a uma constante (por exemplo, 1). Para chegar a isso, podemos usar $u = f(x, y)$ para uma das equações e, em seguida, escolher v de modo tal que tenhamos

$$\frac{1}{J} = \frac{\partial u}{\partial x}\frac{\partial v}{\partial y} - \frac{\partial u}{\partial y}\frac{\partial v}{\partial x} \equiv 1.$$

Trata-se de uma equação diferencial parcial em v (sendo u conhecida), e existem métodos para resolvê-la.

Vamos agora calcular a integral

$$\int_1^2 \int_3^4 \log \frac{x^2 - y^2}{4}\, dx\, dy$$

por todos os três métodos. A integral aqui é dada como uma integral iterada, sendo a primeira integração feita com relação a x. Na Tab. 4-3, damos os valores da função $\log \frac{1}{4}(x^2 - y^2)$, para $x = 3$, $3\frac{1}{4}, \ldots$, $y = 1$, $1\frac{1}{4}, \ldots$ A partir da tabela, calculamos a integral pela regra de Simpson ($n = 2$) para cada valor de y. A função $F(x)$ que resulta também está na tabela. Finalmente, integramos $F(y)$ pela regra de Simpson e obtemos o resultado 0,895. No caso, o quadrado R_{xy} foi dividido em 16 quadrados menores, com área 1/16 cada um, por meio das retas $x =$ const., $y =$ const. Somando os 16 valores de $f(x, y)$ nos vértices

Tabela 4-3

y \ x	3	3,25	3,5	3,75	4	$F(y)$
1	0,693	0,871	1,332	1,176	1,322	1,072
1,25	0,621	0,811	0,982	1,141	1,284	0,973
1,5	0,525	0,732	0,916	1,082	1,235	0,904
1,75	0,399	0,631	0,833	1,008	1,176	0,816
2	0,223	0,495	0,723	0,920	1,099	0,712

inferiores à esquerda: (3, 1), . . . , (375/100, 175/100), e multiplicando por 1/16, obtemos a resposta 0,860 pelo método (b). O método (c) pode ser aplicado de diversas maneiras. Mas é natural tentar $u = x^2 - y^2$, a fim de expressarmos a condição $J = 1$ por

$$2x\frac{\partial v}{\partial y} + 2y\frac{\partial v}{\partial x} = 1.$$

Essa equação é satisfeita por $v = \frac{1}{2}\log(x + y)$. É fácil verificar que u, v são coordenadas curvilíneas oportunas no quadrado e descrevem uma aplicação injetora do quadrado sobre uma região R_{uv} do plano uv. A integral transformada é

$$\iint\limits_{R_{uv}} \log\frac{u}{4}\,du\,dv,$$

que pode ser reduzida a uma integral iterada; um meio de redução seria o seguinte:

$$\int_5^8\int_{v_1(u)}^{v_3(u)} \log\frac{u}{4}\,dv\,du + \int_8^{12}\int_{v_2(u)}^{v_3(u)} \log\frac{u}{4}\,dv\,du + \int_{12}^{15}\int_{v_2(u)}^{v_4(u)} \log\frac{u}{4}\,dv\,du, \qquad (4\text{-}88)$$

onde

$$v_1(u) = \tfrac{1}{2}\log(3 + \sqrt{9 - u}), \qquad v_2(u) = \tfrac{1}{2}\log(1 + \sqrt{1 + u}),$$
$$v_3(u) = \tfrac{1}{2}\log(2 + \sqrt{4 + u}), \qquad v_4(u) = \tfrac{1}{2}\log(4 + \sqrt{16 - u}).$$

Com isso, o problema está reduzido ao cálculo da integral definida

$$\int_5^{15} \log\frac{u}{4}\,g(u)\,du,$$

onde

$$g(u) = v_3(u) - v_1(u) \text{ para } 5 \leqq u \leqq 8, \; g(u) = v_3(u) - v_2(u) \text{ para } 8 \leqq u \leqq 12,$$
$$g(u) = v_4(u) - v_2(u) \text{ para } 12 \leqq u \leqq 15.$$

Essa integral pode ser calculada pela regra de Simpson, com $n = 5$, obtendo-se 0,893.

Nesse exemplo, podemos achar o valor exato da integral se escrevemos

$$\int_1^2\int_3^4 \log\left(\frac{x^2 - y^2}{4}\right)dx\,dy = \int_1^2\int_3^4 [\log(x + y) + \log(x - y) - \log 4]\,dx\,dy$$

e integramos termo a termo. Feito isso, vemos que o resultado é

$$18\log 6 - 25\log 5 + 5\log 4 + \frac{9}{2}\log 3 - 3 = 0{,}891.$$

É também possível usar séries infinitas quando se quer calcular integrais múltiplas. Esse tópico será tratado no Cap. 6.

Todos os métodos descritos podem ser generalizados de modo natural para integrais triplas e múltiplas de qualquer ordem.

PROBLEMAS

1. Calcular a integral

$$\int_0^1 \int_0^x (x + y)^4 \, dy \, dx$$

(a) pelos métodos (a) e (b) do texto;
(b) usando as novas variáveis $u = x + y$, $v = \frac{1}{2}(x - y)$;
(c) determinando-a diretamente, tal como aparece.

2. Para a integral $\iint \log \dfrac{x^2 - y^2}{4} \, dx \, dy$ do texto, verificar:

(a) que as variáveis u, v definem realmente uma aplicação bijetora sobre o plano uv e que é correta a expressão (4-88) para a nova integral;
(b) que o valor exato da integral, quando obtido mediante integração no plano uv, é 0,891 (três algarismos significativos).

3. Calcular a área da superfície:

$$z = x^3 + y^3, \qquad x^2 + y^2 \leqq 1.$$

4. Calcular a integral

$$\int_0^1 \int_0^1 \int_0^1 \sqrt[3]{x^2 + y^2 + z^2} \, dx \, dy \, dz.$$

RESPOSTAS

1. 31/30. 3. 13 unidades quadradas (aproximadamente). 4. 1,0 (aproximadamente).

*4-11. INTEGRAIS MÚLTIPLAS IMPRÓPRIAS. As descontinuidades de funções de várias variáveis podem ser bem mais complicadas que as de funções de uma variável; por isso, a discussão de integrais múltiplas impróprias não é tão simples quanto no caso de integrais definidas comuns. Contudo, em princípio, as análises das Secs. 4-4 e 4-5 podem ser repetidas, com devidas modificações, para integrais múltiplas.

Diz-se que uma função $f(x, \ldots, z)$ de várias variáveis é *limitada*, para $(x, \ldots, z)$ num certo campo R de variação, se existe um número $M \geqq 0$ tal que $|f(x, \ldots, z)| \leqq M$ para todo $(x, \ldots, z)$ em R. Assim, a função $\log(x^2 + y^2)$ é limitada para $1 \leqq x \leqq 2$, $1 \leqq y \leqq 2$, mas não é limitada para $0 < x^2 + y^2 \leqq 1$. Se $f(x, y)$ for uma funçao definida numa região fechada limitada R do tipo descrito em (4-31), e for contínua nessa região exceto num número finito de pontos, e se f for limitada, então a integral dupla

$$\iint_R f(x, y) \, dx \, dy$$

ainda existirá como limite de uma soma, pelos mesmos motivos que para funções de uma variável. As descontinuidades podem surgir até sob forma de curvas inteiras, finitas em número e compostas de "curvas lisas"; a explicação é análoga: essas curvas formam ao todo um conjunto de *área nula*. Um caso importante disso é quando $f(x, y)$ é contínua e limitada apenas num domínio limitado D, nada se sabendo dos valores de f na fronteira de D. Num tal caso, a integral

$$\iint_D f(x, y)\, dx\, dy$$

continua existindo como limite de uma soma, contanto que se calcule f tão-somente nos pontos onde ela é definida, isto é., dentro de D. Chega-se ao mesmo resultado quando a f são associados valores arbitrários, por exemplo, 0, na fronteira de D. Em tudo isso, supõe-se a fronteira composta como acima por curvas lisas.

Exemplo. Num domínio quadrado D: $0 < x < 1$, $0 < y < 1$, a integral

$$\iint_D \operatorname{sen} \frac{y}{x}\, dx\, dy$$

existe, embora a função seja terrivelmente descontínua no eixo y, pois $\left|\operatorname{sen} \frac{y}{x}\right| \leqq 1$ em D.

Para qualquer função limitada f desse tipo, podemos aproximar a integral sobre toda a região com uma precisão arbitrariamente boa por meio da integral sobre uma região menor, que evite as descontinuidades, pois, se R for dividida em duas regiões R_1, R_2 que têm em comum apenas pontos de fronteira, então

$$\iint_R f(x, y)\, dx\, dy = \iint_{R_1} f(x, y)\, dx\, dy + \iint_{R_2} f(x, y)\, dx\, dy.$$

Ademais, se $|f| \leqq M$ em R, então, em virtude de (4-46),

$$\left| \iint_{R_2} f(x, y)\, dx\, dy \right| \leqq M \cdot A_2,$$

onde A_2 é a área de R_2. Se A_2 for suficientemente pequena, a integral sobre R_1 será uma aproximação para a integral sobre R com a precisão desejada.

Como no caso das funções de uma variável, as integrais impróprias verdadeiras surgem quando $f(x, y)$ não é limitada em R. O caso mais importante disso é quando $f(x, y)$ é definida e contínua, mas não limitada, num domínio limitado D, sendo dada nenhuma informação a respeito dos valores de f na fronteira de D. Nesse caso, não existirá o limite da soma $\Sigma f(x, y)\, \Delta A$ porque f não é limitada. A integral de f sobre D é dita imprópria e seu valor é dado pelo processo de limites

$$\iint\limits_D f(x, y)\,dx\,dy = \lim_{R \to D} \iint\limits_R f(x, y)\,dx\,dy, \tag{4-89}$$

contanto que o limite exista. Na fórmula, R denota uma região fechada contida em D, com sua fronteira também em D (Fig. 4-18). Deve-se entender o processo de limites deste modo: o limite existe e é igual a K se, dado $\varepsilon > 0$, pode-se achar uma região particular R_1 tal que

$$\left| \iint\limits_R f(x, y)\,dx\,dy - K \right| < \varepsilon$$

para todas as regiões R contendo R_1 e contidas em D.

Um caso especial do acima é o caso de uma função que tem uma *descontinuidade num só ponto*, ou seja, uma função contínua num domínio D exceto num único ponto P de D. Seria natural nesse caso resolver o problema em P por meio de uma integração fora de um pequeno círculo de raio h ao redor de P e, em seguida, fazer h tender a 0. Essa definição da integral imprópria equivale à anterior, contanto que $f(x, y)$ tenha um mesmo sinal (+ ou −) na proximidade de P. Trata-se do caso mais freqüente. Por exemplo, a integral

$$\iint\limits_R \frac{1}{r^p}\,dx\,dy, \qquad p > 0,$$

onde R é o círculo $x^2 + y^2 \leqq 1$, é imprópria por causa de uma descontinuidade na origem. O processo por limites nos dá, em coordenadas polares:

$$\begin{aligned} \iint\limits_R \frac{1}{r^p}\,dx\,dy &= \lim_{h \to 0} \int_0^{2\pi} \int_h^1 \frac{1}{r^p}\,r\,dr\,d\theta \\ &= \lim_{h \to 0} 2\pi \left(\frac{1}{2-p} - \frac{h^{2-p}}{2-p} \right), \qquad (p \neq 2). \end{aligned} \tag{4-90}$$

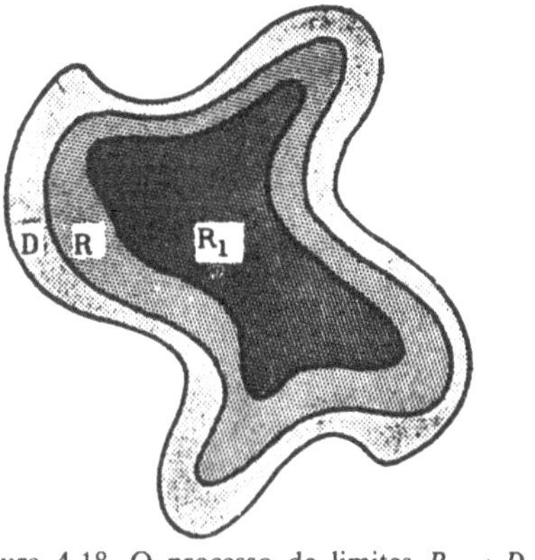

Figura 4-18. O processo de limites $R \longrightarrow D$

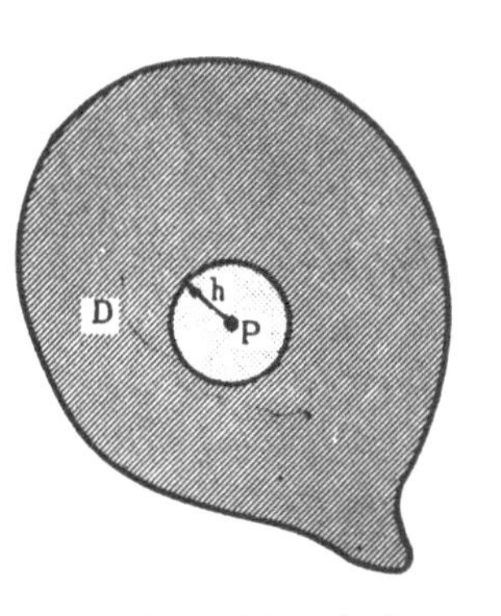

Figura 4-19. Integral imprópria num ponto P

Assim, se $p < 2$, a integral converge para o valor $2\pi/(2-p)$; se $p > 2$, a integral diverge. Para $p = 2$, obtemos um logaritmo e, novamente, a integral diverge. Podemos fazer desse resultado um critério de comparação, análogo aos Teoremas I (a), I (b), e II da Sec. 4-5. Notemos que, aqui, o valor crítico é $p = 2$, lembrando o valor $p = 1$ para integrais simples.

Um outro tipo de integral imprópria, que generaliza as integrais simples definidas com limites infinitos, é uma integral

$$\iint_R f(x, y)\, dx\, dy,$$

onde R é uma região fechada *não-limitada.* Aqui, obtém-se um valor por meio de um processo de limites, como aquele da fórmula (4-89) acima. Desse caso, o mais importante é aquele no qual uma integral é contínua sobre e fora do círculo: $x^2 + y^2 = a^2$. Se $f(x, y)$ tiver um sinal constante, poderemos definir a integral sobre essa região R como sendo o limite

$$\lim_{k \to \infty} \iint_{R_k} f(x, y)\, dx\, dy,$$

onde R_k é a região $a^2 \leqq x^2 \leqq y^2 \leqq k^2$. Por exemplo, a integral imprópria

$$\iint_R \frac{1}{r^p}\, dx\, dy$$

tem o valor

$$\lim_{k \to \infty} \int_a^k \int_0^{2\pi} \frac{1}{r^p}\, d\theta\, r\, dr = \lim_{k \to \infty} 2\pi \frac{k^{2-p} - a^{2-p}}{2-p},$$

que é igual a $2\pi a^{2-p}/(p-2)$ para $p > 2$. Se $p \leqq 2$, a integral diverge. Novamente, podem-se estabelecer critérios de comparação semelhantes aos teoremas da Sec. 4-5.

Embora tenhamos aqui dado maior ênfase às integrais duplas, os enunciados serão válidos para integrais triplas e outras integrais múltiplas se introduzirmos alterações secundárias [que dizem respeito, em particular, ao valor crítico de p para a integral (4-90)].

O *cálculo numérico* de integrais múltiplas impróprias pode ser feito como na Sec. 4-5, com o auxílio dos métodos da Sec. 4-10.

PROBLEMAS

1. Um modo de se calcular a *integral de erro*

$$\int_0^\infty e^{-x^2}\, dx$$

é usar as equações

$$\left(\int_0^{\infty} e^{-x^2}dx\right)^2 = \int_0^{\infty} e^{-x^2}dx \int_0^{\infty} e^{-y^2}dy = \int_0^{\infty}\int_0^{\infty} e^{-x^2-y^2}dx\,dy$$

e calcular a integral dupla usando coordenadas polares. Pede-se efetuar esse cálculo, e mostrar que a integral é igual a $\frac{1}{2}\sqrt{\pi}$; discuta também o significado das equações acima em termos das definições das integrais impróprias como limites.

2. Mostrar que a integral

$$\iint_R \log\sqrt{x^2+y^2}\,dx\,dy$$

converge, sendo R a região $x^2 + y^2 \leqq 1$. Qual o valor da integral? Essa fórmula pode ser interpretada como sendo o *potencial logarítmico*, na origem, de uma distribuição uniforme de massa sobre o disco.

3. Mostrar que a integral

$$\iiint_R \frac{1}{r^p}\,dx\,dy\,dz, \qquad r = \sqrt{x^2+y^2+z^2},$$

sobre a região esférica $x^2 + y^2 + z^2 \leqq 1$ é convergente se $p < 3$; calcular seu valor. Se $p = 1$, temos o *potencial newtoniano* de uma distribuição uniforme de massa sobre a esfera sólida.

4. Testar para convergência ou divergência:

(a) $\displaystyle\iint_R \frac{x-y}{x^2+y^2}\,dx\,dy$, sobre o quadrado: $|x| < 1$, $|y| < 1$;

(b) $\displaystyle\iint_R \log\frac{(x^2+y^2)}{\sqrt{x^2+y^2}}\,dx\,dy$, sobre o círculo: $x^2 + y^2 \leqq 1$;

(c) $\displaystyle\iint_R \log(x^2+y^2)\,dx\,dy$, sobre a região: $x^2 + y^2 \geqq 1$;

(d) $\displaystyle\iiint_R \log(x^2+y^2+z^2)\,dx\,dy\,dz$, sobre o sólido: $x^2 + y^2 + z^2 \leqq 1$.

RESPOSTAS

4. (a) conv., (b) conv., (c) div., (d) conv.

4-12. INTEGRAIS DEPENDENDO DE UM PARÂMETRO – REGRA DE LEIBNITZ. Uma integral definida

$$\int_a^b f(x, t)\, dx$$

de uma função contínua $f(x, t)$ tem um valor que depende da escolha de t; portanto podemos escrever

$$\int_a^b f(x, t)\, dx = F(t). \tag{4-91}$$

Tal expressão chama-se *integral dependendo de um parâmetro* e diz-se que t é o parâmetro. Por exemplo,

$$\int_0^{\pi/2} \frac{dx}{\sqrt{1 - k^2 \operatorname{sen}^2 x}}$$

é uma integral dependendo do parâmetro k; no caso, é uma *integral elíptica completa* (Sec. 4-3).

Se uma integral que depende de um parâmetro puder ser determinada em termos de funções elementares, ela se transforma numa simples função explícita de uma variável. Por exemplo,

$$\int_0^{\pi} \operatorname{sen}(xt)\, dx = \frac{1}{t} - \frac{\cos(\pi t)}{t} \qquad (t \neq 0).$$

Todavia pode facilmente acontecer que não seja possível expressar a integral em termos de funções elementares, como exemplifica a integral elíptica acima. Num tal caso, no entanto, a função do parâmetro não deixa de ser bem definida. Para cada valor do parâmetro, ela pode ser calculada até o grau de precisão desejado e, em seguida, podemos fazer sua tabela; é justamente isso que se tem feito para a integral elíptica acima, cujas tabelas são fáceis de conseguir (Sec. 4-3).

A questão que abordamos aqui é o cálculo da derivada de uma função $F(t)$ definida por uma integral do tipo (4-91):

Regra de Leibnitz. Seja $f(x, t)$ uma função contínua tendo uma derivada $\partial f/\partial t$ contínua num domínio do plano xt que contém o retângulo $a \leqq x \leqq b$, $t_1 \leqq t \leqq t_2$. Então, para $t_1 < t < t_2$, vale a igualdade

$$\frac{d}{dt} \int_a^b f(x, t)\, dx = \int_a^b \frac{\partial f}{\partial t}(x, t)\, dx. \tag{4-92}$$

Em outras palavras, pode-se inverter a ordem em que se efetua a derivação e a integração; por exemplo,

$$\frac{d}{dt}\int_0^{\pi} \operatorname{sen}(xt)\,dx = \int_0^{\pi} x\cos(xt)\,dx.$$

Aqui, ambos os membros podem ser calculados completamente, de sorte que é possível verificar o resultado.

Demonstração da regra de Leibnitz. Consideremos a função

$$g(t) = \int_a^b \frac{\partial f}{\partial t}(x, t)\,dx \qquad (t_1 \leqq t \leqq t_2).$$

Dado que $\partial f/\partial t$ é contínua, concluímos, do teorema da Sec. 4-6, que $g(t)$ é contínua em $t_1 \leqq t \leqq t_2$. Ora, para $t_1 < t_3 < t_2$, temos

$$\int_{t_1}^{t_3} g(t)\,dt = \int_{t_1}^{t_3}\int_a^b \frac{\partial f}{\partial t}(x, t)\,dx\,dt;$$

em virtude do teorema mencionado, podemos trocar a ordem de integração:

$$\begin{aligned}\int_{t_1}^{t_3} g(t)\,dt &= \int_a^b\int_{t_1}^{t_3} \frac{\partial f}{\partial t}(x, t)\,dt\,dx = \int_a^b [f(x, t_3) - f(x, t_1)]\,dx \\ &= \int_a^b f(x, t_3)\,dx - \int_a^b f(x, t_1)\,dx = F(t_3) - F(t_1),\end{aligned}$$

onde $F(t)$ é definida por (4-91). Fazendo agora de t_3 uma variável t, temos

$$F(t) - F(t_1) = \int_{t_1}^{t} g(t)\,dt.$$

Podemos derivar ambos os membros com relação a t. Em virtude do teorema fundamental (4-19), resulta que

$$F'(t) = g(t) = \int_a^b \frac{\partial f}{\partial t}(x, t)\,dx.$$

e a regra está demonstrada.

O conceito de integral dependendo de um parâmetro se estende de imediato a integrais múltiplas, e a regra de Leibnitz também é generalizada. Por exemplo,

$$\frac{d}{d\alpha}\int_1^2\int_1^2 \sqrt{x^\alpha + y^\alpha}\,dx\,dy = \int_1^2\int_1^2 \frac{x^\alpha \log x + y^\alpha \log y}{2\sqrt{x^\alpha + y^\alpha}}\,dx\,dy.$$

O conceito pode ser estendido a integrais impróprias, mas surgem complicações; estudaremos esse tópico no Cap. 6.

Às vezes, temos de trabalhar com expressões do tipo (4-91) nas quais os limites a e b de integração também dependem de parâmetro t. Por exemplo, poderemos encontrar

$$F(t) = \int_{t^2}^{t^3} e^{-x^2 t}\, dx.$$

Nesse caso, novamente dispomos de um método para calcular a derivada em termos de uma integral.

Teorema. *Seja $f(x, t)$ uma função que satisfaz num domínio conveniente à condição enunciada para a regra de Leibnitz. Além disso, sejam duas funções $a(t)$ e $b(t)$ definidas para $t_1 < t < t_2$, tendo derivadas contínuas. Então, para $t_1 < t < t_2$, vale*

$$\frac{d}{dt} \int_{a(t)}^{b(t)} f(x, t)\, dx = f[b(t), t]b'(t) - f[a(t), t]a'(t) + \int_{a(t)}^{b(t)} \frac{\partial f}{\partial t}(x, t)\, dx. \quad (4\text{-}93)$$

Assim sendo, temos, para o exemplo acima,

$$\frac{d}{dt} \int_{t^2}^{t^3} e^{-x^2 t} dx = e^{-t^7}(3t^2) - e^{-t^5}(2t) + \int_{t^2}^{t^3} e^{-x^2 t}(-x^2)\, dx.$$

Demonstração. Sejam $u = b(t)$, $v = a(t)$, $w = t$, de sorte que a integral $F(t)$ pode ser escrita como

$$F(t) = \int_v^u f(x, w)\, dx = G(u, v, w),$$

onde u, v, w dependem todas de t. Então, em virtude da regra de cadeia,

$$\frac{dF}{dt} = \frac{\partial G}{\partial u}\frac{du}{dt} + \frac{\partial G}{\partial v}\frac{dv}{dt} + \frac{\partial G}{\partial w}\frac{dw}{dt}\cdot$$

Veremos que os três termos dessa equação correspondem aos três termos do segundo membro de (4-93). Com efeito, em conseqüência do teorema fundamental (4-19), temos:

$$\frac{\partial G}{\partial u} = \frac{\partial}{\partial u} \int_v^u f(x, w)\, dx = f(u, w).$$

Como $u = b(t)$, então $du/dt = b'(t)$ e

$$\frac{\partial G}{\partial u}\frac{du}{dt} = f[b(t), t]b'(t).$$

O segundo termo é determinado de modo semelhante, sendo que o sinal menos aparece porque

$$\frac{\partial}{\partial v} \int_v^u f(x, w)\, dx = \frac{\partial}{\partial v}\left\{- \int_u^v f(x, w)\, dx\right\} = -f(v, w).$$

Finalmente, temos

$$\frac{\partial G}{\partial w} = \frac{\partial}{\partial w} \int_v^u f(x, w)\, dx = \int_v^u \frac{\partial f}{\partial w}(x, w)\, dx$$

em virtude da regra de Leibnitz. Como $w = t$, $dw/dt = 1$ e com isso está explicado o terceiro termo.

PROBLEMAS

1. Calcular as derivadas indicadas, sob forma de integrais:

(a) $\displaystyle \frac{d}{dt} \int_{\pi/2}^{\pi} \frac{\cos(xt)}{x}\, dx$ (c) $\displaystyle \frac{d}{du} \int_1^2 \log(xu)\, dx$

(b) $\displaystyle \frac{d}{dt} \int_1^2 \frac{x^2}{(1-tx)^2}\, dx$ (d) $\displaystyle \frac{d^n}{dy^n} \int_1^2 \frac{\operatorname{sen} x}{x-y}\, dx$

2. Achar as derivadas indicadas:

(a) $\displaystyle \frac{d}{dx} \int_1^x t^2\, dt$ (c) $\displaystyle \frac{d}{dt} \int_{t^3}^2 \log(1 + x^2)\, dx$

(b) $\displaystyle \frac{d}{dt} \int_1^{t^2} \operatorname{sen}(x^2)\, dx$ (d) $\displaystyle \frac{d}{dx} \int_x^{\operatorname{tg} x} e^{-t^2}\, dt$

3. Provar que:

(a) $$\frac{d}{d\alpha} \int_{\operatorname{sen}\alpha}^{\cos\alpha} \log(x + \alpha)\, dx = \log\frac{\cos\alpha + \alpha}{\operatorname{sen}\alpha + \alpha} - [\operatorname{sen}\alpha \log(\cos\alpha + \alpha) + \cos\alpha \log(\operatorname{sen}\alpha + \alpha)];$$

(b) $\displaystyle \frac{d}{du} \int_0^{\pi/2u} u \operatorname{sen} ux\, dx = 0;$

(c) $\displaystyle \frac{d}{dy} \int_y^{y^2} e^{-x^2y^2}\, dx = 2ye^{-y^6} - e^{-y^4} - 2y \int_y^{y^2} x^2 e^{-x^2y^2}\, dx.$

4. (a) Calcular $\displaystyle \int_0^1 x^n \log x\, dx$ derivando ambos os membros da equação $\displaystyle \int_0^1 x^n dx = \frac{1}{n+1}$ com respeito a $n\,(n > -1)$.

(b) Calcular $\displaystyle \int_0^\infty x^n e^{-ax}\, dx$ derivando várias vezes a integral $\displaystyle \int_0^\infty e^{-ax}\, dx\ (a > 0)$.

(c) Calcular $\displaystyle \int_0^\infty \frac{dy}{(x^2 + y^2)^n}$ derivando várias vezes a integral $\displaystyle \int_0^\infty \frac{dy}{x^2 + y^2}$.

[Nos itens (b) e (c), as integrais impróprias são de um tipo tal que se pode aplicar a regra de Leibnitz, como veremos no Cap. 6. O resultado de (a) pode ser verificado explicitamente.]

5. A extensão da regra de Leibnitz para integrais indefinidas escreve-se como

$$\frac{\partial}{\partial t}\int f(x,t)\,dx + C = \int \frac{\partial}{\partial t} f(x,t)\,dx. \qquad \text{(a)}$$

Ainda aparece uma constante arbitrária na equação, pois estamos calculando uma integral *indefinida*. Assim, da equação

$$\int e^{tx}\,dx = \frac{e^{tx}}{t} + C,$$

deduzimos que

$$\int xe^{tx}\,dx = e^{tx}\left(\frac{x}{t} - \frac{1}{t^2}\right) + C_1.$$

(a) Derivando n vezes, provar que

$$\int \frac{dx}{(x^2+a)^n} = \frac{(-1)^{n-1}}{(n-1)!}\frac{\partial^{n-1}}{\partial a^{n-1}}\left(\frac{1}{\sqrt{a}}\operatorname{arc\,tg}\frac{x}{\sqrt{a}}\right) + C\,(a > 0).$$

(b) Provar que: $\int x^n \cos ax\,dx = \dfrac{\partial^n}{\partial a^n}\left(\dfrac{\operatorname{sen} ax}{a}\right) + C, n = 4, 8, 12, \ldots$

(c) Seja $\int f(x,t)\,dx = F(x,t) + C$, de modo que $\partial F/\partial x = f(x,t)$. Mostrar que a Eq. (a) é equivalente à igualdade:

$$\frac{\partial^2 F}{\partial x\,\partial t} = \frac{\partial^2 F}{\partial t\,\partial x}.$$

6. Consideremos um movimento de fluido em uma dimensão, ocorrendo esse movimento ao longo do eixo x. Seja $v = v(x,t)$ sua velocidade na posição x no instante t, de modo que, se x é a coordenada de uma partícula de fluido no instante t, temos $dx/dt = v$. Se $f(x,t)$ é um escalar qualquer associado ao fluxo (por exemplo: velocidade, aceleração, densidade,...), podemos estudar a variação de f ao longo do fluxo por meio da derivada de Stokes [ver o Prob. 10 que segue a Secção 2-7]:

$$\frac{Df}{Dt} = \frac{\partial f}{\partial x}\frac{dx}{dt} + \frac{\partial f}{\partial t}$$

Uma parte do fluido que ocupa um intervalo $a_0 \leqq x \leqq b_0$ quando $t = 0$, ocupará um intervalo $a(t) \leqq x \leqq b(t)$ no instante t, com $\dfrac{da}{dt} = v(a,t)$ e $\dfrac{db}{dt} = v(b,t)$. Nessas condições, a integral

$$F(t) = \int_{a(t)}^{b(t)} f(x,t)\,dx$$

é uma integral de f sobre uma determinada parte do fluido, cuja posição varia com o tempo; se f for a densidade, F será a massa dessa parte do fluido. Mostrar que

$$\frac{dF}{dt} = \int_{a(t)}^{b(t)} \left[\frac{\partial f}{\partial t}(x, t) + \frac{\partial}{\partial x}(fv)\right] dx = \int_{a(t)}^{b(t)} \left[\frac{Df}{Dt} + f\frac{dv}{dx}\right) dx.$$

Veremos, na Sec. 5-15, a generalização desse fato para fluxos em tres dimensões.

7. Seja $f(\alpha)$ uma função contínua para $0 \leqq \alpha \leqq 2\pi$. Consideremos a função

$$u(r, \theta) = \frac{1}{2\pi} \int_0^{2\pi} f(\alpha) \frac{1 - r^2}{1 + r^2 - 2r\cos(\theta - \alpha)} d\alpha$$

com $r < 1$, sendo r, θ coordenadas polares. Mostrar que u é harmônica se $r < 1$. Essa é a *fórmula integral de Poisson* (ver Cap. 9).

RESPOSTAS

1. (a) $-\int_{\pi/2}^{\pi} \operatorname{sen}(xt)\, dx$, (b) $\int_1^2 \frac{2x^3}{(1 - tx)^3} dx$, (c) $\int_1^2 \frac{1}{u} dx$,
(d) $n! \int_1^2 \frac{\operatorname{sen} x}{(x - y)^{n+1}} dx$.

2. (a) x^2, (b) $2t \operatorname{sen} t^4$, (c) $-3t^2 \log(1 + t^6)$, (d) $\sec^2 x e^{-\operatorname{tg}^2 x} - e^{-x^2}$.

4. (a) $\frac{-1}{(n + 1)^2}$, (b) $\frac{n!}{a^{n+1}}$, (c) $\frac{\pi}{2} \frac{1 \cdot 3 \cdots (2n - 3)}{2 \cdot 4 \cdots (2n - 2)} \frac{1}{x^{2n-1}}$, $x > 0$.

REFERÊNCIAS

Courant, Richard J., *Differential and Integral Calculus*, traduzido para o inglês por E. J. McShane, 2 vols. New York: Interscience, 1947.

Franklin, Philip, *A Treatise on Advanced Calculus*. New York: John Wiley and Sons, Inc., 1940.

Goursat, Édouard, *A Course in Mathematical Analysis*, Vol. I, traduzido para o inglês por E. R. Hedrick. New York: Ginn, 1904.

Scarborough, James B., *Numerical Mathematical Analysis*. Baltimore: Johns Hopkins Press, 1950.

Von Kármán, Theodore, e Biot, Maurice A., *Mathematical Methods in Engineering*. New York: McGraw-Hill, 1940.

Whittaker, E. T. e Watson, G. N., *Modern Analysis*, 4.ª edição. Cambridge: Cambridge University Press, 1940.

Widder, David V., *Advanced Calculus*. New York: Prentice-Hall, Inc., 1947.

Willers, F. A., *Practical Analysis*, traduzido para o inglês por R. T. Beyer. New York: Dover, 1948.

capítulo 5

CÁLCULO INTEGRAL VETORIAL
Parte I. A teoria em duas dimensões

5-1. INTRODUÇÃO. O assunto do presente capítulo são as *integrais curvilíneas* (também ditas *integrais de linha*) e as *integrais de superfície*. Veremos que essas integrais (ambas) podem ser vistas como integrais de vetores e que os principais teoremas podem ser formulados muito simplesmente em termos de vetores, donde o título "cálculo integral vetorial". Uma integral bastante familiar é a do comprimento de arco $\int_C ds$. O subscrito C indica que estamos medindo o comprimento de uma curva C, do tipo indicado na Fig. 5-1. Se C for dada sob forma paramétrica, $x = x(t)$, $y = y(t)$, a integral curvilínea se re-

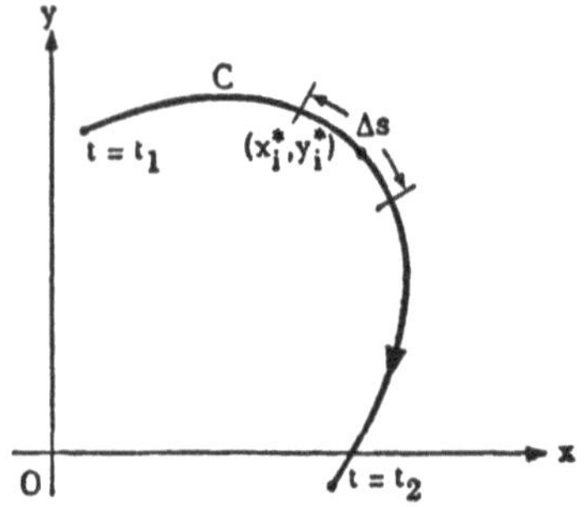

Figura 5-1. Integral curvilínea

duzirá a uma integral definida comum:

$$\int_C ds = \int_{t_1}^{t_2} \sqrt{\left(\frac{dx}{dt}\right)^2 + \left(\frac{dy}{dt}\right)^2}\, dt.$$

Se a curva C representar um arame cuja densidade (massa por unidade de comprimento) varia ao longo de C, então a massa total do arame é

$$M = \int_C f(x, y)\, ds,$$

onde $f(x, y)$ é a densidade no ponto (x, y) do arame. A nova integral pode ser expressa em termos de um parâmetro, como acima, ou pode ser vista simplesmente como o limite da soma

$$\int_C f(x, y)\, ds = \lim \sum_{i=1}^{n} f(x_i^*, y_i^*)\, \Delta_i s.$$

Aqui, a curva foi subdividida em n pedaços de comprimento $\Delta_1 s$, $\Delta_2 s, \dots,$ $\Delta_n s$, e o ponto (x_i^*, y_i^*) está na i-ésima curva parcial. O limite é tomado quando n tende ao infinito, enquanto que o maior $\Delta_i s$ aproxima-se de 0.

Um terceiro exemplo de integral curvilínea é o *trabalho*. Se uma partícula se desloca de uma extremidade de C à outra sob a influência de uma força $\boldsymbol{F}$, define-se o trabalho efetuado por essa força como sendo

$$\int_C F_T \, ds,$$

onde F_T denota a componente de $\boldsymbol{F}$ sobre a tangente $\boldsymbol{T}$ na direção do movimento. Esta integral pode ser vista como o limite de uma soma do tipo acima. Entretanto há uma outra interpretação. Lembremos primeiro (Sec. 1-7) que o trabalho executado por uma força constante $\boldsymbol{F}$, ao deslocar uma partícula da posição A até a posição B ao longo do segmento de reta AB, é dado por $\boldsymbol{F} \cdot \overrightarrow{AB}$, pois esse produto escalar é igual a $|\boldsymbol{F}| \cdot \cos\alpha \cdot |\overrightarrow{AB}|$, sendo α o ângulo entre $\boldsymbol{F}$ *e* $\overrightarrow{AB}$, e portanto é igual ao produto da componente da força na direção do movimento pela distância percorrida. Outrossim, o movimento da partícula ao longo de C pode ser imaginado como a soma de vários deslocamentos pequenos ao longo de segmentos de reta, como sugere a Fig. 5-2. Indicando-se

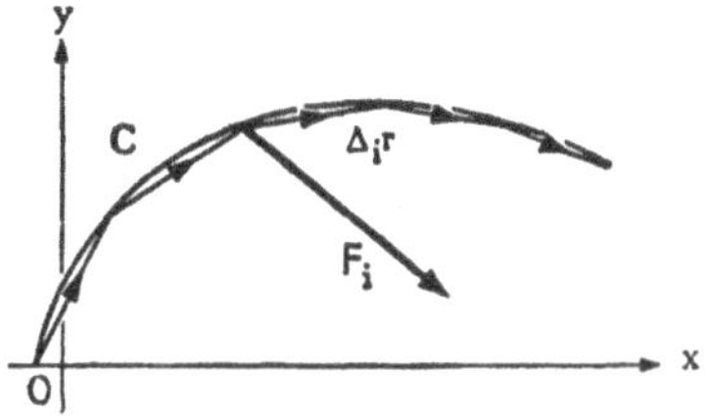

Figura 5-2. Trabalho $= \int_C \boldsymbol{F} \cdot d\boldsymbol{r}$

esses deslocamentos por $\Delta_1 \boldsymbol{r}, \Delta_2 \boldsymbol{r}, \ldots, \Delta_n \boldsymbol{r}$, uma aproximação para o trabalho realizado é dada pela soma

$$\sum_{i=1}^{n} \boldsymbol{F}_i \cdot \Delta_i \boldsymbol{r},$$

onde $\boldsymbol{F}_i$ é a força que age no i-ésimo deslocamento. No limite, essa soma é, novamente, igual à integral curvilínea $\int F_T \, ds$, mas, devido à maneira pela qual se chegou ao limite, pode-se expressar o resultado também como

$$\int_C \boldsymbol{F} \cdot d\boldsymbol{r}.$$

Portanto podemos escrever

$$\text{trabalho} = \int_C F_T \, ds = \int_C \boldsymbol{F} \cdot d\boldsymbol{r}.$$

Se o vetor $\Delta \boldsymbol{r}$ de deslocamento e a força $\boldsymbol{F}$ forem expressos em componentes,

$$\boldsymbol{F} = F_x \boldsymbol{i} + F_y \boldsymbol{j}, \quad \Delta \boldsymbol{r} = \Delta x \boldsymbol{i} + \Delta y \boldsymbol{j},$$

o elemento de trabalho $\boldsymbol{F} \cdot \Delta \boldsymbol{r}$ será

$$\boldsymbol{F} \cdot \Delta \boldsymbol{r} = F_x \Delta x + F_y \Delta y.$$

Então, o trabalho total efetuado é dado, aproximadamente, por uma soma da forma

$$\sum (F_x \Delta x + F_y \Delta y) = \sum F_x \Delta x + \sum F_y \Delta y.$$

A forma-limite dessa soma é uma soma de duas integrais:

$$\int_C F_x dx + \int_C F_y dy.$$

A primeira integral representa o trabalho efetuado pela componente em x da força, a segunda integral representa o trabalho efetuado pela componente em y da força.

Vemos com isso que há três tipos de integrais curvilíneas a serem considerados, a saber,

$$\int_C f(x, y)\, ds, \qquad \int_C P(x, y)\, dx, \qquad \int_C Q(x, y)\, dy,$$

que são os limites das somas

$$\sum f(x, y)\, \Delta s, \qquad \sum P(x, y)\, \Delta x, \qquad \sum Q(x, y)\, \Delta y.$$

O que vimos acima constitui a base da teoria de integrais curvilíneas no plano. Uma ligeira extensão dessas idéias nos conduz às integrais curvilíneas no espaço:

$$\int_C f(x, y, z)\, ds, \qquad \int_C f(x, y, z)\, dx, \ldots$$

Como generalização natural, surgem as integrais de superfície, onde o elemento de área $d\sigma$ substitui o elemento de arco ds:

$$\iint_S f(x, y, z)\, d\sigma = \lim \sum f(x, y, z)\, \Delta\sigma.$$

As integrais por componentes correspondentes são:

$$\iint_S f(x, y, z)\, dx\, dy, \qquad \iint_S f(x, y, z)\, dy\, dz, \ldots,$$

e temos também a integral vetorial de superfície

$$\iint_S \boldsymbol{F} \cdot d\boldsymbol{\sigma} = \iint_S (\boldsymbol{F} \cdot \boldsymbol{n})\, d\sigma,$$

onde $d\boldsymbol{\sigma} = \boldsymbol{n}\, d\sigma$ é o "vetor de elemento de área", sendo $\boldsymbol{n}$ um vetor unitário normal à superfície.

Veremos que os teoremas fundamentais (de Green, de Gauss, e de Stokes) dizem respeito a relações entre integrais de linha, de superfície, e de volume (integrais triplas). Eles correspondem a relações físicas fundamentais entre quantidades tais como fluxo, circulação, divergência, e rotacional. As aplicações serão vistas no final do capítulo.

5-2. INTEGRAIS CURVILÍNEAS NO PLANO. Vamos agora enunciar com precisão as definições esboçadas na seção anterior.

Por uma *curva lisa* C no plano xy entende-se uma curva representada sob a forma:

$$x = \phi(t), \qquad y = \psi(t), \qquad h \leqq t \leqq k, \tag{5-1}$$

onde x e y são funções contínuas e possuem derivadas contínuas no intervalo $h \leqq t \leqq k$. À curva C pode-se atribuir um sentido de percurso que é, em geral, o sentido dado pelos t crescentes. Se indicamos por A o ponto $[\phi(h), \psi(h)]$ e por B o ponto $[\phi(k), \psi(k)]$, então C pode ser vista como o caminho percorrido por um ponto que se desloca de modo contínuo de A até B. Esse caminho pode intersectar a si próprio, como no caso da curva C_1 da Fig. 5-3. Se o ponto inicial A e o ponto final B coincidem, diz-se que C é uma curva *fechada*; se, além disso, o ponto (x, y) se desloca de A até $B = A$ sem ocupar duas vezes uma mesma posição, então C é chamada curva *fechada simples* (curva C_2 da Fig. 5-3).

Seja C uma curva lisa como acima, sendo o sentido positivo o de t crescente. Seja $f(x, y)$ uma função definida pelo menos para (x, y) pertencente a C. Define-se a integral curvilínea $\int_C f(x, y)\, dx$ como sendo o limite:

$$\int_C f(x, y)\, dx = \lim \sum_{i=1}^{n} f(x_i^*, y_i^*)\, \Delta_i x. \tag{5-2}$$

O limite diz respeito a uma subdivisão de C, como está indicado na Fig. 5-4. Os pontos sucessivos de subdivisão são A: (x_0, y_0), $(x_1, y_1), \ldots,$ B: (x_n, y_n). Esses pontos correspondem aos valores paramétricos: $h = t_0 < t_1 < \cdots < t_n = k$. O ponto (x_i^*, y_i^*) é algum ponto de C situado entre (x_{i-1}, y_{i-1}) e (x_i, y_i); ou seja, (x_i^*, y_i^*) corresponde a um valor paramétrico t_i^*, tal que $t_{i-1} \leqq t_i^* \leqq t_i$. $\Delta_i x$ denota a diferença $x_i - x_{i-1}$. Toma-se o limite quando n tende ao infinito e o maior $\Delta_i t$ aproxima-se de 0, sendo $\Delta_i t = t_i - t_{i-1}$. Analogamente, define-se

$$\int_C f(x, y)\, dy = \lim \sum f(x_i^*, y_i^*)\, \Delta_i y, \tag{5-3}$$

onde $\Delta_i y = y_i - y_{i-1}$.

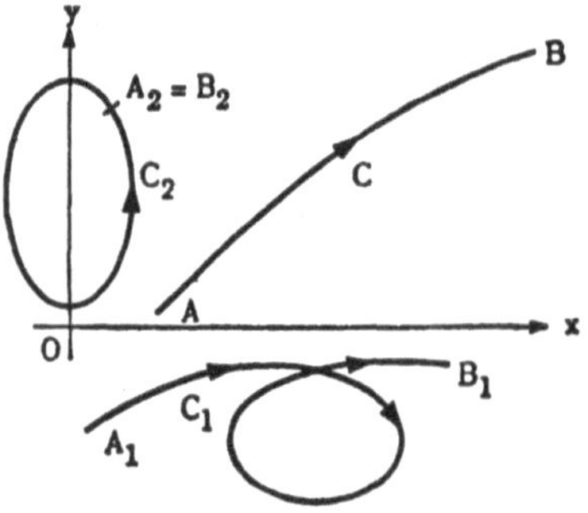

Figura 5-3. Curvas orientadas de integração

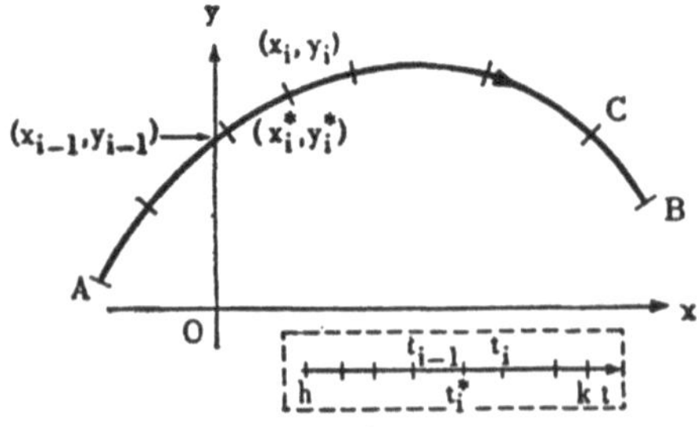

Figura 5-4. Definição de integral curvilínea

Os teoremas fundamentais que seguem consolidam o conceito introduzido por essas definições.

I. *Se $f(x, y)$ for contínua em C, então as integrais*

$$\int_C f(x, y)\,dx \quad \text{e} \quad \int_C f(x, y)\,dy \ \textit{existirão.}$$

II. *Se $f(x, y)$ for contínua em C, então valerão*

$$\int_C f(x, y)\,dx = \int_h^k f[\phi(t), \psi(t)]\phi'(t)\,dt, \tag{5-4}$$

$$\int_C f(x, y)\,dy = \int_h^k f[\phi(t), \psi(t)]\psi'(t)\,dt. \tag{5-5}$$

As fórmulas (5-4) e (5-5) reduzem as integrais a integrais definidas comuns e são, portanto, essenciais para o cálculo de integrais particulares. Por exemplo, seja C o caminho: $x = 1 + t$, $y = t^2$, $0 \leqq t \leqq 1$, sendo seu sentido aquele de t crescente. Então,

$$\int_C (x^2 - y^2)\,dx = \int_0^1 [(1 + t)^2 - t^4]\,dt = \tfrac{32}{15},$$

$$\int_C (x^2 - y^2)\,dy = \int_0^1 [(1 + t)^2 - t^4]\,2t\,dt = 2\tfrac{1}{2}.$$

É, logicamente, mais simples demonstrar primeiro o Teorema II, pois o Teorema I é uma conseqüência direta de II. Para demonstrar II, notamos que

$$\sum_{i=1}^{n} f(x_i^*, y_i^*)\,\Delta_i x$$

pode ser escrita sob a forma

$$\sum_{i=1}^{n} f[\phi(t_i^*), \psi(t_i^*)]\frac{\Delta_i x}{\Delta_i t}\Delta_i t.$$

Ora, em virtude do Teorema da Média [Eq. (0-106)], temos $\Delta_i x = x_i - x_{i-1} = \phi'(t_i^{**})\,\Delta_i t$. Então, a soma pode ser escrita como

$$\sum_{i=1}^{n} F(t_i^*)\phi'(t_i^{**})\,\Delta_i t,$$

onde $F(t) = f[\phi(t), \psi(t)]$, e t_i^*, t_i^{**} são ambos situados entre t_{i-1} e t_i. Demonstra-se facilmente [ver Courant, *Differential and Integral Calculus*, Vol. I, p. 133 (New York: Interscience, 1947)] que essa soma, no limite, aproxima-se da integral

$$\int_h^k F(t)\phi'(t)\,dt = \int_h^k f[\phi(t), \psi(t)]\phi'(t)\,dt,$$

como queríamos. A demonstração da fórmula (5-5) é análoga.

Em muitas aplicações, o caminho C não é propriamente liso, mas composto de um número finito de arcos, cada um dos quais é liso. Assim, C poderia ser uma curva quebrada. Nesse caso, diz-se que C é *lisa por partes*. A integral curvilínea ao longo de C é, simplesmente, por definição, a soma das integrais ao longo dos pedaços de curva. Verifica-se de imediato que as fórmulas (5-2), (5-3), e os Teoremas I e II continuam válidos. Nas fórmulas (5-4) e (5-5), as funções $\phi'(t)$ e $\psi'(t)$ terão descontinuidades de salto, as quais não afetam a existência da integral (ver Sec. 4-4). *Doravante, todas as curvas de integração para integrais curvilíneas serão lisas por partes, a menos de especificação em contrário.*

Se a curva C for representada sob a forma

$$y = g(x), \qquad a \leqq x \leqq b,$$

então poder-se-á tratar o próprio x como parâmetro, que substitui t; ou seja, C é dado pelas equações

$$x = x, \qquad y = g(x), \qquad a \leqq x \leqq b$$

em termos do parâmetro x. Se o sentido de C é aquele de x crescente, as fórmulas (5-4) e (5-5) assumem a forma:

$$\int_C f(x, y)\,dx = \int_a^b f[x, g(x)]\,dx, \tag{5-6}$$

$$\int_C f(x, y)\,dy = \int_a^b f[x, g(x)]g'(x)\,dx. \tag{5-7}$$

A integral definida ordinária $\int_a^b y\,dx$, onde $y = g(x)$, é um caso particular de (5-6).

Analogamente, se C for dado por

$$x = F(y), \qquad c \leqq y \leqq d,$$

e se o sentido de C for o sentido de y crescente, então teremos

$$\int_C f(x, y)\, dx = \int_c^d f[F(y), y]F'(y)\, dy, \tag{5-8}$$

$$\int_C f(x, y)\, dy = \int_c^d f[F(y), y]\, dy. \tag{5-9}$$

Na maior parte das aplicações, as integrais curvilíneas aparecem como combinações do tipo

$$\int_C P(x, y)\, dx + \int_C Q(x, y)\, dy,$$

que abreviamos para

$$\int_C [P(x, y)\, dx + Q(x, y)\, dy] \quad \text{ou} \quad \int_C P(x, y)\, dx + Q(x, y)\, dy,$$

sendo os colchetes usados somente quando necessários.

Nas fórmulas vistas até agora, o sentido adotado para C foi o sentido do parâmetro crescente. Se for tomado o sentido oposto, os limites superiores e inferiores em todas as integrais serão trocados. Por exemplo, a fórmula (5-4) é escrita

$$\int_C f(x, y)\, dx = \int_k^h f[\phi(t), \psi(t)]\phi'(t)\, dt. \tag{5-4'}$$

Portanto a integral curvilínea é multiplicada por -1. Com freqüência, é muito conveniente especificar um caminho simples por suas equações sob alguma forma e indicar o sentido usando para limite inferior e limite superior o ponto inicial e o ponto final, respectivamente:

$$\int_{C\ A} P\, dx + Q\, dy \quad \text{ou} \quad \int_{C\ (x_1, y_1)}^{(x_2, y_2)} P\, dx + Q\, dy.$$

Veremos posteriormente que, sob condições apropriadas, basta indicar o ponto inicial e o ponto final:

$$\int_A^B P\, dx + Q\, dy.$$

Exemplo 1. Para calcular

$$\int_{(1,0)\,C}^{(-1,0)} (x^3 - y^3)\,dy,$$

onde C é a semicircunferência $y = \sqrt{1 - x^2}$ descrita na Fig. 5-5, podemos re-

Figura 5-5

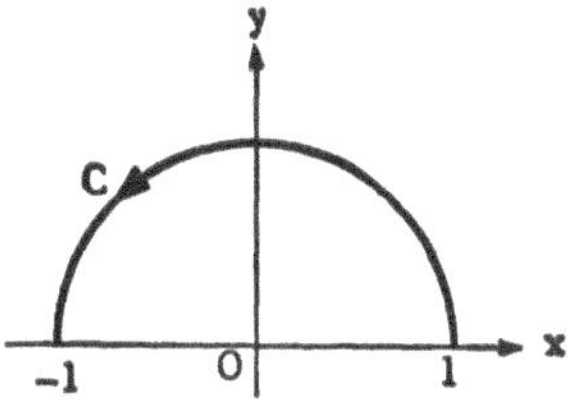

presentar C sob a forma paramétrica:

$$x = \cos t, \qquad y = \operatorname{sen} t, \qquad 0 \leqq t \leqq \pi;$$

nessas condições, a integral é:

$$\int_0^{\pi} (\cos^3 t - \operatorname{sen}^3 t) \cos t \, dt = \frac{3\pi}{8}\cdot$$

Podemos introduzir x como parâmetro e, então, a integral é:

$$\int_1^{-1} [x^3 - (1 - x^2)^{3/2}] \frac{-x}{\sqrt{1 - x^2}}\,dx;$$

salta à vista que essa é uma forma menos adequada para a integração. A substituição $x = \cos t$ restabelece a forma paramétrica. Podemos usar y como parâmetro, mas, nesse caso, temos de separar a integral em duas partes, uma de $(1, 0)$ até $(0, 1)$ e a outra de $(0, 1)$ até $(-1, 0)$:

$$\int_0^1 [(1 - y^2)^{3/2} - y^3]\,dy + \int_1^0 [-(1 - y^2)^{3/2} - y^3]\,dy = 2\int_0^1 (1 - y^2)^{3/2}\,dy.$$

Observar que temos $x = \sqrt{1 - y^2}$ na primeira parte do caminho e $x = -\sqrt{1 - y^2}$ na segunda parte.

Exemplo 2. Seja C o arco parabólico: $y = x^2$ de $(0, 0)$ até $(-1, 1)$. Então,

$$\int_C xy^2\,dx + x^2 y\,dy = \int_0^{-1} \left(xy^2 + x^2 y \frac{dy}{dx}\right) dx = \int_0^{-1} (x^5 + 2x^5)\,dx = \tfrac{1}{2}.$$

Se C é uma curva fechada, então não há necessidade de especificar os pontos inicial e final; mas é preciso indicar o sentido. Se C é uma curva simples fechada (percorrida uma única vez), então basta indicar qual dos dois sentidos possíveis foi escolhido. As notações

$$\text{(a)} \oint P\,dx + Q\,dy, \qquad \text{(b)} \oint P\,dx + Q\,dy$$

referem-se aos dois casos descritos nas Figs. 5-6(a) e 5-6(b). A flecha anti-horária indica aproximadamente um sentido anti-horário em C; a esse sentido chamaremos sentido *positivo* (como nas medidas de ângulos); o sentido horário será chamado de sentido *negativo*. Notar que podemos especificar o sentido referindo-nos ao vetor unitário tangente $\boldsymbol{T}$ no sentido da integração e ao vetor unitário normal $\boldsymbol{n}$ que aponta para fora da região limitada por C; no caso do sentido positivo, $\boldsymbol{n}$ está 90° atrás de $\boldsymbol{T}$ [Fig. 5-6(a)] e, no caso do sentido negativo, $\boldsymbol{n}$ está 90° à frente de $\boldsymbol{T}$ [Fig. 5-6(b)].

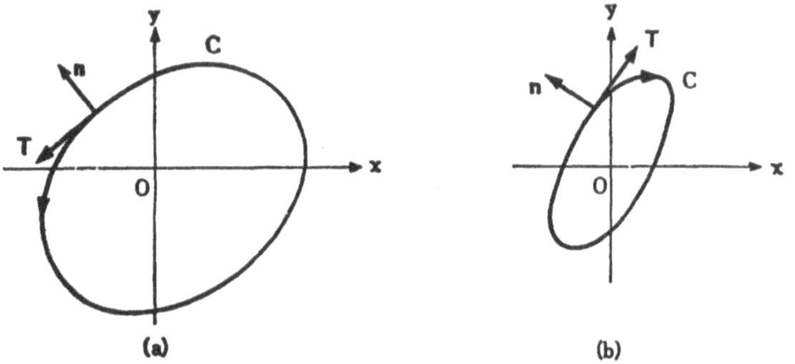

Figura 5-6

Exemplo 3. Para calcular

$$\oint_C y^2\,dx + x^2\,dy,$$

onde C é o triângulo com vértices em $(1, 0)$, $(1, 1)$, $(0, 0)$ (Fig. 5-7), temos de calcular três integrais. A primeira é a integral de $(0, 0)$ até $(1, 0)$; nesse caminho, temos $y = 0$ e, se x é o parâmetro, $dy = 0$. Logo, a primeira integral é 0. A segunda integral vai de $(1, 0)$ até $(1, 1)$; usemos y como parâmetro, e a integral reduz-se a

$$\int_0^1 dy = 1$$

pois $dx = 0$. Quanto à terceira integral, que é calculada de $(1, 1)$ até $(0, 0)$, podemos usar x como parâmetro, de sorte que a integral é

$$\int_1^0 2x^2\,dx = -\tfrac{2}{3},$$

já que $dy = dx$. Assim sendo, temos, finalmente,

$$\oint_C y^2\,dx + x^2\,dy = 0 + 1 - \tfrac{2}{3} = \tfrac{1}{3}.$$

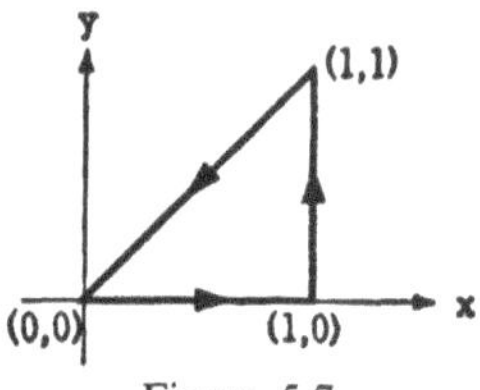

Figura 5-7

5-3. INTEGRAIS COM RELAÇÃO AO COMPRIMENTO DE ARCO. PROPRIEDADES FUNDAMENTAIS DAS INTEGRAIS CURVILÍNEAS. Se C é uma curva lisa ou lisa por partes, como na seção anterior, então o comprimento de arco s está bem-definido. Assim, s pode ser definido como sendo a distância percorrida desde o ponto inicial ($t = h$) até um t genérico:

$$s = \int_h^t \sqrt{\left(\frac{dx}{dt}\right)^2 + \left(\frac{dy}{dt}\right)^2}\, dt. \tag{5-10}$$

Se a orientação de C for dada pelo t crescente, então s também crescerá no sentido do movimento, variando seu valor de 0 até o comprimento L de C. Subdividamos C como foi feito na Fig. 5-4 e indiquemos por $\Delta_i s$ o acréscimo em s de t_{i-1} até t_i, isto é, a distância percorrida nesse intervalo. Nessas condições, colocamos, por definição,

$$\int_C f(x, y)\, ds = \lim_{\substack{n \to \infty \\ \max \Delta_i s \to 0}} \sum_{i=1}^{n} f(x_i^*, y_i^*)\, \Delta_i s. \tag{5-11}$$

Se f for contínua em C, então essa integral existe e pode ser calculada pela fórmula:

$$\int_C f(x, y)\, ds = \int_h^k f[\phi(t), \psi(t)] \sqrt{\phi'(t)^2 + \psi'(t)^2}\, dt. \tag{5-12}$$

A demonstração dessa fórmula é análoga à de (5-4) e (5-5), sendo empregada a propriedade:

$$\frac{ds}{dt} = \sqrt{\left(\frac{dx}{dt}\right)^2 + \left(\frac{dy}{dt}\right)^2} = \sqrt{\phi'(t)^2 + \psi'(t)^2}.$$

Pode-se, em princípio, usar o próprio s como parâmetro na curva C; nesse caso, x e y tornam-se funções de s: $x = x(s)$, $y = y(s)$. O ponto $[x(s), y(s)]$ é, então, a posição de um ponto móvel que percorreu uma distância s. Nesse caso, a definição (5-11) é escrita como uma integral definida com relação a s:

$$\int_C f(x, y)\, ds = \int_0^L f[x(s), y(s)]\, ds. \tag{5-13}$$

Se o parâmetro for x, teremos

$$\int_C f(x, y)\, ds = \int_a^b f[x, y(x)] \sqrt{1 + \left(\frac{dy}{dx}\right)^2}\, dx; \tag{5-14}$$

há uma fórmula análoga para y.

A combinação básica

$$\int_C P\,dx + Q\,dy,$$

à qual nos referimos acima, pode ser escrita como uma integral com respeito a s da seguinte maneira:

$$\int_C P\,dx + Q\,dy = \int_C (P\cos\alpha + Q\,\mathrm{sen}\,\alpha)\,ds, \tag{5-15}$$

onde α é o ângulo entre o eixo x positivo e um vetor tangente tendo o sentido de s crescente, pois, como se pode ver na Fig. 5-8 (conforme Sec. 2-9), valem as relações

$$\frac{dx}{ds} = \cos\alpha, \qquad \frac{dy}{ds} = \mathrm{sen}\,\alpha, \tag{5-16}$$

donde

$$\int_C P\,dx + Q\,dy = \int_0^L \left(P\frac{dx}{ds} + Q\frac{dy}{ds}\right)ds = \int_C (P\cos\alpha + Q\,\mathrm{sen}\,\alpha)\,ds. \tag{5-17}$$

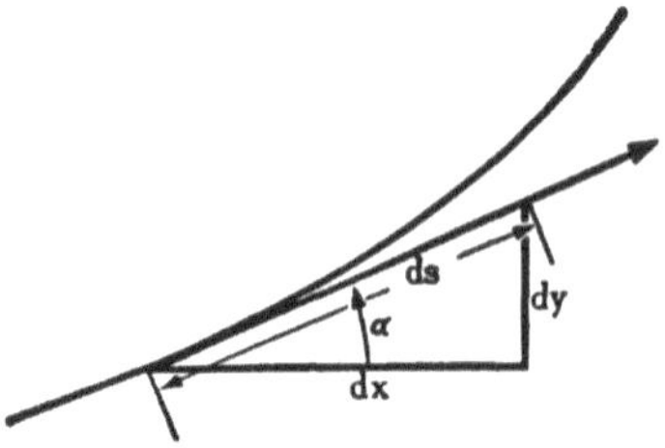

Figura 5-8

As propriedades fundamentais da integral curvilínea são análogas às das integrais definidas comuns; as propriedades enunciadas abaixo podem ser, na verdade, demonstradas reduzindo-se a integral curvilínea a uma integral definida por meio de um parâmetro:

$$\int_{A_1\,C_1}^{A_2} (P\,dx + Q\,dy) + \int_{A_2\,C_2}^{A_3} (P\,dx + Q\,dy) = \int_{A_1\,C_3}^{A_3} (P\,dx + Q\,dy), \tag{5-18}$$

onde C_3 é o caminho composto: de A_1 até A_2 via C_1, e de A_2 até A_3 via C_2;

$$\int_{A\,C}^{B} P\,dx + Q\,dy = -\int_{B\,C'}^{A} P\,dx + Q\,dy, \tag{5-19}$$

onde C' representa a curva C percorrida no sentido contrário;

$$\int_C (P_1\,dx + Q_1\,dy) + \int_C (P_2\,dx + Q_2\,dy) = \int_C (P_1 + P_2)\,dx + (Q_1 + Q_2)\,dy; \quad (5\text{-}20)$$

$$K \int_C (P\,dx + Q\,dy) = \int_C (KP)\,dx + (KQ)\,dy, \qquad K = \text{const.}, \quad (5\text{-}21)$$

$$\int_C ds = L = \text{comprimento de } C. \quad (5\text{-}22)$$

Se $|f(x, y)| \leqq M$ para todo (x, y) de C, então

$$\left| \int_C f(x, y)\,ds \right| \leqq M \cdot L; \quad (5\text{-}23)$$

Se C é uma curva simples fechada, como a da Fig. 5-6(a), então

$$\oint_C x\,dx = -\oint_C y\,dx = \text{área limitada por } C. \quad (5\text{-}24)$$

Todos esses teoremas são válidos sob a hipótese de que as curvas são lisas por partes e as funções integrandas contínuas. Todas as fórmulas, com exceção de (5-24), são demonstradas diretamente, mediante uma representação paramétrica conveniente; a fórmula (5-24) será provada na Sec. 5-5, e alguns casos particulares serão vistos no Prob. 5 abaixo.

PROBLEMAS

1. Calcular as seguintes integrais sobre os segmentos de reta ligando os pontos extremos:

(a) $\displaystyle\int_{(0,0)}^{(2,2)} y^2\,dx$, (b) $\displaystyle\int_{(2,1)}^{(1,2)} y\,dx$, (c) $\displaystyle\int_{(1,1)}^{(2,1)} x\,dy$.

2. Calcular as seguintes integrais curvilíneas:

(a) $\displaystyle\int_{(0,-1)\,C}^{(0,1)} y^2\,dx + x^2\,dy$, onde C é a semicircunferência: $x = \sqrt{1 - y^2}$;

(b) $\displaystyle\int_{(0,0)\,C}^{(2,4)} y\,dx + x\,dy$, onde C é a parábola: $y = x^2$;

(c) $\displaystyle\int_{(1,0)\,C}^{(0,1)} \frac{y\,dx - x\,dy}{x^2 + y^2}$, onde C é a curva: $x = \cos^3 t$, $y = \operatorname{sen}^3 t$, $0 \leqq t \leqq \dfrac{\pi}{2}$.

(*Sugestão:* usar a substituição $u = \operatorname{tg}^3 t$ na integral para t.)

3. Calcular as seguintes integrais curvilíneas:

(a) $\oint_C y^2\,dx + xy\,dy$, onde C é o quadrado com vértices em $(1, 1)$, $(-1, 1)$, $(-1, -1)$, $(1, -1)$;

(b) $\oint_C y\,dx - x\,dy$, onde C é a circunferência: $x^2 + y^2 = 1$;

(c) $\oint_C x^2y^2\,dx - xy^3\,dy$, onde C é o triângulo com vértices em $(0, 0)$, $(1, 0)$, $(1, 1)$.

4. Calcular as seguintes integrais curvilíneas:

(a) $\oint (x^2 - y^2)\,ds$, onde C é a circunferência: $x^2 + y^2 = 4$;

(b) $\int_{(0,0)\,C}^{(1,1)} x\,ds$, onde C é a reta $y = x$;

(c) $\int_{(0,0)\,C}^{(1,1)} ds$, onde C é a parábola: $y = x^2$.

5. Provar que: $\oint_C x\,dy =$ área limitada por C, nos seguintes casos:

(a) C é um triângulo;
(b) C é um quadrilátero (*sugestão:* dividi-lo em dois triângulos);
(c) C é um polígono convexo.

6. *Cálculo numérico de integrais curvilíneas.* Se são conhecidas explicitamente as equações paramétricas da curva C, as Eqs. (5-4) e (5-5) reduzem o cálculo de integrais curvilíneas a um problema de integrais definidas comuns, onde valem os métodos da Sec. 4-2. De qualquer modo, pode-se calcular a integral diretamente a partir de sua definição de limite de uma soma. Assim sendo,

$$\int_C P\,dx + Q\,dy \sim \sum_{i=1}^{n} [P(x_i^*, y_i^*)\,\Delta_i x + Q(x_i^*, y_i^*)\,\Delta_i y].$$

Podemos escolher para os pontos (x_i^*, y_i^*) os pontos de subdivisão (x_{i-1}, y_{i-1}) ou os pontos (x_i, y_i); podemos também usar a regra do trapézio para obter a soma:

$$\sum_{i=1}^{n} \{\tfrac{1}{2}[P(x_{i-1}, y_{i-1}) + P(x_i, y_i)]\,\Delta_i x + \tfrac{1}{2}[Q(x_{i-1}, y_{i-1}) + Q(x_i, y_i)]\,\Delta_i y\}. \quad \text{(a)}$$

Como vimos na Sec. 4-2, isso equivale a tomar pontos especiais na escolha dos pontos (x_i^*, y_i^*). Por exemplo,

$$\int_{(0,0)}^{(2,2)}\limits_C y^2\,dx + x^2\,dy \sim [\tfrac{1}{2}(0+1)\cdot 1 + \tfrac{1}{2}(0+1)\cdot 1] + [\tfrac{1}{2}(1+4)\cdot 1 + \tfrac{1}{2}(1+4)\cdot 1] = 6,$$

onde C é o segmento de reta entre $(0, 0)$ e $(2, 2)$ e os pontos de subdivisão são $(0, 0)$, $(1, 1)$, $(2, 2)$.

Sejam P e Q duas funções dadas pela tabela abaixo nos pontos $A, \ldots S$:

	A	B	C	D	E	F	G	H	I	J	K	L	M	N	O	S
x	1	2	3	4	1	2	3	4	1	2	3	4	1	2	3	4
y	1	1	1	1	2	2	2	2	3	3	3	3	4	4	4	4
P	0	3	8	5	3	0	5	2	8	5	0	1	2	7	3	4
Q	1	2	3	4	2	4	6	8	3	6	9	2	4	8	2	6

Calcular a integral $\int P\,dx + Q\,dy$ aproximadamente, usando a regra do trapézio e a Eq. (a) acima, sobre as linhas poligonais seguintes: (a) $ABFG$, (b) $AFGKH$, (c) $ABCDHLSONMIEA$, (d) $AFJNMIJFA$, (e) $ABFEAEFBA$.

7. Mostrar que, se $f(x, y) > 0$ sobre C, a integral $\int\limits_C f(x, y)\,ds$ pode ser vista como sendo a área da superfície cilíndrica $0 \leqq z \leqq f(x, y)$, com (x, y) em C.

RESPOSTAS

1. (a) $\frac{8}{3}$, (b) $-\frac{3}{2}$, (c) 0. 2. (a) $\frac{4}{3}$, (b) 8, (c) $-\pi/2$.
3. (a) 0, (b) -2π, (c) $-\frac{1}{4}$. 4. (a) 0, (b) $\sqrt{2}/2$, (c) $\frac{1}{2}\sqrt{5} + \frac{1}{4}\log(2 + \sqrt{5})$. 6. (a) 7, (b) 5, (c) 8, (d) 55/10, (e) 0.

5-4. INTEGRAIS CURVILÍNEAS VISTAS COMO INTEGRAIS DE VETORES. As funções $P(x, y)$ e $Q(x, y)$ vistas acima podem ser interpretadas como componentes de um vetor $\boldsymbol{u}$

$$\boldsymbol{u} = P(x, y)\boldsymbol{i} + Q(x, y)\boldsymbol{j}, \quad u_x = P(x, y), \quad u_y = Q(x, y). \tag{5-25}$$

A integral curvilínea

$$\int\limits_C P\,dx + Q\,dy$$

tem, então, uma interpretação vetorial simples, que é

$$\int\limits_C P\,dx + Q\,dy = \int\limits_C u_T\,ds, \tag{5-26}$$

onde u_T denota a componente tangencial de $\boldsymbol{u}$, isto é, a componente de $\boldsymbol{u}$ na direção do vetor unitário tangente $\boldsymbol{T}$ no sentido de s crescente. O motivo é que (Fig. 5-9 e Sec. 2-9) as componentes de $\boldsymbol{T}$ são dx/ds, dy/ds:

$$\boldsymbol{T} = \frac{dx}{ds}\boldsymbol{i} + \frac{dy}{ds}\boldsymbol{j} = \cos\alpha\boldsymbol{i} + \operatorname{sen}\alpha\boldsymbol{j}. \tag{5-27}$$

Disso, vem que

$$u_T = \boldsymbol{u}\cdot\boldsymbol{T} = P\cos\alpha + Q\operatorname{sen}\alpha, \tag{5-28}$$

de modo que, em virtude da equação (5-15),

$$\int_C u_T\,ds = \int_C (P\cos\alpha + Q\operatorname{sen}\alpha)\,ds = \int_C P\,dx + Q\,dy \tag{5-29}$$

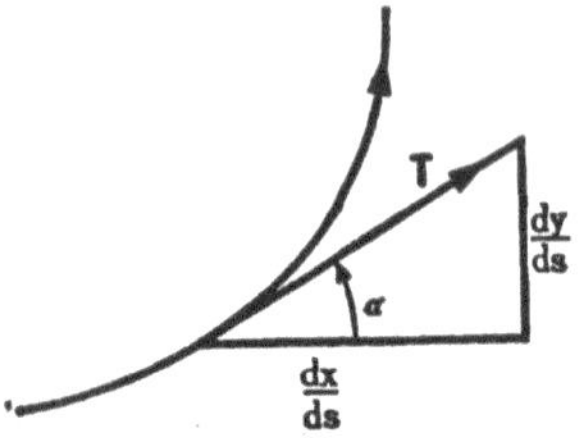

Figura 5-9

Se $\boldsymbol{u} = P\boldsymbol{i} + Q\boldsymbol{j}$ é um campo de *forças*, a integral $\int u_T ds = \int P\,dx + Q\,dy$ representa o *trabalho* realizado por essa força ao deslocar uma partícula de uma extremidade de C à outra, pois, na mecânica, o trabalho realizado é definido como sendo "força vezes deslocamento", ou, mais precisamente, pela equação:

$$\text{trabalho} = \int_C (\text{componente tangencial da força})\,ds, \tag{5-30}$$

e u_T é justamente essa componente tangencial da força.

A integral curvilínea $\int P\,dx + Q\,dy$ pode ser definida diretamente como uma integral vetorial, do seguinte modo:

$$\int_C P\,dx + Q\,dy = \int_C \boldsymbol{u}\cdot d\boldsymbol{r}, \qquad d\boldsymbol{r} = dx\boldsymbol{i} + dy\boldsymbol{j}, \tag{5-31}$$

onde

$$\int_C \boldsymbol{u}\cdot d\boldsymbol{r} = \lim_{\substack{n\to\infty \\ \max \Delta_i s\to 0}} \sum_{i=1}^{n} \boldsymbol{u}(x_i^*, y_i^*)\cdot\Delta_i\boldsymbol{r} \tag{5-32}$$

e $\Delta_i\boldsymbol{r} = \Delta_i x\boldsymbol{i} + \Delta_i y\boldsymbol{j}$. Nessas condições, a equação (5-17) pode ser colocada sob a forma vetorial:

$$\int_C \boldsymbol{u}\cdot d\boldsymbol{r} = \int_0^L \left(\boldsymbol{u}\cdot\frac{d\boldsymbol{r}}{ds}\right)ds = \int_C (\boldsymbol{u}\cdot\boldsymbol{T})\,ds. \tag{5-33}$$

Se C for dada em termos do parâmetro t, então

$$\int_C \boldsymbol{u}\cdot d\boldsymbol{r} = \int_C P\,dx + Q\,dy = \int_h^k \left(P\frac{dx}{dt} + Q\frac{dy}{dt}\right)dt = \int_h^k \left(\boldsymbol{u}\cdot\frac{d\boldsymbol{r}}{dt}\right)dt. \qquad (5\text{-}34)$$

Se $\boldsymbol{r}$ é o vetor-posição de uma partícula de massa $\boldsymbol{m}$ que se desloca sobre C, e $\boldsymbol{u}$ é a força aplicada, então temos, pela Segunda Lei de Newton (Sec. 1-8),

$$\boldsymbol{u} = m\frac{d^2\boldsymbol{r}}{dt^2} = m\frac{d\boldsymbol{v}}{dt}\cdot \qquad (5\text{-}35)$$

Donde

$$\int_C \boldsymbol{u}\cdot d\boldsymbol{r} = \int_h^k \left(\boldsymbol{u}\cdot\frac{d\boldsymbol{r}}{dt}\right)dt = \int_h^k \left(m\frac{d\boldsymbol{v}}{dt}\cdot\boldsymbol{v}\right)dt = \int_h^k \frac{d}{dt}(\tfrac{1}{2}m\boldsymbol{v}\cdot\boldsymbol{v})\,dt$$
$$= \int_h^k \frac{d}{dt}(\tfrac{1}{2}mv^2)\,dt.$$

Com isso, concluímos que

$$\int_C u_T\,ds = \int_C \boldsymbol{u}\cdot d\boldsymbol{r} = \tfrac{1}{2}mv^2\Big|_{t=h}^{t=k}; \qquad (5\text{-}36)$$

em outras palavras, *o trabalho realizado é igual à variação da energia cinética.* Essa é uma lei fundamental da mecânica.

A integral curvilínea $\int_C P\,dx + Q\,dy$ pode ser interpretada como sendo uma integral vetorial de um outro modo, a saber:

$$\int_C \boldsymbol{v}\cdot\boldsymbol{n}\,ds = \int v_n\,ds,$$

onde $\boldsymbol{v}$ é o vetor $Q\boldsymbol{i} - P\boldsymbol{j}$ e $\boldsymbol{n}$ é o vetor unitário normal a 90° atrás de $\boldsymbol{T}$, de sorte que v_n é a componente normal de $\boldsymbol{v}$. Assim sendo, temos (ver Fig. 5-10)

$$\boldsymbol{n} = \boldsymbol{T}\times\boldsymbol{k} = \left(\frac{dx}{ds}\boldsymbol{i} + \frac{dy}{ds}\boldsymbol{j}\right)\times\boldsymbol{k} = \frac{dy}{ds}\boldsymbol{i} - \frac{dx}{ds}\boldsymbol{j}, \qquad (5\text{-}37)$$

pois o produto vetorial $\boldsymbol{a}\times\boldsymbol{k}$ de um vetor $\boldsymbol{a}$ do plano xy com $\boldsymbol{k}$ é um vetor $\boldsymbol{b}$ de mesmo comprimento que $\boldsymbol{a}$ e situado a 90° atrás de $\boldsymbol{a}$. Em conseqüência,

$$v_n = \boldsymbol{v}\cdot\boldsymbol{n} = (Q\boldsymbol{i} - P\boldsymbol{j})\cdot\left(\frac{dy}{ds}\boldsymbol{i} - \frac{dx}{ds}\boldsymbol{j}\right) = Q\frac{dy}{ds} + P\frac{dx}{ds}\cdot$$

Temos, portanto,

$$\int_C v_n\,ds = \int_C \left(Q\frac{dy}{ds} + P\frac{dx}{ds}\right) ds = \int_C P\,dx + Q\,dy, \qquad (5\text{-}38)$$

$$\boldsymbol{v} = Q\boldsymbol{i} - P\boldsymbol{j}, \quad \boldsymbol{n} = \boldsymbol{T}\times\boldsymbol{k},$$

como afirmamos. Salientamos que, se $\boldsymbol{u} = P\boldsymbol{i} + Q\boldsymbol{j}$, então

$$\int_C u_n\,ds = \int_C \left(P\frac{dy}{ds} - Q\frac{dx}{ds}\right) ds = \int_C -Q\,dx + P\,dy, \qquad (5\text{-}39)$$

$$\boldsymbol{u} = P\boldsymbol{i} + Q\boldsymbol{j}; \quad \boldsymbol{n} = \boldsymbol{T}\times\boldsymbol{k}.$$

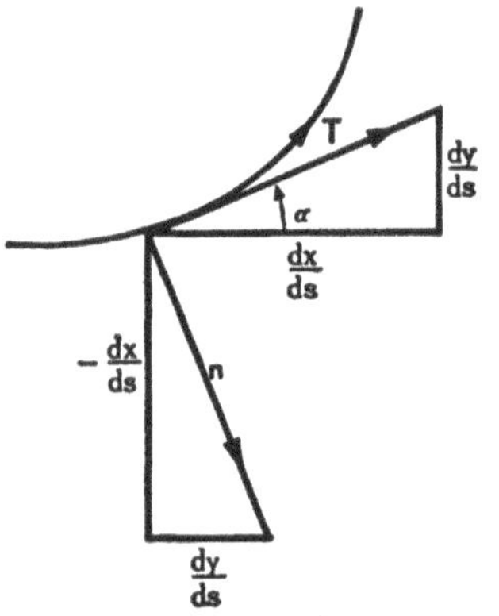

Figura 5-10

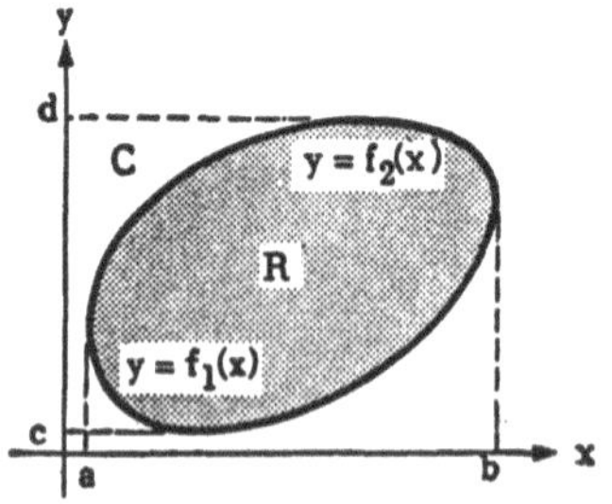

Figura 5-11. Região especial para o teorema de Green

5-5. TEOREMA DE GREEN. O teorema que segue e suas generalizações constituem uma parte fundamental da teoria de integrais curvilíneas.

Teorema de Green. *Seja D um domínio do plano xy e seja C uma curva simples, fechada, lisa por partes, contida em D e cujo interior também está em D. Sejam P(x, y) e Q(x, y) duas funções definidas e contínuas em D, possuindo derivadas parciais primeiras contínuas. Nessas condições, vale*

$$\oint_C P\,dx + Q\,dy = \iint_R \left(\frac{\partial Q}{\partial x} - \frac{\partial P}{\partial y}\right) dx\,dy, \qquad (5\text{-}40)$$

onde R é a região fechada limitada por C.

O teorema será demonstrado inicialmente para o caso em que R pode ser descrita sob ambas as formas:

$$a \leqq x \leqq b, \quad f_1(x) \leqq y \leqq f_2(x), \qquad (5\text{-}41)$$

$$c \leqq y \leqq d, \quad g_1(y) \leqq x \leqq g_2(y), \qquad (5\text{-}42)$$

como na Fig. 5-11.

Em virtude de (5-41), a integral dupla

$$\iint_R \frac{\partial P}{\partial y}\,dx\,dy$$

pode ser expressa como uma integral iterada:

$$\iint_R \frac{\partial P}{\partial y}\,dx\,dy = \int_a^b \int_{f_1(x)}^{f_2(x)} \frac{\partial P}{\partial y}\,dy\,dx.$$

Efetuemos a integração:

$$\iint_R \frac{\partial P}{\partial y}\,dx\,dy = \int_a^b \{P[x, f_2(x)] - P[x, f_1(x)]\}\,dx$$

$$= -\int_b^a P[x, f_2(x)]\,dx - \int_a^b P[x, f_1(x)]\,dx$$

$$= -\oint_C P(x, y)\,dx.$$

Do mesmo modo, levando em conta (5-42), a integral $\iint_R \frac{\partial Q}{\partial x}\,dx\,dy$ pode ser expressa como uma integral iterada, e concluímos que:

$$\iint_R \frac{\partial Q}{\partial x}\,dx\,dy = \oint_C Q\,dy.$$

Somando as duas integrais, resulta que:

$$\iint_R \left(\frac{\partial Q}{\partial x} - \frac{\partial P}{\partial y}\right) dx\,dy = \oint_C P\,dx + Q\,dy.$$

Com isso, fica demonstrado o teorema para esse tipo especial de região R.

Em seguida, suponhamos que R não seja exatamente desse tipo, mas que possa ser decomposta por meio de retas ou arcos convenientes num número finito de tais regiões: $R_1, R_2, \ldots, R_n$ (Fig. 5-12). Indiquemos por $C_1, C_2, \cdots, C_n$

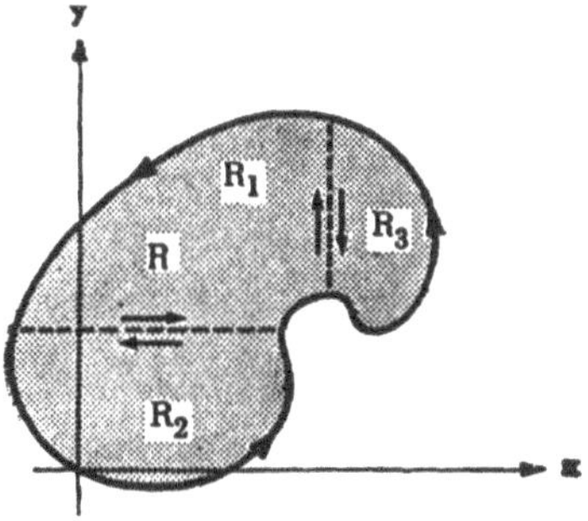

Figura 5-12. Decomposição da região em regiões especiais

as fronteiras correspondentes. Então, podemos aplicar a Eq. (5-10) a cada região, separadamente. Somando, chegamos à equação

$$\oint_{C_1} (P\,dx + Q\,dy) + \oint_{C_2} (\ ) + \cdots \oint_{C_n} (\ ) = \iint_{R_1} \left(\frac{\partial Q}{\partial x} - \frac{\partial P}{\partial y}\right) dx\,dy + \cdots + \iint_{R_n} (\ )\,dx\,dy.$$

Mas a soma das integrais do primeiro membro não é senão

$$\oint_C P\,dx + Q\,dy.$$

O motivo é que as integrais sobre os arcos somados são formadas uma vez em cada sentido e, portanto, cancelam-se duas a duas; a soma das integrais restantes é precisamente a integral sobre C, no sentido positivo. A soma das integrais do segundo membro é

$$\iint_R \left(\frac{\partial Q}{\partial x} - \frac{\partial P}{\partial y}\right) dx\,dy$$

e segue-se que

$$\oint_C P\,dx + Q\,dy = \iint_R \left(\frac{\partial Q}{\partial x} - \frac{\partial P}{\partial y}\right) dx\,dy.$$

A demonstração, até aqui, cobriu todas as regiões R que têm algum interesse nos problemas práticos. Para provar o teorema no caso da região R mais geral, é preciso aproximar para essa região, por meio das regiões especiais que acabamos de ver, e, então, introduzir um processo de limites. Para maiores detalhes, ver: O. D. Kellogg, *Foundations of Potential Theory* (Berlim: Springer, 1929).

Exemplo 1. Seja C a circunferência: $x^2 + y^2 = 1$. Então, temos

$$\oint_C 4xy^3\,dx + 6x^2y^2\,dy = \iint_R (12xy^2 - 12xy^2)\,dx\,dy = 0.$$

Exemplo 2. Seja C a elipse: $x^2 + 4y^2 = 4$. Temos, então,

$$\oint_C (2x - y)\,dx + (x + 3y)\,dy = \iint_R (1 + 1)\,dx\,dy = 2A,$$

onde A é a área de R. Como os semi-eixos da elipse são $a = 2$, $b = 1$, a área é $\pi ab = 2\pi$ e o valor da integral curvilínea é 4π.

Exemplo 3. Seja C a elipse: $4x^2 + y^2 = 4$. Então o teorema de Green não pode ser aplicado à integral:

$$\oint_C \frac{y}{x^2 + y^2}\,dx - \frac{x}{x^2 + y^2}\,dy,$$

pois as funções P e Q não são contínuas na origem.

Exemplo 4. Seja C o quadrado com vértices em $(1, 1)$, $(1, -1)$, $(-1, -1)$, $(-1, 1)$. Então

$$\oint_C (x^2 + 2y^2)\,dx = -\iint_R 4y\,dx\,dy = -4A\bar{y},$$

onde $(\bar{x}, \bar{y})$ é o centróide do quadrado. Logo, o valor da integral curvilínea é 0.

Interpretação vetorial do teorema de Green. Se $\boldsymbol{u} = P(x, y)\boldsymbol{i} + Q(x, y)\boldsymbol{j}$, então temos, como acima,

$$\oint_C P\,dx + Q\,dy = \oint_C u_T\,ds,$$

onde $u_T = \boldsymbol{u} \cdot \boldsymbol{T}$ é a componente tangencial de $\boldsymbol{u}$. O integrando no segundo membro do teorema de Green é a componente z do rotacional de $\boldsymbol{u}$; isto é,

$$\text{rot}_z\,\boldsymbol{u} = \frac{\partial Q}{\partial x} - \frac{\partial P}{\partial y}\cdot$$

Assim sendo, o teorema de Green afirma que

$$\oint_C u_T\,ds = \iint_R \text{rot}_z\,\boldsymbol{u}\,dx\,dy. \tag{5-43}$$

O resultado é um caso especial do teorema de Stokes, que veremos mais tarde.

Uma outra interpretação da integral $\oint_C P\,dx + Q\,dy$ é a integral

$$\oint_C \boldsymbol{v} \cdot \boldsymbol{n}\,ds = \oint_C v_n\,ds,$$

onde $\boldsymbol{v}$ é o vetor $Q\boldsymbol{i} - P\boldsymbol{j}$. Nesse caso, o segundo membro do teorema de Green é a integral dupla de div $\boldsymbol{v}$. Assim, temos, para um campo vetorial arbitrário,

$$\oint_C v_n\,ds = \iint_R \text{div}\,\boldsymbol{v}\,dx\,dy, \tag{5-44}$$

onde $\boldsymbol{n}$ é o normal externo de C [Fig. 5-6(a)]. Esse resultado é a versão em duas dimensões do teorema de Gauss, que veremos posteriormente.

Aplicação a áreas. A Eq. (5-24) diz que

$$\oint_C x\,dy = -\oint_C y\,dx = \text{área de } R.$$

Isso segue, de imediato, do teorema de Green, pois

$$\oint_C x\,dy = -\oint_C y\,dx = \iint_R 1 \cdot dx\,dy.$$

Se formarmos a média dessas duas integrais curvilíneas iguais, obteremos uma nova expressão para a área:

$$\text{área de } R = \frac{1}{2}\oint_C (-y\,dx + x\,dy). \tag{5-45}$$

Esse resultado, também, pode ser verificado pelo teorema de Green.

PROBLEMAS

1. Se $\boldsymbol{v} = (x^2 + y^2)\boldsymbol{i} + (2xy)\boldsymbol{j}$, calcular $\int_C u_T\,ds$ sobre as seguintes curvas:

   (a) de (0, 0) a (1, 1) sobre a reta $y = x$;
   (b) de (0, 0) a (1, 1) sobre a curva $y = x^2$;
   (c) de (0, 0) a (1, 1) sobre a linha poligonal com ângulo em (1, 0).
2. Calcular $\int_C v_n\,ds$ para o vetor $\boldsymbol{v}$ dado no Prob. 1, sobre as curvas (a), (b), (c) do Prob. 1, sendo que $\boldsymbol{n}$ é o vetor normal a 90° atrás de $\boldsymbol{T}$.
3. A força gravitacional na vizinhança de um ponto da superfície da Terra é representada aproximadamente pelo vetor $-mg\boldsymbol{j}$, onde o eixo y aponta para cima. Mostrar que o trabalho realizado por essa força sobre um corpo que se desloca, num plano vertical, da altura h_1 até a altura h_2 seguindo qualquer caminho, é igual a $mg(h_1 - h_2)$.
4. Mostrar que o potencial gravitacional da Terra, $U = -kMm/r$, é igual ao oposto do trabalho realizado pela força de gravidade $\boldsymbol{F} = -(kMm/r^2)(\boldsymbol{r}/r)$ ao trazer a partícula de uma distância infinita à sua posição atual ao longo do raio passando pelo centro da Terra.
5. Calcular pelo teorema de Green:

   (a) $\oint_C ay\,dx + bx\,dy$ sobre qualquer curva;

   (b) $\oint e^x \operatorname{sen} y\,dx + e^x \cos y\,dy$ sobre a fronteira do retângulo com vértices em (0, 0), (1, 0), $(1, \frac{1}{2}\pi)$, $(0, \frac{1}{2}\pi)$;

(c) $\oint (2x^3 - y^3)\,dx + (x^3 + y^3)\,dy$ sobre a circunferência: $x^2 + y^2 = 1$;

(d) $\oint_C u_T\,ds$, onde $\boldsymbol{u} = \operatorname{grad}(x^2 y)$ e C é a circunferência: $x^2 + y^2 = 1$;

(e) $\oint_C v_n\,ds$, onde $\boldsymbol{v} = (x^2 + y^2)\boldsymbol{i} - 2xy\boldsymbol{j}$, e C é a circunferência: $x^2 + y^2 = 1$, sendo $\boldsymbol{n}$ o vetor normal externo;

(f) $\oint_C f(x)\,dx + g(y)\,dy$, sobre qualquer curva.

6. Se $\boldsymbol{r} = x\boldsymbol{i} + y\boldsymbol{j}$ é o vetor-posição de um ponto arbitrário (x, y), mostrar que

$$\tfrac{1}{2}\oint_C r_n\,ds = \text{área limitada por } C,$$

sendo $\boldsymbol{n}$ o vetor normal exterior a C.

7. Usando o teorema de Green, verificar as respostas dos Probs. 2(a), 3(a), (b), (c), 4(a) da Sec. 5-3.

RESPOSTAS

1. (a) $\frac{4}{3}$, (b) $\frac{4}{3}$, (c) $\frac{4}{3}$. 2. (a) 0, (b) $\frac{1}{3}$, (c) $\frac{4}{3}$.
5. (a) $(b - a)$ vezes a área limitada por C, (b) 0, (c) $\frac{3}{2}\pi$, (d) 0, (e) 0, (f) 0.

5-6. INDEPENDÊNCIA DO CAMINHO. DOMÍNIOS SIMPLESMENTE CONEXOS.

Sejam $P(x, y)$ e $Q(x, y)$ funções definidas e contínuas num domínio D. Diz-se que a integral curvilínea $\int P\,dx + Q\,dy$ *é independente do caminho em D* se, para cada par de pontos A e B de D, o valor da integral curvilínea

$$\int_A^B P\,dx + Q\,dy$$

é o mesmo para todos os caminhos C que ligam A a B. Nesse caso, o valor da integral depende, em geral, da escolha de A e B, mas não da escolha do caminho que os liga. Por exemplo, como na Fig. 5-13, as integrais sobre C_1, C_2, C_3 têm o mesmo valor.

Teorema I. *Se a integral $\int P\,dx + Q\,dy$ for independente do caminho em D, então existirá uma função $F(x, y)$ definida em D tal que se tenha*

$$\frac{\partial F}{\partial x} = P(x, y), \qquad \frac{\partial F}{\partial y} = Q(x, y) \tag{5-46}$$

para todo (x, y) em D. Reciprocamente, se for possível achar uma função $F(x, y)$ tal que valha (5-46) em D, então $\int P\,dx + Q\,dy$ não dependerá do caminho em D.

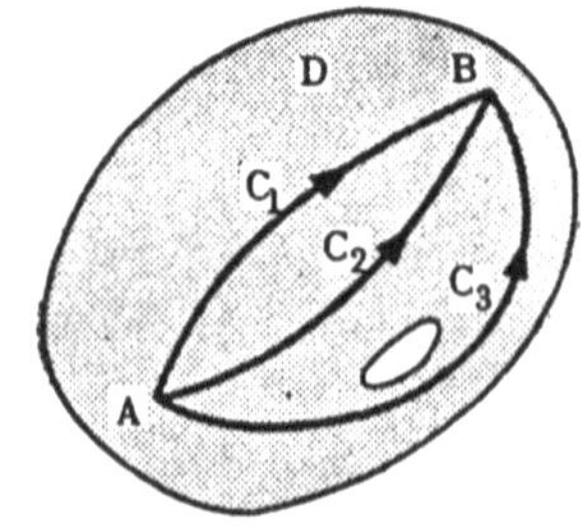

Figura 5-13. Independência do caminho

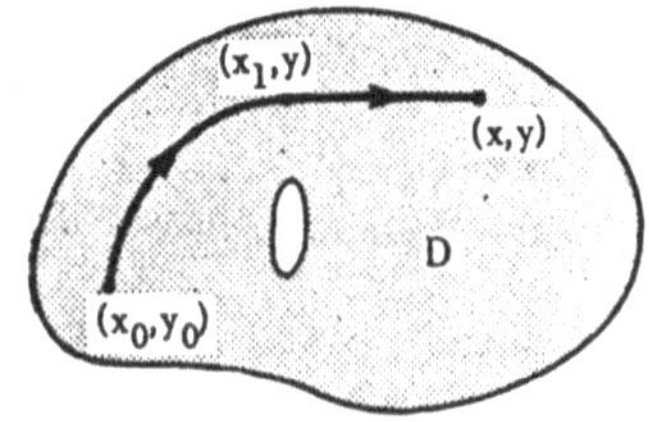

Figura 5-14. Construção de uma função F tal que $dF = Pdx + Qdy$

Demonstração. Suponhamos inicialmente que a integral não depende do caminho em D. Fixemos então um ponto (x_0, y_0) de D e consideremos a função $F(x, y)$ definida do seguinte modo:

$$F(x, y) = \int_{(x_0, y_0)}^{(x, y)} P\,dx + Q\,dy, \tag{5-47}$$

onde a integral é calculada sobre um caminho qualquer de D que liga (x_0, y_0) a (x, y). Como a integral não depende do caminho, a integral em (5-47) depende de fato tão-somente do ponto final (x, y) e define uma função $F(x, y)$. Resta mostrar que $\partial F/\partial x = P(x, y)$, $\partial F/\partial y = Q(x, y)$ em D.

Para um determinado (x, y) em D, fixemos o ponto (x_1, y) tal que $x_1 \neq x$ e o segmento de reta ligando (x_1, y) a (x, y) esteja em D (Fig. 5-14). Então, devido à independência do caminho, temos

$$F(x, y) = \int_{(x_0, y_0)}^{(x_1, y)} (P\,dx + Q\,dy) + \int_{(x_1, y)}^{(x, y)} (P\,dx + Q\,dy).$$

Aqui, x_1 e y são considerados fixos, enquanto (x, y) pode variar ao longo do segmento de reta. Assim, y assume um valor constante e $F(x, y)$ é vista como uma função de x na vizinhança de uma escolha particular de x. Então, a primeira integral no segundo membro não depende de x, enquanto a segunda pode ser integrada ao longo do segmento de reta. Assim sendo, temos, para esse y fixo,

$$F(x, y) = \text{const.} + \int_{x_1}^{x} P(x, y)\,dx, \qquad (y = \text{const.})$$

ou, se substituímos a variável auxiliar x pela variável t,

$$F(x, y) = \text{const.} + \int_{x_1}^{x} P(t, y)\,dt.$$

Usando agora o teorema fundamental de cálculo (Sec. 4-3), temos

$$\frac{\partial F}{\partial x} = P(x, y).$$

Analogamente, demonstra-se que $\partial F/\partial y = Q(x, y)$, e está provada a primeira parte do teorema.

Reciprocamente, suponhamos as igualdades (5-46) válidas em D para alguma F. Então, em termos de um parâmetro t, temos

$$\int_{(x_1, y_1)\,C}^{(x_2, y_2)} P\,dx + Q\,dy = \int_{t_1}^{t_2} \left(\frac{\partial F}{\partial x}\frac{dx}{dt} + \frac{\partial F}{\partial y}\frac{dy}{dt}\right) dt$$

$$= \int_{t_1}^{t_2} \frac{dF}{dt}\,dt = F\Big|_{t=t_2} - F\Big|_{t=t_1}$$

$$= F(x_2, y_2) - F(x_1, y_1).$$

Em outros termos, usando uma notação simplificada,

$$\int_{A\,C}^{B} P\,dx + Q\,dy = \int_{A}^{B} dF = F(B) - F(A). \tag{5-48}$$

O valor da integral é simplesmente a diferença dos valores de F nos dois pontos extremos e, portanto, a integral não depende do caminho C.

Observação 1. A fórmula (5-48) corresponde à fórmula habitual

$$\int_a^b f(x)\,dx = F(x)\Big|_a^b = F(b) - F(a), \qquad F'(x) = f(x)$$

usada para o cálculo de integrais definidas devendo ser empregada toda vez que for possível determinar a função F. Assim sendo, por exemplo,

$$\int_{(1,2)}^{(5,6)} y\,dx + x\,dy = \int_{(1,2)}^{(5,6)} d(xy) = xy\Big|_{(1,2)}^{(5,6)} = 30 - 2 = 28.$$

Observação 2. Suponhamos que $\partial F/\partial x = P \equiv 0$ em D, e $\partial F/\partial y = Q \equiv 0$ em D. Então a fórmula (5-48) mostra que

$$F(B) - F(A) = \int_{A\,C}^{B} 0\,dx + 0\,dy = 0,$$

isto é, que $F(B) = F(A)$ para todo par de pontos de D. Logo, $F \equiv$ const. em D (ver Sec. 2-17).

Observação 3. Se P e Q forem dadas tais que $\int P\,dx + Q\,dy$ seja independente do caminho, então a função F tal que $dF = P\,dx + Q\,dy$ é determinada a menos de uma constante aditiva:

$$F = \int_{(x_0, y_0)}^{(x, y)} P\,dx + Q\,dy + \text{const.}, \tag{5-49}$$

pois, se G é uma função tal que $\partial G/\partial x = P$, $\partial G/\partial y = Q$, então $(\partial/\partial x)(G - F) = P - P \equiv 0$, e $(\partial/\partial y)(G - F) = Q - Q \equiv 0$; logo, pela Obs. 2, $G - F$ é uma função constante, ou seja, $G = F +$ const.

Acontece freqüentemente que $P = \partial F/\partial x$ e $Q = \partial F/\partial y$ são conhecidas (talvez por uma tabela), enquanto que F não é: nesse caso, a fórmula (5-49) permite determinar F em qualquer ponto de D, uma vez escolhido seu valor em (x_0, y_0), pois (5-49) pode ser colocada sob a forma:

$$F = \int_{(x_0, y_0)}^{(x, y)} P\,dx + Q\,dy + F(x_0, y_0), \tag{5-50}$$

como se pode verificar substituindo o limite superior (x, y) por (x_0, y_0). Em (5-50), qualquer caminho de integração conveniente pode ser usado (por exemplo, um caminho formado por segmentos paralelos aos eixos). Essa propriedade é muito importante na termodinâmica, onde as quantidades medidas são as derivadas parciais de funções tais como a energia interna, entropia, e energia livre, em lugar das próprias funções (ver Sec. 5-15).

Observação 4. Acentuamos o fato de que a função $F(x, y)$ que aparece em (5-46) deve ser *definida* e contínua num domínio contendo a curva. Uma função como $\operatorname{arc\,tg}(y/x)$ é "plurivalente" e, portanto, não serve para o teorema, a menos que ela seja definida sem ambigüidade e possua a continuidade necessária; essas condições não podem ser satisfeitas, por exemplo, quando C é o caminho circular: $x = \cos t$, $y = \operatorname{sen} t$, $0 \leqq t \leqq 2\pi$. Esse ponto será visto mais adiante, quando tratarmos do próximo Ex. 2.

Teorema II. *Se a integral* $\int P\,dx + Q\,dy$ *for independente do caminho em D, teremos então*

$$\oint_C P\,dx + Q\,dy = 0 \tag{5-51}$$

para todo caminho simples fechado C em D. Reciprocamente, se a equação (5-51) *for válida para todo caminho simples fechado em D, então* $\int P\,dx + Q\,dy$ *não dependerá do caminho em D.*

Demonstração. Suponhamos, de início, a integral independente do caminho. Seja C um caminho simples fechado em D e dividamos C em dois arcos AB e BA pelos pontos A e B (Fig. 5-15). Temos então,

$$\oint_C P\,dx + Q\,dy = \int_{\widehat{AB}} (P\,dx + Q\,dy) + \int_{\widehat{BA}} (P\,dx + Q\,dy).$$

Já que a integral não depende do caminho, podemos escrever:

$$\oint_C P\,dx + Q\,dy = \int_A^B (P\,dx + Q\,dy) + \int_B^A (P\,dx + Q\,dy) =$$

$$= \int_A^B (P\,dx + Q\,dy) - \int_A^B (P\,dx + Q\,dy) = 0.$$

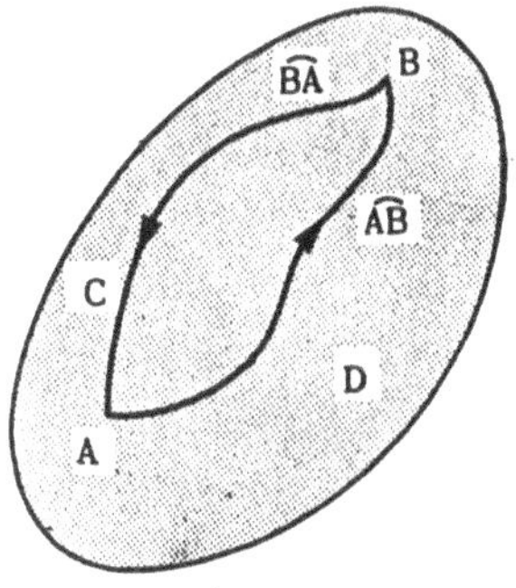

Figura 5-15

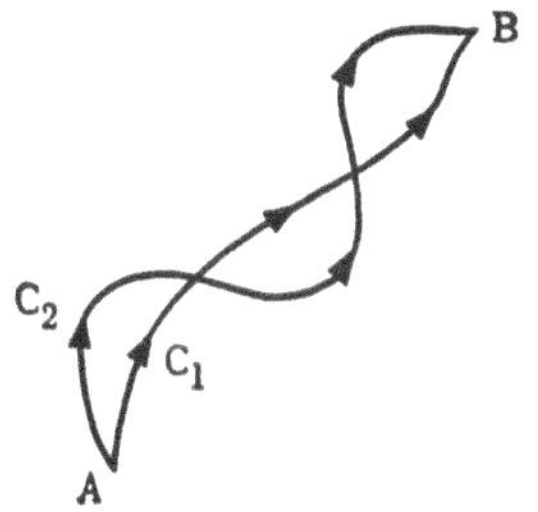

Figura 5-16

Reciprocamente, suponhamos que $\int P\,dx + Q\,dy = 0$ para todo caminho simples fechado em D. Sejam A e B dois pontos de D e consideremos dois caminhos C_1 e C_2 ligando A e B, como mostra a Fig. 5-16. Temos de mostrar que

$$\underset{C_1}{\int_A^B} P\,dx + Q\,dy = \underset{C_2}{\int_A^B} P\,dx + Q\,dy$$

ou, indicando por C_2' o caminho C_2 percorrido no sentido oposto, que

$$\underset{C_1}{\int_A^B} (P\,dx + Q\,dy) + \underset{C_2'}{\int_B^A} P\,dx + Q\,dy = 0.$$

Se os caminhos C_1 e C_2' não se cortarem, então elas formarão um caminho simples fechado C, e vem que

$$\underset{C_1}{\int_A^B} (P\,dx + Q\,dy) + \underset{C_2'}{\int_B^A} (P\,dx + Q\,dy) = \int_C P\,dx + Q\,dy = 0,$$

qualquer que seja o sentido de integração.

Se os caminhos se cruzarem um número finito de vezes, como na Fig. 5-16, poderemos repetir o mesmo argumento várias vezes para estabelecer o resultado desejado; podemos, em particular, usar esse raciocínio quando C_1 e C_2 são linhas poligonais. Se os caminhos se cruzarem infinitas vezes, será preciso mostrar que se pode obter uma aproximação arbitrariamente boa para as integrais por meio de integrais sobre caminhos que são segmentos poligonais; usando em seguida um processo de limites, chega-se ao resultado desejado. Para uma discussão mais detalhada, ver O. D. Kellogg, *Foundations of Potential Theory* (Berlim: Springer, 1929).

Observação. A primeira parte da demonstração acima mostra que, se $\int P\,dx + Q\,dy$ for independente do caminho, então

$$\int_C P\,dx + Q\,dy = 0$$

sobre todo *caminho fechado* C em D, quer que C seja um caminho que se corta ou não.

Teorema III. *Se $P(x, y)$ e $Q(x, y)$ possuírem derivadas parciais contínuas em D e $\int P\,dx + Q\,dy$ for independente do caminho em D, então*

$$\frac{\partial P}{\partial y} = \frac{\partial Q}{\partial x} \tag{5-52}$$

em D.

Demonstração. Em virtude do Teorema I, temos

$$P = \frac{\partial F}{\partial x}, \quad Q = \frac{\partial F}{\partial y}$$

e, dado que P e Q têm derivadas contínuas em D, segue-se que

$$\frac{\partial P}{\partial y} = \frac{\partial^2 F}{\partial y\,\partial x} = \frac{\partial^2 F}{\partial x\,\partial y} = \frac{\partial Q}{\partial x}.$$

Domínios simplesmente conexos. A recíproca do Teorema III não é válida sem uma restrição adicional: é preciso que o domínio D seja *simplesmente conexo.* Intuitivamente, um domínio é simplesmente conexo se ele não tem nenhum "buraco". Por exemplo, os domínios das Figs. 5-13 e 5-14 não são simplesmente conexos, mas são o que chamamos de domínio *multiplamente conexo.* De modo mais preciso, D é simplesmente conexo se, para toda curva simples fechada C em D, a região formada por C mais seu interior está totalmente contida em D (ver Fig. 5-17).

Eis alguns exemplos de domínios simplesmente conexos: o interior de um círculo, o interior de um quadrado, o interior de um ângulo com vértice no centro de um círculo, um quadrante, o plano xy todo. A região anular entre dois círculos não é simplesmente conexa; o interior de um círculo menos o centro também não é simplesmente conexo. Assim, os buracos podem se reduzir a pontos.

Podemos classificar os tipos de domínios multiplamente conexos do seguinte modo: são duplamente conexos os domínios com um só buraco, como o da Fig. 5-18; são triplamente conexos os que têm dois buracos; um domínio

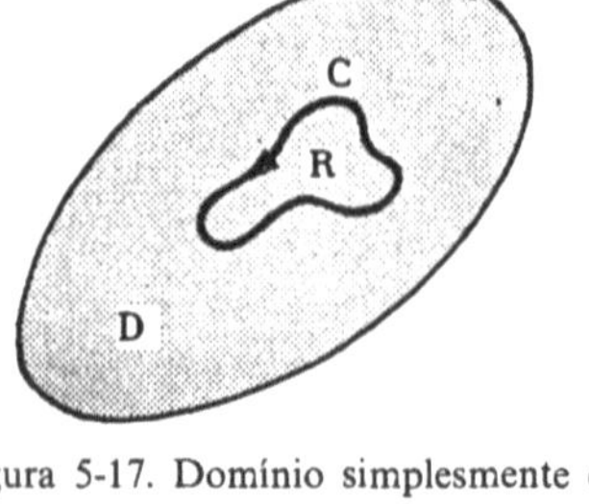

Figura 5-17. Domínio simplesmente conexo

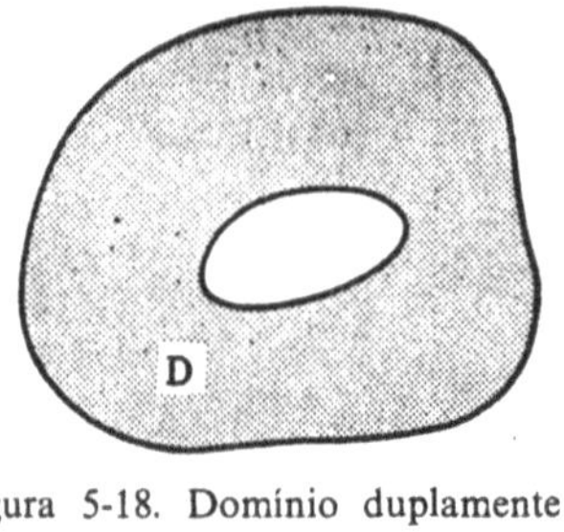

Figura 5-18. Domínio duplamente conexo

com $n-1$ buracos é n-uplamente conexo. Podemos mesmo ter um domínio com infinitos buracos, no qual caso diremos que o domínio é infinitamente multiplamente conexo.

Posto isso, podemos enunciar a recíproca do Teorema III.

Teorema IV. *Sejam $P(x, y)$ e $Q(x, y)$ duas funções que possuem derivadas contínuas em D, e suponhamos D simplesmente conexo. Se*

$$\frac{\partial P}{\partial y} = \frac{\partial Q}{\partial x} \tag{5-53}$$

em D, então $\int P\,dx + Q\,dy$ não depende do caminho em D.

Esse teorema e suas conseqüências são fundamentais nas aplicações físicas.

Demonstração. Suponhamos (5-53) satisfeita. Escolhamos, então, uma curva simples fechada C qualquer em D. Pelo teorema de Green, temos

$$\oint_C P\,dx + Q\,dy = \iint_R \left(\frac{\partial Q}{\partial x} - \frac{\partial P}{\partial y}\right) dx\,dy = 0,$$

onde R é a região formada por C e seu interior. Observemos que é possível aplicar o teorema de Green porque D é simplesmente conexo, de sorte que R está contida em D e, em particular, $\partial Q/\partial x$ e $\partial P/\partial y$ são contínuas em R. Como já mostramos que

$$\oint_C P\,dx + Q\,dy = 0$$

para todo caminho simples fechado C em D, segue-se, do Teorema II, que $\int P\,dx + Q\,dy$ não depende do caminho em D.

Interpretação vetorial. O Teorema I afirma que $\int P\,dx + Q\,dy$ é independente do caminho precisamente quando $P = \partial F/\partial x$, $Q = \partial F/\partial y$, isto é, quando

$$P\boldsymbol{i} + Q\boldsymbol{j} = \text{grad}\, F.$$

Assim, $\int u_T ds$ é independente do caminho precisamente quando $\boldsymbol{u}$ é o vetor gradiente de algum escalar F: $\boldsymbol{u} = \nabla F$. A Eq. (5-48) diz então que

$$\int_A^B \nabla F \cdot d\boldsymbol{r} = F(B) - F(A). \tag{5-54}$$

O Teorema III afirma que, se $\int P\,dx + Q\,dy$ for independente do caminho, então $\partial P/\partial y = \partial Q/\partial x$. Se $\boldsymbol{u} = P\boldsymbol{i} + Q\boldsymbol{j}$, essa condição equivale a dizer que

$$\text{rot}\, \boldsymbol{u} = \boldsymbol{0},$$

pois

$$\text{rot}\, \boldsymbol{u} = \nabla \times \boldsymbol{u} = \begin{vmatrix} \boldsymbol{i} & \boldsymbol{j} & \boldsymbol{k} \\ \dfrac{\partial}{\partial x} & \dfrac{\partial}{\partial y} & \dfrac{\partial}{\partial z} \\ P & Q & 0 \end{vmatrix} = \boldsymbol{k}\left(\frac{\partial Q}{\partial x} - \frac{\partial P}{\partial y}\right).$$

Como já sabemos pelo Teorema I que $\boldsymbol{u}$ é um gradiente, o Teorema III equivale a dizer que

$$\text{rot grad } F = \mathbf{0}.$$

Já destacamos essa identidade fundamental no Cap. 3 [Eq. (3-31)].

Nessas condições, o Teorema IV nos fornece a recíproca: *se* rot $\boldsymbol{u} = \mathbf{0}$ *em D, então* $\boldsymbol{u}$ = grad F *para alguma F, contanto que D seja simplesmente conexo.* O enunciado correspondente para três dimensões será provado na Sec. 5-13.

Exemplo 1. A Integral

$$\int 2xy^3\,dx + 3x^2y^2\,dy$$

é independente do caminho no plano todo, posto que

$$\frac{\partial P}{\partial y} - \frac{\partial Q}{\partial x} = 6xy^2 - 6xy^2 = 0.$$

Para achar uma função F cujo gradiente é $P\boldsymbol{i} + Q\boldsymbol{j}$, façamos

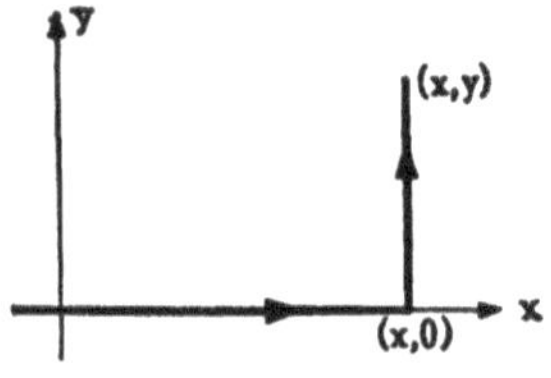

Figura 5-19

$$F = \int_{(0,0)}^{(x,y)} 2xy^3\,dx + 3x^2y^2\,dy$$
$$= \int_{(0,0)}^{(x,0)} 2xy^3\,dx + 3x^2y^2\,dy$$
$$+ \int_{(x,0)}^{(x,y)} 2xy^3\,dx + 3x^2y^2\,dy,$$

usando um caminho poligonal, como na Fig. 5-19. Na primeira parte, temos $dy = 0$ e $y = 0$, de sorte que a integral reduz-se a 0. Na segunda parte, $dx = 0$ e x é constante, de modo que

$$F = \int_0^y 3x^2y^2\,dy = x^2y^3.$$

A solução geral é, portanto, $x^2y^3 + C$. Assim sendo, para calcular a integral sobre qualquer caminho de $(1, 2)$ a $(3, -2)$, escrevemos

$$\int_{(1,2)}^{(3,-2)} 2xy^3\,dx + 3x^2y^2\,dy = \int_{(1,2)}^{(3,-2)} d(x^2y^3) = x^2y^3\Big|_{(1,2)}^{(3,-2)} = -80.$$

Exemplo 2. A integral

$$\int \frac{-y\,dx + x\,dy}{x^2 + y^2}$$

é independente do caminho em qualquer domínio simplesmente conexo D que não contenha a origem, pois

$$\frac{\partial P}{\partial y} = \frac{\partial Q}{\partial x} = \frac{y^2 - x^2}{(x^2 + y^2)^2}$$

salvo na origem. Para achar uma função F cuja diferencial é $P\,dx + Q\,dy$, podemos proceder como no Ex. 1, usando como caminho uma linha poligonal que vai de $(1, 0)$ até (x, y). Contudo, $P\,dx + Q\,dy$ é, no caso, uma diferencial conhecida (ver o Ex. 3 da Sec. 2-7): trata-se da diferencial do ângulo θ coordenada polar:

$$d\theta = d\left(\operatorname{arc\,tg} \frac{y}{x}\right) = \frac{-y\,dx + x\,dy}{x^2 + y^2}.$$

Se possível, procuramos evitar a função arco-tangente porque, em geral, não podemos nos restringir aos valores principais e também por causa do problemático arc tg ∞ no eixo y. Convém, portanto, escrever

$$\int_A^B \frac{-y\,dx + x\,dy}{x^2 + y^2} = \int_A^B d\theta = \theta_B - \theta_A.$$

Todavia, a fim de fazer de θ uma função bem definida e contínua num domínio que contenha o caminho (o que, em particular, requer que θ seja uma função com *valores únicos*), de sorte que o Teorema I possa ser aplicado, é preciso que nos restrinjamos a um domínio simplesmente conexo que não contenha a origem. Vemos exemplos de tais domínios na Fig. 5-20(a) e (b). Na Fig. 5-20(c),

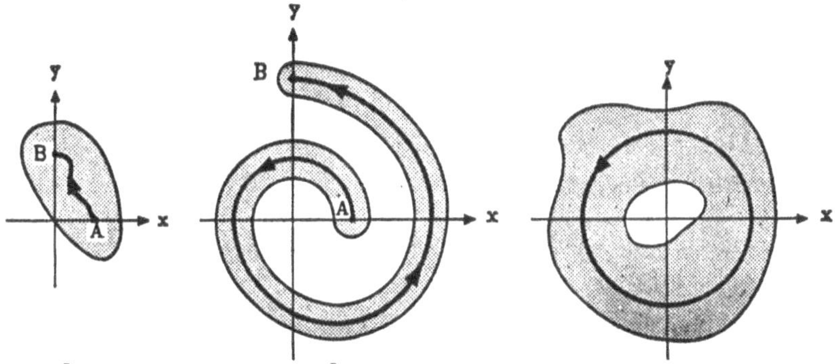

(a) $\int_A^B d\theta = \frac{1}{2}\pi.$ (b) $\int_A^B d\theta = \frac{5}{2}\pi.$ (c) $\oint \frac{-y dx + x dy}{x^2 + y^2} = 2\pi.$

Figura 5-20

o caminho é a circunferência $x^2 + y^2 = 1$ e o domínio é duplamente conexo. Dado que $x^2 + y^2 = 1$, no caminho, temos

$$\oint \frac{-y\,dx + x\,dy}{x^2 + y^2} = \oint -y\,dx + x\,dy = \iint_R 2\,dx\,dy = 2\pi;$$

no caso, o teorema de Green, que não pode ser aplicado à integral dada, poderá ser aplicado uma vez que a integral curvilínea for simplificada por meio da relação $x^2 + y^2 = 1$ no caminho; podemos ainda tratar a integral de linha como uma soma de integrais de $\theta = 0$ até $\theta = \pi$ e de $\theta = \pi$ até $\theta = 2\pi$, e obtemos $\pi + \pi = 2\pi$. Vale, em geral, um procedimento análogo, e concluímos que, para qualquer caminho C que não passe por $(0, 0)$,

$$\int_{A \atop C}^{B} \frac{-y\,dx + x\,dy}{x^2 + y^2} = \text{acréscimo total de } \theta, \text{ de } A \text{ até } B,$$

quando θ varia *continuamente* sobre o caminho C. A integral não é independente do caminho, mas depende do número de voltas que C dá em torno da origem.

Exemplo 3. A integral

$$\int \frac{x\,dx + y\,dy}{x^2 + y^2}$$

não depende do caminho no domínio *duplamente conexo* constituído pelo plano xy menos a origem. Antes de mais nada, notamos que

$$\frac{\partial P}{\partial y} = \frac{\partial Q}{\partial x} = \frac{-2xy}{(x^2 + y^2)^2};$$

mas, como o mostra o Ex. 2, isso garante que a integral não depende do caminho apenas num domínio *simplesmente conexo*. Entretanto, no presente exemplo temos uma outra informação:

$$\frac{x\,dx + y\,dy}{x^2 + y^2} = d \log \sqrt{x^2 + y^2},$$

e a função $\log \sqrt{x^2 + y^2} = \log r$ é bem definida (isto é, seus valores são bem determinados) e possui derivadas contínuas exceto na origem. Portanto vale

$$\int_A^B \frac{x\,dx + y\,dy}{x^2 + y^2} = \int_A^B d \log r = \log r \Big|_A^B = \log \frac{r_B}{r_A}$$

qualquer que seja o caminho entre A e B que não passe pela origem e, em particular, o resultado vale para os caminhos das Figs. 5-20(a) e (b). Na circunferência da Fig. 5-20(c), a integral é 0, em virtude do Teorema II.

5-7. EXTENSÃO DOS RESULTADOS PARA DOMÍNIOS MULTIPLAMENTE CONEXOS. Se a curva fechada C no teorema de Green contiver um ponto onde $\partial P/\partial y$ ou $\partial Q/\partial x$ deixa de existir, então o teorema não pode ser aplicado. O teorema que segue mostra que, mesmo nesse caso, é possível reduzir uma integral curvilínea convenientemente escolhida a uma integral dupla.

Teorema. *Sejam $P(x, y)$ e $Q(x, y)$ duas funções contínuas possuindo derivadas contínuas num domínio D do plano. Seja R uma região fechada contida em D*

cuja fronteira é constituída por n curvas simples fechadas distintas C_1, $C_2, \ldots, C_n$, *tais que* C_1 *contenha* $C_2, \ldots, C_n$ *no seu interior. Nessas condições, tem-se*

$$\oint_{C_1} (P\,dx + Q\,dy) + \oint_{C_2} (P\,dx + Q\,dy) + \cdots + \oint_{C_n} (P\,dx + Q\,dy)$$
$$= \iint_R \left(\frac{\partial Q}{\partial x} - \frac{\partial P}{\partial y}\right) dx\,dy. \qquad (5\text{-}55)$$

Em particular, se $\partial Q/\partial x = \partial P/\partial y$ *em D, então*

$$\oint_{C_1} (P\,dx + Q\,dy) + \oint_{C_2} (P\,dx + Q\,dy) + \cdots + \oint_{C_n} (P\,dx + Q\,dy) = 0. \qquad (5\text{-}55')$$

Para demonstrar o teorema, introduzimos inicialmente vários arcos auxiliares de C_1 a C_2, de C_1 a $C_3, \ldots$, usando cada vez dois arcos como ilustra a Fig. 5-21. Esses arcos decompõem a região R em regiões menores, cada uma das quais é simplesmente conexa; na Fig. 5-21, há quatro tais subdivisões. Se integramos no sentido positivo sobre a fronteira de cada sub-região e, em seguida, somamos os resultados, vemos que as integrais sobre os arcos auxiliares cancelam-se, deixando apenas a integral sobre C_1 no sentido positivo mais as integrais sobre C_2, $C_3, \ldots$, no sentido negativo. Por outro lado, pelo teorema de Green, a integral curvilínea sobre a fronteira de cada sub-região pode ser expressa como uma integral dupla

$$\iint \left(\frac{\partial Q}{\partial x} - \frac{\partial P}{\partial y}\right) dx\,dy$$

sobre a sub-região. Logo, a soma das integrais curvilíneas é igual à integral dupla sobre R. Isso estabelece a Eq. (5-55); a Eq. (5-55′) segue disso como caso especial.

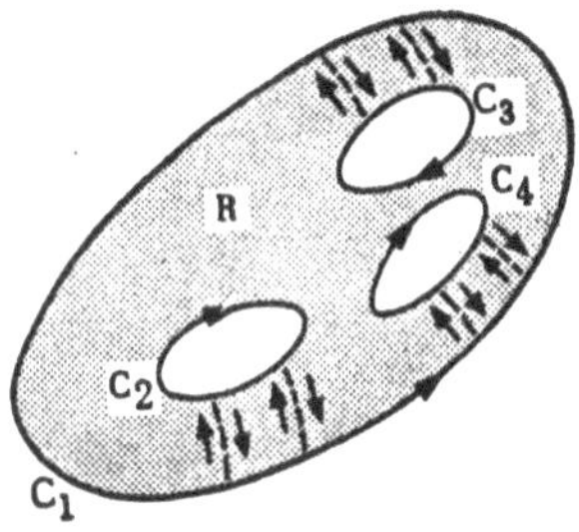

Figura 5-21. Teorema de Green para domínios multiplamente conexos

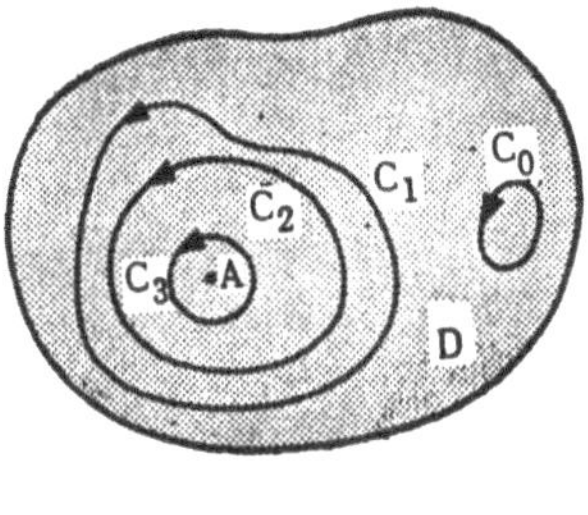

Figura 5-22

Indicando-se por B_R a fronteira orientada de R, isto é, as curvas C_1, $C_2, \ldots, C_n$ com seus respectivos sentidos, as Eqs. (5-55) e (5-55′) podem ser colocadas sob uma forma concisa:

$$\int_{B_R} P\,dx + Q\,dy = \iint_R \left(\frac{\partial Q}{\partial x} - \frac{\partial P}{\partial y}\right) dx\,dy; \tag{5-56}$$

$$\int_{B_R} P\,dx + Q\,dy = 0 \qquad \left(\frac{\partial Q}{\partial x} = \frac{\partial P}{\partial y} \text{ em } D\right). \tag{5-56'}$$

Notemos que o sentido correto de integração mantém sempre a região à esquerda, ou seja, o vetor normal que aponta para fora da região está sempre a 90° atrás do vetor tangente.

Como aplicação do teorema que acabamos de demonstrar, consideremos o caso de um aberto duplamente conexo D com um só buraco; para simplificar o problema, suponhamos que esse buraco seja um ponto A, como mostra a Fig. 5-22. Suponhamos que $\partial P/\partial y = \partial Q/\partial x$ em D. Quais são os valores possíveis de uma integral

$$\oint_C P\,dx + Q\,dy$$

sobre um caminho simples fechado em D? Afirmamos que há somente dois valores possíveis: o valor 0, quando C não rodeia o buraco A (curva C_0 da Fig. 5-22) e um valor k *que é o mesmo para todas as curvas* C *que rodeiam o buraco* A. No primeiro caso, é natural que o valor seja 0 para uma curva do tipo C_0, pois C_0 está numa parte simplesmente conexa de D, de sorte que vale o Teorema IV da seção anterior. Resta mostrar que, se os caminhos C_1 e C_2 contiverem ambos o ponto A, então teremos

$$\oint_{C_1} P\,dx + Q\,dy = \oint_{C_2} P\,dx + Q\,dy. \tag{5-57}$$

Para mostrar isso, suponhamos inicialmente que C_1 e C_2 não se intersectem e que C_2, por exemplo, esteja no interior de C_1. Então C_1 e C_2 formam a fronteira de uma região R à qual podemos aplicar (5-55'):

$$\oint_{C_1} P\,dx + Q\,dy + \oint_{C_2} P\,dx + Q\,dy = 0$$

ou

$$\oint_{C_1} P\,dx + Q\,dy = \oint_{C_2} P\,dx + Q\,dy,$$

como queríamos. Se C_1 e C_2 se intersectarem, existirá uma circunferência C_3 suficientemente pequena em torno de A que não corta nem C_1 nem C_2. Nesse caso, teremos, como antes,

$$\oint_{C_1} P\,dx + Q\,dy = \oint_{C_3} P\,dx + Q\,dy, \quad \oint_{C_2} P\,dx + Q\,dy = \oint_{C_3} P\,dx + Q\,dy.$$

Portanto temos novamente

$$\oint_{C_1} P\,dx + Q\,dy = \oint_{C_2} P\,dx + Q\,dy$$

e com isso a Eq. (5-57) está completamente provada.

Exemplo 1. A integral

$$\oint_C \frac{-y\,dx + x\,dy}{x^2 + y^2}$$

do Ex. 2 da seção precedente é do tipo considerado, com um buraco A na origem. Logo, a integral é 0 quando C não contém a origem, e tem um certo valor k quando C contém a origem. Para achar k, escolhemos para C a circunferência $x^2 + y^2 = 1$ e vemos que

$$k = \oint_C -y\,dx + x\,dy = \iint_R 2\,dx\,dy = 2\pi,$$

como tínhamos calculado anteriormente.

Exemplo 2. A integral

$$\oint_C \frac{x\,dx + y\,dy}{x^2 + y^2}$$

do Ex. 3 da seção precedente é um caso onde o valor k é 0. Portanto a integral vale 0 sobre todos os caminhos simples fechados que não passam pela origem.

Exemplo 3. Para calcular

$$\oint \frac{y^3\,dx - xy^2\,dy}{(x^2 + y^2)^2}$$

sobre a elipse $x^2 + 3y^2 = 1$, verificamos que $\partial P/\partial y = \partial Q/\partial x$, salvo na origem, onde ambas as funções são descontínuas. Visto que a elipse não é uma curva cômoda para integração, substituímo-la pela circunferência $x^2 + y^2 = 1$, que também contém o ponto de descontinuidade. Usando a parametrização: $x = \cos t$, $y = \operatorname{sen} t$, a integral sobre a circunferência é:

$$\int_0^{2\pi} (-\operatorname{sen}^3 t \operatorname{sen} t - \cos t \operatorname{sen}^2 t \cos t)\,dt = -\int_0^{2\pi} \operatorname{sen}^2 t\,dt = -\pi.$$

Portanto, a integral sobre a elipse dada é igual a $-\pi$.

Os resultados (5-55) ou (5-56) podem ser colocados sob forma vetorial. Portanto, como em (5-43) e (5-44) da Sec. 5-5, temos

$$\int_{B_R} u_T\,ds = \iint_R \text{rot}_z\,\boldsymbol{u}\,dx\,dy, \tag{5-58}$$

$$\int_{B_R} v_n\,ds = \iint_R \text{div}\,\boldsymbol{v}\,dx\,dy, \tag{5-59}$$

onde $\boldsymbol{T}$ é o vetor unitário tangente no sentido da integração e $\boldsymbol{n}$ está 90° atrás de $\boldsymbol{T}$, de modo que $\boldsymbol{n}$ é *normal exterior*, isto é, $\boldsymbol{n}$ aponta para fora de R.

Observação. Pode suceder que o caminho C *passe por* um ponto de descontinuidade de P ou Q. Se a integral curvilínea for reduzida a uma integral definida $\int_a^b f(t)\,dt$ no parâmetro t, então recairemos no problema discutido na Sec. 4-4. Se $f(t)$ for descontínua somente num número finito de pontos e for limitada, então a integral ainda existirá; se $f(t)$ não for limitada, a integral será imprópria, podendo existir ou não.

PROBLEMAS

1. Achar, por inspeção, uma função $F(x, y)$ cuja diferencial tem o valor abaixo especificado, e calcular a integral curvilínea correspondente:

   (a) $dF = 2xy\,dx + x^2\,dy$, $\quad \int_{(0,0)\,C}^{(1,1)} 2xy\,dx + x^2\,dy$, onde C é a curva: $y = x^{3/2}$;

   (b) $dF = ye^{xy}\,dx + xe^{xy}\,dy$, $\quad \int_{(0,0)\,C}^{(\pi,0)} ye^{xy}\,dx + xe^{xy}\,dy$, onde C é a curva: $y = \text{sen}^3 x$;

   (c) $dF = \dfrac{x\,dx + y\,dy}{(x^2 + y^2)^{3/2}}$, $\quad \int_{(1,0)\,C}^{(e^{2\pi},0)} \dfrac{x\,dx + y\,dy}{(x^2 + y^2)^{3/2}}$, onde C é a curva $x = e^t \cos t$, $y = e^t\,\text{sen}\,t$.

2. Verificar se as seguintes integrais são independentes do caminho e calcular seus valores:

   (a) $\displaystyle\int_{(1,-2)}^{(3,4)} \frac{y\,dx - x\,dy}{x^2}$, sobre a reta: $y = 3x - 5$;

   (b) $\displaystyle\int_{(0,2)}^{(1,3)} \frac{3x^2}{y}\,dx - \frac{x^3}{y^2}\,dy$, sobre a parábola: $y = 2 + x^2$.

3. Calcular as seguintes integrais:

(a) $\oint [\operatorname{sen}(xy) + xy\cos(xy)]\,dx + x^2\cos(xy)\,dy$, sobre a circunferência: $x^2 + y^2 = 1$;

(b) $\oint \dfrac{y\,dx - (x-1)\,dy}{(x-1)^2 + y^2}$, sobre a circunferência: $x^2 + y^2 = 4$;

(c) $\oint y^3\,dx - x^3\,dy$, sobre o quadrado: $|x| + |y| = 1$;

(d) $\oint xy^6\,dx + (3x^2y^5 + 6x)\,dy$, sobre a elipse: $x^4 + 4y^2 = 4$.

4. Determinar todos os valores da integral

$$\int_{(1,\,0)}^{(2,\,2)} \frac{-y\,dx + x\,dy}{x^2 + y^2}$$

sobre um caminho que não passe pela origem.

5. Mostrar que as seguintes integrais não dependem do caminho no plano xy e calculá-las:

(a) $\displaystyle\int_{(1,\,1)}^{(x,\,y)} 2xy\,dx + (x^2 - y^2)\,dy$; (b) $\displaystyle\int_{(0,\,0)}^{(x,\,y)} \operatorname{sen} y\,dx + x\cos y\,dy$.

6. Calcular

$$\oint \frac{x^2y\,dx - x^3\,dy}{(x^2 + y^2)^2}$$

sobre o quadrado com vértices em $(\pm 1, \pm 1)$ (observar que $\partial P/\partial y = \partial Q/\partial x$).

7. Seja D um domínio que tem um número finito de "buracos" nos pontos A_1, $A_2, \ldots, A_k$, de modo que D é $(k+1)$-uplamente conexo (Fig. 5-23). Sejam

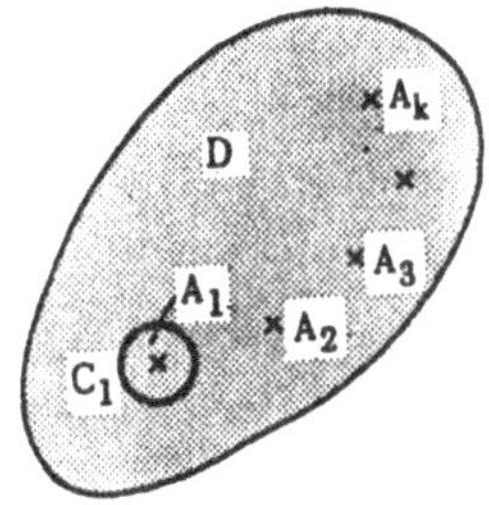

Figura 5-23

P e Q duas funções contínuas com derivadas contínuas em D, tais que $\partial P/\partial y = \partial Q/\partial x$ em D. Seja C_1 uma circunferência em D, de centro A_1, que não contém nenhum dos outros pontos A_i. Seja C_2 uma circunferência para A_2 escolhida do mesmo modo que C_1, etc. Consideremos as integrais

$$\oint_{C_1} P\,dx + Q\,dy = \alpha_1, \quad \oint_{C_2} P\,dx + Q\,dy = \alpha_2, \ldots, \quad \oint_{C_k} P\,dx + Q\,dy = \alpha_k.$$

(a) Mostrar que, se C é um caminho simples fechado arbitrário em D, com $A_1, A_2, \ldots, A_k$ no interior, então

$$\oint_C P\,dx + Q\,dy = \alpha_1 + \alpha_2 + \cdots + \alpha_k.$$

b) Determinar todos os valores possíveis da integral

$$\int_{(x_1, y_1)}^{(x_2, y_2)} P\,dx + Q\,dy$$

entre dois pontos fixos de D, sabendo que ela tem o valor K para um determinado caminho.

8. Sejam duas funções P e Q contínuas, tendo derivadas contínuas, com $\partial P/\partial y = \partial Q/\partial x$, salvo nos pontos (4, 0), (0, 0), (–4, 0). Indiquemos por C_1 a circunferência: $(x-2)^2 + y^2 = 9$, por C_2 a circunferência: $(x+2)^2 + y^2 = 9$, e por C_3 a circunferência: $x^2 + y^2 = 25$. Sabendo que

$$\oint_{C_1} P\,dx + Q\,dy = 11, \quad \oint_{C_2} P\,dx + Q\,dy = 9, \quad \oint_{C_3} P\,dx + Q\,dy = 13,$$

calcular

$$\oint_{C_4} P\,dx + Q\,dy,$$

onde C_4 é a circunferência: $x^2 + y^2 = 1$. [*Sugestão:* usar os resultados do Prob. 7(a).]

9. Seja $F(x, y) = x^2 - y^2$. Calcular

(a) $\displaystyle\int_{(0,0)}^{(2,8)} \nabla F \cdot d\boldsymbol{r}$ sobre a curva: $y = x^3$;

(b) $\displaystyle\oint \frac{\partial F}{\partial n}\,ds$ sobre a circunferência $x^2 + y^2 = 1$, sendo $\boldsymbol{n}$ o vetor normal exterior e sendo $\dfrac{\partial F}{\partial n} = \nabla F \cdot \boldsymbol{n}$ a derivada direcional de F na direção de $\boldsymbol{n}$ (Sec. 2-10).

10. Sejam duas funções $F(x, y)$ e $G(x, y)$ contínuas num domínio D, tendo derivadas contínuas. Seja R uma região fechada contida em D, tendo sua fronteira orientada B_R formada por curvas fechadas $C_1, \ldots, C_n$ (Fig. 5-21). Seja $\boldsymbol{n}$ o vetor normal unitário exterior de R e indiquemos por $\partial F/\partial n$, $\partial G/\partial n$

as derivadas direcionais de F e de G na direção de $\boldsymbol{n}$: $\partial F/\partial n = \nabla F \cdot \boldsymbol{n}$, $\partial G/\partial n = \nabla G \cdot \boldsymbol{n}$.

(a) Mostrar que $\displaystyle\int_{B_R} \frac{\partial F}{\partial n}\,ds = \iint_R \nabla^2 F\,dx\,dy$.

(b) Mostrar que $\displaystyle\int_{B_R} \nabla F \cdot d\boldsymbol{r} = 0$.

(c) Mostrar que, se F for harmônica em D, então $\displaystyle\int_{B_R} \frac{\partial F}{\partial n}\,ds = 0$.

(d) Mostrar que

$$\int_{B_R} F\frac{\partial G}{\partial n}\,ds = \iint_R F\nabla^2 G\,dx\,dy + \iint_R (\nabla F \cdot \nabla G)\,dx\,dy.$$

[*Sugestão:* usar a identidade: $\operatorname{div}(f\boldsymbol{u}) = f \operatorname{div} \boldsymbol{u} + \operatorname{grad} f \cdot \boldsymbol{u}$, da Sec. 3-6.]

11. Com as hipóteses e as notações do problema anterior, provar as identidades:

(a) $$\int_{B_R}\left(F\frac{\partial G}{\partial n} - G\frac{\partial F}{\partial n}\right)ds = \iint_R (F\,\nabla^2 G - G\,\nabla^2 F)\,dx\,dy.$$

[*Sugestão:* aplicar a parte (d) do Prob. 10 a F e G e, em seguida, a G e F, nessa ordem.]

(b) Se F e G são harmônicas em R, então

$$\int_{B_R}\left(F\frac{\partial G}{\partial n} - G\frac{\partial F}{\partial n}\right)ds = 0.$$

[*Observação:* As Eqs. 10(d) e 11(a) são conhecidas como as *identidades de Green*. As generalizações para três dimensões e outras aplicações serão vistas no Prob. 3 após a Sec. 5-11.]

RESPOSTAS

1. (a) $F = x^2 y$, integral $= 1$; (b) $F = e^{xy}$, integral $= 0$; (c) $F = -1/\sqrt{x^2 + y^2}$, integral $= 1 - e^{-2\pi}$.

2. (a) $-\dfrac{10}{3}$, (b) $\dfrac{1}{3}$. 3. (a) 0, (b) -2π, (c) -2, (d) 12π.

4. $\dfrac{\pi}{4} + 2n\pi\ (n = 0, \pm 1, \pm 2, \ldots)$. 5. (a) $x^2 y - \dfrac{1}{3}(y^3 + 2)$, (b) $x \operatorname{sen} y$.

6. $-\pi$. 7. $K + n_1\alpha_1 + n_2\alpha_2 + \cdots + n_k\alpha_k$, onde os números $n_1, \ldots, n_k$ são inteiros positivos ou negativos, ou 0. 8. 7. 9. (a) -60, (b) 0.

Parte II. A teoria em três dimensões e aplicações

5-8. INTEGRAIS CURVILÍNEAS NO ESPAÇO. As definições fundamentais (Sec. 5-2 e 5-3) das integrais curvilíneas:

$$\int F(x, y)\,dx, \qquad \int F(x, y)\,dy, \qquad \int F(x, y)\,ds$$

podem ser generalizadas, quase sem modificação, para dar as integrais curvilíneas correspondentes sobre uma curva C no espaço xyz. Seja C uma curva dada parametricamente pelas equações:

$$x = \phi(t), \qquad y = \psi(t), \qquad z = \omega(t), \qquad h = \leqq t \leqq k, \tag{5-60}$$

onde $\phi(t)$, $\psi(t)$, $\omega(t)$ são contínuas e possuem derivadas contínuas no intervalo especificado, de sorte que C é "lisa". Subdividimos o intervalo $h \leqq t \leqq k$ pelos pontos sucessivos $t_0 = h, t_1, \ldots, t_i, \ldots, t_n = k$. Escolhamos o valor t_i^* entre t_{i-1} e t_i, e coloquemos $x_i^* = \phi(t_i^*)$, $y_i^* = \psi(t_i^*)$, $z_i^* = \omega(t_i^*)$. Denotemos por $\Delta_i t$ a diferença $t_i - t_{i-1}$, e por $\Delta_i s$ o comprimento da parte de C correspondente. Colocamos, por definição,

$$\Delta_i x = \phi(t_i) - \phi(t_{i-1}), \qquad \Delta_i y = \psi(t_i) - \psi(t_{i-1}), \qquad \Delta_i z = \omega(t_i) - \omega(t_{i-1}).$$

Essas quantidades estão indicadas na Fig. 5-24. Podemos agora definir

$$\int_C X(x, y, z)\,dx = \lim_{\substack{n \to \infty \\ \max \Delta_i t \to 0}} \sum_{i=1}^{n} X(x_i^*, y_i^*, z_i^*)\Delta_i x. \tag{5-61}$$

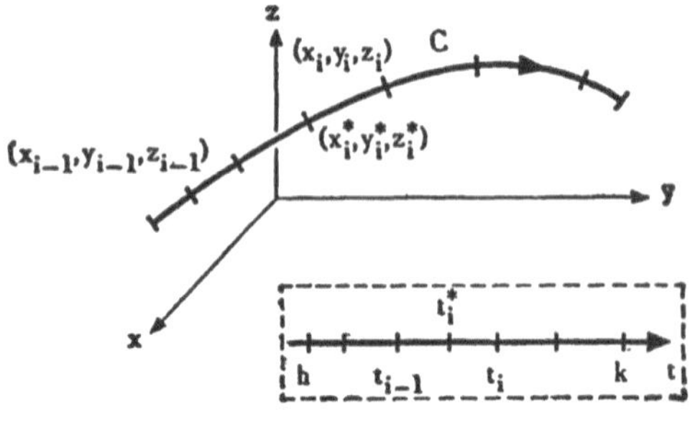

Figura 5-24. Integral curvilínea no espaço

Definimos as integrais

$$\int_C Y(x, y, z)\,dy, \qquad \int_C Z(x, y, z)\,dz$$

de modo análogo. Finalmente, definimos

$$\int_C F(x, y, z)\,ds = \lim_{\substack{n \to \infty \\ \max \Delta_i s \to 0}} \sum_{i=1}^{n} F(x_i^*, y_i^*, z_i^*)\,\Delta_i s. \tag{5-62}$$

Como antes, é possível mostrar que essas definições têm um significado se as funções X, Y, Z são contínuas em C. Como no caso de duas dimensões, podemos reduzir essas integrais a integrais definidas comuns:

$$\int_C X(x, y, z)\, dx = \int_h^k X[\phi(t), \psi(t), \omega(t)]\phi'(t)\, dt. \tag{5-63}$$

Podemos também estender as definições e os resultados para curvas C arbitrárias "lisas por partes", isto é, para curvas formadas por um número finito de partes lisas. Em geral, as integrais em x, y, e z serão estudadas juntas,

$$\int_C X\, dx + Y\, dy + Z\, dz,$$

e essa combinação está relacionada a uma integral em s pela equação

$$\int_C X\, dx + Y\, dy + Z\, dz = \int_C (X \cos \alpha + Y \cos \beta + Z \cos \gamma)\, ds, \tag{5-64}$$

onde α, β, γ são tais que o vetor

$$\boldsymbol{T} = \cos \alpha \boldsymbol{i} + \cos \beta \boldsymbol{j} + \cos \gamma \boldsymbol{k}$$

é unitário tangente à curva no sentido de s crescente. A Eq. (5-64) admite uma interpretação vetorial:

$$\int_C \boldsymbol{u} \cdot d\boldsymbol{r} = \int_C u_T\, ds, \tag{5-65}$$

onde a integral curvilínea vetorial do primeiro membro é o limite da soma

$$\sum \boldsymbol{u}(x_i^*,\ y_i^*,\ z_i^*) \cdot \Delta_i \boldsymbol{r}$$

e $u_T = \boldsymbol{u} \cdot \boldsymbol{T}$ é a componente tangencial do vetor

$$\boldsymbol{u} = X\boldsymbol{i} + Y\boldsymbol{j} + Z\boldsymbol{k}.$$

As integrais que aparecem em (5-64) e (5-65) medem, todas elas, o *trabalho* realizado pela *força* $\boldsymbol{u}$ ao percorrer o caminho dado.

A generalização da interpretação $\int v_n\, ds$, em termos de uma componente normal, não pode ser feita para integrais curvilíneas no espaço, mas ela pode ser feita para integrais de superfície, que definiremos abaixo.

5-9. SUPERFÍCIES NO ESPAÇO. ORIENTABILIDADE. Seja S uma superfície dada no espaço. A superfície pode ser representada sob a forma

$$z = f(x, y), \text{ com } (x, y) \text{ numa região } R_{xy}, \tag{5-66}$$

ou sob a forma

$$F(x, y, z) = 0, \tag{5-67}$$

ou, ainda, sob a forma paramétrica (Sec. 4-9):

$$x = f(u, v),\ y = g(u, v),\ z = h(u, v), \text{ com } (u, v) \text{ percorrendo uma região } R_{uv} \qquad (5\text{-}68)$$

Suporemos que S seja "lisa", isto é, que em (5-66), por exemplo, a função $f(x, y)$ tem derivadas contínuas num domínio contendo a região R_{xy}. Suporemos que R_{xy} seja limitada e fechada com fronteira lisa. Com isso, será possível calcular a área de S ou de uma parte de S.

Se a superfície for dada sob a forma (5-66), a área de S será dada pela fórmula (Sec. 4-9):

$$\iint\limits_{R_{xy}} \sec\gamma\, dx\, dy = \iint\limits_{R_{xy}} \sqrt{1 + \left(\frac{\partial z}{\partial x}\right)^2 + \left(\frac{\partial z}{\partial y}\right)^2}\, dx\, dy, \qquad (5\text{-}69)$$

onde γ é o ângulo entre a normal *superior* de S e a direção z, como mostra a Fig. 5-25. Assim sendo, $0 \leqq \gamma < \dfrac{\pi}{2}$ e $\sec\gamma > 0$. A fórmula (5-69) pode ser

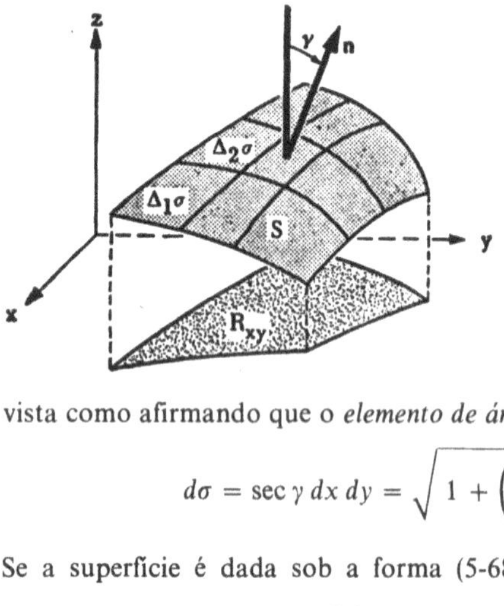

Figura 5-25. Integral de superfície

vista como afirmando que o *elemento de área* $d\sigma$ de uma superfície $z = f(x, y)$ é

$$d\sigma = \sec\gamma\, dx\, dy = \sqrt{1 + \left(\frac{\partial z}{\partial x}\right)^2 + \left(\frac{\partial z}{\partial y}\right)^2}\, dx\, dy. \qquad (5\text{-}70)$$

Se a superfície é dada sob a forma (5-68), sua área é dada por

$$\iint \sqrt{EG - F^2}\, du\, dv, \qquad (5\text{-}71)$$

sendo que

$$E = x_u^2 + y_u^2 + z_u^2,\ F = x_u x_v + y_u y_v + z_u z_v,\ G = x_v^2 + y_v^2 + z_v^2,$$

e as letras u e v em índice denotam derivações (Sec. 4-9). Supomos aqui que a correspondência entre pontos paramétricos (u, v) e pontos (x, y, z) da superfície seja biunívoca e que $EG - F^2 \neq 0$. Com base em (5-71), definimos o *elemento de área de superfície*

$$d\sigma = \sqrt{EG - F^2}\, du\, dv. \qquad (5\text{-}72)$$

As fórmulas acima podem ser estendidas a superfícies S que são *lisas por partes*, isto é, formadas pela conjunção de um número finito de partes lisas. A área total pode ser calculada somando-se as áreas das partes. No caso de uma superfície dada sob forma implícita: $F(x, y, z) = 0$, podemos, em geral, decompor a superfície em partes lisas, cada uma das quais pode ser representada por: $z = z(x, y)$ ou $x = x(y, z)$ ou $y = y(x, z)$, de modo que a área pode ser computada após várias aplicações da fórmula (5-69) (ver o Prob. 8 da Sec. 4-9).

Se queremos definir uma integral de superfície semelhante à integral curvilínea $\int X\,dx + Y\,dy + Z\,dz$, precisamos supor que a superfície S tenha uma "orientação". Normalmente não se pensa em atribuir uma orientação a uma superfície, mas algo semelhante é familiar: é escolher um sentido positivo para a orientação de ângulos, como no caso do plano xy. No caso de uma superfície geral lisa S no espaço, um meio simples de se fazer isso é escolher um vetor normal unitário $\mathbf{n}$ em cada ponto de S de modo tal que $\mathbf{n}$ *varie continuamente* em S. Uma vez fixado um tal campo de vetores normais, dizemos que a superfície está *orientada*. Nessas condições, é possível definir um sentido positivo para ângulos em cada ponto da superfície, como sugere a Fig. 5-26 (a). Feito isso, podemos também atribuir sentidos positivos de percurso a curvas simples fechadas que formam a fronteira de S. Para cada curva C da fronteira, podemos escolher um vetor tangente $\mathbf{T}$ no sentido atribuído e um vetor normal *interior* $\mathbf{N}$, num plano tangente a S, como na Fig. 5-26 (a). Os vetores $\mathbf{T}$, $\mathbf{N}$, $\mathbf{n}$ devem então formar uma tripla positiva em cada ponto de C.

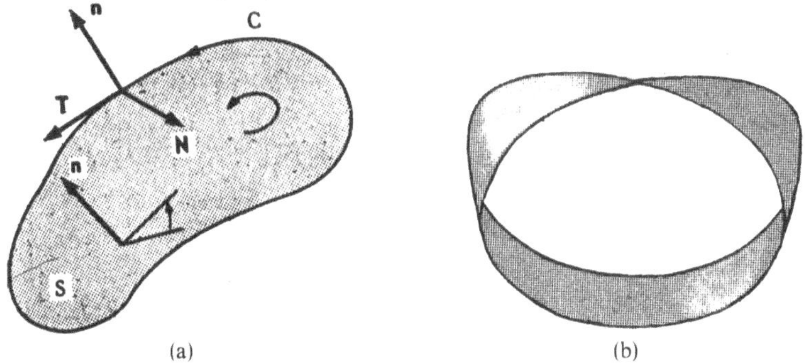

Figura 5-26. (a) Superfície lisa orientada. (b) Uma superfície não-orientável: a faixa de Möbius

Se a superfície S for lisa somente por partes, como por exemplo a superfície de um cilindro, não poderemos determinar para toda S um vetor normal que varie continuamente. Nesse caso, diremos que S é orientada, se for escolhida uma orientação em cada parte lisa de S de modo tal que, ao longo de cada curva que é fronteira comum de duas partes, a orientação positiva em relação a uma parte é a oposta da orientação positiva relativa à outra parte. A Fig. 5-27 ilustra isso para uma superfície cilíndrica. Se uma superfície S lisa por partes puder ser orientada desse modo, diremos que a superfície S é orientável.

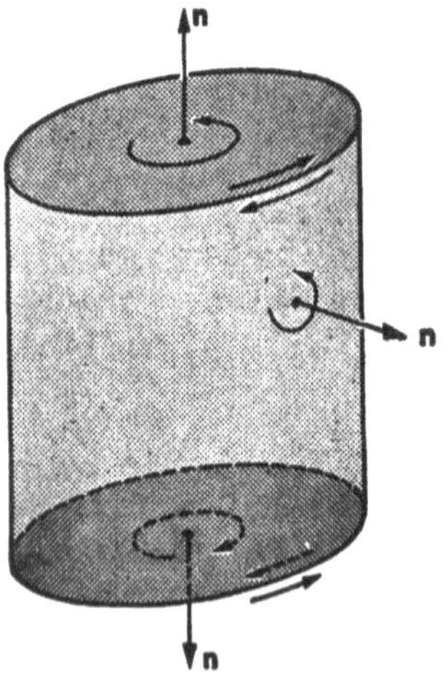

Figura 5-27. Superfície lisa por partes e orientada (cilindro)

Devemos observar que nem toda superfície é orientável. A Fig. 5-26(b) mostra-nos uma "faixa de Möbius", que não é orientável. No caso dessa superfície S, podemos nos convencer facilmente de que não é possível escolher o vetor normal $\boldsymbol{n}$ que varie continuamente sobre S, e que essa superfície tem a particularidade de ter "um só lado". Para superfícies no espaço, ter um só lado e a não-orientabilidade vão juntos.

Quanto a superfícies $z = f(x, y)$, não encontramos nenhuma dificuldade a esse respeito, pois sempre podemos escolher $\boldsymbol{n}$ como sendo o vetor normal superior ou, se quisermos, como sendo o vetor normal inferior. Também não haverá dificuldade se a superfície for dada sob forma paramétrica. Da discussão da Sec. 4-9 segue que o vetor

$$\boldsymbol{P}_1 \times \boldsymbol{P}_2 = (x_u\boldsymbol{i} + y_u\boldsymbol{j} + z_u\boldsymbol{k}) \times (x_v\boldsymbol{i} + y_v\boldsymbol{j} + z_v\boldsymbol{k})$$

é um vetor normal com comprimento $\sqrt{EG - F^2}$. Portanto podemos usar o tempo todo o vetor

$$\boldsymbol{n} = \frac{\boldsymbol{P}_1 \times \boldsymbol{P}_2}{|\boldsymbol{P}_1 \times \boldsymbol{P}_2|} \tag{5-73}$$

ou seu oposto, contanto que $EG - F^2 \neq 0$. Se a superfície for definida por uma equação implícita, $F(x, y, z) = 0$, poderemos tomar $\boldsymbol{n}$ como sendo $\nabla F/|\nabla F|$ (ou seu oposto), contanto que $\nabla F \neq 0$.

5-10. INTEGRAIS DE SUPERFÍCIE. Seja S uma superfície lisa, como acima, e seja $H(x, y, z)$ uma função definida e contínua em S. Nessas condições, define-se a integral de H sobre S por

$$\iint_S H(x, y, z)\, d\sigma = \lim_{n\to\infty} \sum_{i=1}^{n} H(x_i^*, y_i^*, z_i^*)\, \Delta_i\sigma. \tag{5-74}$$

No caso, supõe-se a superfície S dividida em n partes, como na Fig. 5-25; $\Delta_i\sigma$ denota a área do i-ésimo pedaço, e supõe-se que o i-ésimo pedaço encolhe-se a um ponto quando $n \to \infty$ de modo apropriado. A melhor forma de descrever a subdivisão e o processo de limites seria em termos de uma representação do tipo (5-66) ou (5-68), no qual caso esses procedimentos são precisamente os mesmos que os usados para a integral dupla na Sec. 4-6.

Se for empregada a representação $z = f(x, y)$, a integral poderá ser reduzida a uma integral dupla no plano xy:

$$\iint_S H\,d\sigma = \iint_{R_{xy}} H[x, y, f(x, y)] \sec\gamma\,dx\,dy, \tag{5-75}$$

onde γ é o ângulo entre o normal superior e o eixo z. Isso decorre da fórmula de área (5-69) acima ou, de modo mais conciso, da fórmula $d\sigma = \sec\gamma\,dx\,dy$.

Se for empregada a representação paramétrica (5-68), a integral será expressa como

$$\iint_S H\,d\sigma = \iint_{R_{uv}} H[f(u, v), g(u, v), h(u, v)] \sqrt{EG - F^2}\,du\,dv. \tag{5-76}$$

De modo análogo, isso decorre da expressão $d\sigma = \sqrt{EG - F^2}\,du\,dv$ para o elemento de área.

A existência da integral de superfície (5-74) com definição adequada e as expressões (5-75) e (5-76) podem ser estabelecidas quando H é contínua. Como salientamos na Sec. 4-9, a noção de área de superfície é bastante incômoda. Entretanto, fixada essa noção, e uma vez que justificamos a fórmula de elemento de área, a demonstração de (5-75) e (5-76) segue de perto a demonstração para integrais curvilíneas.

A integral $\iint H\,d\sigma$ é análoga à integral curvilínea do tipo $\int F\,ds$. A fim de obter uma integral de superfície análoga à integral curvilínea $\int X\,dx + Y\,dy + Z\,dz$, consideramos uma superfície lisa orientada S, que tem como vetor unitário normal $\boldsymbol{n}$:

$$\boldsymbol{n} = \cos\alpha\boldsymbol{i} + \cos\beta\boldsymbol{j} + \cos\gamma\boldsymbol{k}.$$

Sejam $L(x, y, z)$, $M(x, y, z)$, $N(x, y, z)$ três funções definidas e contínuas sobre S. Então, por definição,

$$\begin{aligned} \iint_S L\,dy\,dz &= \iint_S L\cos\alpha\,d\sigma, \\ \iint_S M\,dz\,dx &= \iint_S M\cos\beta\,d\sigma, \\ \iint_S N\,dx\,dy &= \iint_S N\cos\gamma\,d\sigma. \end{aligned} \tag{5-77}$$

Somando essas expressões membro a membro, obtemos a integral de superfície geral

$$\iint_S L\,dy\,dz + M\,dz\,dx + N\,dx\,dy = \iint_S (L\cos\alpha + M\cos\beta + N\cos\gamma)\,d\sigma, \qquad (5\text{-}78)$$

que podemos de imediato expressar em notação vetorial:

$$\iint_S L\,dy\,dz + M\,dz\,dx + N\,dx\,dy = \iint_S (\boldsymbol{v}\cdot\boldsymbol{n})\,d\sigma, \qquad (5\text{-}79)$$

$$\boldsymbol{v} = L\boldsymbol{i} + M\boldsymbol{j} + N\boldsymbol{k}.$$

Assim sendo, a integral de superfície $\iint L\,dy\,dz + M\,dz\,dx + N\,dx\,dy$ é a integral, sobre a superfície, da componente *normal* do vetor $\boldsymbol{v} = L\boldsymbol{i} + M\boldsymbol{j} + N\boldsymbol{k}$.

Para calcular a integral de superfície, temos as seguintes fórmulas:

I. *Se S for dada sob a forma*

$$z = f(x, y),\ (x, y)\ em\ R_{xy},$$

com vetor normal $\boldsymbol{n}$, *então*

$$\iint_S L\,dy\,dz + M\,dz\,dx + N\,dx\,dy = \pm\iint_{R_{xy}}\left(-L\frac{\partial z}{\partial x} - M\frac{\partial z}{\partial y} + N\right)dx\,dy, \qquad (5\text{-}80)$$

sendo que se emprega o sinal + quando $\boldsymbol{n}$ *é normal superior e o sinal − quando* $\boldsymbol{n}$ *é normal inferior.*

II. *Se S for dada sob a forma paramétrica*

$$x = f(u, v),\ y = g(u, v),\ z = h(u, v),\ (u, v)\ em\ R_{uv}$$

com o vetor normal $\boldsymbol{n}$, *então*

$$\iint_S L\,dy\,dz + M\,dz\,dx + N\,dx\,dy =$$

$$= \pm\iint_{R_{uv}}\left[L\frac{\partial(y, z)}{\partial(u, v)} + M\frac{\partial(z, x)}{\partial(u, v)} + N\frac{\partial(x, y)}{\partial(u, v)}\right]du\,dv, \qquad (5\text{-}81)$$

sendo que se emprega + ou − conforme

$$\boldsymbol{n} = \pm\frac{\boldsymbol{P}_1 \times \boldsymbol{P}_2}{|\boldsymbol{P}_1 \times \boldsymbol{P}_2|},$$

$$\boldsymbol{P}_1 = x_u\boldsymbol{i} + y_u\boldsymbol{j} + z_u\boldsymbol{k},\ \boldsymbol{P}_2 = x_v\boldsymbol{i} + y_v\boldsymbol{j} + z_v\boldsymbol{k}. \qquad (5\text{-}82)$$

Apresentamos aqui a demonstração de (5-80), deixando a demonstração de (5-81) como exercício [Prob. 7(c) abaixo].

Para uma superfície $z = f(x, y)$, os resultados da Sec. 2-9 mostram que o plano tangente em (x_1, y_1, z_1) é

$$z - z_1 = \frac{\partial z}{\partial x}(x - x_1) + \frac{\partial z}{\partial y}(y - y_1)$$

e que, portanto, o vetor unitário normal é

$$\boldsymbol{n} = \pm \frac{-\dfrac{\partial z}{\partial x}\boldsymbol{i} - \dfrac{\partial z}{\partial y}\boldsymbol{j} + \boldsymbol{k}}{\sqrt{1 + \left(\dfrac{\partial z}{\partial x}\right)^2 + \left(\dfrac{\partial z}{\partial y}\right)^2}},$$

sendo que se emprega + ou − conforme $\boldsymbol{n}$ seja superior ou inferior. O denominador aqui é $\sec \gamma'$, sendo γ' o ângulo entre o vetor normal *superior* e $\boldsymbol{k}$. Assim sendo,

$$\boldsymbol{n} = \pm \frac{-\dfrac{\partial z}{\partial x}\boldsymbol{i} - \dfrac{\partial z}{\partial y}\boldsymbol{j} + \boldsymbol{k}}{\sec \gamma'}.$$

Em virtude de (5-79), vale

$$\begin{aligned} \iint_S L\,dy\,dz + M\,dz\,dx + N\,dx\,dy &= \iint_S [(L\boldsymbol{i} + M\boldsymbol{j} + N\boldsymbol{k}) \cdot \boldsymbol{n}]\,d\sigma \\ &= \pm \iint_S \frac{-L\dfrac{\partial z}{\partial x} - M\dfrac{\partial z}{\partial y} + N}{\sec \gamma'}\,d\sigma \\ &= \pm \iint_{R_{xy}} \left(-L\frac{\partial z}{\partial x} - M\frac{\partial z}{\partial y} + N\right) dx\,dy, \end{aligned}$$

pois $d\sigma = \sec \gamma'\,dx\,dy$. Com isso, está demonstrada a Eq. (5-80).

Quando $L = 0$ e $M = 0$, a Eq. (5-80) reduz-se à fórmula

$$\iint_S N(x, y, z)\,dx\,dy = \pm \iint_{R_{xy}} N[x, y, f(x, y)]\,dx\,dy.$$

Assim, a integral $\iint N\,dx\,dy$ sobre S é a mesma que + ou − a integral dupla de N sobre a projeção de S sobre o plano xy, sendo que se emprega o sinal + ou − conforme o normal sobre S escolhido seja superior ou inferior. Em particular, S pode ser tomada como uma região R no plano xy e $N = N(x, y)$. Assim sendo, a integral de superfície $\iint_S N(x, y)\,dx\,dy$ e a integral dupla $\iint_R N(x, y)\,dx\,dy$ não são a mesma: elas são iguais quando S tem a orientação determinada por $\boldsymbol{k}$ e, em caso contrário, elas são opostas (Fig. 5-28). Tal situação mostra-nos

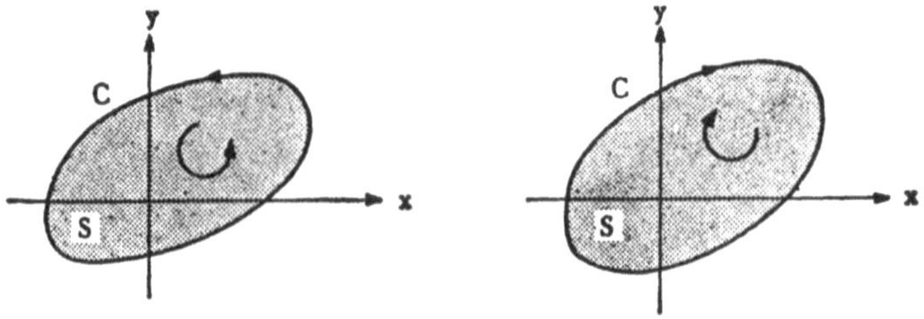

(a) $\iint\limits_S N\,dx\,dy = \iint\limits_R N\,dx\,dy$ (b) $\iint\limits_S N\,dx\,dy = \iint\limits_R N\,dx\,dy$

Figura 5-28. Integral dupla sobre R *versus* integral de superfície sobre S, $S = R$ com orientação

como é possível ampliar o conceito de integral dupla para permitir uma escolha do sentido de integração. Feito isso, o Teorema de Green pode ser enunciado sob a forma

$$\int\limits_C P\,dx + Q\,dy = \iint\limits_S \left(\frac{\partial Q}{\partial x} - \frac{\partial P}{\partial y}\right) dx\,dy,$$

sem que o sentido de integração esteja especificado em C, mas subentendendo-se que os "sentidos" sobre C e S se correspondem, isto é, que, se C é orientada positivamente, o vetor normal associado a S é $\mathbf{k}$, e, se C é orientada negativamente, o vetor normal associado a S é $-\mathbf{k}$. Esses dois casos aparecem na Fig. 5-28.

A integral de superfície $\iint L\,dy\,dz + \cdots$ também pode ser definida de modo semelhante à integral curvilínea $\int \mathbf{u} \cdot d\mathbf{r}$ da Eq. (5-65). Introduzimos a noção de *vetor-diferencial de área* $d\boldsymbol{\sigma}$ pela equação

$$d\boldsymbol{\sigma} = \mathbf{n}\,d\sigma.$$

Com isso, temos

$$d\boldsymbol{\sigma} = \cos\alpha\,d\sigma\mathbf{i} + \cos\beta\,d\sigma\mathbf{j} + \cos\gamma\,d\sigma\mathbf{k}$$

e

$$\iint\limits_S L\,dy\,dz + M\,dz\,dx + N\,dx\,dy = \iint\limits_S \mathbf{v} \cdot \mathbf{n}\,d\sigma = \iint\limits_S \mathbf{v} \cdot d\boldsymbol{\sigma}.$$

Podemos ainda definir isso como sendo o limite de uma soma, como no caso da integral curvilínea. Para a superfície $z = f(x, y)$ obtemos

$$d\boldsymbol{\sigma} = \pm\left(-\frac{\partial z}{\partial x}\mathbf{i} - \frac{\partial z}{\partial y}\mathbf{j} + \mathbf{k}\right) dx\,dy.$$

Isso também pode ser escrito como

$$d\boldsymbol{\sigma} = \mathbf{n}\,|\sec\gamma|\,dx\,dy = \frac{\mathbf{n}}{|\mathbf{n} \cdot \mathbf{k}|}\,dx\,dy.$$

A partir desse resultado e das expressões correspondentes para superfícies $x = g(y, z)$, $y = h(x, z)$, obtemos as fórmulas

$$\iint_S (\boldsymbol{v} \cdot \boldsymbol{n})\, d\sigma = \iint_{R_{xy}} \frac{\boldsymbol{v} \cdot \boldsymbol{n}}{|\boldsymbol{n} \cdot \boldsymbol{k}|}\, dx\, dy = \iint_{R_{yz}} \frac{\boldsymbol{v} \cdot \boldsymbol{n}}{|\boldsymbol{n} \cdot \boldsymbol{i}|}\, dy\, dz = \iint_{R_{zx}} \frac{\boldsymbol{v} \cdot \boldsymbol{n}}{|\boldsymbol{n} \cdot \boldsymbol{j}|}\, dz\, dx. \tag{5-83}$$

Para superfícies dadas sob forma paramétrica, temos

$$d\boldsymbol{\sigma} = \pm \left(\frac{\partial(y, z)}{\partial(u, v)} \boldsymbol{i} + \frac{\partial(z, x)}{\partial(u, v)} \boldsymbol{j} + \frac{\partial(x, y)}{\partial(u, v)} \boldsymbol{k} \right) du\, dv$$

ou, de modo mais conciso, em virtude de (5-82),

$$d\boldsymbol{\sigma} = \pm (\boldsymbol{P}_1 \times \boldsymbol{P}_2)\, du\, dv.$$

As propriedades formais das integrais curvilíneas e das integrais de superfície são análogas às enunciadas para as integrais curvilíneas no plano (Sec. 5-3) e não pedem aqui nenhuma discussão especial. Além disso, as definições e propriedades de integrais curvilíneas e de superfície podem ser repetidas, sem modificação, para curvas e superfícies lisas por partes, contanto que essas superfícies sejam orientáveis.

PROBLEMAS

1. Calcular as seguintes integrais curvilíneas:

(a) $\displaystyle\int_{C\,(1,0,0)}^{(1,0,2\pi)} z\, dx + x\, dy + y\, dz$, onde C é a curva: $x = \cos t$, $y = \operatorname{sen} t, z = t,\ 0 \leqq t \leqq 2\pi$;

(b) $\displaystyle\int_{(1,0,1)}^{(2,3,2)} x^2\, dx - xz\, dy + y^2\, dz$, sobre o segmento de reta unindo os dois pontos;

(c) $\displaystyle\int_{(1,1,0)}^{(0,0,\sqrt{2})} x^2 yz\, ds$, sobre a curva: $x = \cos t$, $y = \cos t$, $z = \sqrt{2} \operatorname{sen} t,\ 0 \leqq t \leqq \pi/2$;

(d) $\displaystyle\int_C u_T\, ds$, onde $\boldsymbol{u} = 2xy^2z\boldsymbol{i} + 2x^2yz\boldsymbol{j} + x^2y^2\boldsymbol{k}$ e C é a circunferência: $x^2 + y^2 = 1,\ z = 2$.

2. Se $\boldsymbol{u} = \text{grad } F$ num domínio D, mostrar então que

(a) $\displaystyle\int_{(x_1, y_1, z_1)}^{(x_2, y_2, z_2)} u_T \, ds = F(x_2, y_2, z_2) - F(x_1, y_1, z_1)$, onde a integral é calculada sobre qualquer caminho em D ligando os dois pontos;

(b) $\displaystyle\int_C u_T \, ds = 0$ sobre qualquer caminho fechado em D.

3. Seja C uma curva no espaço representado por um arame. Seja δ sua densidade (massa por unidade de comprimento); $\delta = \delta(x, y, z)$, onde (x, y, z) é um ponto variável de C. Justificar as seguintes fórmulas:

(a) comprimento do arame $= \displaystyle\int_C ds = L$;

(b) massa do arame $= \displaystyle\int_C \delta \, ds = M$;

(c) centro de massa do arame $= (\bar{x}, \bar{y}, \bar{z})$, onde

$$M\bar{x} = \int_C x \, \delta \, ds, \quad M\bar{y} = \int_C y \, \delta \, ds, \quad M\bar{z} = \int_C z \, \delta \, ds;$$

(d) momento de inércia do arame em torno do eixo z:

$$I_z = \int_C (x^2 + y^2) \, \delta \, ds.$$

4. Formular, e justificar, as fórmulas análogas às do Prob. 3 para área de superfície, massa, centro de massa, e momento de inércia de uma folha metálica fina, curva, formando uma superfície S no espaço.

5. Calcular as seguintes integrais de superfície:

(a) $\displaystyle\iint_S x \, dy \, dz + y \, dz \, dx + z \, dx \, dy$, onde S é o triângulo com vértices em $(1, 0, 0)$, $(0, 1, 0)$, $(0, 0, 1)$, e o vetor normal afasta-se de $(0, 0, 0)$;

(b) $\displaystyle\iint_S dy \, dz + dz \, dx + dx \, dy$, onde S é a semi-esfera: $z = \sqrt{1 - x^2 - y^2}$, $x^2 + y^2 \leqq 1$, e o vetor normal é o superior;

(c) $\displaystyle\iint_S (x\cos\alpha + y\cos\beta + z\cos\gamma)\,d\sigma$, sobre a superfície descrita em (b);

(d) $\displaystyle\iint_S x^2 z\,d\sigma$, onde S é a superfície cilíndrica: $x^2 + y^2 = 1,\ 0 \leqq z \leqq 1$.

6. Calcular as integrais de superfície do Prob. 5, usando as seguintes representações paramétricas:

(a) $x = u + v,\ y = u - v,\ z = 1 - 2u$;
(b) $x = \operatorname{sen} u \cos v,\ y = \operatorname{sen} u \operatorname{sen} v,\ z = \cos u$;
(c) a mesma que em (b);
(d) $x = \cos u,\ y = \operatorname{sen} u,\ z = v$.

7. (a) Consideremos uma superfície S: $z = f(x, y)$, definida por uma equação implícita: $F(x, y, z) = 0$. Mostrar que a integral de superfície $\iint H\,d\sigma$ sobre S pode ser expressa por

$$\iint_{R_{xy}} \sqrt{\left(\frac{\partial F}{\partial x}\right)^2 + \left(\frac{\partial F}{\partial y}\right)^2 + \left(\frac{\partial F}{\partial z}\right)^2}\ \frac{H}{\left|\dfrac{\partial F}{\partial z}\right|}\,dx\,dy,$$

contanto que $\dfrac{\partial F}{\partial z} \neq 0$;

(b) provar que, para a superfície da parte (a), se $\boldsymbol{n} = \nabla F/|\nabla F|$, então

$$\iint_S (\boldsymbol{v}\cdot\boldsymbol{n})\,d\sigma = \iint_{R_{xy}} (\boldsymbol{v}\cdot\nabla F)\,\frac{1}{\left|\dfrac{\partial F}{\partial z}\right|}\,dx\,dy;$$

(c) provar a fórmula (5-81);
(d) mostrar que (5-81) reduz-se a (5-80) quando $x = u, y = v,\ z = f(u, v)$.

8. Seja S uma superfície orientada plana no espaço; isto é, S pertence a um plano. A S podemos associar o vetor $\boldsymbol{S}$ que tem mesmo sentido e direção que o vetor normal escolhido para S, e cujo comprimento é igual à área de S.

(a) Mostrar que, se S_1, S_2, S_3, S_4 são as faces de um tetraedro, orientadas de sorte que os vetores normais respectivos sejam os vetores normais exteriores, tem-se então

$$\boldsymbol{S}_1 + \boldsymbol{S}_2 + \boldsymbol{S}_3 + \boldsymbol{S}_4 = \boldsymbol{0};$$

(*Sugestão:* introduzir vetores $\boldsymbol{a}$, $\boldsymbol{b}$, $\boldsymbol{c}$ sobre três arestas concorrentes do tetraedro e exprimir $\boldsymbol{S}_1$, $\boldsymbol{S}_2$, $\boldsymbol{S}_3$, $\boldsymbol{S}_4$ em função de $\boldsymbol{a}$, $\boldsymbol{b}$, e $\boldsymbol{c}$.)

(b) mostrar que o resultado de (a) estende-se a um poliedro convexo qualquer com faces $S_1, \ldots, S_n$, isto é, que vale

$$\boldsymbol{S}_1 + \boldsymbol{S}_2 + \cdots + \boldsymbol{S}_n = \boldsymbol{0}$$

quando a orientação é determinada pelos vetores normais exteriores;

(c) usando o resultado de (b), indicar um argumento que justifique a relação

$$\iint_S \boldsymbol{v} \cdot d\boldsymbol{\sigma} = 0$$

para qualquer superfície convexa fechada S (como a superfície de uma esfera ou de um elipsóide), contanto que $\boldsymbol{v}$ seja um vetor constante;

(d) aplicando o resultado de (b) a um prisma triangular cujas arestas representam os vetores $\boldsymbol{a}$, $\boldsymbol{b}$, $\boldsymbol{a} + \boldsymbol{b}$, $\boldsymbol{c}$, provar a *lei distributiva* do produto vetorial (Sec. 1-11):

$$\boldsymbol{c} \times (\boldsymbol{a} + \boldsymbol{b}) = \boldsymbol{c} \times \boldsymbol{a} + \boldsymbol{c} \times \boldsymbol{b}.$$

Esse é o método usado por Gibbs (conforme o livro de Gibbs indicado no final do Cap. 1).

RESPOSTAS

1. (a) 3π, (b) $-\frac{5}{3}$, (c) $\frac{1}{2}$, (d) 0. 5. (a) $\frac{1}{2}$, (b) π, (c) 2π, (d) $\pi/2$.

5-11. O TEOREMA DA DIVERGÊNCIA. Assinalamos na Sec. 5-5 que o Teorema de Green pode ser escrito sob a forma

$$\int_C v_n \, ds = \iint_R \operatorname{div} \boldsymbol{v} \, dx \, dy.$$

Aqui, parece natural a seguinte generalização:

$$\iint_S v_n \, d\sigma = \iiint_R \operatorname{div} \boldsymbol{v} \, dx \, dy \, dz,$$

onde S é uma superfície formando toda a fronteira de uma região limitada fechada R no espaço e $\boldsymbol{n}$ é o vetor normal exterior de S, isto é, o vetor que se afasta de R. O teorema, conhecido como o *teorema da divergência* ou *teorema de Gauss*, desempenha um papel semelhante ao do teorema de Green para integrais curvilíneas, e mostra que certas integrais de superfície são nulas e outras são "independentes do caminho". O teorema tem um significado físico importante, que vamos examinar logo mais. Se consideramos um escoamento de matéria no espaço, o primeiro membro pode ser interpretado como sendo o fluxo através da fronteira S, isto é, a massa total que escapa de R por unidade de tempo; o segundo membro mede a razão na qual a densidade decresce dentro de R, isto é, a perda global de massa por unidade de tempo. Nessas condições, há perda de massa somente quando ela atravessa a fronteira S. Por isso, o fluxo é igual à divergência total.

TEOREMA DA DIVERGÊNCIA (TEOREMA DE GAUSS). *Seja* $\boldsymbol{v} = L\boldsymbol{i} + M\boldsymbol{j} + N\boldsymbol{k}$ *um campo de vetores num domínio D do espaço; suponhamos L, M, N contínuas, com derivadas contínuas em D. Seja S uma superfície lisa por partes em D, formando toda a fronteira de uma região fechada limitada R contida em D. Seja* $\boldsymbol{n}$ *o vetor normal exterior de S em relação a R. Nessas condições, vale*

$$\iint_S v_n \, d\sigma = \iiint_R \operatorname{div} \boldsymbol{v} \, dx\, dy\, dz; \tag{5-84}$$

em outras palavras, tem-se

$$\iint_S L\, dy\, dz + M\, dz\, dx + N\, dx\, dy = \iiint_R \left(\frac{\partial L}{\partial x} + \frac{\partial M}{\partial y} + \frac{\partial N}{\partial z}\right) dx\, dy\, dz. \tag{5-85}$$

Demonstração. Vamos mostrar que

$$\iint_S N\, dx\, dy = \iiint_R \frac{\partial N}{\partial z}\, dx\, dy\, dz; \tag{5-86}$$

as demonstrações das equações:

$$\iint_S L\, dy\, dz = \iiint_R \frac{\partial L}{\partial x}\, dx\, dy\, dz, \tag{5-87}$$

$$\iint_S M\, dz\, dx = \iiint_R \frac{\partial M}{\partial y}\, dx\, dy\, dz \tag{5-88}$$

são exatamente as mesmas.

Notemos inicialmente que $\boldsymbol{n}$, definido como o vetor normal exterior de S em relação a R, necessariamente varia de modo contínuo sobre cada parte lisa de S, de sorte que a integral de superfície em (5-85) está bem definida. A orientação definida por $\boldsymbol{n}$ para cada parte de S determina efetivamente uma orientação para toda S, de modo que S deve ser orientável.

Suponhamos agora que R pode ser representada sob a forma:

$$f_1(x, y) \leqq z \leqq f_2(x, y), \text{ com } (x, y) \text{ em } R_{xy}, \tag{5-89}$$

onde R_{xy} é uma região fechada limitada no plano xy (cf. Fig. 5-29), limitada por uma curva simples fechada lisa C. Então, a superfície S é composta por três partes:

S_1: $z = f_1(x, y)$, com (x, y) em R_{xy},
S_2: $z = f_2(x, y)$, com (x, y) em R_{xy},
S_3: $f_1(x, y) \leqq z \leqq f_2(x, y)$, para (x, y) sobre C.

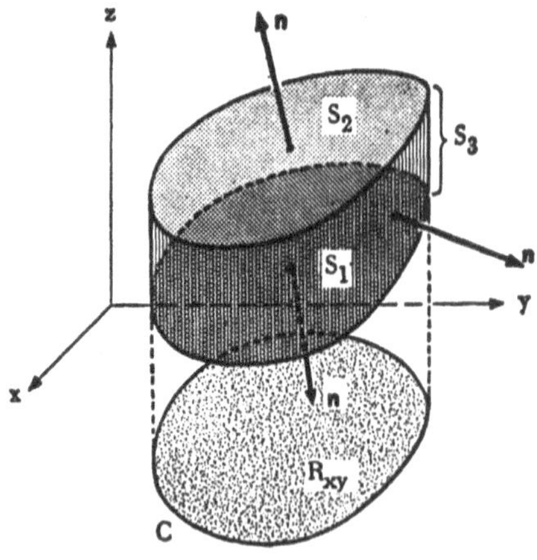

Figura 5-29

A parte S_2 forma a "tampa" de S, S_1 o "fundo", e S_3 nos dá os "lados" de S (a parte S_3 pode reduzir-se a uma curva, como no caso de uma esfera). Ora, pela definição (5-77),

$$\iint_S N\,dx\,dy = \iint_S N\cos\gamma\,d\sigma,$$

onde $\gamma = \measuredangle(\boldsymbol{n}, \boldsymbol{k})$. Sobre S_3 temos $\gamma = \pi/2$, de modo que $\cos\gamma = 0$; sobre S_2, vale $\gamma = \gamma'$ onde γ' é o ângulo entre o normal *superior* e $\boldsymbol{k}$; para S_1 temos $\gamma = \pi - \gamma'$. Como $d\sigma = \sec\gamma'\,dx\,dy$ em S_1 e S_2, temos

$$\iint_S N\,dx\,dy = \iint_{S_1} N\,dx\,dy + \iint_{S_2} N\,dx\,dy + \iint_{S_3} N\,dx\,dy$$

$$= -\iint_{R_{xy}} N\cos\gamma'\sec\gamma'\,dx\,dy + \iint_{R_{xy}} N\cos\gamma'\sec\gamma'\,dx\,dy,$$

onde $z = f_1(x, y)$ na primeira integral e $z = f_2(x, y)$ na segunda:

$$\iint_S N\,dx\,dy = \iint_{R_{xy}} \{N[x, y, f_2(x, y)] - N[x, y, f_1(x, y)]\}\,dx\,dy. \tag{5-90}$$

Por outro lado, a integral tripla no segundo membro de (5-80) pode ser calculada do seguinte modo:

$$\iiint_R \frac{\partial N}{\partial z}\,dx\,dy\,dz = \iint_{R_{xy}} \left[\int_{f_1(x,y)}^{f_2(x,y)} \frac{\partial N}{\partial z}\,dz\right] dx\,dy$$

$$= \iint_{R_{xy}} \{N[x, y, f_2(x, y)] - N[x, y, f_1(x, y)]\}\,dx\,dy.$$

Temos a mesma expressão que em (5-90); portanto

$$\iint_S N\,dx\,dy = \iiint_R \frac{\partial N}{\partial z}\,dx\,dy\,dz.$$

Esse é o resultado procurado para a região R particular da nossa hipótese. Se R é uma região qualquer que pode ser dividida num número finito de partes desse tipo por meio de superfícies auxiliares lisas por partes, então o teorema fica estabelecido quando somamos os resultados obtidos para cada parte separadamente (conforme a demonstração do teorema de Green na Sec. 5-5). As integrais de superfície sobre as superfícies auxiliares cancelam-se duas a duas e a soma das integrais de superfície é precisamente a integral sobre toda a fronteira S de R; somando as integrais de volume sobre as partes, obtém-se a integral sobre R. Por fim, o resultado pode ser estendido à região R bem geral considerada no teorema por meio de um processo de limites [ver O. D. Kellogg, *Foundations of Potential Theory* (Berlim: Springer, 1929)].

Uma vez estabelecida a Eq. (5-86), basta trocar o nome das variáveis para chegar aos resultados (5-87) e (5-88). Somando essas três equações, obtém-se a Eq. (5-85).

Como primeira aplicação do teorema da divergência, vamos ver uma nova interpretação da divergência de um campo vetorial $\mathbf{v}$. Seja S_r uma esfera de centro (x_1, y_1, z_1) e de raio r. Indiquemos por R_r a esfera S_r mais seu interior. Lembramos que o teorema da média para integrais afirma que

$$\iiint_R f(x, y, z)\,dx\,dy\,dz = f(x^*, y^*\ z^*) \cdot V,$$

onde (x^*, y^*, z^*) é um ponto de R e V é o volume de R, contanto que f seja contínua em R (ver na Sec. 4-6 a formulação para integrais duplas). Aplicando o teorema à integral

$$\iiint_{R_r} \operatorname{div} \mathbf{v}\,dx\,dy\,dz,$$

concluímos que

$$\iiint_{R_r} \operatorname{div} \mathbf{v}\,dx\,dy\,dz = \operatorname{div} \mathbf{v}(x^*, y^*, z^*) \cdot V_r,$$

para algum (x^*, y^*, z^*) em R_r, sendo que V_r denota o volume $(\frac{4}{3}\pi r^3)$ de R_r. Aplicando o teorema da divergência, concluímos que

$$\operatorname{div} \mathbf{v}(x^*, y^*, z^*) = \frac{1}{V_r} \iint_{S_r} v_n\,d\sigma.$$

Fazendo agora r tender a 0, o ponto (x^*, y^*, z^*) deve se aproximar do centro (x_1, y_1, z_1). Portanto

$$\operatorname{div} \mathbf{v}(x_1, y_1, z_1) = \lim_{r \to 0} \frac{1}{V_r} \iint_{S_r} v_n \, d\sigma. \tag{5-91}$$

A integral de superfície $\iint v_n \, d\sigma$ pode ser vista como *o fluxo* do campo vetorial $\mathbf{v}$ através S_r. Portanto *a divergência de um campo vetorial num ponto é igual ao valor-limite do fluxo através de uma esfera com centro no ponto, dividido pelo volume da esfera, à medida que o raio da esfera tende a* 0. A superfície esférica e o sólido aqui usados podem ser substituídos por elementos correspondentes mais gerais, contanto que o "encolhimento para 0" se processe de modo apropriado. Assim, em suma, a divergência é igual ao fluxo por unidade de volume.

Este resultado é de uma importância fundamental, pois ele dá à divergência um significado independente de qualquer sistema de coordenadas. Ele apresenta também uma profunda visão do significado de uma divergência positiva, negativa, ou nula, nos problemas de física. Podemos usar a Eq. (5-91) como *definição* da divergência, o que é feito freqüentemente; nesse caso, devemos verificar, por meio do teorema da divergência enunciado sob a forma (5-85), que obtemos a fórmula habitual

$$\frac{\partial v_x}{\partial x} + \frac{\partial v_y}{\partial y} + \frac{\partial v_z}{\partial z}$$

em cada sistema de coordenadas.

Podemos aplicar a Eq. (5-91) ao caso $\mathbf{v} = \mathbf{u}$, onde $\mathbf{u}$ é o vetor-velocidade de um movimento de fluido. A expressão $u_n \, d\sigma$ pode ser vista como o volume ocupado por unidade de tempo pelo fluido que atravessa o elemento de área $d\sigma$ no sentido e direção de $\mathbf{n}$ (ver Fig. 5-30). Nesse caso, a integral $\iint u_n \, d\sigma$ do fluxo sobre a superfície S_r mede a taxa total de variação do volume de enchi-

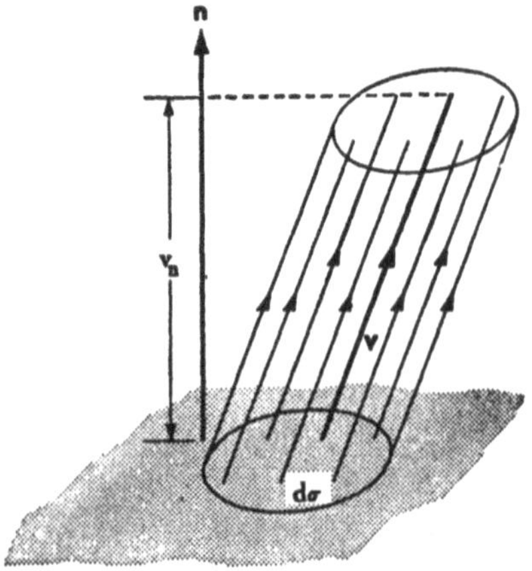

Figura 5-30. Fluxo $= \iint v_n d\sigma$

mento (volume que sai menos volume introduzido, por unidade de tempo). Conforme (5-91), div $\boldsymbol{u}$ mede então o valor-limite dessa taxa por unidade de volume, num ponto (x_1, y_1, z_1). Se o fluido for *incompressível*, o volume que sai será precisamente igual ao volume de entrada, de sorte que o fluxo através de S_r é sempre 0. Por (5-91), isso significa que div $\boldsymbol{u} = 0$; reciprocamente, conforme (5-84), se div $\boldsymbol{u} = 0$ em D, então o fluido é incompressível. Uma outra interpretação de div $\boldsymbol{u}$ é apresentada no Prob. 6 no final deste capítulo.

Podemos também tomar $\boldsymbol{v} = \rho \boldsymbol{u}$, sendo ρ a densidade de um fluido e $\boldsymbol{u}$ a velocidade do movimento desse fluido. Nessas condições, a integral de fluxo

$$\iint_S v_n \, d\sigma = \iint_S \rho u_n \, d\sigma$$

mede a razão na qual a *massa* está saindo do sólido R, via superfície S. O motivo é que $u_n \, d\sigma$ mede o volume de fluido que passa através de um elemento de área por unidade de tempo e $\rho u_n \, d\sigma$ mede a massa desse volume. Por (5-91), a divergência div $\boldsymbol{v}$ mede essa taxa de perda de massa por unidade de volume. Mas essa taxa é precisamente a razão na qual a densidade está *diminuindo* no ponto (x_1, y_1, z_1). Logo,

$$\frac{\partial \rho}{\partial t} = -\operatorname{div} \boldsymbol{v} = -\operatorname{div}(\rho \boldsymbol{u}),$$

ou seja,

$$\frac{\partial \rho}{\partial t} + \operatorname{div}(\rho \boldsymbol{u}) = 0. \tag{5-92}$$

Essa é a *equação de continuidade* da hidrodinâmica. Ela expressa a *conservação de massa*. Uma outra conseqüência é apresentada no Prob. 8 no fim deste capítulo.

PROBLEMAS

1. Calcular pelo teorema da divergência:

(a) $\iint_S x \, dy \, dz + y \, dz \, dx + z \, dx \, dy$ onde S é a esfera $x^2 + y^2 + z^2 = 1$ e $\boldsymbol{n}$ é o vetor normal exterior;

(b) $\iint_S v_n \, d\sigma$, onde $\boldsymbol{v} = x^2 \boldsymbol{i} + y^2 \boldsymbol{j} + z^2 \boldsymbol{k}$, sendo $\boldsymbol{n}$ o normal exterior e S a superfície do cubo: $0 \leqq x \leqq 1$, $0 \leqq y \leqq 1$, $0 \leqq z \leqq 1$.

2. Seja S a superfície de fronteira de uma região R no espaço e seja $\boldsymbol{n}$ o vetor normal exterior de S. Demonstrar as fórmulas:

(a) $$V = \iint_S x\,dy\,dz = \iint_S y\,dz\,dx = \iint_S z\,dx\,dy =$$
$$= \frac{1}{3}\iint_S x\,dy\,dz + y\,dz\,dx + z\,dx\,dy,$$

onde V é volume de R;

(b) $$\iint_S x^2\,dy\,dz + 2xy\,dz\,dx + 2xz\,dx\,dy = 6\,V\,\bar{x},$$

onde $(\bar{x}, \bar{y}, \bar{z})$ é o centróide de R;

(c) $\iint_S \operatorname{rot} \boldsymbol{v} \cdot \boldsymbol{n}\,d\sigma = 0$, onde $\boldsymbol{v}$ é um campo vetorial qualquer.

3. Seja S a superfície de fronteira de uma região R, com normal exterior $\boldsymbol{n}$, como no teorema da divergência acima. Seja D um domínio contendo R, e sejam $f(x, y, z)$, $g(x, y, z)$ duas funções definidas e contínuas em D, possuindo derivadas primeiras e segundas contínuas. Demonstrar as seguintes relações:

(a) $$\iint_S f\,\frac{\partial g}{\partial n}\,d\sigma = \iiint_R f\,\nabla^2 g\,dx\,dy\,dz + \iiint_R (\nabla f \cdot \nabla g)\,dx\,dy\,dz;$$

[*Sugestão*: empregar a identidade $\nabla \cdot (f\boldsymbol{u}) = \nabla f \cdot \boldsymbol{u} + f(\nabla \cdot \boldsymbol{u})$.]

(b) se g é harmônica em D, então

$$\iint_S \frac{\partial g}{\partial n}\,d\sigma = 0;$$

[*Sugestão*: tomar $f = 1$ em (a).]

(c) se f é harmônica em D, então

$$\iint_S f\,\frac{\partial f}{\partial n}\,d\sigma = \iiint_R |\nabla f|^2\,dx\,dy\,dz;$$

(d) se f é harmônica em D e $f \equiv 0$ em S, então $f \equiv 0$ em R (ver o último parágrafo da Sec. 4-6);

(e) se f e g são harmônicas em D e $f \equiv g$ em S, então $f \equiv g$ em R; [*Sugestão*: empregar (d).]

(f) se f é harmônica em D e $\partial f/\partial n = 0$ em S, então f é constante em R;

(g) se f e g são harmônicas em D e $\partial f/\partial n = \partial g/\partial n$ em S, então $f + g =$ constante em R;

(h) se f e g são harmônicas em R, e

$$\frac{\partial f}{\partial n} = -f + h, \quad \frac{\partial g}{\partial n} = -g + h \text{ em } S, \quad h = h(x, y, z),$$

então

$$f \equiv g \text{ em } R;$$

(i) se f e g satisfazem ambas à mesma *equação de Poisson* em R:

$$\nabla^2 f = -4\pi h, \qquad \nabla^2 g = -4\pi h, \qquad h = h(x, y, z),$$

e $f = g$ em S, então

$$f \equiv g \text{ em } R;$$

(j) $$\iint\limits_S \left(f\frac{\partial g}{\partial n} - g\frac{\partial f}{\partial n} \right) d\sigma = \iiint\limits_R (f\nabla^2 g - g\nabla^2 f)\, dx\, dy\, dz;$$

[*Sugestão:* empregar (a).]

(k) se f e g são harmônicas em R, então

$$\iint\limits_S \left(f\frac{\partial g}{\partial n} - g\frac{\partial f}{\partial n} \right) d\sigma = 0;$$

(l) se f e g satisfazem às equações

$$\nabla^2 f = hf, \qquad \nabla^2 g = hg, \qquad h = h(x, y, z),$$

em R, então

$$\iint\limits_S \left(f\frac{\partial g}{\partial n} - g\frac{\partial f}{\partial n} \right) d\sigma = 0.$$

Observação. As partes (a) e (j) são conhecidas como *a primeira e a segunda identidades de Green.*

RESPOSTAS

1. (a) 4π, (b) 3.

5-12. O TEOREMA DE STOKES. Já vimos, na Sec. 5-5, que o teorema de Green pode ser escrito sob a forma

$$\oint\limits_C u_T\, ds = \iint\limits_R \text{rot}_z\, \boldsymbol{u}\, dx\, dy.$$

Isso sugere que, para uma curva plana simples C qualquer no espaço (Fig. 5-31), vale

$$\int_C u_T \, ds = \iint_S \operatorname{rot}_n \boldsymbol{u} \, d\sigma, \tag{5-93}$$

onde $\boldsymbol{n}$ é normal ao plano que contém C, S é a superfície plana limitada por C, e o sentido positivo de C é dado pela orientação de S determinada por $\boldsymbol{n}$. Frisamos, na Sec. 5-9, que a escolha de um vetor normal continuamente variável para uma superfície determina um sentido positivo para cada curva simples fechada C, quando vista como bordo (fronteira) de uma parte da superfície.

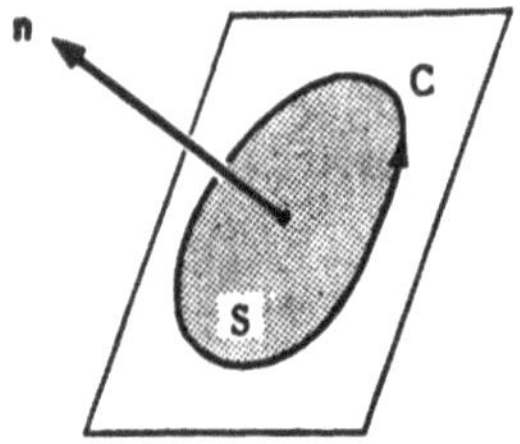

Figura 5-31

Podemos generalizar a Eq. (5-93) ainda mais, substituindo S por uma superfície lisa orientável qualquer cujo bordo é uma curva simples fechada C, não necessariamente plana. Novamente, a escolha de um vetor normal contínuo determina o sentido de C, como mostra a Fig. 5-32. Insistimos que essa relação entre $\boldsymbol{n}$ e o sentido de C, tal como definido na Sec. 5-9, depende da noção de *tripla positiva* de vetores, portanto de uma determinada orientação do espaço (Sec. 1-10). Se for invertida a orientação, o vetor normal $\boldsymbol{n}$ dado corresponderá ao sentido oposto de C.

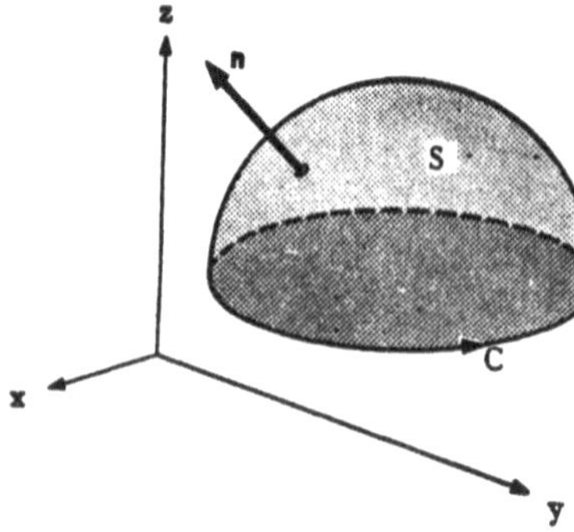

Figura 5-32

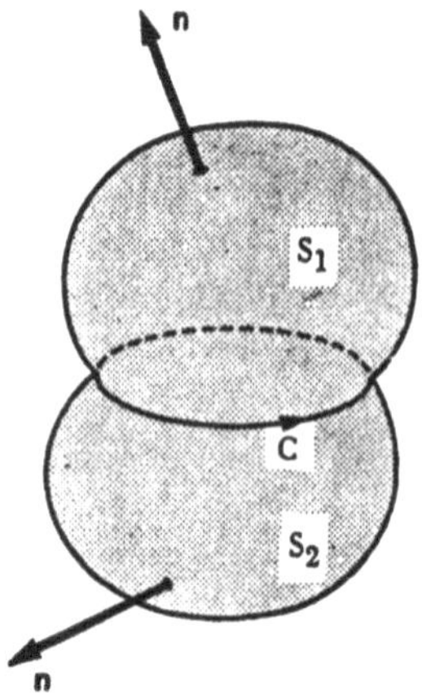

Figura 5-33

A Eq. (5-93) é o teorema de Stokes, e mostraremos que ela é válida sob hipóteses muito gerais. Um outro motivo para esperar-se uma tal relação é o fato de que, se duas superfícies S_1 e S_2 têm a mesma fronteira C e nenhum outro ponto em comúm, como na Fig. 5-33, então vale

$$\iint_{S_1} \text{rot}_u \, \boldsymbol{n} d\sigma = \iint_{S_2} \text{rot}_n \, \boldsymbol{u} d\sigma, \tag{5-94}$$

contanto que S_1 e S_2 sejam orientadas de modo a determinar o mesmo sentido sobre C, pois, falando intuitivamente, temos

$$\iint_{S_1} \text{rot}_n \boldsymbol{u} \, d\sigma - \iint_{S_2} \text{rot}_n \boldsymbol{u} \, d\sigma = \iint_{S} \text{rot}_n \boldsymbol{u} \, d\sigma,$$

onde S é a superfície orientada formada por S_1 mais S_2 com a normal invertida. Então S limita uma determinada região sólida R e, pelo teorema da divergência, vem que

$$\iint_{S} \text{rot}_n \, \boldsymbol{u} d\sigma = \pm \iiint_{R} \text{div rot } \boldsymbol{u} \, dx \, dy \, dz = 0.$$

(O sinal + ou − depende de $\boldsymbol{n}$ ser normal exterior ou interior.) Assim sendo, a integral de superfície $\iint \text{rot}_n \, \boldsymbol{u} \, dA$ assume o mesmo valor para todas as superfícies que têm C como fronteira, e é natural esperar que as integrais de superfície possam ser expressas em termos de uma integral curvilínea de $\boldsymbol{u}$ sobre C.

Teorema de Stokes. *Seja S uma superfície lisa por partes, orientada, no espaço, cujo bordo C é uma curva lisa por partes, simples e fechada, orientada conforme a orientação dada em S. Seja $\boldsymbol{u} = L\boldsymbol{i} + M\boldsymbol{j} + N\boldsymbol{k}$ um campo vetorial com componentes contínuas e deriváveis, um domínio D do espaço contendo S. Nessas condições, tem-se*

$$\int_C u_T \, ds = \iint_S (\text{rot } \boldsymbol{u} \cdot \boldsymbol{n}) \, d\sigma, \tag{5-95}$$

onde $\boldsymbol{n}$ é o vetor normal unitário escolhido para S; em outros termos, vale

$$\int_C L\,dx + M\,dy + N\,dz = \iint_S \left(\frac{\partial N}{\partial y} - \frac{\partial M}{\partial z}\right) dy\,dz + \left(\frac{\partial L}{\partial z} - \frac{\partial N}{\partial x}\right) dz\,dx$$

$$+ \left(\frac{\partial M}{\partial x} - \frac{\partial L}{\partial y}\right) dx\,dy. \tag{5-96}$$

Demonstração. Como no teorema da divergência, basta demonstrarmos três equações distintas:

$$\int_C L\,dx = \iint_S \frac{\partial L}{\partial z}\,dz\,dx - \frac{\partial L}{\partial y}\,dx\,dy, \qquad \int M\,dy = \ldots, \ \ldots$$

Outrossim, podemos limitar nossa atenção ao caso em que S pode ser representada sob a forma

$$z = f(x, y), \quad \text{para } (x, y) \text{ em } R_{xy},$$

conforme indicado na Fig. 5-34; como na demonstração do teorema da divergência, o caso geral pode ser tratado mediante uma decomposição num número finito de tais partes, quando possível, seguido de um processo por limites.

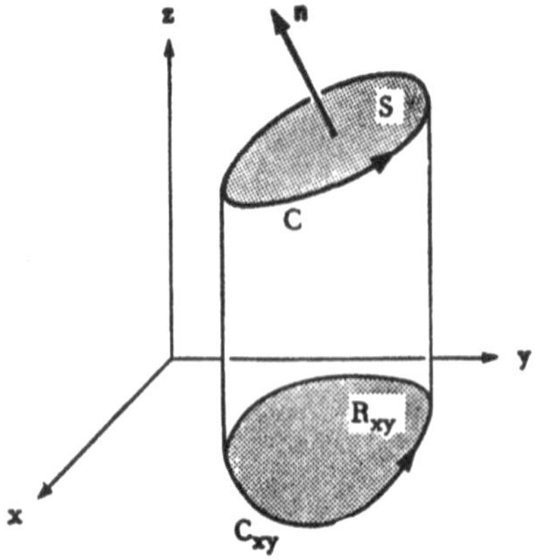

Figura 5-34. Demonstração do teorema de Stokes

Se S tem a forma $z = f(x, y)$, a curva C projeta-se no plano xy segundo uma curva C_{xy} (Fig. 5-34); quando (x, y, z) percorre uma volta sobre C no sentido dado, sua projeção $(x, y, 0)$ percorre uma vez C_{xy} no sentido correspondente. Se o vetor normal $\boldsymbol{n}$ escolhido para S é o normal superior, o sentido sobre C_{xy} é positivo e, pelo teorema de Green, vem que

$$\int_C L(x, y, z)\, dx = \int_{C_{xy}} L[x, y, f(x, y)]\, dx = -\iint_{R_{xy}} \left(\frac{\partial L}{\partial y} + \frac{\partial L}{\partial z}\frac{\partial f}{\partial y}\right) dx\, dy.$$

Sob as mesmas hipóteses para o vetor normal, temos, por (5-80) acima,

$$\iint_S \frac{\partial L}{\partial z}\, dz\, dx - \frac{\partial L}{\partial y}\, dx\, dy = \iint_{R_{xy}} \left(-\frac{\partial L}{\partial z}\frac{\partial f}{\partial y} - \frac{\partial L}{\partial y}\right) dx\, dy.$$

Segue-se de imediato que

$$\int_C L\, dx = \iint_S \frac{\partial L}{\partial z}\, dz\, dx - \frac{\partial L}{\partial y}\, dx\, dy. \tag{5-97}$$

Se for trocado o sentido de $\boldsymbol{n}$, ambos os membros mudarão de sinal, de sorte que (5-97) será, em geral, válida. Em seguida, raciocinando como acima, vemos que (5-97) é válida para uma S orientável qualquer. Do mesmo modo, estabelecemos as equações análogas a (5-97) para M e N, no caso de uma S geral. A soma das equações para L, M, N resulta no teorema de Stokes na sua mais ampla generalidade.

Da mesma forma que o teorema da divergência fornece uma nova interpretação para a divergência de um vetor, o teorema de Stokes fornece uma nova interpretação para o rotacional de um vetor. Para chegarmos a isso, tomamos para S_r um disco circular no espaço, de raio r e de centro (x_1, y_1, z_1), limitado pelo círculo C_r (Fig. 5-35). Em virtude do teorema de Stokes e do

Figura 5-35

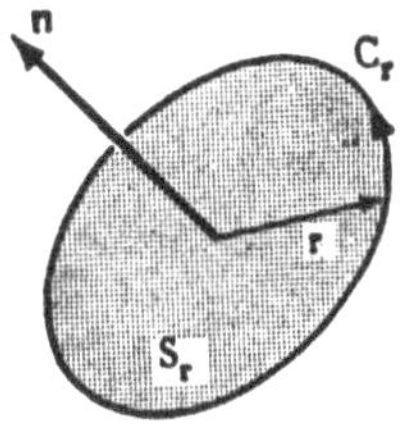

teorema da média para integrais, temos

$$\int_{C_r} u_T ds = \iint_S \text{rot}_n\, \boldsymbol{u}\, d\sigma = \text{rot}_n\, \boldsymbol{u}(x^*, y^*, z^*) \cdot A_r,$$

onde A_r é a área (πr^2) de S_r e (x^*, y^*, z^*) é um ponto convenientemente escolhido em S_r. Podemos agora escrever

$$\text{rot}_n\, \boldsymbol{u}(x^*, y^*, z^*) = \frac{1}{A_r} \int_{C_r} u_T\, ds.$$

No caso de um movimento de fluido com velocidade $\boldsymbol{u}$, a integral $\int u_T\, ds$ chama-se a *circulação* em C_r; ela diz até que ponto o movimento de fluido é uma rotação pelo círculo C_r no sentido dado. Se agora fazemos r tender a 0, temos

$$\text{rot}_n\, \boldsymbol{u}(x_1, y_1, z_1) = \lim_{r \to 0} \frac{1}{A_r} \int_{C_r} u_T\, ds; \qquad (5\text{-}98)$$

ou seja, a componente do rot $\boldsymbol{u}$ em (x_1, y_1, z_1) na direção de $\boldsymbol{n}$ é o limite do quociente da circulação pela área de um círculo com centro em (x_1, y_1, z_1) tendo $\boldsymbol{n}$ como vetor normal. Em poucas palavras, o rotacional é igual à circulação por unidade de área. No processo de limites, o disco circular pode ser substituído por uma superfície mais geral tendo $\boldsymbol{n}$ como normal, contanto que o encolhimento para zero seja feito de modo apropriado. Se tomamos $\boldsymbol{n}$ como sendo $\boldsymbol{i}, \boldsymbol{j}$ e $\boldsymbol{k}$ sucessivamente, obtemos as componentes de rot $\boldsymbol{u}$ sobre os três eixos.

A equação (5-98), por ter um significado independente do sistema de coordenadas escolhido, prova que o rotacional de um campo de vetores tem um significado que não depende do sistema de coordenadas particular (à direita) escolhido no espaço. Na verdade, (5-98) pode ser usada para definir o rotacional. [Se for trocada a orientação do espaço, o sentido do rotacional também será trocado (ver também a Sec. 3-8).]

5-13. INTEGRAIS INDEPENDENTES DO CAMINHO. CAMPOS IRROTACIONAIS E CAMPOS SOLENOIDAIS. Como há duas maneiras de generalizar o teorema de Green para o espaço – pelo teorema da divergência e pelo teorema de Stokes – podemos generalizar de dois modos as discussões feitas nas Secs. 5-6 e 5-7 acima: para integrais de superfície e para integrais curvilíneas. No caso das integrais curvilíneas, os resultados para duas dimensões são repetidos sem grandes modificações. As integrais de superfície pedem um tratamento um pouco diferente.

As integrais curvilíneas independentes do caminho no espaço são definidas do mesmo modo que no plano. Valem, então, os teoremas que seguem.

Teorema I. *Seja* $\boldsymbol{u} = X\boldsymbol{i} + Y\boldsymbol{j} + Z\boldsymbol{k}$ *um campo de vetores com componentes contínuas num domínio D do espaço. A integral curvilínea*

$$\int u_T\, ds = \int X\,dx + Y\,dy + Z\,dz$$

é independente do caminho se, e somente se, existe uma função $F(x, y, z)$ *definida em D, tal que*

$$\frac{\partial F}{\partial x} = X, \quad \frac{\partial F}{\partial y} = Y, \quad \frac{\partial F}{\partial z} = Z$$

para todo ponto de D. Em outras palavras, a integral curvilínea é independente do caminho se, e somente se, $\boldsymbol{u}$ *é um vetor gradiente*:

$$\boldsymbol{u} = \operatorname{grad} F.$$

A demonstração para duas dimensões da Sec. 5-6 pode ser repetida sem modificação profunda. Quando a integral é independente do caminho, tem-se $X\,dx + Y\,dy + Z\,dz = dF$ para alguma F e

$$\int_A^B X\,dx + Y\,dy + Z\,dz = \int_A^B dF = F(B) - F(A),$$

como no caso do plano.

Teorema II. *Sejam X, Y, Z funções contínuas num domínio D do espaço. A integral curvilínea*

$$\int X\,dx + Y\,dy + Z\,dz$$

é independente do caminho em D se, e somente se,

$$\int_C X\,dx + Y\,dy + Z\,dz = 0$$

sobre toda curva simples fechada C em D.

A demonstração é análoga àquela feita no caso do plano.

Teorema III. *Seja* $\boldsymbol{u} = X\boldsymbol{i} + Y\boldsymbol{j} + Z\boldsymbol{k}$ *um campo de vetores num domínio* D *do espaço; sejam* X, Y, Z *funções com derivadas parciais contínuas em* D. *Se a integral*

$$\int u_T \, ds = \int X\,dx + Y\,dy + Z\,dz$$

é independente do caminho em D, *então* rot $\boldsymbol{u} \equiv 0$ *em* D, *isto é, tem-se*

$$\frac{\partial Z}{\partial y} \equiv \frac{\partial Y}{\partial z}, \quad \frac{\partial X}{\partial z} \equiv \frac{\partial Z}{\partial x}, \quad \frac{\partial Y}{\partial x} \equiv \frac{\partial X}{\partial y}. \tag{5-99}$$

Reciprocamente, se D *é simplesmente conexo e vale* (5-99), *então* $\int X\,dx + Y\,dy + Z\,dz$ *é independente do caminho em* D, *isto é, se* D *é simplesmente conexo e* rot $\boldsymbol{u} \equiv \boldsymbol{0}$ *em* D, *então*

$$u = \text{grad } F$$

para alguma F.

Um domínio D no espaço é chamado simplesmente conexo se toda curva simples fechada em D forma o bordo de uma superfície lisa, orientável, em D. Por exemplo, o interior de uma esfera é simplesmente conexo, ao passo que o interior de um toro não é. O domínio situado entre duas esferas concêntricas é simplesmente conexo, bem como o interior de uma esfera do qual foram removidos um número finito de pontos.

Na primeira parte do teorema, supomos que $\int u_T\,ds$ seja independente do caminho. Portanto, pelo Teorema I, $\boldsymbol{u} = \text{grad } F$. Conseqüentemente,

$$\text{rot } \boldsymbol{u} = \text{rot grad } F \equiv \boldsymbol{0},$$

em virtude da identidade da Sec. 3-6.

Na segunda parte do teorema, supomos D simplesmente conexo e rot $\boldsymbol{u} \equiv \boldsymbol{0}$. Para mostrar a independência do caminho, basta, pelo Teorema II, mostrar que $\int_C u_T\,ds = 0$ sobre cada curva simples fechada em D. Por hipótese, C forma o bordo de uma superfície lisa por partes S, orientada, em D. O teorema de Stokes pode ser aplicado e conclui-se que

$$\int_C u_T\,ds = \iint_S \text{rot}_n \, \boldsymbol{u} \, d\sigma = 0$$

para um sentido conveniente de C e um vetor normal $\boldsymbol{u}$ apropriado de S.

Observemos que o teorema de Stokes pode ser estendido a uma superfície arbitrária orientada S cuja fronteira é formada por curvas distintas $C_1, \ldots, C_n$ simples e fechadas. Indicando por B_S essa fronteira, munida de sentidos convenientes, temos

$$\int_{B_S} u_T\,ds = \iint_S \text{rot}_n \, \boldsymbol{u} \, d\sigma.$$

A demonstração é feita como na Sec. 5-7. Em particular, se rot $\boldsymbol{u} \equiv \mathbf{0}$ em D, então

$$\int_{B_S} u_T \, ds = 0.$$

Esse resultado pode ser usado para calcular integrais curvilíneas em domínios "multiplamente conexos", como na Sec. 5-7.

Um campo vetorial $\boldsymbol{u}$ (cujas componentes possuem derivadas contínuas) tal que

$$\text{rot } \boldsymbol{u} \equiv \mathbf{0}$$

num domínio D, é dito *irrotacional* em D. Em virtude dos teoremas acima, irrotacionalidade num domínio simplesmente conexo é equivalente a cada uma das seguintes propriedades:

$$\int_C u_T \, ds = 0 \text{ para toda curva simples fechada em } D;$$

$$\int u_T \, ds \text{ é independente do caminho em } D;$$

$$\boldsymbol{u} = \text{grad } F \text{ em } D.$$

Para integrais de superfície, vale uma teoria semelhante à teoria acima exposta. Ao invés de apresentar aqui uma discussão detalhada, vamos restringir nossa atenção à parte correspondente à última afirmação do Teorema III; para maiores informações, o leitor poderá consultar os livros de Brand, Phillips e Kellogg citados na lista no final do capítulo.

Teorema IV. *Seja* $\boldsymbol{u} = L\boldsymbol{i} + M\boldsymbol{j} + N\boldsymbol{k}$ *um campo de vetores cujas componentes possuem derivadas parciais contínuas num domínio esférico D. Se* div $\boldsymbol{u} \equiv 0$ *em D*:

$$\frac{\partial L}{\partial x} + \frac{\partial M}{\partial y} + \frac{\partial N}{\partial z} \equiv 0 \text{ em } D,$$

então é possível determinar um campo de vetores $\boldsymbol{v} = X\boldsymbol{i} + Y\boldsymbol{j} + Z\boldsymbol{k}$ *em D, tal que se tenha*

$$\text{rot } \boldsymbol{v} \equiv \boldsymbol{u} \text{ em } D;$$

isto é, tal que

$$\frac{\partial Z}{\partial y} - \frac{\partial Y}{\partial z} = L, \quad \frac{\partial X}{\partial z} - \frac{\partial Z}{\partial x} = M, \quad \frac{\partial Y}{\partial x} - \frac{\partial X}{\partial y} = N \qquad (5\text{-}100)$$

em D.

Observação. O teorema fornece uma recíproca do teorema da Sec. 3-6:

$$\text{div rot } \boldsymbol{u} \equiv 0,$$

pois afirma que, se div $\boldsymbol{u} \equiv 0$, então $\boldsymbol{u} \equiv$ rot $\boldsymbol{v}$ para algum $\boldsymbol{v}$. Todavia, enquanto div $\boldsymbol{u}$ pode ser 0 num domínio arbitrário D_1, o teorema fornece um $\boldsymbol{v}$ cujo rotacional é $\boldsymbol{u}$ somente em cada domínio esférico D contido em D_1; ou seja, um só $\boldsymbol{v}$ pode não servir para todo domínio D_1. Na realidade, a demonstração que segue fornece um $\boldsymbol{v}$ para D_1 todo quando D_1 é o interior de um cubo ou de um elipsóide ou de uma superfície "convexa" qualquer. É possível estabelecer a existência de $\boldsymbol{v}$ para D_1 todo em casos mais gerais [ver, por exemplo, M. Lamb, *Hydrodynamics*, 6.ª ed., pág. 203 e seguintes (Cambridge: Cambridge University Press, 1932)].

Os campos vetoriais $\boldsymbol{u}$ que satisfazem à condição div $\boldsymbol{u} \equiv 0$ chamam-se *solenoidais*. O teorema, no fundo, afirma que os campos solenoidais são (em domínios apropriados) campos da forma rot $\boldsymbol{u}$, contanto que as componentes de $\boldsymbol{u}$ possuam derivadas parciais contínuas. O campo $\boldsymbol{v}$ não é único (Prob. 5 abaixo).

Demonstração do teorema. Seja P_0 o centro do domínio esférico D e, para efeito de simplicidade, suponhamos que P_0 seja a origem (0, 0, 0). Se $P_1(x_1, y_1, z_1)$ é um ponto arbitrário de D, consideramos as funções

$$\begin{aligned} X(x_1, y_1, z_1) &= \int_0^1 [zM(x, y, z) - yN(x, y, z)]\, dt, \\ Y(x_1, y_1, z_1) &= \int_0^1 [xN(x, y, z) - zL(x, y, z)]\, dt, \\ Z(x_1, y_1, z_1) &= \int_0^1 [yL(x, y, z) - xM(x, y, z)]\, dt, \end{aligned} \tag{5-101}$$

onde, no segundo membro, x, y, z são as seguintes funções de t:

$$x = x_1 t, \qquad y = y_1 t, \qquad z = z_1 t. \tag{5-102}$$

À medida que t varia de 0 a 1, o ponto (x, y, z) varia de P_0 a P_1 sobre o segmento de reta $P_0 P_1$; portanto (x, y, z) não sai de D. Temos agora, pela regra de Leibnitz e pela regra de cadeia (Secs. 4-2 e 2-7):

$$\begin{aligned} \frac{\partial Z}{\partial y_1} &= \int_0^1 \left[y \frac{\partial L}{\partial y} \frac{\partial y}{\partial y_1} + \frac{\partial y}{\partial y_1} L - x \frac{\partial M}{\partial y} \frac{\partial y}{\partial y_1} \right] dt \\ &= \int_0^1 \left[yt \frac{\partial L}{\partial y} + tL - xt \frac{\partial M}{\partial y} \right] dt \end{aligned}$$

e, analogamente,

$$\frac{\partial Y}{\partial z_1} = \int_0^1 \left[xt\frac{\partial N}{\partial z} - zt\frac{\partial L}{\partial z} - tL \right] dt.$$

Conseqüentemente,

$$\frac{\partial Z}{\partial y_1} - \frac{\partial Y}{\partial z_1} = \int_0^1 \left[2tL - xt\left(\frac{\partial M}{\partial y} + \frac{\partial N}{\partial z}\right) + yt\frac{\partial L}{\partial y} + zt\frac{\partial L}{\partial z} \right] dt.$$

Mas, como $\operatorname{div}(L\boldsymbol{i} + M\boldsymbol{j} + N\boldsymbol{k}) = 0$, isso pode ser escrito como

$$\frac{\partial Z}{\partial y_1} - \frac{\partial Y}{\partial z_1} = \int_0^1 \left[2tL + xt\frac{\partial L}{\partial x} + yt\frac{\partial L}{\partial y} + zt\frac{\partial L}{\partial z} \right] dt.$$

Por outro lado,

$$\begin{aligned} t\frac{\partial L}{\partial t} &= t\left(\frac{\partial L}{\partial x}\frac{\partial x}{\partial t} + \frac{\partial L}{\partial y}\frac{\partial y}{\partial t} + \frac{\partial L}{\partial z}\frac{\partial z}{\partial t}\right) \\ &= t\left(x_1\frac{\partial L}{\partial x} + y_1\frac{\partial L}{\partial y} + z_1\frac{\partial L}{\partial z}\right) \\ &= x\frac{\partial L}{\partial x} + y\frac{\partial L}{\partial y} + z\frac{\partial L}{\partial z}. \end{aligned}$$

Portanto

$$\begin{aligned} \frac{\partial Z}{\partial y_1} - \frac{\partial Y}{\partial z_1} &= \int_0^1 \left(t^2\frac{\partial L}{\partial t} + 2tL\right) dt = \int_0^1 \frac{\partial}{\partial t}(t^2 L)\, dt \\ &= t^2 L\Big|_{t=0}^{t=1} = L(x_1, y_1, z_1). \end{aligned}$$

Isso estabelece a primeira das Eqs. (5-100). As duas demais são provadas da mesma maneira.

A solução $\boldsymbol{v}$ pode ser expressa sob a forma concisa

$$\boldsymbol{v}(x, y, z) = \int_0^1 t\boldsymbol{u}(xt, yt, zt) \times (x\boldsymbol{i} + y\boldsymbol{j} + z\boldsymbol{k})\, dt. \tag{5-103}$$

Se o campo de vetores $\boldsymbol{u}$ for *homogêneo de grau n*, isto é, se

$$\boldsymbol{u}(xt, yt, zt) = t^n \boldsymbol{u}(x, y, z)$$

(Prob. 9 após a Sec. 2-7), a fórmula poderá ser simplificada ainda mais:

$$\begin{aligned} \boldsymbol{v} &= \int_0^1 t^{n+1}\boldsymbol{u}(x, y, z) \times (x\boldsymbol{i} + y\boldsymbol{j} + z\boldsymbol{k})\, dt \\ &= \frac{1}{n+2}(\boldsymbol{u} \times \boldsymbol{r}), \qquad \boldsymbol{r} = x\boldsymbol{i} + y\boldsymbol{j} + z\boldsymbol{k}. \end{aligned}$$

Para uma discussão interessante deste tópico, o leitor poderá consultar as págs. 487 a 489 da revista *American Mathematical Monthly*, n.° 58 (1951).

PROBLEMAS

1. Calcular pelo teorema de Stokes:

   (a) $\int_C u_T\, ds$, onde C é a circunferência: $x^2 + y^2 = 1$, $z = 2$, orientada de modo que y seja crescente para $x \geqq 0$, e $\boldsymbol{u}$ seja o vetor $-3y\boldsymbol{i} + 3x\boldsymbol{j} + \boldsymbol{k}$;

   (b) $\int_C 2xy^2z\, dx + 2x^2yz\, dy + (x^2y^2 - 2z)dz$ sobre a curva: $x = \cos t$, $y = \operatorname{sen} t$, $z = \operatorname{sen} t$, $0 \leqq t \leqq 2\pi$, orientada segundo t crescente.

2. Calcular as integrais seguintes, mostrando que a função integranda é uma diferencial exata:

   (a) $\int_{(1,1,2)}^{(3,5,0)} yz\, dx + xz\, dy + xy\, dz$, sobre qualquer caminho;

   (b) $\int_{(1,0,0)}^{(1,0,2\pi)} \operatorname{sen} yz\, dx + xz \cos yz\, dy + xy \cos yz\, dz$, sobre a hélice: $x = \cos t$, $y = \operatorname{sen} t$, $z = t$.

3. Seja C uma curva simples fechada, *plana*, no espaço. Seja $\boldsymbol{n} = a\boldsymbol{i} + b\boldsymbol{j} + c\boldsymbol{k}$ um vetor unitário normal ao plano de C, e suponhamos que o sentido de C corresponda ao sentido de $\boldsymbol{n}$. Mostrar que

$$\frac{1}{2} \int_C (bz - cy)\, dx + (cx - az)\, dy + (ay - bx)\, dz$$

   é igual à área plana interior a C. A que se reduz a integral quando C pertence ao plano xy?

4. Seja $\boldsymbol{u} = \dfrac{-y}{x^2 + y^2}\boldsymbol{i} + \dfrac{x}{x^2 + y^2}\boldsymbol{j} + z\boldsymbol{k}$ e seja D o interior do toro obtido girando-se a circunferência: $(x-2)^2 + z^2 = 1$, $y = 0$, em torno do eixo z. Mostrar que rot $\boldsymbol{u} = \boldsymbol{0}$ em D, mas que $\int_C u_T\, ds$ não é nula quando C é a circunferência: $x^2 + y^2 = 4$, $z = 0$. Determinar os valores possíveis da integral $\int_{(2,0,0)}^{(0,2,0)} u_T\, ds$ sobre um caminho em D.

5. (a) Mostrar que, se $\boldsymbol{v}$ é uma solução da equação rot $\boldsymbol{v} = \boldsymbol{u}$ para um dado $\boldsymbol{n}$ num domínio simplesmente conexo D, então todas as soluções são dadas por $\boldsymbol{v}$ + grad f, onde f é uma função escalar qualquer derivável em D.

(b) Achar todos os vetores $\boldsymbol{v}$ tais que rot $\boldsymbol{v} = \boldsymbol{u}$ se

$$\boldsymbol{u} = (2xyz^2 + xy^3)\boldsymbol{i} + (x^2y^2 - y^2z^2)\boldsymbol{j} - (y^3z + 2x^2yz)\boldsymbol{k}.$$

6. Mostrar que, se f e g são funções escalares tendo derivadas parciais segundas contínuas num domínio D, então

$$\boldsymbol{u} = \nabla f \times \nabla g$$

é solenoidal em D. (Demonstra-se que todo vetor solenoidal pode ser representado desse modo, pelo menos num domínio convenientemente restrito.)

7. Mostrar que, se $\iint_S u_n \, d\sigma = 0$ para toda superfície esférica orientada S num domínio D, e se as componentes de $\boldsymbol{u}$ possuem derivadas contínuas em D, então $\boldsymbol{u}$ é solenoidal em D. Vale a recíproca?

RESPOSTAS

1. (a) 6π, (b) 0. 2. (a) -2, (b) 0. 4. $\dfrac{\pi}{2} \pm 2n\pi$.

5. (b) $\boldsymbol{v}$ + grad f, onde $\boldsymbol{v} = x^2y^2z\boldsymbol{i} - xy^3z\boldsymbol{j} + xy^2z^2\boldsymbol{k}$.

*5-14. MUDANÇA DE VARIÁVEIS EM INTEGRAIS MÚLTIPLAS. Foi dada na Sec. 4-8 acima a fórmula de mudança de variáveis numa integral dupla:

$$\iint_{R_{xy}} F(x, y)\, dx\, dy = \iint_{R_{uv}} F[f(u, v),\ g(u, v)] \left| \frac{\partial(x, y)}{\partial(u, v)} \right| du\, dv. \qquad (5\text{-}104)$$

Nesta seção vamos demonstrar essa fórmula sob hipóteses apropriadas. Vamos também mostrar como é ampla a aplicação dessa fórmula e explicar a fórmula mais geral:

$$\delta \iint_{R_{xy}} F(x, y)\, dx\, dy = \iint_{R_{uv}} F[f(u, v),\ g(u, v)] \frac{\partial(x, y)}{\partial(u, v)}\, du\, dv, \qquad (5\text{-}105)$$

onde δ é o "grau" da transformação da fronteira de R_{uv} na fronteira de R_{xy}.

Teorema I. *A fórmula*

$$\iint_{R_{xy}} F(x, y)\, dx\, dy = \pm \iint_{R_{uv}} F[f(u, v),\ g(u, v)] \frac{\partial(x, y)}{\partial(u, v)}\, du\, dv \qquad (5\text{-}106)$$

é válida sob as seguintes hipóteses:

(a) *R_{xy} e R_{uv} são regiões fechadas limitadas nos planos xy e uv, limitadas por curvas simples lisas por partes C_{xy} e C_{uv}, respectivamente.*

(b) *A função $F(x, y)$ é definida e possui derivadas primeiras contínuas num domínio circular D_{xy} contendo R_{xy}.*

(c) *As funções* $x = f(u, v)$, $y = g(u, v)$ *são definidas e possuem derivadas segundas contínuas num domínio* D_{uv} *contendo* R_{uv}; *se* (u, v) *é um ponto de* D_{uv}, (x, y) *é um ponto de* D_{xy}.
(d) *Quando* (u, v) *é um ponto de* C_{uv}, *o ponto* (x, y) *correspondente,* $x = f(u, v)$, $y = g(u, v)$, *pertence a* C_{xy}; *se* (u, v) *percorre* C_{uv} *uma vez no sentido positivo,* (x, y) *percorre* C_{xy} *uma vez no sentido positivo* [*correspondente ao sinal* + *em* (5-106)] *ou negativo* [*correspondente ao sinal* − *em* (5-106)].

A Fig. 5-36 descreve a situação acima. Frisamos que não se supôs que a transformação do plano *uv* no plano *xy* seja bijetora salvo na fronteira, que, quando (u, v) é um ponto de R_{uv}, o ponto (x, y) correspondente não é necessariamente ponto de R_{xy}, e que nenhuma hipótese foi feita sobre o sinal do jacobiano $\partial(x, y)/\partial(u, v)$.

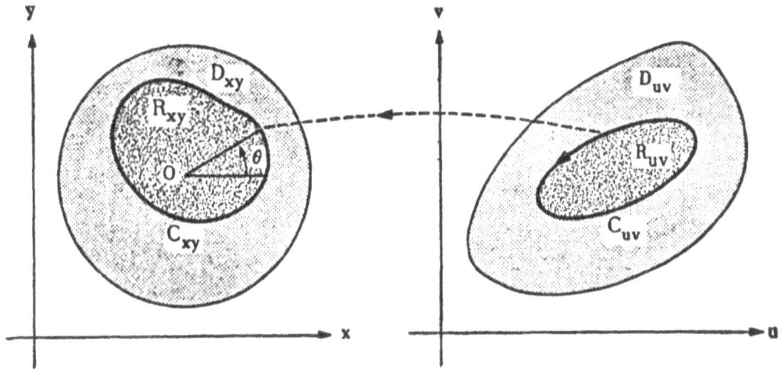

Figura 5-36. Transformação de integrais duplas

Para demonstrar o teorema, observamos inicialmente que $F(x, y)$ pode ser dada por

$$F(x, y) = \frac{\partial Q}{\partial x}$$

em D_{xy}, onde Q possui derivadas primeiras contínuas. Basta tomarmos

$$Q = \int_{x_0}^{x_1} F(x, y)\, dx$$

onde (x_0, y_0) é o centro de D_{xy}.

Usando agora o teorema de Green, vem que

$$\iint_{R_{xy}} F(x, y)\, dx\, dy = \iint_{R_{xy}} \frac{\partial Q}{\partial x}\, dx\, dy = \oint_{C_{xy}} Q\, dy.$$

A integral curvilínea $\int Q\, dy$ pode ser, de imediato, expressa como uma integral curvilínea no plano uv:

$$\oint_{C_{xy}} Q(x, y)\, dy = \pm \oint_{C_{uv}} Q[f(u, v), g(u, v)]\left(\frac{\partial g}{\partial u} du + \frac{\partial g}{\partial v} dv\right).$$

Aqui, devem-se considerar todas as diferenciais como expressas em termos de um parâmetro t: $dy = (dy/dt)\, dt$, $du = (du/dt)\, dt$, $dv = (dv/dt)\, dt$. À medida que t percorre o intervalo de h a k, C_{uv} deve ser percorrida uma única vez, no sentido positivo, de sorte que C_{xy} é percorrida uma única vez no sentido positivo ou negativo. O sinal $\pm$ corresponde a esses dois casos.

A integral curvilínea do segundo membro é da forma

$$\oint_{C_{uv}} P_1\, du + Q_1\, dv, \qquad P_1 = Q\frac{\partial g}{\partial u}, \qquad Q_1 = Q\frac{\partial g}{\partial v},$$

onde P_1 e Q_1 são definidas em D_{uv} e possuem derivadas contínuas em D_{uv}. Logo, o teorema de Green pode ser aplicado, e

$$\begin{aligned}
\oint_{C_{uv}} P_1\, du + Q_1\, dv &= \iint_{R_{uv}} \left(\frac{\partial Q_1}{\partial u} - \frac{\partial P_1}{\partial v}\right) du\, dv \\
&= \iint_{R_{uv}} \left(\frac{\partial Q}{\partial u}\frac{\partial g}{\partial v} + Q\frac{\partial^2 g}{\partial u\, \partial v} - \frac{\partial Q}{\partial v}\frac{\partial g}{\partial u} - Q\frac{\partial^2 g}{\partial v\, \partial u}\right) du\, dv \\
&= \iint_{R_{uv}} \left[\left(\frac{\partial Q}{\partial x}\frac{\partial f}{\partial u} + \frac{\partial Q}{\partial y}\frac{\partial g}{\partial u}\right)\frac{\partial g}{\partial v} - \left(\frac{\partial Q}{\partial x}\frac{\partial f}{\partial v} + \frac{\partial Q}{\partial y}\frac{\partial g}{\partial v}\right)\frac{\partial g}{\partial u}\right] du\, dv \\
&= \iint_{R_{uv}} \frac{\partial Q}{\partial x}\left(\frac{\partial f}{\partial u}\frac{\partial g}{\partial v} - \frac{\partial f}{\partial v}\frac{\partial g}{\partial u}\right) du\, dv \\
&= \iint_{R_{uv}} F[f(u, v),\ g(u, v)]\,\frac{\partial(x, y)}{\partial(u, v)}\, du\, dv,
\end{aligned}$$

pois $\partial Q/\partial x = F(x, y)$. Concluímos portanto que

$$\iint_{R_{xy}} F(x, y)\, dx\, dy = \pm \iint_{R_{uv}} F[f(u, v),\ g(u, v)]\,\frac{\partial(x, y)}{\partial(u, v)}\, du\, dv,$$

como queríamos.

Podemos afrouxar consideravelmente as restrições impostas no enunciado do teorema. Primeiramente, não é necessário supor que, à medida que (u, v) completa uma volta de C_{uv}, o ponto (x, y) dê uma volta regular sobre C_{xy}; o ponto (x, y) pode avançar, voltar, e então prosseguir adiante, etc., contanto que seja dada uma volta completa sobre a curva. Podemos esclarecer mais as condições colocadas, e obter até uma generalidade maior, do modo que segue. Seja O um ponto no interior de C_{xy} e seja θ um ângulo de coordenada polar medido em relação a O, como na Fig. 5-36. À medida que (u, v) percorre C_{uv} no sentido positivo, o ângulo θ para o ponto (x, y) correspondente pode ser escolhido de modo a variar *continuamente*. Quando (u, v) tiver percorrido C_{uv} uma vez, θ terá aumentado de um múltiplo δ de 2π. Esse inteiro δ é chamado *grau* da transformação de C_{uv} em C_{xy}. No teorema, tal como foi enunciado, δ é igual a ± 1; para um δ genérico, o teorema precisa ser reformulado:

Teorema II. *A fórmula*

$$\delta \iint_{R_{xy}} F(x, y)\, dx\, dy = \iint_{R_{uv}} F[f(u, v), g(u, v)] \frac{\partial(x, y)}{\partial(u, v)}\, dx\, dv \tag{5-107}$$

é válida sob as hipóteses (a), (b), (c) *do Teorema I e a hipótese:*

(d') *Quando (u, v) é um ponto de C_{uv}, o ponto (x, v) correspondente é um ponto de C_{xy}; o grau da transformação de C_{uv} em C_{xy} é δ.*

Não é difícil estender a demonstração acima para esse caso. Basta verificar que

$$\delta \oint_{C_{xy}} Q(x, y)\, dy = \oint_{C_{uv}} Q\left(\frac{\partial g}{\partial u} du + \frac{\partial g}{\partial v} dv\right).$$

Essa relação segue do fato de que, quando (u, v) percorre C_{uv} uma vez no sentido positivo, o ponto (x, y) percorre efetivamente a curva C_{xy} δ vezes. Se δ for negativo, então (x, y) percorrerá C_{xy} $|\delta|$ vezes no sentido negativo. Pode acontecer que $\delta = 0$, no qual caso ambos os membros de (5-107) são iguais a 0.

É interessante observar que um tratamento apurado da transformação de coordenadas retangulares a coordenadas polares requer uma fórmula tão geral quanto (5-107) (ver Prob. 4 abaixo).

Podemos ainda considerar o caso de uma região multiplamente conexa R_{xy}, limitada por curvas $C_{xy}^{(1)}, C_{xy}^{(2)}, \ldots, C_{xy}^{(k)}$. Se a fronteira de R_{uv} for um conjunto semelhante de curvas $C_{uv}^{(1)}, C_{uv}^{(2)}, \ldots, C_{uv}^{(k)}$, então a fórmula (5-107) ainda será válida, contando que cada $C_{uv}^{(i)}$, seja transformada na $C_{xy}^{(i)}$ correspondente com o mesmo grau δ. Em particular, a correspondência entre os pontos dessas fronteiras pode ser bijetora, com δ sempre igual a 1; nesse caso, obtemos novamente a fórmula (5-106), com o sinal $+$.

Foi necessário impor $F(x, y)$ definida num domínio *circular* D_{xy}, para mostrar que é possível encontrar uma Q tal que $\partial Q/\partial x = F$. Isso ainda será possível num domínio mais geral, mas, na realidade, não é necessário impor absolutamente nenhuma restrição quanto à natureza de D_{xy}.

Na demonstração acima, foi claro e inevitável o uso das condições de derivabilidade sobre F, f e g. Uma demonstração totalmente diferente pode ser obtida requerendo apenas que F seja contínua e que $f(u, v)$ e $g(u, v)$ possuam derivadas primeiras contínuas. Assim sendo, a equação (5-107) continuará válida se as condições (b) e (c) forem substituídas pelas seguintes:

(b') *A função* $F(x, y)$ *é definida e contínua num domínio* D_{xy} *contendo* R_{xy}.
(c') *As funções* $x = f(u, v)$, $y = g(u, v)$ *são definidas e possuem derivadas contínuas num domínio* D_{uv} *incluindo* R_{uv}; *quando* (u, v) *é ponto de* D_{uv}, (x, y) *é ponto de* D_{xy}.

Para as demonstrações, ver o artigo "The Transformation of Double Integrals", por R. G. Helsel e T. Radó, na revista *Transactions of the American Mathematical Society*, Vol. 54 (1943), págs. 82 a 102. O nível desse artigo é bastante avançado, e lamentamos não poder citar um tratamento mais elementar.

Quando na fórmula (5-106) toma-se $F(x, y)$ como sendo a função constante 1, o primeiro membro dá a área A de R_{xy}. Assim sendo,

$$A = \pm \iint\limits_{R_{uv}} \frac{\partial(x, y)}{\partial(u, v)}\, du\, dv.$$

Se o jacobiano $J = \partial(x, y)/\partial(u, v)$ for sempre positivo ou nulo, a integral no segundo membro será positiva, valendo apenas o sinal $+$. Com isso, concluímos, usando (a), (b), (c), (d), que:

se o jacobiano J *for sempre positivo, então, quando* (u, v) *percorre* C_{uv} *uma vez no sentido positivo, o ponto* (x, y) *percorre* C_{xy} *uma vez no sentido positivo.*

Vale um resultado análogo quando J é negativo, sendo o sentido positivo sobre C_{xy} substituído pelo sentido negativo. Combinando os dois resultados, obtemos o seguinte teorema:

Teorema III. *A fórmula*

$$\iint\limits_{R_{xy}} F(x, y)\, dx\, dy = \iint\limits_{R_{uv}} F[f(u, v), g(u, v)] \left|\frac{\partial(x, y)}{\partial(u, v)}\right| du\, dv \qquad (5\text{-}108)$$

é válida sob as condições (a), (b), (c), (d) *e*

(e) *o jacobiano* $\partial(x, y)/\partial(u, v)$ *não muda de sinal em* R_{uv}.

Demonstra-se que, se $J \neq 0$, as hipóteses feitas para o Teorema III acarretam que a transformação do plano uv no plano xy é bijetora. Por isso, o Teorema III é essencialmente a forma tradicional do teorema da transformação, tal como dado nos livros de Courant, Coursat, e Franklin da lista no fim do capítulo.

Conforme o que dissemos na Sec. 4-8, vale uma fórmula análoga à (5-106) em três (ou mais) dimensões. O método de demonstração usado aqui pode ser generalizado de modo natural, substituindo-se as integrais curvilíneas por integrais de superfície e o teorema de Green pelo teorema da divergência. Podemos também definir um *grau* δ para a correspondência de fronteiras e, então, vale uma fórmula análoga à (5-107) sem que seja feita nenhuma hipótese sobre a correspondência bijetora entre as fronteiras:

$$\delta \iiint_{R_{xyz}} F(x, y, z)\, dx\, dy\, dz = \iiint_{R_{uvw}} F[x(u, v, w), \ldots] \frac{\partial(x, y, z)}{\partial(u, v, w)} du\, dv\, dw. \qquad (5\text{-}109)$$

O grau δ mede o número real de vezes que o ponto (x, y, z) percorre a superfície de fronteira S_{xyz} quando o ponto (u, v, w) percorre a superfície de fronteira S_{uvw} de R_{uvw}. Ambas as superfícies S_{xyz} e S_{uvw} são consideradas orientadas, sendo o vetor normal em ambos os casos o normal exterior; quando determinamos δ, contamos *negativamente* as partes de S_{uvw} que são transformadas em S_{xyz} com *inversão* da orientação. Por exemplo, para a transformação

$$x = -u, \qquad y = -v, \qquad z = -w$$

da esfera $u^2 + v^2 + w^2 = 1$ na esfera $x^2 + y^2 + z^2 = 1$, temos $\delta = -1$. Como aconteceu em duas dimensões, a fórmula (5-109) pode ser estendida ao caso de R_{uvw} e R_{xyz} serem ambas limitadas por várias superfícies. Quando R_{xyz} é simplesmente conexa e é limitada por uma única superfície S_{xyz} (que tem então a estrutura de uma esfera), podemos calcular o grau δ com referência a um "ângulo sólido", por analogia com o caso do plano (ver Prob. 6 abaixo).

PROBLEMAS

1. Transformar as seguintes integrais, usando as substituições indicadas:

(a) $\displaystyle\int_0^1 \int_0^y (x^2 + y^2)\, dx\, dy, \qquad u = y, \qquad v = x;$

(b) $\displaystyle\iint_{R_{xy}} (x - y)\, dx\, dy$, onde R_{xy} é a região $x^2 + y^2 \leqq 1$, e $x = u + (1 - u^2 - v^2)$, $y = v + (1 - u^2 - v^2)$; (*Sugestão*: para R_{uv}, usar a região $u^2 + v^2 \leqq 1$.)

(c) $\displaystyle\iint_{R_{xy}} xy\, dx\, dy$, onde R_{xy} é a região $x^2 + y^2 \leqq 1$ e $x = u^2 - v^2$, $y = 2uv$.

[*Sugestão*: tomar R_{uv} como em (b).]

2. Sejam $x = f(u, v)$, $y = g(u, v)$ dadas como no Teorema II e seja C_{xy} uma curva em torno da origem O. Mostrar que o grau δ pode ser calculado pela fórmula

$$2\pi\delta = \oint_{C_{uv}} \frac{-y\, dx + x\, dy}{x^2 + y^2},$$

onde x, y, dx, dy são expressas em termos de u, v:

$$x = f(u, v), \qquad dx = \frac{\partial x}{\partial u} du + \frac{\partial x}{\partial v} dv \ldots$$

(*Sugestão*: a integral curvilínea mede a variação de $\theta = \text{arc tg}\, y/x$, como vimos na Sec. 5-6 acima.)

3. Aplicando a fórmula do Prob. 2, calcular o grau das seguintes transformações que levam da circunferência $u^2 + v^2 = 1$ para a circunferência $x^2 + y^2 = 1$:

   (a) $x = \dfrac{3u + 4v}{5}, \quad y = \dfrac{4u - 3v}{5}$;

   (b) $x = u^2 - v^2, \quad y = 2uv$;

   (c) $x = u^3 - 3uv^2, \quad y = 3u^2v - v^3$.

4. *Coordenadas polares*. Mostrar que é válida a fórmula de transformação

$$\iint_R F(x, y)\, dx\, dy = \int_0^{2\pi} \int_0^1 F(r\cos\theta,\, r\,\text{sen}\,\theta) r\, dr\, d\theta,$$

onde R é a região circular: $x^2 + y^2 \leqq 1$ e $x = r\cos\theta$, $y = r\,\text{sen}\,\theta$. [*Sugestão*: considerar primeiramente a região semicircular R_1 : $x^2 + y^2 \leqq 1$, $y \geqq 0$ e o *retângulo* correspondente: $0 \leqq \theta \leqq \pi$, $0 \leqq r \leqq 1$ no plano $r\theta$. Mostrar que são verificadas as condições do Teorema II, com $\delta = 1$. Observe que a correspondência entre a fronteira do retângulo e a do semicírculo não é bijetora. Achar um resultado análogo para a região semicircular R_2 : $x^2 + y^2 \leqq 1$, $y \leqq 0$, e somar os resultados relativos a R_1 e R_2.]

5. *Ângulo sólido*. Seja S uma superfície plana, orientada conforme um vetor normal unitário $\boldsymbol{n}$. Define-se o ângulo sólido Ω de S com respeito a um ponto O fora de S como sendo

$$\Omega(O, S) = \pm \text{ área da projeção de } S \text{ sobre } S_1,$$

onde S_1 é a esfera de raio 1 com centro em O, sendo escolhido o sinal + se $\boldsymbol{n}$ afasta-se do lado de S onde se encontra O, e o sinal – no caso contrário (Fig. 5-37).

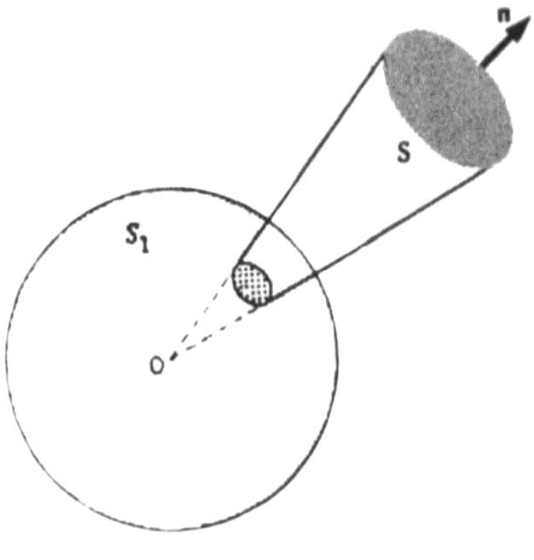

Figura 5-37. Ângulo sólido

(a) Mostrar que, se O é um ponto do plano de S, mas não pertencente a S, então $\Omega(O, S) = 0$.

(b) Mostrar que, se S é um plano completo (isto é, infinito), então $\Omega(O, S) = \pm 2\pi$.

(c) Para uma superfície geral orientada S, a superfície pode ser vista como composta de pequenos elementos, cada um dos quais é aproximadamente plano e possui um normal $\boldsymbol{n}$. Justificar a seguinte definição de *elemento de ângulo sólido* para um tal elemento de superfície:

$$d\Omega = \frac{\boldsymbol{r} \cdot \boldsymbol{n}}{r^3}\, d\sigma,$$

onde $\boldsymbol{r}$ é o vetor de O ao elemento.

(d) Com base na fórmula de (c), obtém-se como ângulo sólido para uma superfície geral orientada S a integral

$$\Omega(O, S) = \iint_S \frac{\boldsymbol{r} \cdot \boldsymbol{n}}{r^3}\, d\sigma.$$

Mostrar que, para superfícies dadas sob forma paramétrica, se O é a origem, vale

$$\Omega(O, S) = \iint_{R_{uv}} \begin{vmatrix} x & y & z \\ \dfrac{\partial x}{\partial u} & \dfrac{\partial y}{\partial u} & \dfrac{\partial z}{\partial u} \\ \dfrac{\partial x}{\partial v} & \dfrac{\partial y}{\partial v} & \dfrac{\partial z}{\partial v} \end{vmatrix} \frac{1}{(x^2 + y^2 + z^2)^{3/2}}\, du\, dv.$$

É possível, por meio dessa fórmula, definir ângulo sólido para superfícies complicadas que se cortam.

(e) Mostrar que, se o normal de S_1 é o vetor normal exterior, então $\Omega(O, S_1) = 4\pi$.

(f) Mostrar que, se S forma a fronteira de uma região R limitada, fechada, e simplesmente conexa, então $\Omega(O, S) = \pm 4\pi$ quando O está no interior de S, e $\Omega(O, S) = 0$ quando O está no exterior de S.

(g) Se S é um disco circular fixo e O é variável, mostrar que $-2\pi \leqq \Omega(O, S) \leqq 2\pi$ e que $\Omega(O, S)$ faz um salto de 4π quando O atravessa S.

6. *Grau de transformação de uma superfície em outra.* Sejam S_{uvw} e S_{xyz} duas superfícies formando as fronteiras de duas regiões R_{uvw} e R_{xyz}, respectivamente; supõe-se que R_{uvw} e R_{xyz} sejam limitadas e fechadas, e que R_{xyz} seja simplesmente conexa. Supõe-se que S_{uvw} e S_{xyz} sejam orientadas por seus vetores normais exteriores. Sejam s, t parâmetros de S_{uvw}:

$$u = u(s, t), \qquad v = v(s, t), \qquad w = w(s, t); \qquad \text{(a)}$$

a direção do vetor normal é dada por

$$(u_s\boldsymbol{i} + v_s\boldsymbol{j} + w_s\boldsymbol{k}) \times (u_t\boldsymbol{i} + v_t\boldsymbol{j} + w_t\boldsymbol{k}).$$

Consideremos três funções

$$x = x(u, v, w), \qquad y = y(u, v, w), \qquad z = z(u, v, w) \tag{b}$$

definidas e possuindo derivadas contínuas num domínio contendo S_{uvw}, e suponhamos que elas determinam uma transformação de S_{uvw} em S_{xyz}. Define-se o grau δ dessa transformação como sendo $1/4\pi$ vezes o ângulo sólido $\Omega(O, S)$ da imagem S de S_{uvw} com respeito a um ponto O do interior de S_{xyz}. Se O é a origem, então o grau é dado pela integral (integral de Kronecker)

$$\delta = \frac{1}{4\pi} \iint\limits_{R_{st}} \begin{vmatrix} x & y & z \\ \dfrac{\partial x}{\partial s} & \dfrac{\partial y}{\partial s} & \dfrac{\partial z}{\partial s} \\ \dfrac{\partial x}{\partial t} & \dfrac{\partial y}{\partial t} & \dfrac{\partial z}{\partial t} \end{vmatrix} \frac{1}{(x^2 + y^2 + z^2)^{3/2}}\, ds\, dt,$$

onde x, y, z são expressas em termos de s, t por meio de (a) e (b). Demonstra-se que δ, tal como está definido, não depende da escolha do ponto interior O, que δ é um inteiro (positivo, negativo ou nulo) e que δ mede, de fato, o número real de vezes que é descrita a superfície S_{xyz}.

Seja S_{uvw} a esfera: $u = \operatorname{sen} s \cos t$, $v = \operatorname{sen} s \operatorname{sen} t$, $w = \cos s$, $0 \leqq s \leqq \pi$, $0 \leqq t \leqq 2\pi$. Seja S_{xyz} a esfera: $x^2 + y^2 + z^2 = 1$. Determinar o grau das seguintes transformações de S_{uvw} em S_{xyz}:

(a) $x = v, \quad y = -w, \quad z = u;$

(b) $x = u^2 - v^2, \quad y = 2uv, \quad z = w\sqrt{2 - w^2}.$

RESPOSTAS

1. (a) $\displaystyle\int_0^1 \int_0^u (u^2 + v^2)\, dv\, du$, (b) $\displaystyle\iint\limits_{R_{uv}} (u - v)(1 - 2u - 2v)\, du\, dv$,

(c) $\displaystyle 4 \iint\limits_{R_{uv}} uv(u^4 - v^4) du\, dv.$

3. (a) -1, (b) 2, (c) 3. 6. (a) -1, (b) 2.

*5-15. APLICAÇÕES FÍSICAS. Esta seção apresenta uma breve discussão de algumas das aplicações importantes da divergência, do rotacional, e das integrais curvilíneas e integrais de superfície.

(a) *Dinâmica.* Se $\boldsymbol{F}$ é um campo de forças, então, como vimos anteriormente, o trabalho efetuado por $\boldsymbol{F}$ ao longo de um caminho C qualquer é

$$W = \int_C F_T\, ds. \tag{5-110}$$

Em geral, esse resultado depende do caminho. No entanto, se $\boldsymbol{F}$ for o gradiente de uma função escalar, o trabalho realizado será independente do caminho. Quando isso se verifica, a função escalar é indicada por $-U$, de modo que

$$\boldsymbol{F} = -\text{grad}\, U, \qquad U = U(x, y, z), \tag{5-111}$$

e diz-se que $\boldsymbol{F}$ deriva do potencial U; U também se chama energia potencial do campo de força. U é determinada de modo único a menos de uma constante aditiva:

$$U = -\int_{(x_1, y_1, z_1)}^{(x, y, z)} F_T\, ds + \text{constante}, \tag{5-112}$$

como na Sec. 5-6 acima. Na prática, é comum escolher-se a constante de modo tal que U tenda a 0 quando $x^2 + y^2 + z^2$ tende ao infinito.

Assim, o trabalho produzido para deslocar uma partícula de A até B é expresso em termos de U do seguinte modo:

$$W = \int_A^B F_T\, ds = U(A) - U(B); \tag{5-113}$$

ou seja, *o trabalho realizado é igual à perda de energia potencial.*

Para um campo de forças geral, vale o teorema: *o trabalho realizado é igual ao aumento de energia cinética*, demonstrado na Sec. 5-4. Combinando os dois resultados, concluímos que:

$$\text{aumento de energia cinética} = \text{perda de energia potencial},$$

ou

$$(\text{aumento de energia cinética}) + (\text{aumento de energia potencial}) = 0,$$

pois o aumento de energia potencial é igual ao oposto da perda. Se definimos agora a *energia total* como sendo E, onde

$$E = (\text{energia cinética}) + (\text{energia potencial}) = \frac{mv^2}{2} + U, \tag{5-114}$$

concluímos então que, para um movimento arbitrário da partícula sob ação da força dada,

$$E = \text{constante}; \tag{5-115}$$

em outras palavras, há conservação de energia total. Essa é a lei da *conservação de energia*, para uma partícula. Esse resultado foi estabelecido aqui sob a hipótese de $\boldsymbol{F}$ ser um vetor gradiente; demonstra-se que uma tal lei de conservação só é verificada quando $\boldsymbol{F}$ é um vetor gradiente. Por isso, todo campo de forças que seja um gradiente chama-se campo de forças *conservativo.*

(b) *Dinâmica dos fluidos.* Se $\boldsymbol{u}$ é o vetor-velocidade e ρ a densidade de um movimento de fluido, então, como vimos na Sec. 5-11, vale a *equação de continuidade*

$$\frac{\partial \rho}{\partial t} + \operatorname{div}(\rho \boldsymbol{u}) = 0. \tag{5-116}$$

Em virtude de uma identidade da Sec. 3-6, essa equação também pode ser escrita como

$$\frac{\partial \rho}{\partial t} + \operatorname{grad} \rho \cdot \boldsymbol{u} + \rho \operatorname{div} \boldsymbol{u} = 0.$$

Os dois primeiros termos são a derivada total de Stokes para ρ:

$$\frac{D\rho}{Dt} = \frac{\partial \rho}{\partial t} + \frac{\partial \rho}{\partial x}\frac{dx}{dt} + \frac{\partial \rho}{\partial y}\frac{dy}{dt} + \frac{\partial \rho}{\partial z}\frac{dz}{dt} = \frac{\partial \rho}{\partial t} + \operatorname{grad} \rho \cdot \boldsymbol{u},$$

e descrevem a taxa de variação de ρ ao longo da trajetória de uma determinada partícula no fluido em movimento. No caso de um fluido *incompressível*, temos $D\rho/Dt = 0$, de sorte que a equação de continuidade é escrita

$$\operatorname{div} \boldsymbol{u} = 0 \tag{5-117}$$

e $\boldsymbol{u}$ é solenoidal.

Veremos nos problemas abaixo uma nova interpretação de div $\boldsymbol{u}$ e uma outra prova da equação de continuidade.

A integral $\int_C u_T \, ds$ sobre uma curva fechada C foi introduzida como sendo a *circulação* do campo de velocidade. Se esta for nula para todo caminho fechado C, então, pelo Teorema III de Sec. 5-13,

$$\operatorname{rot} \boldsymbol{u} = \boldsymbol{0}. \tag{5-118}$$

Quando se verifica (5-118), diz-se que o fluxo é *irrotacional.* Pelo Teorema III mencionado, isso implica que a circulação é nula sobre qualquer caminho fechado, contanto que estejamos num domínio simplesmente conexo D. Num tal domínio D, temos $\boldsymbol{u} = \operatorname{grad} \phi$, para alguma função escalar ϕ, e chamamos $\boldsymbol{u}$ de *potencial de velocidade.*

Se o fluxo é irrotacional e incompressível, ϕ deve satisfazer à equação

$$\operatorname{div} \operatorname{grad} \phi = 0;$$

isto é, tem-se

$$\frac{\partial^2 \phi}{\partial x^2} + \frac{\partial^2 \phi}{\partial y^2} + \frac{\partial^2 \phi}{\partial z^2} = 0, \tag{5-119}$$

e ϕ é *harmônica* em D.

(c) *Eletromagnetismo.* Conforme a teoria de Maxwell, todo campo eletromagnético é descrito por dois campos de vetores $\boldsymbol{E}$ e $\boldsymbol{H}$, onde $\boldsymbol{E}$ é a força elétrica e $\boldsymbol{H}$ a intensidade do campo magnético. Em geral, tanto $\boldsymbol{E}$ como $\boldsymbol{H}$ variam com o tempo t. Na ausência de condutores, $\boldsymbol{E}$ e $\boldsymbol{H}$ satisfazem às *equações de Maxwell*:

$$\begin{aligned} &\operatorname{div} \boldsymbol{E} = 4\pi\rho, \qquad \operatorname{div} \boldsymbol{H} = 0, \\ &\operatorname{rot} \boldsymbol{E} = -\frac{1}{c}\frac{\partial \boldsymbol{H}}{\partial t}, \qquad \operatorname{rot} \boldsymbol{H} = \frac{1}{c}\frac{\partial \boldsymbol{E}}{\partial t} \end{aligned} \tag{5-120}$$

onde ρ é a densidade de carga e c uma constante universal.

No caso eletrostático, temos $\boldsymbol{H} \equiv \boldsymbol{0}$, de modo que $\boldsymbol{E}$ não depende do tempo e

$$\operatorname{rot} \boldsymbol{E} = \boldsymbol{0}. \tag{5-121}$$

Segue-se disso que (num domínio simplesmente conexo) $\boldsymbol{E}$ é o gradiente de um potencial:

$$\boldsymbol{E} = -\operatorname{grad} \psi;$$

chamamos ψ de *potencial eletrostático.* A função ψ deve então satisfazer à *equação de Poisson*:

$$\operatorname{div} \operatorname{grad} \psi = -4\pi\rho. \tag{5-122}$$

Assim sendo, num domínio sem carga, ψ é uma função *harmônica.*

A função ψ pode ser calculada pela lei de Coulomb para distribuições de cargas dadas. Assim, para uma carga pontual e na origem, temos:

$$\psi = \frac{e}{r} + \text{const.}, \qquad r = \sqrt{x^2 + y^2 + z^2}, \tag{5-123}$$

e, para uma soma de cargas pontuais, ψ é obtida por simples adição. Se a carga é distribuída ao longo de um fio C e ρ_s é a densidade (carga por unidade de comprimento), então

$$\psi(x_1, y_1, z_1) = \int_C \frac{\rho_s\, ds}{r_1} + \text{const.}, \tag{5-124}$$

onde $r_1 = \sqrt{(x - x_1)^2 + (y - y_1)^2 + (z - z_1)^2}$. Se a carga é distribuída sobre uma superfície S, então ψ é dada pela integral de superfície

$$\psi(x_1, y_1, z_1) = \iint_S \frac{\rho_a}{r_1}\, d\sigma + \text{const.}, \tag{5-125}$$

onde ρ_a é a densidade de carga (carga por unidade de área).

(d) *Condução térmica.* Seja $T(x, y, z)$ a temperatura no ponto (x, y, z) de um corpo. Quando há condução de calor no corpo, o fluxo de calor pode ser representado por um vetor $\boldsymbol{u}$ tal que a integral de fluxo

$$\iint_S u_n\, d\sigma$$

para cada superfície orientada S represente o número de calorias que passam por S no sentido e direção do vetor normal dado, por unidade de tempo. A lei mais elementar de condução térmica postula que

$$\mathbf{u} = -k \operatorname{grad} T, \tag{5-126}$$

com $k > 0$; geralmente, k é tratado como uma constante. Em conseqüência da Eq. (5-126), o calor se escoa no sentido de temperatura decrescente e a taxa de escoamento é proporcional ao gradiente da temperatura: $|\operatorname{grad} T|$.

Quando S é uma superfície fechada, formando a fronteira de uma região R do corpo, tem-se, pelo teorema da divergência,

$$\iint_S u_n \, dA = \iiint_R \operatorname{div} \mathbf{u} \, dx \, dy \, dz. \tag{5-127}$$

Segue-se que a quantidade total de calor que *penetra* R é

$$-\iint_S u_n \, dA = \iiint_R k \operatorname{div} \operatorname{grad} T \, dx \, dy \, dz. \tag{5-128}$$

Por outro lado, a razão na qual o calor está sendo absorvido por unidade de massa também pode ser calculada por $c \dfrac{\partial T}{\partial t}$, onde c é o calor específico; assim sendo, a razão na qual R está recebendo calor é

$$\iiint_R c\rho \frac{\partial T}{\partial t} \, dx \, dy \, dz, \tag{5-129}$$

onde ρ é a densidade. Igualando as duas expressões, obtemos

$$\iiint_R \left(c\rho \frac{\partial T}{\partial t} - k \operatorname{div} \operatorname{grad} T \right) dx \, dy \, dz = 0. \tag{5-130}$$

Como isso deve verificar-se para uma região sólida R *qualquer*, a função integrada (se contínua) deve ser nula em todos os pontos.
Logo,

$$c\rho \frac{\partial T}{\partial t} - k \operatorname{div} \operatorname{grad} T = 0. \tag{5-131}$$

Essa é a equação fundamental para condução térmica. Se o corpo está em equilíbrio térmico, então $\partial T/\partial t = 0$ e conclui-se que

$$\operatorname{div} \operatorname{grad} T = 0; \tag{5-132}$$

em outras palavras, T é *harmônica*.

(e) *Termodinâmica*. Seja V um determinado volume de gás contido num recipiente e sujeito a uma pressão p. Experiências mostram que, para cada tipo de gás, há uma "equação de estado"

$$f(p, V, T) = 0, \tag{5-133}$$

relacionando pressão, volume e temperatura T. No caso de um "gás ideal" (baixa densidade e alta temperatura), a Eq. (5-133) assume uma forma especial:

$$pV = RT, \tag{5-134}$$

onde R é uma constante (a mesma para todos os gases, se é usado um mol de gás).

A cada gás é também associado um escalar U, a energia interna total; ela é análoga à energia cinética mais a energia potencial consideradas acima. Para cada gás, U é dada como uma função específica do "estado", portanto em termos de p e V:

$$U = U(p, V). \tag{5-135}$$

A equação particular (5-135) depende do gás considerado. No caso de um gás ideal, (5-135) assume a forma:

$$U = c_V \frac{pV}{R} = c_V T, \tag{5-136}$$

onde c_V, o *calor específico* em volume constante, é constante.

Quando se dá uma seqüência de mudanças do estado de um gás, diz-se que o gás submeteu-se a um determinado *processo*; num tal caso, p e V e, portanto, T e U são funções do tempo t. O estado num instante t pode ser representado por um ponto (p, V) num diagrama pV (Fig. 5-38) e o processo por uma curva C, com parâmetro t. É possível medir no decorrer de um tal processo a *quantidade Q de calor* recebido pelo gás. A primeira lei da termodinâmica equivale a afirmar que

$$\frac{dQ}{dt} = \frac{dU}{dt} + p\frac{dV}{dt}, \tag{5-137}$$

onde $Q(t)$ é a quantidade de calor recebida até o instante t. Vem então que a quantidade de calor introduzida num determinado processo é dada por uma integral:

$$Q(h) - Q(0) = \int_0^h \left(\frac{dU}{dt} + p\frac{dV}{dt}\right) dt. \tag{5-138}$$

Mas, em virtude de (5-135), dU pode ser expressa em termos de dp e dV:

$$dU = \left(\frac{\partial U}{\partial p}\right)_V dp + \left(\frac{\partial U}{\partial V}\right)_p dV. \tag{5-139}$$

Logo, a Eq. (5-138) pode ser expressa por uma integral curvilínea:

$$\begin{aligned} Q(h) - Q(0) &= \int_0^h \left\{\left(\frac{\partial U}{\partial p}\right)_V \frac{dp}{dt} + \left[\left(\frac{\partial U}{\partial V}\right)_p + p\right]\frac{dV}{dt}\right\} dt \\ &= \int\limits_C \left(\frac{\partial U}{\partial p}\right)_V dp + \left[\left(\frac{\partial U}{\partial V}\right)_p + p\right] dV, \end{aligned} \tag{5-140}$$

ou, usando (5-139), simplesmente por

$$Q(h) - Q(0) = \int_C dU + p\,dV. \tag{5-141}$$

Para que (5-140) ou (5-141) seja independente do caminho C, devemos ter

$$\frac{\partial}{\partial V}\left(\frac{\partial U}{\partial p}\right) = \frac{\partial}{\partial p}\left(\frac{\partial U}{\partial V} + p\right);$$

ou seja,

$$\frac{\partial^2 U}{\partial V\,\partial p} = \frac{\partial^2 U}{\partial p\,\partial V} + 1.$$

Como isso é impossível (quando U possui derivadas segundas contínuas), o calor introduzido depende do caminho. Para um caminho simples fechado C_1, como na Fig. 5-38, o calor introduzido é

$$\oint_{C_1} dU + p\,dV.$$

Como U é uma função dada de p e V, temos $\oint dU = 0$; assim sendo, o calor introduzido reduz-se a

$$\int_{C_1} p\,dV$$

Essa integral é precisamente a integral de área $\int y\,dx$ vista na Sec. 5-5, com y substituído por p e x por V. Assim, num tal ciclo anti-horário, o calor introduzido é *negativo*; há uma *perda* de calor igual à área delimitada (sendo que uma unidade de área corresponde a uma unidade de *energia*). A integral $\int p\,dV$ também pode ser interpretada como o *trabalho* mecânico realizado pelo gás sobre o meio ambiente, ou como o oposto do trabalho realizado pelo meio ambiente sobre o gás. Para o processo da curva C_1 considerado acima, a perda de calor é igual ao trabalho efetuado sobre o gás; a energia total permanece inalterada, em conformidade com a lei da conservação de energia, expressa pela lei (5-137) da termodinâmica.

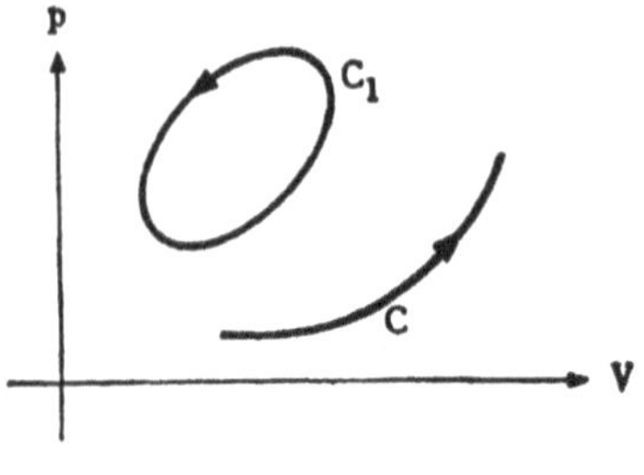

Figura 5-38

Embora a integral $\int dU + p\,dV$ não seja independente do caminho, sabe-se experimentalmente que a integral

$$\int \frac{1}{T}\,dU + \frac{p}{T}\,dV$$

não depende do caminho. Em conseqüência, podemos introduzir uma função escalar S cuja diferencial é a expressão integranda:

$$\begin{aligned} dS &= \frac{1}{T}\,dU + \frac{p}{T}\,dV \\ &= \frac{1}{T}\,\frac{\partial U}{\partial p}\,dp + \frac{1}{T}\left(\frac{\partial U}{\partial V} + p\right)dV; \end{aligned} \tag{5-142}$$

a S é dado o nome de *entropia*. Na primeira dessas equações, podemos considerar U e V como variáveis independentes; na segunda, p e V podem ser consideradas como independentes. Nessas condições, da primeira equação vem que

$$\left(\frac{\partial S}{\partial U}\right)_V = \frac{1}{T}, \quad \left(\frac{\partial S}{\partial V}\right)_U = \frac{p}{T},$$

donde

$$\frac{\partial^2 S}{\partial V\,\partial U} = \frac{\partial}{\partial V}\left(\frac{1}{T}\right) = \frac{\partial}{\partial U}\left(\frac{p}{T}\right) = \frac{\partial^2 S}{\partial U\,\partial V}.$$

Em conseqüência, obtemos

$$T\,\frac{\partial p}{\partial U} - p\,\frac{\partial T}{\partial U} + \frac{\partial T}{\partial V} = 0 \qquad (U, V \text{ indep.}). \tag{5-143}$$

Uma relação semelhante pode ser obtida a partir da segunda equação (5-142), e obtêm-se ainda outras variando a escolha de variáveis independentes. Todas essas equações não são outra coisa que formas diferentes da condição $\partial P/\partial y = \partial Q/\partial x$ para independência do caminho (ver o Prob. 14 da Sec. 2-8).

A segunda lei da termodinâmica afirma primeiramente a existência da entropia S e, em seguida, o fato de que, para qualquer sistema fechado, tem-se

$$\frac{dS}{dt} \geqq 0;$$

em outras palavras, a entropia nunca pode diminuir.

PROBLEMAS

1. (a) Uma partícula de massa m desloca-se em linha reta, sobre o eixo x, sujeita a uma força $-kx^2$. Calcular a energia potencial e determinar a lei da conservação de energia para esse movimento. A lei continuará válida se for acrescentada uma resistência $-c\dfrac{dx}{dt}$?

(b) Uma partícula de massa m desloca-se no plano xy sujeita a uma força $\boldsymbol{F} = -a^2x\boldsymbol{i} - b^2y\boldsymbol{j}$. Calcular a energia potencial e determinar a lei de conservação de energia para tal movimento.

2. Seja D um domínio simplesmente conexo no plano xy e seja $w = u\boldsymbol{i} - v\boldsymbol{j}$ o vetor-velocidade de um fluxo irrotacional e incompressível em D. (Isso é o mesmo que um fluxo irrotacional e incompressível num domínio a três dimensões cuja projeção é D e, para o qual, a componente z da velocidade é 0, enquanto as componentes x e y da velocidade não dependem de z.) Mostrar que são válidas as seguintes propriedades:

(a) u e v verificam as equações de Cauchy-Riemann:

$$\frac{\partial u}{\partial x} = \frac{\partial v}{\partial y}, \qquad \frac{\partial u}{\partial y} = -\frac{\partial v}{\partial x} \text{ em } D;$$

(b) u e v são harmônicas em D;
(c) $\int u\,dx - v\,dy$ e $\int v\,dx + u\,dy$ são independentes do caminho em D;
(d) existe um vetor $\boldsymbol{F} = \phi\boldsymbol{i} - \psi\boldsymbol{j}$ em D, tal que

$$\frac{\partial \phi}{\partial x} = u = \frac{\partial \psi}{\partial y}, \qquad \frac{\partial \phi}{\partial y} = -v = -\frac{\partial \psi}{\partial x};$$

(e) $\operatorname{div} \boldsymbol{F} = 0$ e $\operatorname{rot} \boldsymbol{F} = \boldsymbol{0}$ em D;
(f) ϕ e ψ são harmônicas em D;
(g) $\operatorname{grad} \phi = \boldsymbol{w}$, ψ é constante em cada linha de corrente.
A função ϕ é o *potencial da velocidade*, e ψ é a *função de corrente.*

3. Um fio ligando os pontos $(0, -c)$ e $(0, c)$ do plano xy tem uma densidade de carga constante ρ. Mostrar que o potencial eletrostático causado por esse fio num ponto (x_1, y_1) do plano xy é dado por

$$\psi = \rho \log \frac{\sqrt{x_1^2 + (c - y_1)^2} + c - y_1}{\sqrt{x_1^2 + (c + y_1)^2} - c - y_1} + k,$$

onde k é uma constante arbitrária. Mostrar que, se k for escolhida de modo tal que $\psi(1, 0) = 0$, então, à medida que c tender ao infinito, ψ se aproximará do valor-limite $-2\rho \log |x_1|$. Esse é o potencial de um fio de comprimento infinito com carga uniforme.

4. Achar a distribuição de temperatura num sólido cujas fronteiras são dois planos paralelos separados por uma distância de d unidades e mantidos a temperaturas T_1, T_2, respectivamente. (*Sugestão*: tomar como fronteiras os planos $x = 0$, $x = d$ e notar que, por simetria, T deve ser independente de y e z.)

5. Com base nas leis da termodinâmica, mostrar que a integral curvilínea

$$\int S\,dT + p\,dV$$

não depende do caminho no plano TV. A função integranda é o oposto da diferencial da *energia livre* F.

6. Consideremos um movimento de fluido no espaço. Uma partícula que ocupa a posição (x_0, y_0, z_0) no instante $t = 0$ ocupa a posição (x, y, z) no instante t. Assim, x, y, z são funções de x_0, y_0, z_0, t:

$$\begin{aligned} x &= \phi(x_0, y_0, z_0, t), \\ y &= \psi(x_0, y_0, z_0, t), \\ z &= \chi(x_0, y_0, z_0, t), \end{aligned} \qquad (*)$$

Seja ∇ um símbolo usado do seguinte modo:

$$\nabla = \frac{\partial}{\partial x_0}\boldsymbol{i} + \frac{\partial}{\partial y_0}\boldsymbol{j} + \frac{\partial}{\partial z_0}\boldsymbol{k},$$

e seja J o jacobiano

$$\frac{\partial(x, y, z)}{\partial(x_0, y_0, z_0)}$$

Seja $\boldsymbol{v}$ o vetor-velocidade

$$\boldsymbol{v} = \frac{\partial x}{\partial t}\boldsymbol{i} + \frac{\partial y}{\partial t}\boldsymbol{j} + \frac{\partial z}{\partial t}\boldsymbol{k} = \frac{\partial \phi}{\partial t}\boldsymbol{i} + \frac{\partial \psi}{\partial t}\boldsymbol{j} + \frac{\partial \chi}{\partial t}\boldsymbol{k}.$$

(a) Mostrar que $J = \nabla x \cdot \nabla y \times \nabla z$.

(b) Mostrar que

$$\frac{\partial x_0}{\partial x} = \boldsymbol{i} \cdot \frac{\nabla y \times \nabla z}{J}, \qquad \frac{\partial y_0}{\partial x} = \boldsymbol{j} \cdot \frac{\nabla y \times \nabla z}{J}, \qquad \frac{\partial z_0}{\partial x} = \boldsymbol{k} \cdot \frac{\nabla y \times \nabla z}{J},$$

e deduzir expressões análogas para

$$\frac{\partial x_0}{\partial y}, \quad \frac{\partial y_0}{\partial y}, \quad \frac{\partial z_0}{\partial y}, \quad \frac{\partial x_0}{\partial z}, \quad \frac{\partial y_0}{\partial z}, \quad \frac{\partial z_0}{\partial z}.$$

(*Sugestão*: ver o Prob. 9 da Sec. 2-8.)

(c) Mostrar que

$$\frac{\partial J}{\partial t} = \nabla v_x \cdot \nabla y \times \nabla z + \nabla v_y \cdot \nabla z \times \nabla x + \nabla v_z \cdot \nabla x \times \nabla y.$$

(d) Mostrar que

$$\operatorname{div} \boldsymbol{v} = \frac{1}{J}\frac{\partial J}{\partial t}.$$

[*Sugestão*: pela regra de cadeia, vale

$$\frac{\partial v_x}{\partial x} = \frac{\partial v_x}{\partial x_0}\frac{\partial x_0}{\partial x} + \frac{\partial v_x}{\partial y_0}\frac{\partial y_0}{\partial x} + \frac{\partial v_z}{\partial z_0}\frac{\partial z_0}{\partial x}.$$

Usando o resultado de (b), mostrar que

$$\frac{\partial v_x}{\partial x} = \frac{\nabla v_x \cdot \nabla y \times \nabla z}{J}$$

e deduzir expressões análogas para $\partial v_y/\partial y$, $\partial v_z/\partial z$. Somar os resultados e empregar o resultado do item (c).]

Observação. O jacobiano J pode ser visto como a razão entre o volume ocupado por uma pequena parte de fluido no instante t e o volume ocupado pela mesma parte quando $t = 0$ (Fig. 5-39). Donde, em virtude de (d), a divergência do vetor-velocidade pode ser interpretada como medida da porcentagem de variação dessa razão por unidade de tempo, ou simplesmente como a *taxa de variação de volume por unidade de volume* daquela parte móvel de fluido.

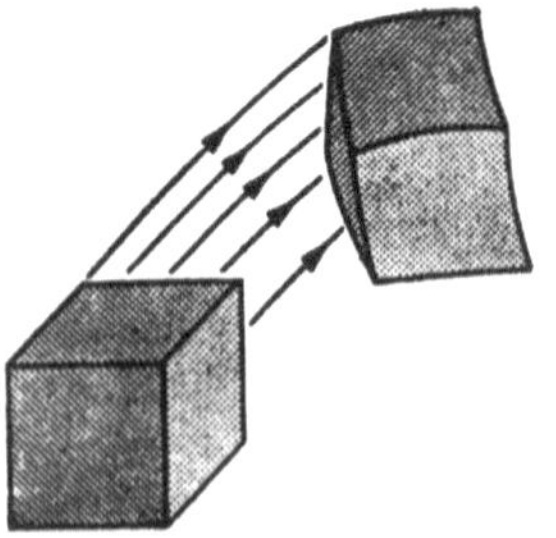

Figura 5-39

7. Consideremos uma parte do fluido do Prob. 6 (não necessariamente uma "pequena" parte) ocupando uma região $R = R(t)$ no instante t, e uma região $R_0 = R(0)$ quando $t = 0$. Seja $F(x, y, z, t)$ uma função diferenciável em todo ponto do espaço em questão.

(a) Mostrar que

$$\iiint\limits_{R(t)} F(x, y, z, t)\, dx\, dy\, dz = \iiint\limits_{R_0} F[\phi(x_0, y_0, z_0, t), \ldots] J\, dx_0\, dy_0\, dz_0 .$$

[*Sugestão*: usar a Eq. (5-109), observando que, nesse caso, o grau δ deve ser 1.]

(b) Mostrar que

$$\frac{d}{dt} \iiint\limits_{R(t)} F(x, y, z, t)\, dx\, dy\, dz = \iiint\limits_{R(t)} \left[\frac{\partial F}{\partial t} + \operatorname{div}(F\mathbf{v})\right] dx\, dy\, dz.$$

[*Sugestão*: usar a parte (a) e aplicar a regra de Leibnitz da Sec. 4-12 para derivar o segundo membro. Simplificar o resultado usando o resultado da parte (d) do Prob. 6. Em seguida, voltar às variáveis iniciais usando novamente a parte (a).]

8. Seja $\rho = \rho(x, y, z, t)$ a densidade do fluido em movimento dos Probs. 6 e 7. A integral

$$\iiint_{R(t)} \rho \, dx \, dy \, dz$$

representa a massa do fluido que ocupa $R(t)$. A conservação de massa implica que essa integral seja constante:

$$\frac{d}{dt} \iiint_{R(t)} \rho \, dx \, dy \, dz = 0.$$

Usando esse resultado e o do Prob. 7(b), estabelecer a *equação de continuidade*:

$$\frac{\partial \rho}{\partial t} + \operatorname{div}(\rho \mathbf{v}) = 0.$$

[*Sugestão*: conforme o cálculo da equação do calor (5-131) acima.]

RESPOSTAS

1. (a) A energia potencial é $\frac{1}{2}k^2x^2$; $\frac{1}{2}mv^2 + \frac{1}{2}k^2x^2 = \text{const.}$
(b) A energia potencial é $\frac{1}{2}(a^2x^2 + b^2y^2)$; $\frac{1}{2}(mv^2 + a^2x^2 + b^2y^2) = \text{const.}$

4. $T = T_1 + \dfrac{T_2 - T_1}{d} x.$

REFERÊNCIAS

Brand, Louis, *Vector and Tensor Analysis*. New York: John Wiley and Sons, Inc., 1947.

Courant, Richard J., *Differential and Integral Calculus*, traduzido para o inglês por E. J. McShane, Vol. 2. New York: Interscience, 1947.

Franklin, Philip, *A Treatise on Advanced Calculus*. New York: John Wiley and Sons, Inc., 1940.

Gibbs, J. W., *Vector Analysis*. New Haven: Yale University Press, 1913.

Goursat, Édouard, *A Course in Mathematical Analysis*, traduzido para o inglês por E. R. Hedrick, Vol. 1. New York: Ginn and Co., 1904.

Kellogg, O. D., *Foundation of Potential Theory*. Berlim: Springer, 1929.

Lamb, H., *Hydrodynamics*, 6.ª ed. Cambridge: Cambridge University Press, 1932.